EUROPA-FACHBUCHREIHE
für Bautechnik

Prüfungsbuchreihe Bautechnik

Prüfungsbuch HOCHBAU

Lektorat: Peter Peschel

D1697106

VERLAG EUROPA-LEHRMITTEL · Nourney, Vollmer GmbH & Co.
Düsselberger Straße 23 · 42781 Haan-Gruiten

Europa-Nr.: 42918

Prüfungsbuchreihe Bautechnik

Prüfungsbuch HOCHBAU

Autoren:

Kirchhof, Thomas	Oberstudienrat	Kall/Eifel
Rademacher, Walter	Studiendirektor	Cadenberge
Reinecke, Hans-Joachim	Studiendirektor	Braunschweig
Zwer, Udo	Dipl.-Ing., Gewerbelehrer	Schwerin

Lektorat:
Peschel, Peter   Oberstudiendirektor   Göttingen

Das vorliegende Buch wurde auf der **Grundlage der neuen amtlichen Rechtschreibregeln** erstellt.

1. Auflage

Druck 5 4 3 2 1
Alle Drucke derselben Auflage sind parallel einsetzbar, da sie bis auf die Behebung von Druckfehlern untereinander unverändert sind.

ISBN 3-8085-4291-8

© 1999 by Verlag Europa-Lehrmittel, Nourney, Vollmer GmbH & Co., 42781 Haan-Gruiten

Satz: Satz + Layout Werkstatt Kluth GmbH, 50374 Erftstadt
Druck: PDC – Paderborner Druck Centrum, 33100 Paderborn

Vorwort

Die Prüfungsbuchreihe Bautechnik erweitert die bewährte Europa-Fachbuchreihe für Bauberufe.

Die in der Prüfungsbuchreihe Bautechnik konzipierten fünf Prüfungsbücher enthalten die jeweiligen Stoffgebiete der benannten Ausbildungsberufe im Berufsfeld Bautechnik. Darüber hinaus werden handlungsorientierte Aufgaben/Projekte ausgewiesen, die für die Zwischenprüfung wie für die Abschlussprüfung aufbereitet sind.

Aufgaben zur Wirtschaftskunde und Sozialkunde runden die Prüfungsanforderungen entsprechend den Ausbildungsverordnungen ab.

Die Fragen der Grundstufe und die Fragen zur Wirtschafts- und Sozialkunde sind in allen fünf Prüfungsbüchern gleich lautend und gleich nummeriert, so dass auch in gemischtberuflichen Klassen im Berufsgrundbildungsjahr Bautechnik die Prüfungsbücher parallel für die Vorbereitung der Klassenarbeiten und Zwischenprüfung geeignet sind.

Prüfungsbuchreihe Bautechnik

Hochbau	Ausbau	Bauzeichner	Tiefbau	Dachdecker
Hochbaufacharbeiter	Ausbaufacharbeiter		Tiefbaufacharbeiter	
Maurer	Zimmerer		Straßenbauer	
Beton- und Stahlbetonbauer	Stukkateur		Rohrleitungsbauer	
Feuerungs- und Schornsteinbauer	Fliesen-, Platten- und Mosaikleger		Kanalbauer	
	Estrichleger		Brunnenbauer	
	Wärme-, Kälte-, Schallschutzisolierer		Gleisbauer	
	Isoliermonteur			
	Trockenbaumonteur			

Aufbau der Prüfungsbücher

Grundbildung	Zwischenprüfung	Abschlussprüfung
Technologie	Technologie	Technologie
Technische Mathematik	Technische Mathematik	Technische Mathematik
Technisches Zeichnen	Technisches Zeichnen	Technisches Zeichnen

Projekte/Handlungsorientierte Aufgaben

Wirtschaftskunde und Sozialkunde

Lösungen

Aufbau Prüfungsbuch HOCHBAU

Das Prüfungsbuch HOCHBAU umfasst gebundene und ungebundene Aufgaben für die Kenntnisprüfung, eingeteilt in die Fächer Technologie, Technische Mathematik, Technisches Zeichnen und Wirtschafts- und Sozialkunde. Zusätzlich werden handlungsorientierte Aufgaben für die Kenntnisprüfung der Gesellenprüfung angeboten.

Mit der Sammlung von Prüfungsaufgaben steht den Lehrkräften in den Berufsschulen und den Ausbildern in den Betrieben und überbetrieblichen Ausbildungsstätten eine Aufgabenbank zur Verfügung, die eine Erstellung von Leistungskontrollen erleichtert.

Der Auszubildende kann mit den Aufgaben und den angebotenen Lösungen im abschließenden Buchteil seinen Leistungsstand selbst überprüfen. Die aufbereiteten Lösungen bieten zusätzliche Hinweise zur Lösungserstellung und stellen stets Aufgabenstellung und Lösung im Zusammenhang dar. Die bereitgestellten, umfangreichen Lösungen für die ungebundenen Aufgaben und handlungsorientierten Aufgaben/Projekte verstehen sich als Lösungsangebote und können insbesondere bei Verwendung verschiedener Tabellen für Baustoffbedarf, Arbeitszeiten, Materialbedarfswerte und Kennwerte zu geringfügig anderen Ergebnissen führen.

Die Aufgaben sind in gut überschaubaren Feldern angeordnet und nach dem unten dargestellten Schema durchnummeriert. Bei den Auswahl-Antwort-Aufgaben ist jeweils nur eine Antwort richtig. Negative Fragestellungen sind durch Rotdruck der Begriffe „nicht" bzw. „kein" besonders gekennzeichnet. Bei den ungebundenen Aufgaben ist der Lösungsumfang durch das freie Feld bei normaler Schriftgröße ungefähr vorgegeben.

Der Schwierigkeitsgrad der Aufgaben ist nach den Ausbildungsstufen gegliedert. Die jeweilige Kopfleiste erleichtert die genaue Zuordnung. Alle Aufgaben der Grundstufe/Grundbildung sind auch für die Zwischen- und Abschlussprüfung verwendbar.

| 1 Grundbildung | 2 Technologie | 3 |
| 4 Gebundene Aufgaben | 5 Bauglas | 6 |

1	Ausbildungsstufe	Grundbildung, Zwischenprüfung, Abschlussprüfung
2	Fach der Kenntnisprüfung	Technologie, Technische Mathematik, Technisches Zeichnen, WISO
3	Ausbildungsberuf bzw. freies Feld	Hochbaufacharbeiter, Maurer, Beton- und Stahlbetonbauer
4	Art der Aufgaben	Gebundene bzw. ungebundene Aufgaben
5	Lerngebiet bzw. Lernbereich	Baustoffe oder UVV
6	Lösungen bzw. freies Feld	**Lösungen**

Nummerierung der Aufgaben

Die erste Ziffer läßt auf die Ausbildungsstufe und die zweite Ziffer auf den Ausbildungsbereich schließen:

1	**Grundbildung**
2	**Zwischenprüfung**
3	**Abschlussprüfung**
4	**Projekte/Handlungsorientierte Aufgaben**
5	**Wirtschafts- und Sozialkunde**

0	**Allgemeine Bautechnik**
1	**Maurer**
2	**Beton- und Stahlbetonbauer**
3	**Bauzeichnerin/Bauzeichner/sonstige Berufe**
4	**Zimmerer**
5	**Fliesen-, Platten- und Mosaikleger**
6	**Tiefbaufacharbeiter**
7	**Dachdecker**
8	**Technische Mathematik**
9	**Technisches Zeichnen**

1 4 0 1

gebundene Aufgabe/Grundbildung

Lernbereich Holzbau/Aufgabennummer 01

1 4 9 7 u

ungebundene Aufgabe/Grundbildung

Lernbereich Holzbau/Aufgabennummer 97

Die letzten beiden Ziffern geben die Aufgabennummer an und eine ungebundene Aufgabe ist durch ein »u« hinter der vierstelligen Zahl gekennzeichnet. Die Nummerierung der Aufgaben ist nicht durchgehend.

Die Lösungen befinden sich am Ende des Prüfungsbuches und sind durch einen roten Randstreifen gekennzeichnet.

Aufbau Prüfungsbuch HOCHBAU

Grundbildung

		Seite
1001	Sicherheit am Bau einschl. Bauglas	8 ... 15
1101	Mauerwerk	16 ... 26
1201	Beton und Stahlbeton	27 ... 38
1401	Holzbau	39 ... 51
1501	Fliesen, Platten, Estrich	52 ... 56
1601	Tiefbau, Vermessung	57 ... 67
1701	Dachdeckung, Metallbau, Kunststoffe, bitumige Stoffe	68 ... 79
1801	Technische Mathematik	80 ... 95
1901	Technisches Zeichnen	96 ... 106

Zwischenprüfung Hochbaufacharbeiter

2001	Allgemeine Bautechnik einschl. Baugrund und Gründungen	108 ... 112
2101	Mauerwerksbau	113 ... 121
2201	Beton- und Stahlbetonbau	122 ... 127
2301	Feuerungs- und Schornsteinbau	128 ... 129
2501	Putz- und Estricharbeiten	130 ... 131
2801	Technische Mathematik	132 ... 144
2901	Technisches Zeichnen	145 ... 152

Abschlussprüfung Maurer, Beton- und Stahlbetonbauer

3101	Mauerwerksbau	154 ... 159
3201	Beton- und Stahlbetonbau	160 ... 167
3801	Technische Mathematik	168 ... 182
3901	Technisches Zeichnen	183 ... 198

Projekte/Handlungsorientierte Aufgaben

4101u	Hochbaufacharbeiter	200 ... 206
4102u	Maurer	207 ... 211
4201u	Hochbaufacharbeiter	212 ... 217
4202u	Beton- und Stahlbetonbauer	218 ... 224

WISO

5001	Wirtschafts- und Sozialkunde	226 ... 252

Lösungen

	mit Aufgabenstellung und Lösungshinweisen	ab 254

Übersicht der Aufgaben

Grundstufe	gebundene Aufgaben	ungebundene Aufgaben
Sicherheit am Bau	1001...1015 + 1017...1021	1025u...1034u
Bauglas	1041...1044	1051u...1053u
Mauerwerk	1101...1120 + 1141...1160	1171u...1199u
Beton und Stahlbeton	1201...1260	1271u...1295u
Holzbau	1401...1496	1497u...1499u
Fliesen, Platten, Estrich	1501...1530	1551u...1555u
Tiefbau	1601...1640	1651u...1664u
Vermessung	1671...1685	1691u...1695u
Dachdeckung	1701...1715	1721u...1725u
Metallbau	1731...1764	1765u...1769u
bitumige Stoffe, Kunststoffe	1775...1794	1795u...1799u
Technische Mathematik	1801...1818 + 1820...1829 + 1831...1850	1861u...1896u
Technisches Zeichnen	1901...1945	1971u...1985u

Zwischenprüfung	gebundene Aufgaben	ungebundene Aufgaben
Allgemeine Bautechnik	2001...2028	2051u...2054u
Mauerwerksbau	2101...2129	2141u...2171u
Beton- und Stahlbetonbau	2201...2237	2271u...2283u
Feuerungs- und Schornsteinbau	2301...2315	– – –
Putz- und Estricharbeiten	2501...2516	– – –
Technische Mathematik	2801...2817 + 2851...2853 + 2856...2861	2835u...2843u + 2871u...2878u
Technisches Zeichnen	2901...2938	2951u...2952u

Abschlussprüfung	gebundene Aufgaben	ungebundene Aufgaben
Mauerwerksbau	3101...3129	3141u...3157u
Beton- und Stahlbetonbau	3201...3244	3271u...3286u
Technische Mathematik	3801...3816 + 3851...3857	3821u...3834u + 3871u...3879u
Technisches Zeichnen	3901...3926 + 3951...3976	3941u...3942u + 3991u...3995u

Projekte/handlungsorientierte Aufgaben	ungebundene Aufgaben
Hochbaufacharbeiter, Maurer	4101u, 4102u
Hochbaufacharbeiter, Beton- und Stahlbetonbauer	4201u, 4202u

Wirtschafts- und Sozialkunde (WISO)	gebundene Aufgaben
Berufsbildung, Arbeitsschutz	5001...5024
Vertragsrecht	5031...5050
Betrieb – Unternehmen	5051...5068
Geld – Währung	5071...5090
Markt – Preisbildung	5091...5100
Wirtschaftspolitik	5101...5110
Arbeitsrecht	5141...5170
Sozial- und Individualversicherung	5171...5196
Steuern	5201...5210
Entlohnung der Arbeit	5211...5220
Sparen	5221...5230
Presse – Rundfunk – Fernsehen	5251...5259
Parteien – Parlament – Regierung	5271...5299
Staat – Geschichte	5301...5320

(Die Aufgaben der Wirtschafts- und Sozialkunde sind aus dem Prüfungsbuch für Tischler (Verlag Europa-Lehrmittel Nr.: 40915) übernommen worden. Das Prüfungsbuch für Tischler enthält darüber hinaus noch ungebundene Aufgaben zur Wirtschafts- und Sozialkunde.)

Prüfungsbuchreihe Bautechnik

Prüfungsbuch HOCHBAU

Grundbildung

1001

Wie groß muss der Sicherheitsabstand bei Arbeiten in der Nähe von Hochspannungsleitungen mit unbekannter Spannung sein?

① 1 m
② 2 m
③ 3 m
④ 4 m
⑤ 5 m

1002

An welcher Stelle müssen die Unfallverhütungsvorschriften (UVV) auf der Baustelle vorhanden sein?

① Am Firmensitz oder in der nächstgelegenen Firmenniederlassung
② Im Büro des Bauleiters
③ An allen Baustelleneinfahrten und Zugängen zur Baustelle
④ An einer für jeden Beschäftigten zugänglichen und sichtbaren Stelle
⑤ An einem sicher verschlossenen Aufbewahrungsort auf der Baustelle

1003

Welche Aussage über die persönliche Schutzausrüstung auf Baustellen ist falsch?

① Sicherheitsschuhe müssen immer getragen werden
② Schutzhelme müssen immer getragen werden
③ Besonders bei Maschinenarbeit muss enganliegende Kleidung getragen werden
④ Wenn Gefahr durch Funken, Spritzer oder ätzende Flüssigkeit besteht, muss eine Schutzbrille getragen werden
⑤ Wenn mit verdünnter Säure gearbeitet wird, müssen Gummihandschuhe und Gummischürze getragen werden

1004

Welche Aussage über Alkoholgenuss auf der Baustelle ist zutreffend?

① Alkoholgenuss ist nur in ebenso geringen Mengen zulässig wie im Straßenverkehr
② Alkoholgenuss ist grundsätzlich verboten
③ Alkoholgenuss ist nur in der Mittagspause erlaubt
④ Alkoholgenuss ist bei Arbeiten über 1,7 m Höhe nicht erlaubt
⑤ Alkoholgenuss ist nur bei Arbeiten zu ebener Erde erlaubt

1005

Welche Folgen hat es für einen Arbeiter, wenn er bei einem Arbeitsunfall Verletzungen erleidet, die nur durch das Fehlen der persönlichen Schutzausrüstung entstanden sind?

① Er wird von der Berufsgenossenschaft verwarnt
② Die Berufsgenossenschaft zahlt kein Schmerzensgeld
③ Die Berufsgenossenschaft kommt nur für 80% der Heilkosten auf
④ Die Berufsgenossenschaft kommt nur für die Hälfte der Heilkosten auf
⑤ Die Berufsgenossenschaft übernimmt keine Leistungen

1006

Wer darf kleine Reparaturen an Elektrogeräten auf der Baustelle durchführen?

① Nur ein entsprechend ausgebildeter Elektrofachmann
② Jeder gelernte Bauhandwerker
③ Ein Elektrofachmann oder der Bauleiter
④ Ein Mitarbeiter des Technischen Überwachungsvereins (TÜV)
⑤ Jeder Arbeiter auf der Baustelle

1007

Was ist die Bauberufsgenossenschaft?

① Eine staatliche Behörde
② Die gesetzliche Unfallversicherung
③ Eine Unternehmensform der Bauindustrie in der ehemaligen DDR
④ Ein Bauunternehmen mit genossenschaftlicher Unternehmensform
⑤ Eine Überwachungseinrichtung für Baustellen

1008

Was ist das Gewerbeaufsichtsamt?

① Ein gewerbliches Bauunternehmen
② Die gesetzliche Unfallversicherung
③ Ein privates Aufsichtsunternehmen
④ Eine staatliche Behörde
⑤ Ein Überwachungsverein für Gewerbebetriebe

1009

Wer ist für den vorschriftsmäßigen Zustand der Maschinen und Einrichtungen im Betrieb verantwortlich?

① Der Unternehmer
② Der Lieferant
③ Der Betriebsrat
④ Der jeweilige Benutzer
⑤ Die Berufsgenossenschaft

1010

Welche Aussage über Gerüste ist falsch?

① Die Betriebssicherheit von Gerüsten muss überwacht werden
② Gerüste dürfen vor der Fertigstellung nicht benutzt werden
③ Von Gerüsten darf nicht abgesprungen werden
④ Bei Arbeiten auf Gerüsten müssen Rettungsgurte angelegt werden
⑤ Arbeitsgerüste dürfen nicht überlastet werden, und die Lasten müssen möglichst gleichmäßig verteilt werden

1011

Welche Aussage über elektrische Geräte ist falsch?

① Elektrische Maschinen und Geräte müssen mit einem Prüfzeichen versehen sein
② Elektrische Maschinen und Geräte müssen von Baustromverteilern aus mit Strom versorgt werden
③ Schadhafte elektrische Geräte dürfen nur benutzt werden, wenn keine spannungsführenden Teile zugänglich sind
④ Schadhafte elektrische Geräte dürfen nicht benutzt werden
⑤ Leuchten auf Baustellen müssen mindestens regengeschützt sein

1012

Welche Aussage über den Umgang mit Gefahrstoffen auf Baustellen ist zutreffend?

① Umgang mit Gefahrstoffen dürfen nur Personen mit abgeschlossener Berufsausbildung haben
② Umgang mit Gefahrstoffen dürfen nur Personen mit spezieller Ausbildung und abschließender Prüfung haben
③ Der Arbeitgeber hat eine Betriebsanweisung über den Umgang mit Gefahrstoffen in verständlicher Form zu erstellen, also in der Sprache der Beschäftigten
④ Die Betriebsanweisung über den Umgang mit Gefahrstoffen muss in deutscher Sprache verfaßt sein
⑤ Eine spezielle Unterweisung der Beschäftigten mit den Gefahrstoffen ist nicht erforderlich, wenn eine vorschriftsmäßige Betriebsanweisung vorliegt

1013

Welcher der genannten Stoffe ist kein Gefahrstoff im Sinne der Gefahrstoffverordnung?

① Zement
② gelöschter Kalk (Calciumhydroxid)
③ Gipspulver (Calciumsulfat-Halbhydrat)
④ Bitumenemulsion
⑤ Frischbeton

1014

Wie ist die Gefahr durch einstürzende Baugruben einzuschätzen? 1 m³ Erde entspricht etwa der Masse ...

① ... eines Motorrades (200 kg)
② ... einer Kuh (400 kg)
③ ... eines Pferdes (600 kg)
④ ... eines Kleinbusses (2000 kg)
⑤ ... eines Elefanten (5000 kg)

1015

Welche Aussage zur Unfallverhütung ist richtig?

① Die Tiefbauberufsgenossenschaft ist nicht der Träger der gesetzlichen Unfallversicherung
② Leichtsinn ist kein Mut, Vorsicht keine Angst
③ Persönliche Schutzausrüstungen sind nicht erforderlich
④ Ein Blutalkoholgehalt von unter 0,8 Promille ist auf Baustellen erlaubt
⑤ Betriebs- und Schutzeinrichtungen müssen vorhanden sein, aber nicht benutzt werden

1017

Welche Höhe h müssen die Leiterholme einer Anlege-
leiter über den Leiteraustritt mindestens hinausragen,
um die Unfallverhütungsvorschriften einzuhalten und
damit einen sicheren Austritt zu gewährleisten?

① 0,5 m
② 0,7 m
③ 1,0 m
④ 1,2 m
⑤ 1,5 m

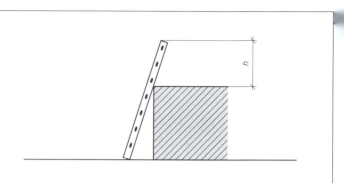

1018

**Ab welcher Höhe h müssen Gerüste über festem
Boden seitliche Absturzsicherungen erhalten?**

① ab 1,50 m
② ab 2,00 m
③ ab 2,50 m
④ ab 3,00 m
⑤ ab 4,00 m

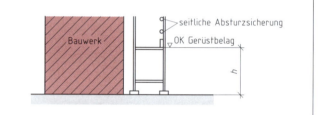

1019

Welches der Symbole auf einem Elektrogerät besagt, dass das Gerät wasserdicht ist?

① Symbol A
② Symbol B
③ Symbol E
④ Symbol C
⑤ Symbol D

1020

**Ab welcher Höhe h muss eine seitliche Absturz-
sicherung an Treppenläufen angebracht sein?**

① 0,8 m
② 1,0 m
③ 1,2 m
④ 1,5 m
⑤ 2,0 m

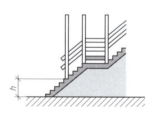

1021

**Ab welcher Arbeitsplatzhöhe h auf Dächern müssen
Fanggerüste angebracht werden?**

① 3 m
② 4 m
③ 5 m
④ 8 m
⑤ 10 m

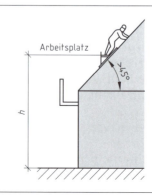

1025u

Was ist in Bezug auf Körperschutz auf Baustellen zu beachten?

1026u

Welche Wirkungen hat elektrischer Strom auf den menschlichen Körper? Nennen Sie mindestens 4 Stichworte.

1027u

Welche vier Sofortmaßnahmen sind bei einem Stromunfall zu ergreifen?

1028u

Was muss man tun, wenn man einen Schaden an einer elektrischen Einrichtung entdeckt?

1029u

Wie muss eine Treppenöffnung im Rohbau gesichert werden?

1030u

Welche Vorschriften sind beim Einsatz von Anlegeleitern einzuhalten?

1031u

Welche allgemeinen Grundregeln sind zur Vermeidung von Unfällen einzuhalten?

1032u

Welche Arten Gerüste werden unterschieden?

1033u

Benennen Sie die Teile des dargestellten Gerüstes!

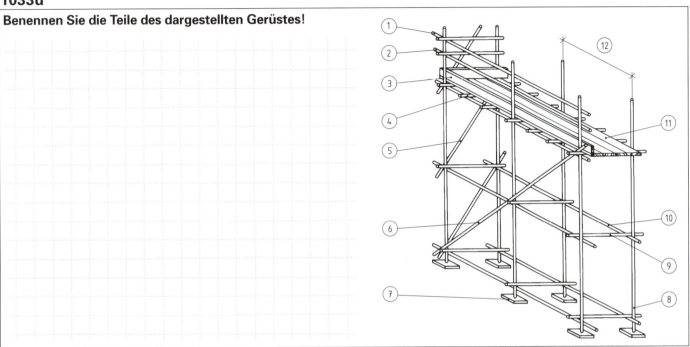

1034u

Welche Vorschriften müssen bei Arbeiten auf Gerüsten beachtet werden?

1041

In welcher Auswahlantwort sind nur Rohstoffe für die Herstellung von Bauglas aufgelistet?

① Quarzsand, Erdöl, Kalk
② Quarzsand, Soda, Steinkohle
③ Quarzsand, Soda, Kalk
④ Eisenerz, Soda, Kalk
⑤ Quarzsand, Soda, Graphit

1042

Welche Eigenschaft trifft auf Glas nicht zu?

① kristallin
② amorph
③ transparent
④ hart
⑤ hohe chemische Widerstandsfähigkeit

1043

Welche Gläser werden heutzutage in der Regel als Fensterscheiben eingebaut?

① Betongläser
② Drahtgläser
③ Brandschutzgläser
④ Profilbaugläser
⑤ Mehrscheiben-Isoliergläser aus Spiegelglas

1044

Welche Aussage trifft auf Isolierglas zu?

① Es besteht aus einer einzigen, etwa 2,8 mm dicken Scheibe aus Flachglas
② Es besteht aus mindestens zwei Scheiben aus Flachglas im Abstand von rund 15 mm
③ Bei Isolierglas müssen die Scheiben mit Metalloxiden beschichtet sein, damit das Sonnenlicht reflektiert werden kann
④ Bei Isolierglas muss ein Drahtgewebe in der Scheibe eingewalzt sein
⑤ Es gibt kein Isolierglas

1051u

Beschreiben Sie kurz die Herstellung von Bauglas.

1052u

Nennen Sie drei Verfahren zur Formgebung bei der Herstellung von Bauglas.

1053u

Beschreiben Sie kurz den Aufbau von Isolierglas und nennen Sie den Vorteil von Isolierglas gegenüber einfachem Fensterglas.

1101

Welche chemische Bezeichnung hat Kalkstein?

① Calciumoxid CaO
② Magnesiumoxid MgO
③ Calciumcarbonat $CaCO_3$
④ Calciumhydroxid $Ca(OH)_2$
⑤ Magnesiumcarbonat $MgCO_3$

1102

Welcher Baukalk ist ein Luftkalk?

① HL 2
② HL 3,5
③ HL 5
④ HL 6
⑤ CL 70

1103

Welche Bedeutung hat die Zahl 5 beim hydraulischen Kalk HL 5?

① Schüttdichte in kg/dm^3
② Schüttdichte in kg/m^3
③ Druckfestigkeit in N/mm^2 nach 7 Tagen
④ Druckfestigkeit in N/mm^2 nach 28 Tagen
⑤ Rohdichte in kg/dm^3

1104

Mit welchem Kurzzeichen werden Gipskarton-Putzträgerplatten gekennzeichnet?

① GKF
② GKB
③ GKP
④ GKFi
⑤ GKBi

1105

Wann beginnt und endet das Erstarren von Normzementen?

	Erstarrungsbeginn (in h)	Erstarrungsende (in h)
①	2	10
②	0,5	5
③	3	4
④	1	12
⑤	2	5

1106

Welche Sackfarbe und Farbe des Aufdrucks hat die Zementfestigkeitsklasse 42,5 R?

	Sackfarbe	Farbe des Aufdrucks
①	hellbraun	schwarz
②	grün	rot
③	grün	schwarz
④	hellbraun	rot
⑤	rot	weiß

1107

Was bedeutet die Zusatzkennzeichnung R bei der Zementart Portlandzement CEM I 32,5 R – HS?

① Für Fertigteile aus Beton bevorzugt
② Hoher Sulfatwiderstand
③ Höhere Anfangsfestigkeit
④ Niedrige Hydratationswärme
⑤ Niedriger wirksamer Alkaligehalt

1108

Mit welchem Gerät wird der Versteifungsbeginn bei Baugipsen überprüft?

① Nadelgerät (Vicatgerät)
② Prüfsiebsatz
③ Einlaufgerät nach Böhme
④ Luftpyknometer
⑤ Le-Chatelier-Ring

1109

Welche Aussage über die Verwendung von Gipsarten ist richtig?

① Ansetzgips wird zum Ansetzen von Steingut- und Steinzeugfliesen verwendet
② Stuckgips wird zur Herstellung von Außenputz verwendet
③ Haftputzgips eignet sich zum Kleben von Natursteinplatten
④ Fugengips eignet sich zum Verfugen von Klinkermauerwerk
⑤ Putzgips wird für Innenputz- und Rabitzarbeiten verwendet

1111

Welche Mörtelgruppe (MG) gehört zum Mischungsverhältnis 1 : 1 : 6?

① MG I
② MG II
③ MG IIa
④ MG III
⑤ MG IIIa

1112

Welches Bindemittel eignet sich nicht für Mauermörtel?

① Zement
② Kalkhydrat
③ Gips
④ Hydraulischer Kalk
⑤ Anhydritbinder

1113

Welchen Korndurchmesser darf der Zuschlag (Sand) von Mörtel höchstens haben?

① 1 mm
② 2 mm
③ 8 mm
④ 4 mm
⑤ 16 mm

1114

Welche Putzmörtelgruppe (P) hat die Abkürzung PIIb?

① Gipsmörtel
② Kalkmörtel
③ Kalkzementmörtel
④ Anhydritmörtel
⑤ Zementmörtel

1115

Welche Mörtelgruppe hat die größte Druckfestigkeit?

① MG II   Kalkzementmörtel
② MG IIa   Kalkzementmörtel
③ MG IIIa   Zementmörtel
④ MG III   Zementmörtel
⑤ MG I   Kalkmörtel

1116

Mit welchem Mischungsverhältnis wird die Putzmörtelgruppe PIII (ohne Luftkalk) hergestellt?

① 1 : 1
② 1 : 3
③ 1 : 5
④ 2 : 1 : 10
⑤ 1 : 1 : 8

1117

Aus Gipssandmörtel soll ein Innenputz hergestellt werden. Welches Mischungsverhältnis ist dazu notwendig?

① 1 : 0,5
② 1 : 2
③ 1 : 4
④ 1 : 1 : 4
⑤ 2 : 1 : 4

1118

Wie dick muss im Allgemeinen mindestens ein Außenputz sein?

① 30 mm
② 25 mm
③ 20 mm
④ 15 mm
⑤ 10 mm

1119

Welche Putzregel ist richtig?

① Der Putzgrund darf gefroren sein
② Glatter Putzgrund ist aufzurauhen
③ Der Putzgrund darf verschmutzt sein
④ Die einzelnen Putzlagen müssen ungleichmäßig dick aufgebracht werden
⑤ Der Oberputz muss eine höhere Festigkeit erreichen als der Unterputz

1120

Welche Bedeutung hat die Zahl 40 hinter der Zementestrichart ZE 40?

① Festigkeitsklasse in N/mm²
② Verarbeitungsdauer in Minuten
③ Estrichdicke in mm
④ Maximale Korngröße des Zuschlags in 1/10 mm
⑤ Wasserzementwert von mindestens 0,40

1141

Welche zwei Eigenschaften sind für die Verwendung von natürlichen Mauersteinen besonders wichtig?

① Schall- und wärmedämmend
② Dicht/körnig
③ Druckfest/witterungsbeständig
④ Polierbar/feinkörnig
⑤ Dicht/wärmedämmend

1142

Zum Mauern einer tragenden Wand werden Mauerziegel im Format NF verarbeitet. Welche Abmessungen in cm haben diese Ziegel?

① $24 \times 17,5 \times 11,3$
② $24 \times 30 \times 11,3$
③ $24 \times 11,5 \times 7,1$
④ $24 \times 11,5 \times 5,2$
⑤ $24 \times 30 \times 23,8$

1143

Welches Mauerziegelformat ist hier abgebildet?

① NF
② DF
③ 5 DF
④ 2 DF
⑤ 3 DF

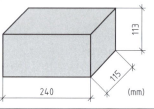

1144

Welcher Mauerziegel wird mit dem Kurzzeichen KHlz gekennzeichnet?

① Hochlochklinker
② Vollziegel
③ Leichtlanglochziegel
④ Vollklinker
⑤ Vormauerziegel

1145

Was bedeutet die Zahl 12 bei der Bezeichnung des Mauerziegels VMZ-12-1,8-NF?

① Zugfestigkeit   in N/mm^2
② Masse   in kg
③ Druckfestigkeit   in N/mm^2
④ Rohdichte   in kg/dm^3
⑤ Schubfestigkeit   in N/mm^2

1146

Was bedeutet die Zahl 1,8 bei der Bezeichnung des Mauerziegels VMZ-12-1,8-NF?

① Zugfestigkeit   in N/mm^2
② Masse   in kg
③ Druckfestigkeit   in N/mm^2
④ Rohdichte   in kg/dm^3
⑤ Schubfestigkeit   in N/mm^2

1147

Welche Bedeutung hat die Zahl 4 bei der Kennzeichnung G4 von Gasbetonsteinen?

① Rohdichte eines Steins   in kg/dm^3
② Mittelwert der Druckfestigkeit   in N/mm^2
③ Mindestwert der Druckfestigkeit in N/mm^2
④ Masse des Steines   in kg
⑤ Breite eines Steines   in dm

1148

Die Grundeinheit der Maßordnung im Mauerwerksbau ist 1 am. Welches Maß wird dadurch gekennzeichnet?

① 1 cm
② 10 cm
③ 11,5 cm
④ 12,5 cm
⑤ 24 cm

1149

Welcher Stein ist ein gebrannter Mauerstein?

① Kalksandstein
② Mauerziegel
③ Hüttenstein
④ Leichtbetonstein
⑤ Porenbetonstein

1150

Welcher Stein ist ein ungebrannter Mauerstein?

① Porenbetonstein
② Mauerziegel
③ Hochlochklinker
④ Leichthochlochziegel
⑤ Vollklinker

1151

Für welches Steinformat ist das Überbindemaß von 4,5 cm vorgeschrieben?

① DF
② 9 DF
③ 10 DF
④ 12 DF
⑤ 16 DF

1152

Welche Schicht aus NF-Mauerziegeln ist hier dargestellt?

① Binderschicht
② Rollschicht
③ Kopfschicht
④ Schränkschicht
⑤ Läuferschicht

1153

Welches Mauerziegelformat ist ein Vorzugsformat?

① 3 DF
② 5 DF
③ 10 DF
④ 12 DF
⑤ 16 DF

1154

Wie dick sind Lagerfugen bei Mauerwerk aus 2 DF-Mauerziegeln?

① 1,0 cm
② 1,1 cm
③ 1,2 cm
④ 1,3 cm
⑤ 1,4 cm

1155

Welcher Mauerziegel ist hier dargestellt?

① HlzA
② HlzB
③ HlzW
④ Mz
⑤ KK

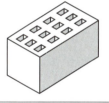

1156

Welche Höhe hat ein Pfeiler aus 18 NF-Mauerwerksschichten?

① 1,68 m
② 1,70 m
③ 1,25 m
④ 1,50 m
⑤ 1,80 m

1157

Wie dick sind Stoßfugen bei Mauerwerk aus NF-Mauerziegeln?

① 1,3 cm
② 1,2 cm
③ 1,0 cm
④ 1,1 cm
⑤ 1,4 cm

1158

Welcher Regelverband ist hier abgebildet?

① Läuferverband
② Kreuzverband
③ Binderverband
④ Blockverband
⑤ Kopfverband

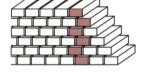

1159

Welche Mindestdicke müssen Außenwände aus Mauerziegeln haben?

① 11,5 cm
② 17,5 cm
③ 36,5 cm
④ 24 cm
⑤ 30 cm

1160

Welcher Regelverband hat eine Wanddicke von 1/2-Stein?

① Kopfverband
② Blockverband
③ Kreuzverband
④ Läuferverband
⑤ Binderverband

1171u

Was sind Bindemittel?

1172u

Welche Zementarten werden in der Bauwirtschaft verwendet und welche Benennungen und Kurzzeichen haben sie?

1173u

Wie werden die einzelnen Festigkeitsklassen von Normzementen nach Kennfarbe (Grundfarbe des Sackes oder des Lieferscheins) und Farbe des Aufdruckes unterschieden?

1174u

Was sind Baukalke?

1175u

Für welche Baumaßnahmen werden Luftkalke und hydraulische Kalke verwendet?

1176u

Wie erhärten Luftkalke und hydraulische Kalke?

1177u

Was sind Hydraulefaktoren und welchen Einfluss haben sie auf Wasserkalke?

1178u

Was versteht man unter dem »Kreislauf des Kalkes«?

1179u

Was sind Baugipse?

1180u

Welche Eigenschaften und Verwendungsmöglichkeiten haben die verschiedenen Baugipsarten?

1181u

Was ist beim Anmachen von Gips zu beachten?

1182u

Warum dürfen Zemente und Baugipse nicht miteinander gemischt werden?

1184u

Was versteht man unter Mörtel?

1185u

Welche Mörtelarten unterscheidet man nach ihrem Anwendungsbereich?

1186u

Was versteht man unter Trockenmörtel?

1187u

Für welche Baumaßnahmen wird Kalkzementmörtel verwendet?

1188u

Was versteht man unter »Mörtelausbeute«?

1189u

Wie wird das Baunennmaß eines 2,50 m hohen eingebauten Mauerwerks bestimmt?

1190u

Welche Aufgaben haben die Mörtelfugen im Mauerwerk zu erfüllen?

1191u

Welche Höhen haben die Vorzugsformate DF, NF, 2DF, 3DF bei den Mauerziegeln?

1192u

Welche Mauerziegelformate gehören zu Vorzugsformaten?

1193u

Welche Maße hat ein NF-Läufer als

– 1-Stein (Ganzer)
– 3/4-Stein (Dreiviertelstein)
– 1/2-Stein (Halber)
– 1/4-Stein (Viertelstein)?

1194u

Welche 4 Verbandsregeln sind für ein fachgerechtes Mauerwerk einzuhalten?

1195u

Welche Unterschiede bestehen zwischen Vollziegeln und Hochlochziegeln bezüglich des Gesamtlochanteils?

1196u

Wie werden Mauerziegel hergestellt?

1197u

Wie werden Kalksandsteine hergestellt?

1198u

Aus welchen Bestandteilen bestehen Leichtbetonsteine?

1199u

Welche Steinarten werden bei Leichtbetonsteinen angeboten?

1201

Welcher der Rohstoffe wird zur Zementherstellung verwendet?

① Gipsstein
② Kalkstein
③ Bimsstein
④ Natürliches Anhydrit
⑤ Sandstein

1202

Mit welchem Bindemittel darf Zement nicht gemischt werden?

① Weißkalk
② Dolomitkalk
③ Hydraulischer Kalk
④ Gips
⑤ Putz- und Mauerbinder

1203

Wann erstarrt Zement, der mit Wasser angemacht wird?

① Sofort
② Nach 30 Minuten
③ Nach 1 Stunde
④ Nach 12 Stunden
⑤ Nach 28 Tagen

1204

Was bedeutet das »R« hinter der Festigkeitsklasse von Zement?

① Normalerhärtender Zement
② Regelfestigkeit nach 2 Tagen
③ Richtfestigkeit nach 7 Tagen
④ Schnellerhärtender Zement (rapid)
⑤ Regenunempfindlich

1205

Welche Eigenschaft trifft für einen Portlandzement CEM I 52,5 R nicht zu?

① Schnelle Anfangserhärtung
② Hohe Druckfestigkeit
③ Hoher Sulfatwiderstand
④ Guter Rostschutz
⑤ Starke Wärmeentwicklung

1206

Welches Material ist Hauptbestandteil des Portlandzements?

① Zementklinker
② Hüttensand
③ Natürliches Puzzolan
④ Kieselsäurereiche Flugasche
⑤ Gebrannter Schiefer

1207

Welche Kennfarben hat ein Zementsack CEM II 52,5 R?

	Zementsack	Aufdruck
①	hellbraun	schwarz
②	hellbraun	rot
③	rot	schwarz
④	rot	weiß
⑤	grün	rot

1208

Welcher Zuschlag ist günstig für Normalbeton?

① Sand- und Kiesgemisch aus verschiedenen Korngrößen
② Kiesgemisch aus großen, festen Körnern
③ Grobkies
④ Schotter
⑤ Kleine, feste Körner

1209

Welche Korneigenschaft ist für Betonzuschlag ungünstig?

① Frostbeständigkeit
② Hohe Kornfestigkeit
③ Gedrungene Kornform
④ Mäßig rauhe Kornoberfläche
⑤ Plattige, längliche Kornform

1210

Wie wird ein Beton mit der Trockenrohdichte von 2,0 kg/dm³ bis 2,8 kg/dm³ bezeichnet?

① Leichtbeton
② Kornporiger Leichtbeton
③ Haufwerksporiger Leichtbeton
④ Normalbeton
⑤ Schwerbeton

1211

Je größer die Trockenrohdichte des Betons, umso

① höher seine Wärmedämmung
② höher seine Festigkeit
③ geringer seine Festigkeit
④ höher seine Trittschalldämmung
⑤ geringer seine Luftschalldämmung

1212

Was bedeutet in der Betonbezeichnung B 35 die Zahl 35?

① Rohdichte in 3,5 kg/dm³
② Größtkorn 35 mm
③ Wasserzementwert 0,35
④ Nennfestigkeit 35 N/mm²
⑤ Mindestzementgehalt 350 kg/m³

1213

Welche Betonfestigkeitsklasse ist für bewehrten Beton in der Betongruppe B I zugelassen?

① B 5
② B 10
③ B 25
④ B 35
⑤ B 45

1214

Für welches Bauteil ist ein Beton der Festigkeitsklasse B10 geeignet?

① Bewehrte Betonwand
② Decke aus Stahlbeton
③ Stahlbetonstütze
④ Unbewehrtes Fundament
⑤ Bewehrtes Fundament

1215

Wann muss die Mindestdruckfestigkeit von Beton nach DIN 1045 erreicht sein?

① Nach 1 Stunde
② Nach 12 Stunden
③ Nach 1 Tag
④ Nach 14 Tagen
⑤ Nach 28 Tagen

1216

Was schreiben Betonrezepte nach DIN 1045 für Beton BI vor?

① Mindestzementgehalt je m³ Beton
② Verarbeitungszeiten
③ Ausschalfristen
④ Anteil der verschiedenen Korngruppen in kg
⑤ Eine Eignungsprüfung

1217

Welche Betone dürfen in der Regel ohne Eignungsprüfung nach Rezept hergestellt werden?

① Nur unbewehrter B5 und B10
② Nur unbewehrter B5 bis B25
③ Nur Betone der Gruppe B I
④ Nur unbewehrte Betone der Gruppe B II
⑤ Alle unbewehrten Betone

1218

Wo befinden sich auf der Baustelle die für eine Betonmischung notwendigen Angaben?

① In der Grundrisszeichnung
② Im Lageplan
③ Im Baustellen-Einrichtungsplan
④ Auf der Mischtafel am Mischplatz
⑤ Im Tagesbericht des Bauleiters

1219

In welcher Konsistenz wird Frischbeton im Regelfall für Stahlbeton verarbeitet?

① KS – steif
② KP – plastisch
③ KR – weich
④ KF – fließfähig
⑤ KD – dünnflüssig

1220

Was bedeutet »Konsistenz« von Frischbeton?

① Abriebfestigkeit
② Druckfestigkeit
③ Wasseraufnahmefähigkeit
④ Steifigkeit
⑤ Qualität

1221

Wozu dient der »Siebversuch«?

① Zum Säubern des Korngemisches
② Zur Prüfung der Kornfestigkeit
③ Zum Aussieben von Feinstsand
④ Zum Entfernen der Zuschlageigenfeuchte
⑤ Zur Ermittlung der Kornzusammensetzung

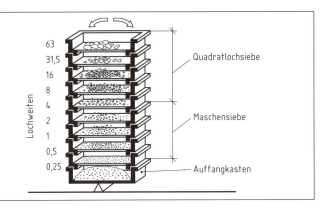

1222

In welchem Bereich ①, ②, ③, ④ oder ⑤ liegt ein günstiges Zuschlagsgemisch für Normalbeton?

① Bereich 1
② Bereich 2
③ Bereich 3
④ Bereich 4
⑤ Bereich 5

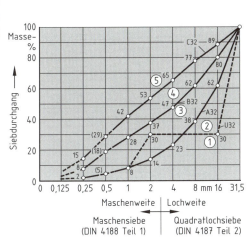

1223

Das Zuschlagsgemisch eines Betons (punktierte Sieblinie) ist

① günstig
② brauchbar
③ brauchbar trotz Ausfallkörnung
④ ungünstig, zu fein
⑤ ungünstig, zu grob

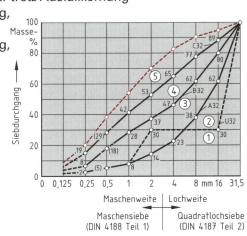

1224

Welcher Betonzuschlag ist künstlich hergestellt?

① Brechsand
② Blähton
③ Sand
④ Kies
⑤ Splitt

1225

Wie kann man die Frostbeständigkeit von Betonzuschlag beurteilen?

① Saugfähigkeit überprüfen
② Oberflächenfeuchte messen
③ Mit der Hammerschlagprüfung
④ Mit Natronlauge
⑤ Durch Temperaturmessung

1226

Welche Aussage über einen Betonzuschlag aus großen, groben Körnern ist nicht richtig?

① Viel Bindemittel zum Ausfüllen der Hohlräume ist erforderlich
② Er lässt sich schlecht verarbeiten
③ Hohe Betondruckfestigkeiten können erreicht werden
④ Es werden nur geringe Druckfestigkeiten erreicht
⑤ Er begünstigt Schwindrissbildung im erhärtenden Beton

1227

Welches Zugabewasser ist ohne besondere Prüfung für die Betonherstellung geeignet?

① Wasser aus einem Fluss
② Meerwasser
③ Wasser aus öffentlichen Trinkwasserversorgungs-leitungen
④ Regenwasser
⑤ Wasser aus einem Tümpel ohne Zu- und Ablauf

1228

Wie viel l Wasser braucht man pro 100 kg Zement für einen dichten und festen Beton?

① 50 l
② 70 l
③ 90 l
④ 100 l
⑤ 120 l

1229

Welche Betonfestigkeit kann erwartet werden bei Verwendung von CEM II/A-S 42,5 R und einem Wasserzementwert w/z = 0,80?

① 19 N/mm²
② 21 N/mm²
③ 26 N/mm²
④ 30 N/mm²
⑤ 58 N/mm²

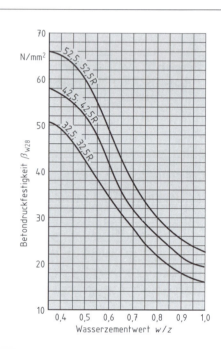

1230

Um wie viel N/mm² sinkt die Druckfestigkeit eines Betons (hergestellt mit Zement CEM I 52,5), dessen w/z-Wert durch erhöhte Wasserzugabe von 0,5 auf 0,65 ansteigt?

① 10 N/mm²
② 12 N/mm²
③ 15 N/mm²
④ 16 N/mm²
⑤ 18 N/mm²

1231

Wird Beton mit einem zu hohen Wasserzementwert hergestellt, so

① erhöht sich seine Rohdichte
② wird er witterungsunempfindlicher
③ wird die geforderte Betonfestigkeit nicht erreicht
④ wird die Druckfestigkeit erhöht
⑤ verbessert sich der Rostschutz der Bewehrung

1232

Wie groß ist der w/z-Wert einer Betonmischung, die 338 kg Zement und 176 l Wasser enthält?

① 0,86
② 0,52
③ 1,92
④ 0,74
⑤ 1,06

1233

Wie ermittelt man die richtige Anmachwassermenge einer Betonmischung?

① Anmachwasser = Zugabewasser
② Zugabewasser – Eigenfeuchte des Zuschlags = Anmachwasser
③ Eigenfeuchte des Zuschlags = Anmachwasser
④ Anmachwasser = Zugabewasser + Eigenfeuchte des Zuschlags
⑤ Eigenfeuchte des Zuschlags – Zugabewasser = Anmachwasser

1234

Wovon ist der seitliche Schalungsdruck, den der Frischbeton ausübt, nicht abhängig?

① Höhe der Schalung
② Dicke des Bauteils
③ Frischbetonrohdichte
④ Betoniergeschwindigkeit
⑤ Verdichtungsart

1235

Wird der Beton (beim Einbringen in die Schalung) aus mehr als 1 m Höhe geschüttet, so

① braucht man ihn nicht zu verdichten
② erreicht man eine gute Verbindung mit der Bewehrung
③ entmischt er sich
④ muss ihm Wasser zugegeben werden
⑤ bindet der Zement zu schnell ab

1236

Welche Arbeitsweise mit dem Innenrüttler (Rüttelflasche) ist richtig?

① Zügig eintauchen, langsam herausziehen
② Langsam eintauchen, schnell herausziehen
③ An die Bewehrung halten
④ Mehrere Minuten an die Innenseite der Schalung halten
⑤ Im Frischbeton umherziehen

1237

Wann werden Schalungsrüttler (Außenrüttler) eingesetzt?

① Wenn der Beton bereits erstarrt
② Bei geringen Temperaturen
③ Bei Betonkonsistenz KS
④ Beim Betonieren dicker Bauteile
⑤ Beim Betonieren dünner Wände

1238

Welche Auswirkung hat eine ungenügende Betonverdichtung?

① Der Beton ist nicht richtig gemischt
② Der Beton erreicht nicht die geforderte Festigkeit
③ Der Zement bindet nur unvollständig ab
④ Der Erstarrungsbeginn des Betons verzögert sich
⑤ Die Festigkeit wird erst viele Tage später erreicht

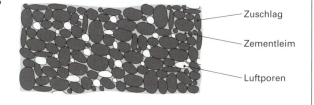

Zuschlag
Zementleim
Luftporen

1239

Wie kann der Frischbeton gut erhärten?

① Schnelle Austrocknung durch Sonne
② Wegwischen des austretenden Wassers
③ Zügige Windtrocknung
④ Abdecken mit Folie bei Wind und/oder Sonnenschein
⑤ Schnelles Ausschalen begünstigt die Belüftung

1240

Welche Maßnahme ist zu ergreifen, wenn während des Betonerhärtens Frost einwirkt?

① Das Bauteil muss abgerissen werden
② Man verlängert die Ausschalfrist um die Dauer des Frostes
③ Es muss Tausalz zugegeben werden
④ Es kann früher ausgeschalt werden
⑤ Frost hat keinen Einfluss auf die Hydratation

1241

Welche Temperatur darf der Frischbeton bei heißer Witterung nicht überschreiten?

① 30 °C
② 45 °C
③ 60 °C
④ 75 °C
⑤ 90 °C

1242

Welchen Zweck hat das Aufbringen von Schalöl auf die Schaltafeln?

① Das Ausschalen wird erleichtert
② Die Schaltafeln werden sauber
③ Die Lücken zwischen den Schalbrettern werden geschlossen
④ Das Betonieren wird einfacher
⑤ Der Beton wird besser verdichtet

1243

Worauf ist bei der Herstellung von Brettschalungen zu achten?

① Nur imprägniertes Holz verwenden
② Die »rechte Seite« (Kernseite) soll zum Beton zeigen
③ Die »linke« Brettseite soll zum Beton zeigen
④ Abwechselnd »rechte« und »linke« Brettseite zeigen zum Beton
⑤ Die Brettdicke soll 40 mm sein

1244

Wie sind die Laschen einer hohen Stützenschalung anzubringen?

① 50 cm Abstand
② 60 cm Abstand
③ 80 cm Abstand
④ Oben kleinere Abstände als unten
⑤ Unten kleinere Abstände als oben

1245

Wie groß darf der Laschenabstand bei Brett-Schalungsplatten höchstens sein?

① 20 cm
② 40 cm
③ 50 cm
④ 60 cm
⑤ 80 cm

1246

Wie viele Schalungsstützen dürfen bei einer Deckenschalung gestoßen (aus zwei Hölzern zusammengesetzt) sein?

① Jede Stütze
② Jede zweite Stütze
③ Jede dritte Stütze
④ Jede fünfte Stütze
⑤ Keine Stütze

1247

Welche Schalungsstütze ist nicht zulässig?

① Stahlrohrstütze
② Rundholzstütze ⌀ 10 cm
③ Rundholzstütze ⌀ 12 cm
④ Kantholzstütze in halber Höhe gestoßen
⑤ Rundholzstütze im oberen Drittel gestoßen und mit Laschen gesichert

1248

Welche Aussage über den Verbundbaustoff Stahlbeton ist nicht richtig?

① Beton und Stahl haften gut aneinander
② Beton nimmt die Druckkräfte und Stahl die Zugkräfte auf
③ Die Wärmeausdehnung von Beton und Stahl ist fast gleich
④ Beton nimmt die Zugkräfte und Stahl die Druckkräfte auf
⑤ Beton schützt den Stahl vor Rost

1249

Welche Spannungen treten in einem belasteten Stahlbetonbalken auf?

① Keine, die Lasten werden abgeleitet
② Oben und unten Biegezugspannungen
③ Oben und unten Biegedruckspannungen
④ Oben Biegezug- und unten Biegedruckspannungen
⑤ Oben Biegedruck- und unten Biegezugspannungen

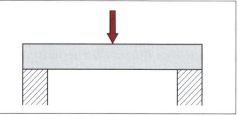

1250

Wovon hängt die Dicke der Betondeckung im Stahlbetonbau nicht ab?

① Umwelteinflüsse
② Durchmesser der Stahleinlagen
③ Güte der Stahleinlagen
④ Zuschlaggröße
⑤ Betonfestigkeitsklasse

1251

Betonstabstahl-Kurzname: BSt 500 S
Was gibt die Zahl 500 an?

① Zugfestigkeit in N/mm^2
② Druckfestigkeit in N/mm^2
③ Streckgrenze in N/mm^2
④ Dehnung in %
⑤ Querschnittsfläche in mm^2

1252

Was bedeutet die Bezeichnung »BSt 500 M«?

① Betonstahlmatte, Streckgrenze 500 N/mm²
② Betonstahlmatte, Zugfestigkeit 500 N/mm²
③ Betonstahlmatte, Mattenbreite 500 cm
④ Betonstahl, Querschnittfläche 500 mm²
⑤ Betonstahl, 500 g pro Meter

1253

Was bedeutet die Lagermatten-Kennzeichnung »R 295«?

① Rechteckige Stababstände 150 × 250 mm, Querschnitt der Längsstäbe 295 mm² pro Meter
② Rechteckige Matte mit 295 Feldern
③ Regelzugfestigkeit 295 N/mm²
④ Rippenstahlmatte, Stababstände 295 mm
⑤ Rastermaß der Matte 295 × 295 mm

1254

Wie werden Betonstahlmatten eingebaut?

① Die Lage der Stähle ist beliebig
② Die Verteiler liegen immer unten
③ Die Verteiler liegen immer am Betonrand
④ Die Tragstäbe liegen immer am Betonrand
⑤ Die Tragstäbe liegen immer oben

1255

Welche statische Aufgabe haben die Bügel in einem Stahlbetonbalken?

① Sie verankern die Bewehrung im Beton
② Die nehmen Biegedruckspannungen auf
③ Die nehmen Biegezugspannungen auf
④ Sie nehmen Schubspannungen auf
⑤ Sie haben keine statische Aufgabe

1256

Für welches Bauteil ist der dargestellte Bewehrungskorb geeignet?

① Stahlbetonbalken
② Bewehrte Einzelfundamente
③ Stahlbetonstützwände
④ Stahlbetonstützen
⑤ Stahlbetonrundstützen

1257

Wie groß muss der Abstand zwischen zwei Bewehrungsstäben mindestens sein?

① 1,0 cm
② 1,5 cm
③ Wie der Stabdurchmesser
④ Wie der größere Stabdurchmesser, mindestens aber 2,0 cm
⑤ 2,5 cm

1258

Wie stellt man bei Betonstählen Aufbiegungen und Winkelhaken her?

① Mit dem Hammer umschlagen
② Über Biegerollen biegen
③ Erhitzen und schmieden
④ Biegen mit der Flechterzange
⑤ Anschweißen

1259

Wie lang müssen Winkelhaken am Betonstahlende sein?

① 2 cm
② 5 cm
③ 2 x Stabdurchmesser
④ 5 x Stabdurchmesser
⑤ 10 x Stabdurchmesser

1260

Wodurch wird die Bewehrung im Stahlbeton nicht rosten?

① Ausreichend dicke und dichte Betondeckung
② Großer Wasserzementwert (> 0,8)
③ Geringer Zementanteil im Beton
④ Gipszugabe zum Frischbeton
⑤ Gut belüfteter, poröser Beton

1271u

Was ist Zement?

1272u

In welche drei Hauptarten wird Zement nach Din 1164 unterteilt?

1273u

Woraus setzen sich die drei Hauptzementarten nach DIN 1164 zusammen?

1274u

Wie wird Zement hergestellt?

1275u

In welche Festigkeitsklassen werden Zemente nach DIN 1164 eingeteilt?

1276u

Wie lautet die normgerechte Bezeichnung für einen Portlandzement der Festigkeitsklasse 42,5 mit hoher Anfangsfestigkeit?

1277u

Welche Informationen enthält die normgerechte Zementbezeichnung CEM III 42,5 R?

1278u

Welche Aufgabe haben Zuschläge im Normalbeton?

1279u

Warum eignet sich Zuschlagsgemisch Ⓐ besser als Zuschlagsgemisch Ⓑ zur Betonherstellung?

1280u

Was ist Beton?

1281u

Welche Vorteile hat Beton?

1282u

Welche Nachteile hat Beton?

1283u

Wovon ist die Konsistenz des Frischbetons abhängig?

1284u

Welche Folgen ergeben sich, wenn man einer Betonmischung mehr als 0,4 kg Wasser pro 1 kg Zement zugibt?

1285u

Wie wird Baustellenbeton fachgerecht hergestellt?

1286u

Welche (vier von fünf) Regeln müssen beim Betoneinbringen beachtet werden?

1287u

Vor welchen Einwirkungen muss frisch eingebrachter Beton bis zum Erhärten geschützt werden?

1288u

Was sind die Hauptbestandteile jeder Schalung?

1289u

Welche Aufgaben hat die Betonschalung?

1290u

Wozu dienen Drängbretter?

1291u

Welche Aufgaben haben Betonstähle?

1292u

Weshalb ist die Oberfläche von Betonstählen gerippt?

1293u

Was ist eine Lagermatte?

1294u

R- und K-Matten haben Tragstäbe und Verteilerstäbe. Was sind ihre Aufgaben?

1295u

Was ist Stahlbeton?

1401

Welche Behauptung über die Eigenschaften von Holz ist richtig?

① Holz kann quellen und schwinden
② Holz kann nur quellen
③ Holz kann nur schwinden
④ Holz ist nicht hygroskopisch
⑤ Holz nimmt keine Feuchtigkeit auf

1402

In welcher Richtung ist bei Vollholz das geringste Schwindmaß zu verzeichnen?

① Quer zur Faser
② Längs zur Faser
③ In Richtung der Jahresringe (tangential)
④ In Richtung der Markstrahlen (radial)
⑤ Quer zu den Jahresringen

1403

Was versteht man unter dem »Arbeiten des Holzes«?

① Insektenbefall am Schnittholz
② Bildung von Zellen im Baum
③ Beginn des Wachstums im Frühjahr
④ Formänderung durch Aufnahme und Abgabe von Feuchtigkeit
⑤ Elastizität beim Biegen des Holzes

1404

Welche Aussage zum konstruktiven, handwerklichen Holzschutz ist falsch?

① Hirnholz muss im Außenbereich zur Wetterseite zeigen
② Eingebautes Holz ist vor Feuchtigkeit zu schützen
③ Holzstützen müssen einen bestimmten Abstand zum Erdboden haben
④ Hölzer sollen umlüftet oder hinterlüftet eingebaut werden
⑤ Sperrschichten schützen das Holz vor aufsteigender Feuchte

1405

Was versteht man unter Tischlerplatten (BTI)?

① Sperrholz mit Stäbchen-, Stab- oder Streifen-Mittellage
② Sperrholz, das nur aus Furnieren aufgebaut ist
③ Spanplatten, die als Flachpressplatten hergestellt werden
④ Spanplatten, die als Strangpressplatten hergestellt werden
⑤ Holzfaserplatten

1406

Welches der aufgeführten Bauschnitthölzer entspricht der Sortierklasse S 7?

① Bauschnittholz mit üblicher Tragfähigkeit
② Bauschnittholz mit überdurchschnittlicher Tragfähigkeit
③ Bauschnittholz mit geringer Tragfähigkeit
④ Bauschnittholz nur für untergeordnete Bauteile
⑤ Bauschnittholz nur für den Innenbereich

1407

Welches Bauholz ist im Bild dargestellt?

① Eine unbesäumte Bohle
② Eine besäumte Bohle
③ Ein unbesäumtes Brett
④ Ein Furnier
⑤ Eine Schwarte

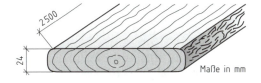

1408

Welche Behauptung über das Verhalten des Holzes gegenüber Feuchtigkeit ist richtig?

① Holz kann Feuchtigkeit aufnehmen und abgeben
② Holz kann nur Feuchtigkeit aufnehmen
③ Holz arbeitet nicht
④ Holz kann nur Feuchtigkeit abgeben
⑤ Holz ist nicht hygroskopisch

1409

In welcher Richtung schwindet Vollholz am meisten?

① Quer zu den Jahresringen
② Längs zur Faser
③ Radial in Richtung der Markstrahlen
④ Tangential in Richtung der Jahresringe
⑤ Quer zur Faser

1410

Welche Eigenschaft weist Holz nicht auf?

① Gute Wärmedämmung
② Hohe Festigkeit längs zur Faser
③ Quellen und Schwinden
④ Gute Bearbeitbarkeit
⑤ Hohe Wärmeleitfähigkeit

1411

Welche Eigenschaft trifft auf Holz nicht zu?

① Nicht brennbar
② Wärmedämmend
③ Hygroskopisch
④ Gute Bearbeitbarkeit
⑤ Anfällig für pflanzliche und tierische Schädlinge

1412

Welche holzzerstörende Krankheit ist beim verarbeiteten Holz die gefährlichste?

① Rotfäule (Warzenschwamm)
② Bläue
③ Astfäule
④ Weißfäule
⑤ Braunfäule (echter Hausschwamm)

1413

Wie nennt man die Umwandlung von Wasser und Kohlendioxid mit Hilfe von Sonnenlicht in Traubenzucker und Stärke?

① Kapillarität
② Photosynthese
③ Adhäsion
④ Diffusion
⑤ Kambium

1414

Was bildet der Baum mit Hilfe des Blattgrüns direkt aus Kohlendioxid und Wasser?

① Zellulose
② Zweige
③ Blätter
④ Traubenzucker
⑤ Holz

1415

Wie soll Bauschnittholz gelagert werden?

① Im Freien direkt auf dem Boden
② In Trockenkammern bei 105 °C
③ In Lagerschuppen ohne Längswände
④ In geschlossenen klimatisierten Räumen
⑤ In feuchten, warmen Räumen

1416

In welcher Antwort sind nur im Holz enthaltene Kohlenwasserstoffverbindungen aufgeführt?

① Zellulose, Lignin und Harz
② Zellulose, Teer und Harz
③ Zellulose, Lignin und Bitumen
④ Zellulose, PVC und Harz
⑤ Bitumen, Lignin und Harz

1417

Welcher Stoff gehört nicht zu den lebensnotwendigen Aufbaustoffen von Bäumen?

① Wasser
② Kohlendioxid
③ In Wasser gelöste Mineralien
④ Sonnenlicht
⑤ Erdöl

1418

Wie heißt die Wachstumsschicht des Holzes?

① Mark
② Bastschicht
③ Kambium
④ Borke
⑤ Markstrahlen

1419

Wann sollte Holz gefällt werden?

① Im Winter
② Im Frühjahr
③ Im Sommer
④ Im Spätsommer
⑤ Im Herbst

1420

Welche Eigenschaft trifft auf Holz mit einer Feuchte μ > 30% (über dem Fasersättigungspunkt) zu?

① Gute Bearbeitbarkeit
② Gute Transportfähigkeit
③ Kein Quellen oder Schwinden des Holzes
④ Geringe Wärmeleitfähigkeit
⑤ Kein Schädlingsbefall

1421

Was versteht man unter Kernholz?

① Helles, im Frühjahr und Sommer gewachsenes Holz
② Dunkles, im Spätsommer und Herbst gewachsenes Holz
③ Außenliegendes, helles und wasserführendes Holz
④ Bauholz
⑤ Innenliegendes, dunkles und nicht wasserführendes Holz

1422

In welcher Auswahlantwort sind nur Kernholzbäume aufgeführt?

① Kiefer, Eiche, Lärche
② Kiefer, Eiche, Buche
③ Fichte, Eiche, Lärche
④ Kiefer, Tanne, Buche
⑤ Fichte, Tanne, Lärche

1423

Welche Aufgabe hat die Bastschicht?

① Transport von Nährstoffen in senkrechter Richtung
② Transport von Nährstoffen in waagerechter Richtung
③ Bildung einer dünnen festen Schutzschicht
④ Wachstumsschicht des Baumes
⑤ Keine

1424

Holz ist hygroskopisch. Was wird unter dieser Aussage verstanden?

① Die Abhängigkeit der Holzfeuchte von der Luftfeuchte
② Die gute Bearbeitbarkeit von Holz
③ Die Schönheit des Holzes
④ Eine geringe Wärmeleitfähigkeit des Holzes
⑤ Das unterschiedliche Verhalten von Holz je nach Richtung

1425

Bis zu welchem Feuchtigkeitsgehalt μ kann Holz natürlich getrocknet werden?

① Bis zum Fasersättigungspunkt, μ ist etwa 30%
② Halbtrocken, μ liegt zwischen 20% und 30%
③ Trocken, μ liegt unter 20%
④ Bis etwa 15%
⑤ Bis etwa 6%

1426

Woraus wird Bauholz hauptsächlich gewonnen?

① Aus Erzen
② Aus Wurzeln
③ Aus dem Boden
④ Aus Baumstämmen
⑤ Aus Blättern und Zweigen

1427

Wovor muss Holz nicht geschützt werden?

① Wasser
② Feuer
③ Insekten
④ Metallen
⑤ Pilzen

1428

In welchem Holz wird die Tragfähigkeit von Nägeln mit der Zeit stark verringert?

① In Brettschichtholz
② In Laubhölzern
③ In Nadelhölzern
④ Im frischen Bauholz
⑤ Im trockenen Bauholz

1429

Welches Einbringungsverfahren wird beim chemischen Holzschutz nicht verwendet?

① Streichen
② Einpflanzen
③ Sprühen
④ Spritzen
⑤ Tauchen

1430

Wonach wird der chemische Holzschutz unterteilt?

① Nach der Umweltverträglichkeit der Holzschutzmittel
② Nach der Konzentration der Holzschutzmittel
③ Nach der Einwirkdauer der Holzschutzmittel
④ Nach der chemischen Zusammensetzung der Holzschutzmittel
⑤ Nach der Eindringtiefe der Holzschutzmittel

1431

Wie wird der Feuchtigkeitsgehalt μ von Holz bestimmt?

① Überhaupt nicht, da der Feuchtigkeitsgehalt μ unwichtig ist
② Er wird durch Inaugenscheinnahme geschätzt
③ Über das Gewicht vor und nach einer Trocknung bei 105 °C (Darrprobe)
④ Über die Branddauer bei einer Verbrennungsprobe
⑤ Über die aufgenommene Wassermenge bei einer Saugprobe

1432

Welchem Kurzzeichen ist eine falsche Wirksamkeit und Verwendung zugeordnet worden?

① Iv = vorbeugend gegen Insekten
② Ib = Bekämpfung von Insekten
③ P = gegen Pollen
④ M = Bekämpfung von Schwamm im Mauerwerk
⑤ F = geeignet für Feuerschutzbehandlung

1433

Welchem Kurzzeichen ist eine falsche Wirksamkeit und Verwendung zugeordnet worden?

① Iv = vorbeugend gegen Insekten
② Ib = Bekämpfung von Insekten
③ W = geeignet für der Witterung ausgesetztes Holz
④ M = Bekämpfung von Schwamm im Mauerwerk
⑤ F = gegen Frosteinwirkung

1434

Welcher Holzwuchsfehler wird im Bild dargestellt?

① Drehwuchs
② Exzentrischer Wuchs
③ Überwallung
④ Maserwuchs
⑤ Frostleiste

1435

Welcher Holzwuchsfehler wird im Bild dargestellt?

① Drehwuchs
② Exzentrischer Wuchs
③ Luft- oder Trockenrisse
④ Maserwuchs
⑤ Frostleiste

1436

Wie wird das im Bild mit Ⓐ bezeichnete Bauteil einer Fachwerkwand fachgerecht benannt?

① Schwelle
② Riegel
③ Pfosten
④ Strebe
⑤ Rähm

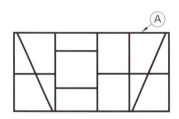

1437

Wie wird das im Bild mit Ⓑ bezeichnete Bauteil einer Holzbalkendecke fachgerecht benannt?

① Ganzbalken oder Hauptbalken
② Stichbalken
③ Wechsel
④ Füllholz
⑤ Streichbalken

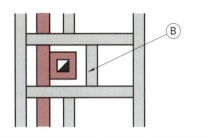

1438

Wie wird die zimmermannsmäßige Holzverbindung im Bild bezeichnet?

① Schräges Blatt
② Einfaches Blatt mit Zapfen
③ Hakenblatt
④ Hakenblatt mit Zapfen
⑤ Druckblatt

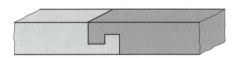

1439

Welche Holzverbindung wird im Bild dargestellt?

① Verzapfung
② Stirnversatz
③ Doppelter Versatz
④ Fersenversatz
⑤ Aufschiebling

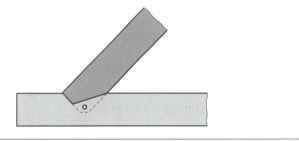

1440

Welches Insekt gehört nicht zu den tierischen Holzschädlingen?

① Pochkäfer
② Holzwespen
③ Hausbockkäfer
④ Marienkäfer
⑤ Borkenkäfer

1441

Welcher Pilz gilt als der gefährlichste pflanzliche Holzschädling?

① Bläuepilz
② Echter Hausschwamm
③ Rotfäule
④ Weißfäule
⑤ Balkenblättling

1442

Welche Maßnahme ist zur Abwehr von pflanzlichen Holzschädlingen geeignet?

① Abdecken gegen Sonnenlichteinfall
② Feuchthalten
③ Sperren gegen Frischluftzufuhr
④ Trocknen mit Heißluft
⑤ Feuchtwarmes Reizklima

1443

Wie sind die Reste von Holzschutzmitteln zu entsorgen?

① Im Mülleimer
② Im Boden vergraben
③ Als Sondermüll zur Mülldeponie bringen
④ In der Toilette wegspülen
⑤ Verbrennen

1444

Welche Maßnahme zum konstruktiven Holzschutz ist falsch?

① Holzverkleidung von Wänden hinterlüften
② Holzstützen zum Schutz vor Bodenfeuchtigkeit aufständern
③ Nur frisches Holz mit einem Feuchtegehalt von $\mu > 30\%$ verarbeiten
④ Zwischen Mauerwerk und Holzbauteilen Feuchtigkeitssperren anordnen
⑤ Ausbildung von Tropfnasen

1445

Welche Maßnahme zum konstruktiven Holzschutz ist falsch?

① Holzbauteile hinterlüften
② Holz mit Feuchtigkeitssperren schützen
③ Nur trockenes Holz mit einem Feuchtegehalt von $\mu < 20\%$ einbauen
④ Holzbauteile satt ummörteln
⑤ Hirnholz im Außenbereich gegen Feuchtigkeit abdecken

1446

Welche konstruktive Holzschutzmaßnahme wird hier im Bild abgebildet?

① Hinterlüftete Holzverkleidung einer Wand
② Aufgeständerte Holzstütze zum Schutz vor Bodenfeuchtigkeit
③ Abdeckung von Hirnholz im Außenbereich
④ Feuchtigkeitssperre zwischen Mauerwerk und einem Holzbalken
⑤ Ausbildung einer Tropfnase

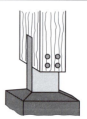

1447

Die Leime für Spanplatten und Faserplatten enthalten Formaldehyd. Welche Platten dürfen innen ohne Einschränkung eingebaut werden?

① Platten mit Kennzeichnung E1
② Platten mit Kennzeichnung E3
③ Platten mit Kennzeichnung E1 und E2
④ Platten mit Kennzeichnung E1, E2 und E3
⑤ Keine Platten mit Kennzeichnung E1, E2 und E3

1448

Mit welchem Feuchtigkeitsgehalt μ wird Bauholz für den Rohbau in der Regel verarbeitet?

① Als Frischholz mit $\mu > 30\%$
② Halbtrocken, μ liegt zwischen 20% und 30%
③ Trocken, $\mu < 20\%$
④ Darrtrocken, $\mu = 0\%$
⑤ Künstlich getrocknet, $\mu < 15\%$

1449

Wie wird der im Bild mit Ⓐ gekennzeichnete Teil im Querschnitt eines Holzstammes bezeichnet?

① Jahresring
② Borke
③ Markstrahl
④ Kambium
⑤ Mark

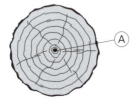

1450

Was versteht man unter Tracheiden?

① Leitzellen für den Transport von Nährstoffen im Baum
② Stützzellen für die Festigkeit des Baumes
③ Speicherzellen in Bäumen
④ Zellen, die Leitungsaufgaben und Stützaufgaben bei Nadelbäumen wahrnehmen
⑤ Tracheiden sind Holzschädlinge

1451

Was versteht man unter Assimilation?

① Die Nahrungsaufnahme des Baumes mit seinen Wurzeln
② Die Aufnahme von Kohlendioxid über die Blätter
③ Die Herstellung von Blattgrün (Chlorophyll)
④ Die Umwandlung der aufgenommenen Nährstoffe in Traubenzucker und Stärke
⑤ Die Entstehung eines Jahresringes aus Frühholz

1452

Welcher chemische Prozess läuft beim Faulen von Holz ab?

① Eine Hydratation
② Eine langsame Oxidation
③ Eine langsame Reduktion
④ Eine Karbonatisierung
⑤ Fotosynthese

1453

Welches Bauholz gehört nicht zum Schnittholz?

① Dachlatten
② Rundholz
③ Kantholz
④ Bretter
⑤ Bohlen

1454

Welcher Schnitt durch einen Baumstamm ist im Bild abgebildet?

① Querschnitt oder Hirnschnitt
② Sehnenschnitt oder Fladerschnitt
③ Aufschnitt
④ Radialschnitt oder Spiegelschnitt
⑤ Keiner der Schnitte

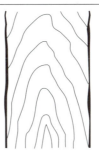

1455

Welches Querschnittsmaß gehört zu den Balken?

① 16 cm/18 cm
② 40 mm/60 mm
③ 6 cm/6 cm
④ 10 cm/20 cm
⑤ 24 mm/48 mm

1456

Welche Schnitthölzer haben eine Querschnittsfläche von maximal 32 cm²?

① Balken
② Kanthölzer
③ Bohlen
④ Bretter
⑤ Dachlatten

1457

Welche Mindestdicke weisen Bohlen auf?

① 20 mm
② 30 mm
③ 40 mm
④ 50 mm
⑤ 60 mm

1458

Welche Bauschnitthölzer gehören zur Sortierklasse S13?

① Bauschnitthölzer mit überdurchschnittlicher Tragfähigkeit
② Bauschnitthölzer mit üblicher Tragfähigkeit
③ Bauschnitthölzer mit geringer Tragfähigkeit
④ Bauschnitthölzer für untergeordnete Bauteile
⑤ Bauschnitthölzer für den Innenbereich

1459

Welches Bauholz ist im Bild dargestellt?

① Eine unbesäumte Bohle
② Eine besäumte Bohle
③ Ein besäumtes Brett
④ Ein zweiseitig besäumtes Rundholz
⑤ Eine Schwarte

1460

Welches Bauholz ist im Bild dargestellt?

① Eine unbesäumte Bohle
② Eine besäumte Bohle
③ Ein unbesäumtes Brett
④ Ein Furnier
⑤ Eine Schwarte

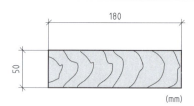

1461

Welches der aufgeführten Bauschnitthölzer entspricht der Sortierklasse MS17?

① Bauschnittholz mit üblicher Tragfähigkeit
② Bauschnittholz mit überdurchschnittlicher Tragfähigkeit
③ Bauschnittholz mit geringer Tragfähigkeit
④ Bauschnittholz mit besonders hoher Tragfähigkeit
⑤ Bauschnittholz nur für den Innenbereich

1462

Welches Mindestbreite besitzen Bretter?

① 40 mm
② 60 mm
③ 80 mm
④ 100 mm
⑤ 120 mm

1463

Wie wird das im Bild mit Ⓐ gekennzeichnete Brett vom Schnitt am Stamm her genannt?

① Schwarte
② Seitenbrett
③ Mittelbrett
④ Herzbrett
⑤ Besäumtes Brett

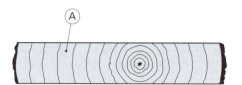

1464

Welches Merkmal gehört nicht zu den Sortierkriterien nach DIN 4074?

① Insektenfraß
② Äste
③ Jahresringbreite
④ Anzahl der Jahresringe
⑤ Verfärbungen

1465

Welches Merkmal gehört nicht zu den Sortierkriterien nach DIN 4074?

① Mistelbefall
② Baumkante
③ Baumart
④ Faserneigung
⑤ Risse

1466

Welche Baumart wird für Bauholz am häufigsten verwendet?

① Eiche
② Kiefer
③ Tanne
④ Buche
⑤ Fichte

1467

Welche Sortierklasse entspricht Nadelholz mit der Güteklasse II (NH GK II)?

① Visuelle Sortierung S 7
② Visuelle Sortierung S 10
③ Visuelle Sortierung S 13
④ Maschinelle Sortierung MS 13
⑤ Maschinelle Sortierung MS 17

1468

Welcher Baustoff gehört nicht zu den Holzwerkstoffen?

① Spanplatte
② Tischlerplatte
③ Holzfaserplatte
④ Holzwolleleichtbauplatte
⑤ Glasplatte

1469

Welches Bauholz zählt zu den Halbfertigerzeugnissen?

① Besäumte Bretter
② Unbesäumte Bohlen
③ Kanthölzer
④ Dachlatten
⑤ Gespundete Bretter

1470

Wie sind Bau-Furnierplatten (BFU) aufgebaut?

① Aus mindestens 2 Furnieren, die kreuzweise verleimt sind
② Aus mindestens 3 verleimten Furnieren
③ Aus mindestens 3 Furnieren, die kreuzweise verleimt sind
④ Aus mindestens 4 verleimten Furnieren
⑤ Aus mindestens 4 Furnieren, die kreuzweise verleimt sind

1471

Welche Eigenschaft trifft auf Sperrholz zu?

① Es ist wesentlich leichter als Vollholz
② Es ist wesentlich schwerer als Vollholz
③ Es besitzt eine wesentlich bessere Wärmedämmung als Vollholz
④ Es besitzt eine wesentlich bessere Schalldämmung als Vollholz
⑤ Es quillt und schwindet wesentlich geringer als Vollholz

1472

Was versteht man unter Furnieren?

① Miteinander verleimte Bretter
② Miteinander verleimte Holzleisten
③ Miteinander verleimte Holzspäne
④ Miteinander verleimte Holzfasern
⑤ 0,5 mm bis 8 mm dicke Holzblätter, die vom Vollholz abgesägt, abgemessert oder abgeschält werden

1473

Welchen Vorteil haben Spanplatten gegenüber Vollholz?

① Sie haben eine wesentlich höhere Festigkeit
② Sie lassen sich wesentlich besser bearbeiten
③ Sie sind teurer als Vollholz
④ Auch minderwertiges Holz kann verarbeitet werden
⑤ Sie sind umweltfreundlicher als Vollholz

1474

Wie werden die Furniere genannt, die die äußerste Lage von Tischlerplatten (BTI) bilden?

① Deckfurniere
② Messerfurniere
③ Schälfurniere
④ Sägefurniere
⑤ Absperrfurniere

1475

Bei welchen Platten aus Holzwerkstoffen wird auch Bitumen als Bindemittel verwendet?

① Spanplatten
② Tischlerplatten
③ Holzfaserplatten
④ Holzwolleleichtbauplatten
⑤ Bau-Furnierplatten

1476

Welche zimmermannsmäßige Holzverbindung verwendet man für Eckverbindungen?

① Scherzapfen
② Stumpfer Stoß
③ Stirnversatz
④ Verkämmung
⑤ Fersenversatz

1477

In welcher Antwort sind nur zimmermannsmäßige Holzverbindungen aufgeführt?

① Verkämmung, Überlattung, Verleimung
② Versatz, Verbolzung, Scherzapfen
③ Vernagelung, Eckblatt, Schlitz und Zapfen
④ Schlitz und Zapfen, Überblattung, Verschraubung
⑤ Scherzapfen, Stirnversatz, Eckblatt

1478

Welche zimmermannsmäßige Holzverbindung verwendet man für Längsverbindungen?

① Stirnversatz
② Gerades Blatt
③ Scherzapfen
④ Eckblatt
⑤ Verkämmung

1479

Welche zimmermannsmäßige Holzverbindung verwendet man für Kreuzungen von zwei Hölzern?

① Gerades Blatt
② Scherzapfen
③ Eckblatt
④ Stirnversatz
⑤ Verkämmung

1480

Welche zimmermannsmäßige Holzverbindung verwendet man für Abzweigungen?

① Schräges Blatt
② Eckblatt
③ Verkämmung
④ Stirnversatz
⑤ Scherzapfen

1481

Welches Verbindungsmittel ergibt eine lösbare Holzverbindung?

① Holzschrauben
② Drahtstifte
③ Phenolharzleim
④ Klammern
⑤ Weißleim

1482

Welche zimmermannsmäßige Holzverbindung ist im Bild unter Ⓒ abgebildet?

① Stirnversatz
② Verkämmung
③ Schlitz und Zapfen
④ Gerades Blatt
⑤ Stumpfer Stoß

Ⓐ Ⓑ Ⓒ  Ⓓ Ⓔ

1483

Welches metallische Holzverbindungsmittel ist im Bild unter Ⓓ abgebildet?

① Drahtstift
② Klammer
③ Holzschraube
④ Schraubenbolzen
⑤ Dübel besonderer Bauart

Ⓐ Ⓑ Ⓒ Ⓓ Ⓔ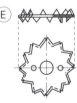

1484

Wie viel Nägel sind für eine tragende Nagelverbindung, die auf Abscheren belastet wird, nach DIN 1052 mindestens erforderlich?

① 2
② 3
③ 4
④ 5
⑤ 6

1485

Wie viel Schrauben mit einem Durchmesser $d < 10$ mm sind für eine tragende Schraubenverbindung nach DIN 1052 mindestens nötig?

① 2
② 3
③ 4
④ 5
⑤ 6

1486

Welche Mindestholzdicke muss ein Holzbauteil für eine tragende Nagelverbindung nach DIN 1052 aufweisen?

① 20 mm
② 24 mm
③ 28 mm
④ 30 mm
⑤ 40 mm

1487

In einer Holzbauzeichnung ist an einer Nagelverbindung 22 Na 34/90 zu lesen. Was ist mit der Zahl 34 gemeint?

① Nagellänge = 34 cm
② Nagellänge = 34 mm
③ Durchmesser des Nagelschaftes = 34 mm
④ Durchmesser des Nagelschaftes = 3,4 mm
⑤ Durchmesser des Nagelkopfes = 3,4 mm

1488

Welche Abbildung im Bild zeigt eine zweischnittige Nagelverbindung?

① A
② B
③ C
④ D
⑤ E

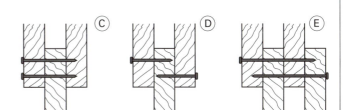

1489

Welche Abbildung im Bild zeigt eine Holzschraube mit Linsenkopf?

① A
② B
③ C
④ D
⑤ keine der Abbildungen

1490

An einer Nagelverbindung ist 26 Na 42/110, vb zu lesen. Was bedeutet vb?

① Verbindlich: genau die angegebenen Nägel müssen genommen werden
② Unverbindlich: man darf auch andere Nägel nehmen
③ Vorgebohrt: damit die Nägel leichter eingeschlagen werden können
④ Vorgebohrt: die Tragkraft eines Nagels pro Scherfläche erhöht sich auf das 1,25fache
⑤ Hier darf zur Arbeitserleichterung nicht vorgebohrt werden

1491

Womit lässt sich die Gefahr des Spaltens von Holz bei einer Nagelverbindung nicht herabsetzen?

① Stauchen (Abstumpfen) der Nagelspitze
② Einhalten von vorgeschriebenen Randabständen
③ Einhalten von vorgeschriebenen Abständen der Nägel untereinander
④ Versetzen der Nägel zur Nagelrissachse mit Hilfe einer Nagelschablone
⑤ Maschinelles Einschlagen der Nägel

1492

Wodurch kommt die Festigkeit einer Leimfuge zustande?

① Adhäsion
② Kapillarität
③ Kohäsion
④ Durch eine chemische Reaktion mit dem Holz
⑤ Adhäsion und Kohäsion

1493

Welcher Baustoff wird aus Vollholz durch Verleimung hergestellt?

① Brettschichtholz (BSH)
② Spanplatten
③ Holzwolleleichtbauplatten
④ Hartfaserplatten
⑤ Gespundete Bretter

1494

Welche der Abbildungen im Bild zeigt eine Spundung?

① A
② B
③ C
④ D
⑤ E

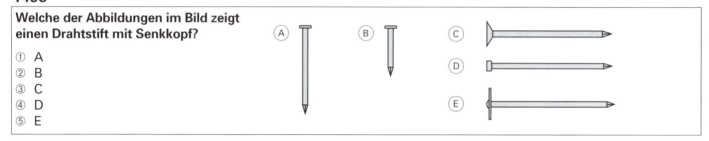

1495

Welche der Abbildungen im Bild zeigt einen Drahtstift mit Senkkopf?

① A
② B
③ C
④ D
⑤ E

1496

In welcher Antwort sind nur Leime aus natürlichen Grundstoffen aufgeführt?

① Glutinleim, Kaseinleim, Stärkeleim
② Melaminharzleim, Stärkeleim, Kaseinleim
③ Stärkeleim, Kaseinleim, Harnstoffharzleim
④ Kaseinleim, Resorcinharzleim, Stärkeleim
⑤ Polyvinylacetatleim (Weißleim), Stärkeleim, Kaseinleim

1497u

Erklären Sie die Entstehung von Holz unter Verwendung der Begriffe Fotosynthese und Assimilation.

1498u

Skizzieren und beschriften Sie den Stammquerschnitt eines Baumes.

① _____   ⑥ _____

② _____   ⑦ _____

③ _____   ⑧ _____

④ _____   ⑨ _____

⑤ _____

1499u

Skizzieren und benennen Sie vier verschiedene zimmermannsmäßige Holzverbindungen.

1501

In welcher Antwort werden nur Estriche nach der Konstruktionsart aufgeführt?

① Verbundestrich, Estrich auf Trennschicht, Gussasphaltestrich
② Verbundestrich, Zementestrich, Schwimmender Estrich
③ Verbundestrich, Estrich auf Trennschicht, Schwimmender Estrich
④ Anhydritestrich, Estrich auf Trennschicht, Schwimmender Estrich
⑤ Magnesiaestrich (Steinholzestrich), Estrich auf Trennschicht, Schwimmender Estrich

1502

In welcher Antwort werden nur Estriche nach dem verwendeten Bindemittel aufgeführt?

① Verbundestrich, Estrich auf Trennschicht, Gussasphaltestrich
② Verbundestrich, Zementestrich, Schwimmender Estrich
③ Verbundestrich, Estrich auf Trennschicht, Schwimmender Estrich
④ Anhydritestrich, Estrich auf Trennschicht, Schwimmender Estrich
⑤ Anhydritestrich, Zementestrich, Gussasphaltestrich

1503

Welche Platten gehören zu den Fliesen?

① Kacheln
② Platten aus Marmor
③ Spaltplatten
④ Beton-Werksteinplatten
⑤ Feinkeramische Platten aus Steingut

1504

Welches Material wird als Trennschicht zwischen Dämmung und schwimmendem Estrich eingebaut?

① Bituminöse Dachbahnen
② PE-Folie
③ Kunststoff-Dachbahnen
④ Bitumenpappe
⑤ Aluminiumfolie (Alu-Folie)

1505

Welche Aufgabe hat die Trennschicht zwischen Dämmung und schwimmendem Estrich?

① Sie dient als Dampfsperre
② Sie verhindert eine chemische Reaktion zwischen Dämmung und Estrich
③ Sie verteilt die Estrichlasten gleichmäßig
④ Sie verhindert, dass Bindemittel in die Schalldämmung gelangt
⑤ Sie hat keine Aufgabe

1506

Wie vermeidet man Schwindrisse im Zementestrich?

① Durch schnelles Trocknen des Estrichs
② Durch Dehnungsfugen und 7-tägiges Feuchthalten des Estrichs
③ Durch einen ausreichend hohen Zementgehalt
④ Durch Kühlung mit starker Zugluft
⑤ In Zementestrichen können keine Schwindrisse auftreten

1507

In welcher Antwort sind nur Eigenschaften aufgelistet, die ein Estrich erfüllen muss?

① Elektrisch nicht leitend, abriebfest, druckfest
② Nicht quellend, abriebfest, druckfest
③ Eben, abriebfest, druckfest
④ Eben, abriebfest, elektrisch nicht leitend
⑤ Eben, abriebfest, nicht quellend

1508

Welche Aufgabe hat der Randstreifen beim schwimmenden Estrich?

① Er dient zur Wärmedämmung
② Er spart Material für den Estrich ein
③ Er stellt das Auflager für die Fußleiste
④ Er vermeidet die Trittschallübertragung
⑤ Er hat keine Aufgabe

1509

Welche Platten werden als Fliesen bezeichnet?

① Klinkerplatten
② Kacheln
③ Feinkeramische Platten aus Steinzeug
④ Spaltplatten
⑤ Platten aus Magnesiamörtel

1510

Welcher Baustoff gehört nicht zur Keramik?

① Steingut-Platten
② Klinkerriemchen
③ Irdengut-Platten
④ Glasfliesen
⑤ Cottoplatten

1511

Welcher Estrich ist im Bild dargestellt?

① Verbundestrich
② Estrich auf Trennlage
③ Schwimmender Estrich
④ Trockenestrich
⑤ Im Bild ist kein Estrich dargestellt

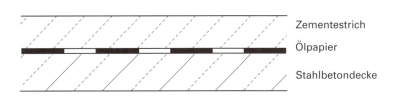

Zementestrich

Ölpapier

Stahlbetondecke

1512

Welcher Baustoff wird als keramisch bezeichnet?

① Schamotte
② Natursteinplatten
③ Teppichfliesen
④ Asphaltplatten
⑤ Glasplatten

1513

Welcher Baustoff wird als Keramik bezeichnet?

① Baustoff aus Kalk und Sand
② Baustoff aus gebranntem Ton
③ Baustoff, der mit Zement hergestellt wird
④ Baustoff, der Bitumen enthält
⑤ Baustoff aus Gips

1514

Wie werden keramische Platten heute geformt?

① Sie werden mit der Hand geformt
② Sie werden in einer sägerauhen Brettschalung hergestellt
③ Sie werden aus einem Block geschnitten
④ Sie werden im Strangpressverfahren gezogen
⑤ Sie werden nicht geformt, weil sie formlos sind

1515

Woraus werden Steingutfliesen hergestellt?

① Aus Zement, Sand und Kies
② Aus Ton, Kalk, Kaolin und Feldspat
③ Aus Ton, Kaolin, Quarz und Feldspat
④ Aus Ton, Gips, Kaolin und Feldspat
⑤ Aus Bitumen, Sand und Kies

1516

Welchen Zweck erfüllt die Glasur bei Steingutfliesen?

① Sie schützt die Fliesen vor UV-Strahlung
② Sie ist nur zur Verschönerung der Fliesen da
③ Sie schützt die Fliesen im Winter vor Frost
④ Die Fliesen werden durch sie wasserabweisend und schmutzabweisend
⑤ Sie hat keinen Zweck

1517

Welche Arbeit hat der Fliesenleger nach seinem Berufsbild zu verrichten?

① Abdichten von Dächern
② Herstellen von Betonschalungen
③ Herstellen von dauerelastischen Fugendichtungen
④ Herstellen und Einbauen von Fertigteilen
⑤ Herstellen, Einbringen und Nachbehandeln von Beton

1518

Was versteht man unter Sintern bei der Herstellung von Steinzeugfliesen?

① Das einmalige Brennen von glasierten Steinzeugfliesen
② Das Mischen von Quarz, Ton und Feldspat
③ Das Mahlen von Quarz und Feldspat
④ Das teilweise Schmelzen von Feldspat beim Brennen bei rund 1500 °C
⑤ Das Pressen der Rohlinge

1519

Welche Tätigkeit gehört zum Berufsbild des Fliesenlegers?

① Herstellen von Dacheindeckungen
② Herstellen, Einbringen und Nachbehandeln von Beton
③ Herstellen von Schornsteinen
④ Herstellen von Außenwänden bei Gebäuden
⑤ Ausführen von Fliesen-, Platten- und Mosaikarbeiten

1520

Welche Fliesenlegerkelle ist im Bild abgebildet?

① Hamburger Form
② Herzkelle
③ Schweizer Form
④ Viereckkelle
⑤ Das ist eine Maurerkelle

1521

Welche Plattenart zeigt das Bild?

① Steingutfliese
② Natursteinplatte
③ Teppichfliese
④ Waschbetonplatte
⑤ Spaltplatte

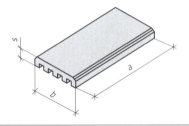

1522

Wann werden Fliesenbeläge angesetzt?

① Vor dem Verputzen
② Bevor Fensterrahmen, Türfutter und Anschlagschienen angebracht werden
③ Vor den Installationsarbeiten
④ Nach dem Verputzen, aber vor den Installationsarbeiten
⑤ Nach dem Verputzen, den Installationsarbeiten,
   dem Anbringen von Fensterrahmen, Türfutter und
   Anschlagschienen

1523

Weshalb werden Wandfliesen vor dem Ansetzen kurz (1 bis 3 Sekunden) ins Wasser getaucht?

① Damit die Fliesen sauber sind
② Damit die Fliesen schwerer werden
③ Damit der Ansetzmörtel auf den Fliesen rutscht
④ Damit der Ansetzmörtel nicht in die Poren der
   Fliesen eindringen kann
⑤ Damit die Fliesen dem Ansetzmörtel nicht zu viel
   Wasser entziehen

1524

Welche Eigenschaft spielt für die Haftung der Fliese am Untergrund keine Rolle?

① Die Saugfähigkeit des Untergrundes
② Die Rauheit des Untergrundes
③ Die Festigkeit des Untergrundes
④ Die Sauberkeit des Untergrundes
⑤ Die Farbe des Untergrundes

1525

Welche Eigenschaft darf der Untergrund für Fliesen-beläge nicht aufweisen?

① Ebenheit
② Rauigkeit
③ Verschmutzung
④ Trockenheit
⑤ Tragfähigkeit

1526

Wodurch kommt die Haftung der Fliese an der Wand zustande?

① Durch Kohäsion
② Durch die Dicke des Zementmörtels
③ Durch die Ebenheit des Untergrundes
④ Durch Adhäsion
⑤ Durch die Farbe des Untergrundes

1527

Was versteht man unter Ansetzen im Dünnbett?

① Die Verlegung in einem 20 mm bis 35 mm dicken
   Mörtelbett
② Die Verwendung besonders dünner Fliesen
③ Die Verwendung eines besonders dünnflüssigen
   Klebers
④ Die Verlegung in einem 5 mm bis 15 mm dicken
   Mörtelbett
⑤ Die Verlegung in einem 2 mm bis 3 mm dicken
   Mörtelbett

1528

Welcher Baustoff wird in der Regel zur Verfugung der Fliesen verwendet?

① Kalkmörtel
② Kalkzementmörtel
③ Zementmörtel
④ Gipsmörtel
⑤ Bitumen

1529

Welche Breite weisen die Fugen von Wandfliesen aus Steingut in der Regel auf?

① 2 mm bis 3 mm
② 5 mm
③ 5 mm bis 10 mm
④ 10 mm
⑤ 20 mm

1530

Welche Eigenschaft muss die Fugenmasse bei Anschlussfugen und Dehnfugen besitzen?

① Sie muss optisch besonders gut zur Geltung kommen
② Sie muss möglichst schmal sein
③ Sie muss aus Zementmörtel sein
④ Sie muss starr sein
⑤ Sie muss dauerelastisch sein

1551u

Zählen Sie drei verschiedene Konstruktionsarten für Estriche auf.

1552u

Skizzieren Sie den möglichen Aufbau eines schwimmenden Estrichs mit Wandanschluss.

1553u

Geben Sie drei Vorteile bzw. Nachteile von Zementestrich an.

1554u

Schildern Sie kurz die Herstellung von Steingutfliesen.

1555u

Zählen Sie fünf verschiedene keramische Baustoffe auf.

1601

Welchen Boden bezeichnet man als »bindigen Boden«?

① Lehmboden
② Moorboden
③ Sandboden
④ Sandigen Kies
⑤ Kiesboden

1602

Welchen Boden bezeichnet man als »nichtbindigen Boden«?

① Tonboden
② Moorboden
③ Lehmboden
④ Sand-Kies-Gemisch
⑤ Mergelboden

1603

Welcher Boden hat eine besonders gute Tragfähigkeit?

① Mittelfeuchter Lehmboden
② Verdichteter Schluffboden
③ Mittelfeuchter Tonboden
④ Trockener Sandboden
⑤ Festgelagertes Kies-Sand-Gemisch

1604

Wovon hängt die Tragfähigkeit von bindigen Böden besonders ab?

① Von der Verdichtung
② Von der Korngröße
③ Vom Eisengehalt
④ Vom Wassergehalt
⑤ Vom Sandanteil

1605

Welche Eigenschaft ist für die Frostempfindlichkeit von Böden verantwortlich?

① Kornform
② Tragfähigkeit
③ Kapillarität
④ Lösbarkeit
⑤ Rauigkeit der Kornoberfläche

1606

Welche der genannten Bodenarten ist besonders frostempfindlich?

① Sand-Kies-Gemisch
② Sandboden
③ Schluffboden
④ Kiesboden
⑤ Fels

1607

Welche Aussage über bindige Böden als Baugrund ist zutreffend?

① Sie sind als Baugrund ungeeignet
② Für die Beurteilung als Baugrund muss eine genaue Bestimmung erfolgen, weil sie sehr unterschiedlich sein können
③ Bei ausreichend hohem Wassergehalt sind sie meist tragfähig
④ Eine mittlere Belastbarkeit ist immer gegeben
⑤ Mit der Bildung von Eisschichten und Eislinsen ist nicht zu rechnen

1608

Welche der folgenden Ausssagen über Fundamente ist falsch?

Fundamente sollen ...
① die Lasten sicher auf den Baugrund übertragen
② die Lasten gleichmäßig auf den Baugrund übertragen
③ in frostfreier Tiefe gegründet sein
④ die Lasten des Bauwerks auf eine größere Fläche verteilen
⑤ den Baugrund punktförmig belasten

1609

Welcher der genannten Natursteine wird der Entstehung nach als Erstarrungsgestein bezeichnet?

① Sandstein
② Schiefer
③ Dolomit
④ Basalt
⑤ Granit

1610

Welcher der genannten Natursteine ist ein Ablagerungsgestein?

① Sandstein
② Schiefer
③ Gabbro
④ Basalt
⑤ Granit

1611

Welche Gründung ist keine Flachgründung?

① Streifenfundament
② Köcherfundament
③ Plattenfundament
④ Pfahlgründung
⑤ Fundamentwanne

1612

Welche Aussage über Gründungen ist falsch?

① Die Gründung soll die Bauwerkslasten sicher auf den Baugrund übertragen
② Bauwerke sollen frostfrei gegründet werden
③ Tiefgründungen übertragen die Bauwerkslasten auf tieferliegende tragfähige Bodenschichten
④ Unter der Kellersohle muss sich immer eine Frostschutzschicht befinden
⑤ Die Gründungstiefe richtet sich nach den Bodenverhältnissen

1613

Welcher der genannten Steine ist ein künstlicher Stein?

① Gabbro
② Bimsstein
③ Basalt
④ Marmor
⑤ Kalksandstein

1614

Welcher der genannten Steine ist ein Naturstein?

① Kalksandstein
② Sandstein
③ Ungebrannter Lehmziegel
④ Hüttensteine
⑤ Blähton

1615

Zu welcher Gesteinsart zählt der Kalkstein?

① Ablagerungsgestein
② Erstarrungsgestein
③ Tiefengestein
④ Künstlicher Stein
⑤ Umwandlungsgestein

1616

Welcher der genannten Steine ist kein Naturstein?

① Schiefer
② Marmor
③ Kalksandstein
④ Granit
⑤ Basalt

1617

Welcher der genannten Natursteine gehört zu den Umwandlungsgesteinen?

① Porphyr
② Basaltlava
③ Granit
④ Gneis
⑤ Basalt

1618

Welches der genannten natürlichen Gesteine ist ein Erstarrungsgestein mit dichtem glasigem Gefüge?

① Kalkstein
② Sandstein
③ Basalt
④ Schiefer
⑤ Marmor

1619

Welche Aussage über Basalt trifft nicht zu?

① Er ist polierfähig
② Er ist witterungsbeständig
③ Er ist schwer bearbeitbar
④ Er hat ein poröses Gefüge
⑤ Er hat eine hohe Druckfestigkeit

1620

Welche der Aufzählungen nennt nur Natursteine?

① Travertin, Bimsbeton, Basaltlava
② Basalt, Sandstein, Gabbro
③ Granit, Blähton, Klinker
④ Hüttenstein, Sandstein, Marmor
⑤ Kalkstein, Kalksandstein, Bims

1621

Welche Aussage über die Eigenschaften von Naturstein trifft **nicht** zu?

① Marmor ist polierfähig
② Granit ist geschichtet
③ Bims hat ein poriges Gefüge
④ Basalt hat ein poriges Gefüge
⑤ Sandstein hat ein körniges Gefüge

1622

Welche Aussage über die Entstehung von Natursteinen trifft auf Umwandlungsgesteine zu?

Umwandlungsgestein entstand durch ...
① Erstarrung flüssiger Lava im Vulkantrichter
② Ablagerung und Verfestigung von Sanden in tiefen Meeren
③ Ablagerung und Verfestigung grober Gesteinstrümmer unter Gletschern
④ großen Druck und große Hitze meist in tieferen Schichten der Erdrinde
⑤ Ablagerung und Verfestigung von Muscheln

1623

Welches Gestein gehört **nicht** zu den Umwandlungsgesteinen?

① Gneis
② Kalkstein
③ Marmor
④ Quarzit
⑤ Tonschiefer

1624

Welche der genannten Eigenschaften trifft auf Granit zu?

① Leicht spaltbar
② Schichtstruktur
③ Grobporig
④ Körnig
⑤ Glasig

1625

Aus welchem Gestein ist Marmor durch Umwandlung unter Druck- und Hitzeeinwirkung entstanden?

① Basalt
② Kalkstein
③ Sandstein
④ Ton
⑤ Granit

1626

Welcher Böschungswinkel ist bei Baugruben für die angegebene Bodenart **falsch**?

① 60° für weichen bindingen Boden
② 45° für leichten Boden
③ 60° für mittelschweren und schweren Boden
④ 80° für leichten Fels
⑤ 90° für schweren Fels

1627

Welche Abbildung zeigt einen Fäustel?

① Abbildung A
② Abbildung B
③ Abbildung C
④ Abbildung D
⑤ Abbildung E

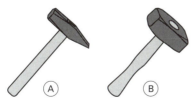

1628

Welcher Böschungswinkel α ist gemäß den Unfallverhütungsvorschriften für eine 1,60 m tiefe Baugrube ohne Verbau in steif bis halbfestem bindigen Boden höchstens zulässig?

① $\alpha = 45°$
② $\alpha = 50°$
③ $\alpha = 60°$
④ $\alpha = 80°$
⑤ $\alpha = 90°$

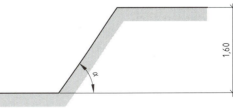

1629

Welche der 5 Skizzen entspricht den Vorschriften?

① Abbildung A
② Abbildung B
③ Abbildung C
④ Abbildung D
⑤ Abbildung E

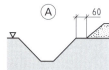 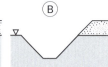 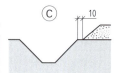 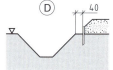 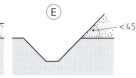

1630

Welche Querschnittsform ist für ein Streifenfundament ungeeignet?

① Abbildung A
② Abbildung B
③ Abbildung C
④ Abbildung D
⑤ Abbildung E

1631

Welche Art von Verbau ist in der Skizze dargestellt?

① Waagerechter Verbau
② Senkrechter Verbau
③ Trägerbohlwand
④ Verbaugerät
⑤ Bohrpfahlwand

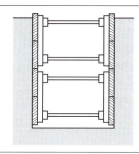

1632

Wie groß ist die Mindestgrabenbreite b bei einem Rohrdurchmesser von 250 mm?

① 40 cm
② 50 cm
③ 60 cm
④ 65 cm
⑤ 75 cm

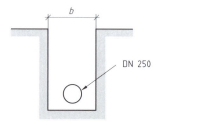

1633

Welche Breite b muss der obere Sicherheitsstreifen neben Baugruben und Gräben haben, der nicht belastet werden darf?

① 50 cm
② 60 cm
③ 70 cm
④ 80 cm
⑤ 100 cm

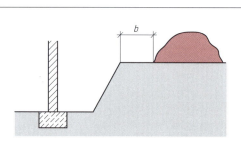

1634

Bis zu welcher Tiefe t darf ein Graben mit Teilabböschung ungesichert ausgehoben werden?

① 1,25 m
② 1,50 m
③ 1,60 m
④ 1,75 m
⑤ 2,00 m

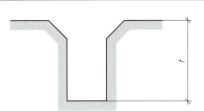

1635

Bis zu welcher Tiefe t darf ein Graben senkrecht
ungesichert ausgehoben werden?

① 1,00 m
② 1,25 m
③ 1,50 m
④ 1,60 m
⑤ 1,75 m

1636

Welche Breite b muss der Arbeitsraum zwischen Fundament und Böschung oder Verbau in Baugruben haben?

① 50 cm
② 60 cm
③ 70 cm
④ 80 cm
⑤ 100 cm

1637

Was ist »anstehender« oder »gewachsener« Boden?

① Boden mit natürlichem Bewuchs
② In Mieten gelagerter Boden
③ Oberboden
④ Boden in der natürlichen und künstlich nicht veränderten Lagerung
⑤ Boden auf felsigem Untergrund

1638

Welche der folgenden Aussagen ist für Lehm **nicht**
zutreffend?

① Lehm hat einen hohen Anteil feiner Körnung
② Lehm ist ein nicht bindiger rolliger Boden
③ Lehm besteht aus Sand, Schluff und Ton
④ Die Belastbarkeit eines Lehmbodens hängt vom
Wassergehalt ab
⑤ Feuchte Lehmböden setzen sich unter Belastung
stark und sehr lange

1639

Welcher Teil der Baugrube wird als Arbeitsraum
bezeichnet?

① Der Bereich neben der Böschungsoberkante, der
von Belastungen freizuhalten ist
② Die gesamte Baugrubensohle bis zum Böschungsfuß
③ Der Bereich zwischen Schalungsaußenkante und
Böschungsfuß
④ Der Bereich zwischen Schalungsaußenkante und
Böschungsoberkante
⑤ Der Bereich zwischen Oberkante Böschung und
Schnurgerüst

1640

Wie muss der Oberboden bei Ausschachtungsarbeiten behandelt werden?

① Er erfordert keine besondere Behandlung
② Er muss getrennt von anderen Bodenarten abseits
vom Baubetrieb auf Mieten gelagert werden
③ Er kann mit anderen Böden zusammen gelagert
werden
④ Er muss verdichtet werden
⑤ Er muss von der Baustelle abtransportiert werden

1651u

Welche drei Gesteinsarten unterscheidet man nach der Entstehungsart?

1652u

Nennen Sie mindestens vier Mischbodenarten.

1653u

Wie kommt es zur Bildung von Eislinsen unter Bauwerken und Bauteilen?

1654u

Was bedeutet Kapillarität im Boden?

1655u

Bei welchen Bodenarten treten Kohäsionskräfte auf?

1656u

Warum sind bindige Böden frostgefährdet?

1657u

Welche vier Bodenarten bezeichnet man als bindige Böden?

1658u

Welche zwei Bodenarten bezeichnet man nach der Korngröße als nichtbindige Böden?

1659u

Welche sechs verschiedenen Wasserarten im Boden gefährden Bauwerke?

1660u

Baugruben müssen je nach Bodenart unterschiedlich stark abgeböscht werden. Nennen Sie Bodenart und entsprechenden Abböschungswinkel.

1661u

In welcher Breite sind Baugrubenränder und Grabenränder von Belastungen freizuhalten?

1662u

Welche Breite ist für den Arbeitsraum in Baugruben neben dem Bauwerk vorzusehen?

1663u

Welche Aufgabe hat die Gründung eines Bauwerkes?

1664u

Welche drei Arten von Flachgründungen werden unterschieden?

1671

Worauf bezieht sich bei Höhenangaben die Angabe »NN«?

① Auf die Höhe des Meeresspiegels bei mittlerem Wasserstand in Cuxhaven
② Auf die Höhe des Meeresspiegels bei mittlerem Wasserstand in Amsterdam
③ Auf die Höhe des Festpunktes, bei dem man mit dem Nivellieren beginnt
④ Auf die Höhe des Festpunktes, bei dem man mit dem Nivellieren endet
⑤ Auf eine in Paris international festgelegte Höhe

1672

Welche Aufgabe hat eine Libelle bei Vermessungsgeräten?

① Sie dient zum senkrechten oder waagerechten Ausrichten von Vermessungsinstrumenten und -geräten
② Sie erleichtert die Ablesung beim Blick durch das Nivelliergerät
③ Sie dient zur Markierung von Höhenpunkten an Gebäuden
④ Sie ermöglicht eine sichere Stellung der Nivellierlatte beim Umstellen des Nivelliergerätes
⑤ Sie ermöglicht das Abstecken rechter Winkel

1673

Welche Arbeiten kann man mit einer Schlauchwaage ausführen?

① Einmessen senkrechter Fluchten
② Übertragung von Höhenpunkten
③ Bestimmung von Winkeln
④ Ermittlung von Grundflächen in Gebäuden
⑤ Ermittlung von Wandflächen in Gebäuden

1674

Welche Arbeiten kann man mit einem Winkelspiegel ausführen?

① Übertragung von Höhenpunkten
② Bestimmung beliebiger Winkel
③ Bestimmung rechter Winkel
④ Einsicht in von Gebäuden verdeckte Bereiche
⑤ Fällen des Lotes

1675

Welche Aufgabe hat ein Schnurgerüst?

① Ermittlung von Grundflächen in Gebäuden
② Festlegung von Fluchtrichtungen und Maßen des Bauwerks
③ Bestimmung beliebiger Winkel
④ Übertragung von Maßen um Gebäudeecken herum
⑤ Übertragung von Höhenpunkten

1676

Welches Instrument kann für Höhenmessungen benutzt werden?

① Winkelspiegel
② Fluchtstab
③ Nivelliergerät
④ Lot
⑤ Dosenlibelle

1677

Welches Instrument kann nicht für Höhenmessungen benutzt werden?

① Theodolith
② Schlauchwaage
③ Nivelliergerät
④ Laserwasserwaage
⑤ Winkelspiegel

1678

Bei welchen Vermessungsarbeiten werden Visierkreuze benötigt?

① Beim Herstellen eines Winkels
② Beim Einfluchten von Höhen
③ Beim Einfluchten von Geraden
④ Bei der Stangenmessung in hügeligem Gelände
⑤ Als Zwischenpunkte bei der Längenmessung

1679

Welches Gerät ist für die Übertragung von Höhen über eine größere Entfernung (> 100 m) am besten geeignet?

① Schlauchwaage
② Laserwasserwaage
③ Visierkreuz oder Visiertafeln
④ Nivellierinstrument
⑤ Rohrlaser

1680

Welches der genannten Zahlenverhältnisse dient zum Abstecken eines rechten Winkels auf der Baustelle?

① 1 : 2 : 3
② 2 : 3 : 4
③ 3 : 4 : 5
④ 4 : 5 : 6
⑤ 2 : 4 : 6

1681

Bei welchen Arbeiten kann man das abgebildete Gerät einsetzen?

① Ausrichten der Nivellierlatte
② Festlegen von Höhenfestpunkten
③ Ausrichten von Fluchtstäben
④ Ablesen von Entfernungen
⑤ Abstecken rechter Winkel

1682

Welches Vermessungsgerät ist hier dargestellt?

① Kreuzvisier
② Winkelspiegel
③ Kreuzscheibe
④ Doppelpentagon
⑤ Dosenlibelle

1683

Das nebenstehende Bild zeigt den Blick durch ein Nivelliergerät auf die Messlatte. Welche Ablesung ist richtig?

① 1,605 m
② 1,615 m
③ 0,165 m
④ 1,565 m
⑤ 1,060 m

1684

Welche Höhe hat Punkt D?

① $H = F + a + b + c + d$
② $H = F - a + b - c + d$
③ $H = F + a - b + c - d$
④ $H = F + a + b - c - d$
⑤ $H = F - a - b - c - d$

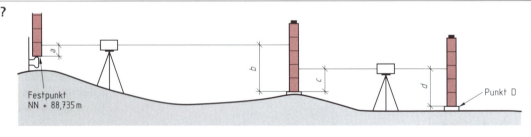

Festpunkt
NN + 88,735 m

Punkt D

1685

Wozu braucht man das abgebildete Lattendreieck auf der Baustelle?

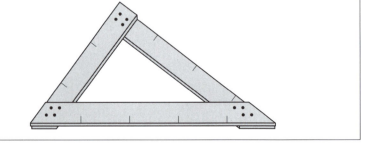

① Zum Anlegen rechter Winkel
② Als Schutz für Hilfsfestpunkte
③ Als Absteifung
④ Als Schnurgerüst
⑤ Als Visiereinrichtung

1691u

Welche drei Geräte werden auf der Baustelle für Längenmessungen eingesetzt?

1692u

Welche sechs Geräte werden auf der Baustelle für Höhenmessungen eingesetzt?

1693u

Welche Möglichkeiten gibt es, rechte Winkel auf der Baustelle anzulegen?

1694u

Welche vier Fehler müssen bei Längenmessungen mit dem Bandmaß vermieden werden?

1695u

Was ist bei der Aufstellung eines Nivelliergerätes zu beachten?

1701

Welche Dachform wird im Bild dargestellt?

① Mansarddach
② Satteldach
③ Krüppelwalmdach
④ Walmdach
⑤ Sheddach

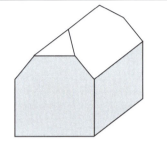

1702

Welche Dachform wird im Bild dargestellt?

① Mansarddach
② Satteldach
③ Zeltdach
④ Pultdach
⑤ Sheddach

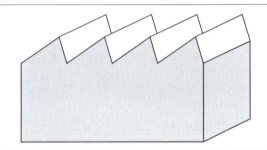

1703

Welche Dachform wird im Bild dargestellt?

① Flachdach
② Satteldach
③ Pultdach
④ Mansarddach
⑤ Sheddach

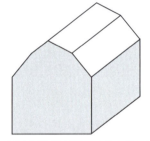

1704

Wie wird das mit Ⓐ gekennzeichnete Dachteil im Bild genannt?

① First
② Traufe
③ Walm
④ Grat
⑤ Kehle

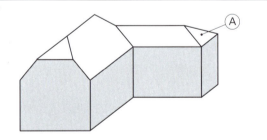

1705

Wie wird das mit Ⓑ gekennzeichnete Dachteil im Bild genannt?

① Ortgang
② Verfallung
③ Anfallspunkt
④ Giebel
⑤ Krüppelwalm

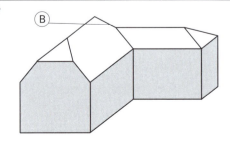

1706

Bis zu welcher Dachneigung wird die Dachhaut als Abdichtung ausgeführt?

① 3°
② 5°
③ 10°
④ 15°
⑤ 25°

1707

Welcher Baustoff kommt als Abdichtung für das Flachdach eines Wohnhauses in Frage?

① PE-Folie
② Bitumenschweißbahn
③ Bitumenpappe
④ Bitumenemulsion
⑤ Dachziegel

1708

Welche Deckungsart wird im Bild dargestellt?

① Deckung mit Hohlpfannen
② Mönch-Nonnen-Deckung
③ Deckung mit Flachdachpfannen
④ Deutsche Deckung
⑤ Biberschwanz-Doppeldeckung

1709

Welcher Dachziegel wird im Bild dargestellt?

① Hohlpfanne
② Flachdachpfanne
③ Mönch und Nonne
④ Falzziegel
⑤ Biberschwanzziegel

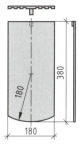

1710

Welche Platte für die Dachdeckung ist im Bild zu sehen?

① Betondachstein (Frankfurter Pfanne)
② Rechteckplatte aus Faserzement
③ Faserzement-Wellplatte
④ Platte aus Naturschiefer für die Deutsche Deckung
⑤ Hohlpfanne

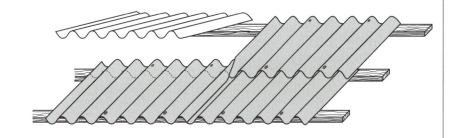

1711

In welcher Auswahlantwort sind nur Baustoffe für die Dachdeckung aufgeführt?

① Betondachsteine, Schiefer, Bitumen-Dachbahn
② Dachziegel, Faserzement-Dachplatten, Polymer-bitumenbahnen
③ Profilbleche, Polymerbitumenbahnen, Faser-zement-Welltafeln
④ Schiefer, Dachziegel, Faserzement-Welltafeln
⑤ Betondachsteine, Dachziegel, Bitumenbahnen

1712

Wovon hängt die Höhenüberdeckung bei allen Platten und Ziegeln für die Dachdeckung in erster Linie ab?

① Vom Lattenabstand
② Von der Länge der Ziegel und Platten
③ Von der Dachneigung
④ Vom Baustoff, aus dem die Ziegel und Platten bestehen
⑤ Vom Dachdecker

1713

Ein Dach mit 16° Dachneigung soll eingedeckt werden. Welche Dachplatte oder welcher Dachziegel kommt für die Eindeckung in Frage?

① Hohlpfanne
② Flachdachpfanne mit Unterdach
③ Betondachstein (Frankfurter Pfanne)
④ Biberschwanz (Doppeldeckung)
⑤ Naturschiefer mit Deutscher Deckung

1714

Welche Aufgabe muss eine Dachdeckung aus Ziegeln oder Betondachsteinen nicht erfüllen?

① Schutz vor Niederschlägen
② Wetterbeständigkeit
③ Frostbeständigkeit
④ Wärmeschutz
⑤ Brandschutz

1715

Welche Deckungsart wird im Bild dargestellt?

① Biberschwanz-Doppeldeckung
② Deutsche Deckung
③ Deckung mit Flachdachpfannen
④ Doppeldeckung
⑤ Deckung mit Hohlpfannen

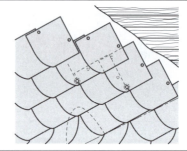

1721u

Nennen Sie fünf verschiedene Baustoffe für die Dachdeckung.

1722u

Skizzieren Sie fünf verschiedene Dachformen.

1723u

Ordnen Sie die Begriffe First, Traufe, Kehle, Grat, Krüppelwalm, Walm, Ortgang, Anfallspunkt und Verfallung den Nummern 1 bis 9 im Bild zu.

① _____   ⑥ _____

② _____   ⑦ _____

③ _____   ⑧ _____

④ _____   ⑨ _____

⑤ _____

1724u

Beschreiben Sie den Unterschied zwischen einer Abdichtung der Dachhaut und einer Abdeckung der Dachhaut.

1725u

Wie wird der Lattabstand bei der Dachdeckung gemessen?

1731

Aus welchen Rohstoffen wird Roheisen gewonnen?

① Eisenerz, Kalkstein, Koks
② Eisenerz, Ton, Koks
③ Eisenerz, Sand, Koks
④ Eisenerz, Kalkstein, Ton
⑤ Roheisen kommt in der Natur vor

1732

Woraus wird Stahl hergestellt?

① Graues Roheisen
② Weißes Roheisen
③ Hochofenschlacke
④ Gusseisen
⑤ Armierungseisen

1733

Welches Produkt aus dem Hochofen wird zu Gusseisen weiterverarbeitet?

① Hochofenschlacke
② Weißes Roheisen
③ Gichtgas
④ Graues Roheisen
⑤ Keines der Produkte

1734

Wofür verwendet man Temperguss?

① Beschlagteile, Rohrverbindungen, Schlösser
② Beschlagteile, Rohrverbindungen, Schachtabdeckungen
③ Beschlagteile, Betonstähle, Schlösser
④ IPB-Träger, Betonstähle, Schlösser
⑤ IPB-Träger, Betonstähle, Schachtabdeckungen

1735

Welches Bauteil entsteht aus Gusseisen?

① Bodeneinläufe
② IPB-Träger
③ Schloss und Schlüssel
④ Betonstahlmatte
⑤ Dachrinne

1736

Welche Definition trifft auf Stahl zu?

① Ein nichtrostendes Edelmetall
② Kaltverformbarer Eisenwerkstoff mit einem Kohlenstoffgehalt < 2 %
③ Warmverformbarer Eisenwerkstoff mit einem Kohlenstoffgehalt < 2 %
④ Warmverformbarer Eisenwerkstoff mit einem Kohlenstoffgehalt zwischen 3 % und 5 %
⑤ Nicht verformbarer Eisenwerkstoff mit einem Kohlenstoffgehalt < 2 %

1737

Was ist eine Legierung?

① Verfahren zur Stahlherstellung
② Leitung eines Stahlwerkes
③ Eine Mischung verschiedener Metalle
④ Methode zur Bearbeitung von Metallen
⑤ Verfahren zur Herstellung von Gusseisen

1738

Welche Behauptung trifft auf Baustähle zu?

① Baustähle sind unlegierte Massenstähle
② Baustähle sind hochlegierte Massenstähle
③ Baustähle sind nicht rostende Edelstähle
④ Baustähle haben eine geringe Festigkeit
⑤ Baustähle werden nicht zu Betonstählen weiterverarbeitet

1739

Welches Produkt gehört nicht zu den Handelsformen von Baustählen?

① IPB-Träger
② Kanaldielen
③ Trapezbleche
④ Messingschrauben
⑤ Halfeneisen (C-Profile)

1740

In welcher Antwort sind nur Nichteisenmetalle aufgeführt?

① Zink, Stahl, Aluminium
② Blei, Stahl, Aluminium
③ Zink, Stahl, Kupfer
④ Zink, Blei, Aluminium
⑤ Blei, Stahl, Kupfer

1741

Welche Eigenschaft trifft auf Aluminium nicht zu?

① Weich
② Beständig gegenüber Kalkmörtel und Zementmörtel
③ Gut bearbeitbar
④ Sehr witterungsbeständig
⑤ Dehnbar

1742

Für welches Bauprodukt ist Aluminium nicht geeignet?

① Fensterrahmen
② Dacheindeckungen
③ Fassadenprofile
④ Tragende Wände
⑤ Dampfsperren

1743

Welche Eigenschaft trifft auf Kupfer nicht zu?

① Sehr korrosionsbeständig
② Beständig gegenüber Kalkmörtel und Zementmörtel
③ Schwer formbar
④ Weich
⑤ Gut elektrische Leitfähigkeit

1744

Wofür eignet sich Kupfer nicht?

① Als Wärmedämmung
② Als Dacheindeckung
③ Als Verwahrung
④ Als Dachrinne
⑤ Als Rohrleitung

1745

Welche Eigenschaft trifft auf Zink nicht zu?

① Nicht beständig gegenüber Kalkmörtel und Zementmörtel
② Gut formbar bei 100 °C bis 150 °C
③ Witterungsbeständig
④ Unbeständig gegenüber Säuren und Laugen
⑤ Geringe Wärmeausdehnung

1746

Wofür lässt sich Zink im Bau nicht einsetzen?

① Für Dacheindeckungen
② Für Verwahrungen
③ Für Abwasserrohre
④ Als Rostschutz für Stahlteile (Verzinkungen)
⑤ Für Dachrinnen

1747

Welche Handelsform von Baustahl ist im Querschnitt im Bild dargestellt?

① Stabstahl
② Kanaldiele
③ Trapezblech
④ IPE-Träger
⑤ IPB-Träger

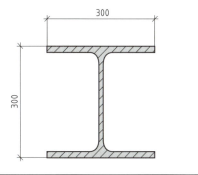

1748

Welche Handelsform von Baustahl ist im Querschnitt im Bild dargestellt?

① Spundwandprofil
② Kanaldiele
③ Trapezblech
④ Stabstahl
⑤ Walzdraht

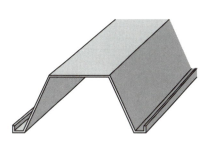

1749

Welche Eigenschaft trifft auf Blei nicht zu?

① Besonders umweltfreundlich
② Sehr weich
③ Sehr dicht
④ Unbeständig gegenüber Kalkmörtel und Zementmörtel
⑤ Mit dem Messer schneidbar

1750

Für welche Bauteile darf Blei nicht verwendet werden?

① Für Dacheindeckungen
② Für Verwahrungen
③ Für Sperrschichten
④ Trinkwasserrohre
⑤ Für Abdeckungen von Gesimsen und Mauern

1751

Was versteht man unter der Korrosion von Metallen?

① Bildung einer Edelschutzschicht bei Kupfer (Patina)
② Besondere Metall-Legierung
③ Verfahren zur Metallgewinnung
④ Bestimmte Art der Metallverarbeitung
⑤ Zerstörung von Metallen

1752

Alle Baumetalle reagieren mit dem Sauerstoff der Luft und bilden eine Oxidschicht aus. Wie heißt diese Oxidschicht bei den Eisenwerkstoffen?

① Rost
② Patina
③ Mennige
④ Messing
⑤ Grünspan

1753

Unter welchen Bedingungen findet die chemische Korrosion, das Rosten, bei Eisenwerkstoffen statt?

① Trockene Umgebung und Anwesenheit von Sauerstoff
② Trockene Umgebung und Anwesenheit von Kohlendioxid
③ Feuchte Umgebung und Anwesenheit von Kohlendioxid
④ Feuchte Umgebung und Anwesenheit von Sauerstoff
⑤ Im Vakuum

1754

Unter welchen Bedingungen findet eine Kontaktkorrosion statt?

① Berührung zweier verschiedener Metalle
② Berührung zweier verschiedener Metalle und Anwesenheit eines Elektrolyten
③ Anwesenheit eines Elektrolyten und eines Metalles
④ Berührung zweier verschiedener Metalle und Anwesenheit von Sauerstoff
⑤ Berührung zweier verschiedener Metalle und Anwesenheit von Kohlendioxid

1755

Welcher der angegebenen Stoffe ist kein Elektrolyt?

① Bitumen
② Handschweiß
③ Leitungswasser
④ Salzlösung
⑤ Hohe Luftfeuchtigkeit

1756

Welches genannte Metall ist ein edles Metall?

① Aluminium
② Blei
③ Zink
④ Kupfer
⑤ Eisen

1757

Welches der genannten Baumetalle ist kein Schwermetall (Dichte > 5 kg/dm³)?

① Eisen
② Blei
③ Zink
④ Aluminium
⑤ Kupfer

1758

Mit welcher Maßnahme wird kein Korrosionsschutz bei Metallen erzielt?

① Anstrich von Eisenwerkstoffen mit Ölfarben
② Feuerverzinken von Stahl
③ Verwendung von Stahlschrauben zur Befestigung von Aluminiumblechen
④ Umhüllen von Stahl mit Beton
⑤ Beschichten von Stahl mit Kunststoffen

1759

Welche Metallbearbeitung fällt nicht unter das Fügen?

① Löten
② Schweißen
③ Falzen
④ Nieten
⑤ Feilen

1760

In welcher Auswahlantwort sind nur Metallbearbeitungen aufgeführt, die unter das Fügen von Metallen fallen?

① Biegen, Nieten, Bohren
② Feilen, Löten, Falzen
③ Schweißen, Biegen, Nieten
④ Löten, Schweißen, Kleben
⑤ Sägen, Falzen, Kleben

1761

Wozu dienen Flussmittel (Lötwasser) beim Löten?

① Zum Verflüssigen der zu verbindenden Metallteile
② Zum Verflüssigen des Lotes
③ Zum Kühlen beim Lötvorgang
④ Zum Entfernen der Oxidschicht auf den Metalloberflächen
⑤ Zum Reinigen der Lötstelle

1762

Welche zwei Gase werden beim Gasschmelzschweißen zum Erzeugen der rund 3200 °C eingesetzt?

① Acetylen und Stickstoff
② Stickstoff und Sauerstoff
③ Acetylen und Sauerstoff
④ Wasserstoff und Sauerstoff
⑤ Acetylen und Wasserstoff

1763

Welche Handelsform von Baustahl ist im Querschnitt im Bild dargestellt?

① Stabstahl
② Kanaldiele
③ U-Profil
④ IPE-Träger
⑤ IPB-Träger

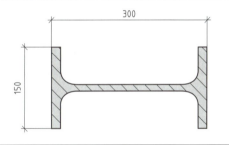

1764

Welche Handelsform von Baustahl ist im Querschnitt im Bild dargestellt?

① Stabstahl
② U-Profil
③ Trapezblech
④ IPE-Träger
⑤ IPB-Träger

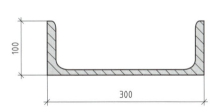

1765u

Beschreiben Sie kurz die Herstellung von Roheisen.

1766u

Geben Sie vier Bauprodukte an, in denen Hochofenschlacke als Rohstoff weiterverarbeitet wird.

1767u

Mit Legierungszusätzen lassen sich bestimmte Stahleigenschaften verbessern. Nennen Sie zwei Legierungszusätze und welche Stahleigenschaft damit verbessert wird.

1768u

Zählen Sie vier Handelsformen von Stahlprodukten auf, die im Baubereich eine Rolle spielen.

1769u

Geben Sie die vier für den Baubereich wichtigen Nichteisenmetalle mit jeweils einer Verwendungsmöglichkeit an.

1775

Aus welchem Grundbaustoff bestehen fast alle Kunststoffe?

① Sauerstoff
② Stickstoff
③ Kohlenstoff
④ Silizium
⑤ Eisen

1776

Aus welchem Rohstoff werden Kunststoffe hauptsächlich hergestellt?

① Kohle
② Sand
③ Eisenerz
④ Luft
⑤ Erdöl

1777

In welcher Antwort werden nur Verfahren zur Herstellung von Riesenmolekülen für Kunststoffe aufgezählt?

① Polymerisation, Polyethylen, Polyaddition
② Polymerisation, Polykondensation, Polyvinylchlorid
③ Polyamid, Polykondensation, Polyaddition
④ Polymerisation, Polykondensation, Polyaddition
⑤ Polyamid, Polyethylen, Polystyrol

1778

Welche Eigenschaften treffen nur auf Thermoplaste (Plastomere) zu?

① Erwärmt nicht verformbar, nicht schweißbar
② Gummielastisch bei Raumtemperatur, aufschäumbar
③ Zersetzung bei Erwärmung, in Lösungsmitteln löslich
④ Bei Erwärmung verformbar, schweißbar
⑤ Sehr große Dichte, hohe Festigkeit

1779

In welcher Antwort werden nur Baustoffe aus Thermoplasten (Plastomeren) aufgelistet?

① PVC-Rohr, EP-Fliesenkleber, PS-Hartschaum
② PVC-Rohr, PE-Folie, Polystyrol-Hartschaum
③ PVC-Rohr, PE-Folie, Silikon-Kautschuk
④ Lichtkuppel aus UP, PE-Folie, PS-Hartschaum
⑤ PVC-Rohr, PE-Folie, PUR-E (Neopren) für Baulager

1780

Welche Eigenschaften treffen nur auf Duroplaste (Duromere) zu?

① Duroplaste sind elastisch-weich bis hart
② Die Makromoleküle (Riesenmoleküle) der Duroplaste sind engmaschig vernetzt
③ Die Makromoleküle (Riesenmoleküle) der Duroplaste sind weitmaschig vernetzt
④ Die Makromoleküle der Duroplaste sind fadenförmig und untereinander verfilzt
⑤ Duroplaste sind gummielastisch

1781

Welches Kurzzeichen steht für Silikon-Kautschuk?

① MF
② GF-UP
③ SR
④ CR
⑤ Si

1782

Welches Kurzzeichen steht für Polyethylen?

① PVC
② PS
③ PUR
④ PE
⑤ PA

1783

Unter welchen Oberbegriff fallen die Herstellungsverfahren Polymerisation, Polykondensation und Polyaddition von Kunststoffen?

① Analyse
② Synthese
③ Adhäsion
④ Kohäsion
⑤ Politur

1784

Welcher genannte Kunststoff ist schweißbar?

① PUR-Schaum für neoprene Lager
② EP-Fliesenkleber
③ PVC-Dachbahn
④ Silikon-Kautschuk zum Ausfugen
⑤ Glasfaserverstärkter Polyester (GF-UP) für Lichtkuppeln

1785

Aus welchem Rohstoff wird Bitumen gewonnen?

① Steinkohle
② Braunkohle
③ Holz
④ Erdöl
⑤ Erz

1786

Wo wird Bitumen nicht verwendet?

① Zur Herstellung von Gußasphaltestrich
② Zur Herstellung von Dachbahnen
③ Zur Herstellung von Wärmedämmstoffen
④ Im Straßenbau
⑤ Zum Abdichten von Kelleraußenwänden

1787

In welcher Antwort sind nur Eigenschaften aufgeführt, die auf Bitumen zutreffen?

① Wasserlöslich, witterungsbeständig, elektrisch nicht leitend
② Wasserunlöslich, witterungsbeständig, elektrisch nicht leitend
③ Wasserunlöslich, witterungsbeständig, elektrisch leitend
④ Wasserunlöslich, nicht witterungsbeständig, elektrisch nicht leitend
⑤ In keiner der aufgeführten Antworten

1788

In welcher Antwort sind nur Eigenschaften aufgeführt, die auf Bitumen zutreffen?

① Giftig, thermoplastisch, sehr hohe Wärmeausdehnung
② Ungiftig, fest bei normalen Temperaturen, sehr hohe Wärmeausdehnung
③ Ungiftig, thermoplastisch, geringe Wärmeausdehnung
④ Ungiftig, thermoplastisch, sehr hohe Wärmeausdehnung
⑤ In keiner der aufgeführten Antworten

1789

Bei welchem technischen Verfahren fällt Bitumen an?

① Destillation von Rohöl
② Destillation von Koks
③ Verhüttung von Erzen
④ Polymerisation von Kunststoffen
⑤ Polykondensation von Kunststoffen

1790

Was versteht man unter Asphalt?

① Gemisch aus Kalk + mineralischem Zuschlag
② Gemisch aus Zement + mineralischem Zuschlag
③ Gemisch aus Teer + mineralischem Zuschlag
④ Gemisch aus Bitumen + mineralischem Zuschlag
⑤ Gemisch aus Gips + mineralischem Zuschlag

1791

Wodurch unterscheiden sich Gussasphalte und Asphaltbeton?

① Asphaltbeton hat eine andere Zusammensetzung als Gussasphalt
② Asphaltbeton hat keine Hohlräume
③ Gussasphalt hat keine Hohlräume
④ Gussasphalt enthält Teerpech
⑤ Gussasphalt wird im Straßenbau wesentlich häufiger verwendet als Asphaltbeton

1792

Was versteht man unter Bitumenemulsion?

① Bitumen, das ein leichtflüchtiges Lösungsmittel wie Benzin enthält
② Bitumen, das schwerflüchtige Fluxöle (aus Mineralöl) enthält
③ Bitumenpappen
④ Bitumen in Dachbahnen
⑤ Bitumen, das mit Hilfe eines Emulgators in Wasser fein verteilt vorliegt

1793

Wie werden Bitumenemulsionen verarbeitet?

① Als heißer Anstrich zur Kellerwandabdichtung
② Als kalter Anstrich zur Kellerwandabdichtung
③ Als Bitumenschweißbahnen zur Dachabdichtung
④ Als bituminöse Dachbahnen zur Dachabdichtung
⑤ Als Kunststoff-Dachbahnen zur Dachabdichtung

1794

Was versteht man unter einer Dispersion?

① Die Zusammenhangskräfte in einem Körper
② Die Anhangskräfte zwischen zwei Körpern
③ Eine chemische Reaktion
④ Ein Herstellungsverfahren für Kunststoffe
⑤ Ein Stoffgemenge: ein Stoff ist in einem anderen Stoff fein verteilt

1795u

Beschreiben Sie stichwortartig die Unterschiede, die beim Erhitzen von Thermoplasten, Duroplasten und Elastomeren auftreten.

1796u

Beschreiben Sie das Schweißen von Kunststoffen.

1797u

Zählen Sie drei verschiedene Thermoplaste (Plastomere) mit Namen und Kurzzeichen auf.

1798u

Beschreiben Sie, worauf die Wirkung eines Klebstoffes beruht.

1799u

Nennen Sie fünf verschiedene Klebstoffe.

1801

Wie groß ist die Länge _l_ des Gebäudes?

① 14,15 m
② 12,35 m
③ 14,10 m
④ 12,40 m
⑤ 12,34 m

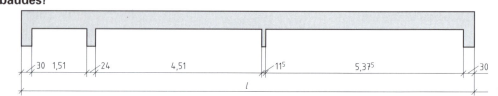

1802

Welches Ergebnis hat die Kettenrechnung?

$(188 - 7 + 73) : (14 - 6) + 3 \cdot 4 - 9,25 =$

① 26,7
② 33,6
③ 29,4
④ 31,2
⑤ 34,5

1803

Wie groß ist der Produktwert von folgenden Faktoren?

$14,37 \cdot 0,348 \cdot 0,0041 \cdot 17,46 \cdot 23,71 =$

① 8,38
② 0,51
③ 6,74
④ 8,49
⑤ 9,53

1804

Wie groß ist der Quotientenwert?

$34,87 : 12,80 : 0,623 : 9,12 : 0,098 =$

① 3,14
② 4,72
③ 5,16
④ 4,89
⑤ 5,15

1805

Welches Ergebnis hat diese Divisionsaufgabe?

$\left(\dfrac{4}{7} : \dfrac{8}{21}\right) : \left(\dfrac{5}{6} : \dfrac{10}{3}\right) =$

① 5/6
② 1/10
③ 6
④ 2/3
⑤ 4

1806

Wie groß ist der positive Wurzelwert?

$\sqrt{(48 - 14 + 9)} + 18 - 4 \cdot 3 =$

① 5
② 7
③ 9
④ 3
⑤ 1

1807

Welches Ergebnis hat diese Kettenrechnung?

$(4,1)^2 + (5,8)^2 - (3,6)^2 =$

① 37,49
② 36,42
③ 20,30
④ 42,00
⑤ 42,63

1808

Eine Maurerkolonne aus 4 Maurern erhält eine Prämie von 368,20 DM.
Wieviel Prämie erhält jeder Maurer, wenn an jeden Maurer bereits 18,41 DM gezahlt wurden?

① 71,12 DM
② 14,68 DM
③ 15,19 DM
④ 71,15 DM
⑤ 73,64 DM

1809

Welches Ergebnis hat die Bruchrechnung?

$\dfrac{2}{5} + 2\dfrac{2}{3} - \dfrac{1}{4} : \dfrac{1}{2} =$

① $\dfrac{3}{4}$

② $3\dfrac{19}{30}$

③ $\dfrac{74}{30}$

④ $2\dfrac{17}{30}$

⑤ $\dfrac{16}{30}$

1810

In einer Ausführungszeichnung
Maßstab 1 : 50 – m, cm fehlt eine Bemaßung.
Wie groß ist die wirkliche Länge, wenn das Zeichnungsmaß 8,6 cm ist?

① 3,36 m
② 4,30 m
③ 2,16 m
④ 17,20 m
⑤ 17,15 m

1811

Ein Bagger löst und belädt pro Stunde 75 m³ Boden.
Zu wieviel Prozent ist der Bagger eingesetzt, wenn er an einem Arbeitstag (8 Stunden) 420 m³ Boden abbaut und belädt?

① 75%
② 90%
③ 76%
④ 70%
⑤ 91%

1812

Zur Herstellung von 2,3 m³ Mauerwerk wurden 932 Mauersteine und 635 Liter Mauermörtel benötigt.
Wieviel Mauersteine und Liter Mauermörtel werden für 8,2 m³ Mauerwerk gebraucht?

	Mauersteine	Mauermörtel (Liter)
①	3235	2087
②	3323	2127
③	3316	2127
④	3323	2264
⑤	3316	2264

1813

Wie viel Rabatt erhält man für ein Baugerät, wenn man statt des Verkaufspreises von 994,24 DM nur 944,53 DM bezahlt?

① 8%
② 2%
③ 3%
④ 5%
⑤ 4%

1814

In einer Waschküche soll Beton mit einem Gefälle von 2,0 % eingebracht werden.
Wie groß ist der Höhenunterschied h?

① 9,8 cm
② 9,0 cm
③ 7,2 cm
④ 7,0 cm
⑤ 9,4 cm

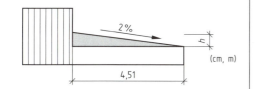

1815

Die Dachfläche eines Hauses beträgt 236,00 m².
Wie viel Bretter mit den Abmaßen von 0,14 m/3,20 m sind für eine Dachschalung notwendig, wenn mit 15 % Verschnitt gerechnet wird?

① 568 St
② 642 St.
③ 512 St
④ 606 St
⑤ 619 St

1816

Wie groß ist die obere Grabenbreite b?

① 5,40 m
② 3,00 m
③ 3,20 m
④ 3,10 m
⑤ 5,35 m

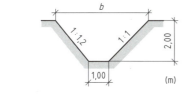

1817

Eine Terrasse hat ein Gefälle von 2 %.
Wie groß ist das entsprechende Neigungsverhältnis?

① 1 : 40
② 1 : 50
③ 1 : 60
④ 1 : 70
⑤ 1 : 80

1818

Welches Neigungsverhältnis hat das skizzierte Pultdach?

① 1 : 5
② 1 : 6
③ 1 : 4
④ 1 : 7
⑤ 1 : 3

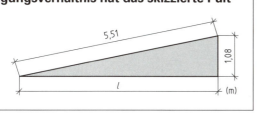

1820

Welchen Umfang *U* hat die skizzierte Fläche?

① 40,83 m
② 40,99 m
③ 35,12 m
④ 40,80 m
⑤ 41,12 m

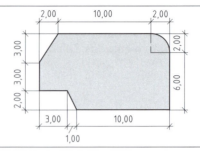

1821

Wie lang ist der skizzierte beidseitig aufgebogene Tragstab, wenn der Biegewinkel für die Aufbiegungen 45° beträgt?

① 4,51 m
② 4,85 m
③ 3,96 m
④ 3,98 m
⑤ 4,85 m

1822

Wie groß ist die Bogenlänge *b* des nebenstehenden Kreisausschnittes?

① 2,560 m
② 2,213 m
③ 2,573 m
④ 2,180 m
⑤ 2,670 m

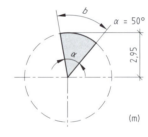

1823

Wie groß ist die Sparrenlänge *l* des skizzierten Pultdaches?

① 7,40 m
② 6,91 m
③ 7,21 m
④ 7,51 m
⑤ 6,80 m

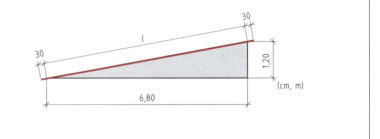

1824

Welchen äußeren Umfang hat das abgebildete Betonrohr, wenn der Nenndurchmesser DN 1000 mm beträgt?

① 4,12 m
② 3,77 m
③ 1,00 m
④ 3,61 m
⑤ 1,20 m

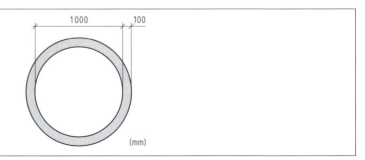

1825

Die Fläche eines Kreises beträgt 8,34 m². Wie groß ist der Durchmesser?

① 8,34 m
② 3,14 m
③ 1,84 m
④ 3,26 m
⑤ 4,17 m

1826

Ein Baum hat einen Umfang von 68 cm. Welchen Durchmesser hat der Stamm?

① 14,13 cm
② 21,65 cm
③ 12,47 cm
④ 20,19 cm
⑤ 20,06 cm

1827

Welche Länge l ergibt sich aus:

l = 37,1 cm – 114 mm + 3,864 m – 0,0018 km

① 1,980 m
② 3,712 m
③ 2,321 m
④ 2,340 m
⑤ 1,982 m

1828

In der Bauzeichnung mit dem Maßstab
M 1 : 100 – m, cm – sind in einer Maßkette folgende
Maße eingetragen: 1,24; 2,01; 74; 88⁵; 36⁵.
Wie groß ist die Gesamtlänge in m?

① 6,38 m
② 5,24 m
③ 4,12 m
④ 3,49 m
⑤ 4,99 m

1829

Wie groß ist der Umfang der abgebildeten Verkehrsinsel?

① 14,28 m
② 14,01 m
③ 13,17 m
④ 13,15 m
⑤ 14,00 m

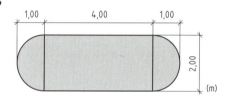

1831

Wie groß ist die Putzfläche des skizzierten Giebels?

① 30,00 m²
② 25,26 m²
③ 20,29 m²
④ 48,00 m²
⑤ 25,19 m²

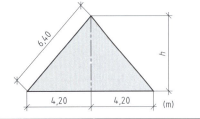

1832

Von dem im Grundriss skizzierten Wasserbecken ist der Beckenrand zu verfliesen. Wie groß ist die Fläche des Beckenrandes?

① 4,80 m²
② 2,54 m²
③ 2,05 m²
④ 3,20 m²
⑤ 5,18 m²

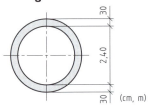

1833

Die dargestellte rechteckige Fläche soll mit Fußbodenfliesen gefliest werden. Wie groß ist diese Fläche A?

① 42,10 m²
② 30,00 m²
③ 42,95 m²
④ 28,12 m²
⑤ 31,36 m²

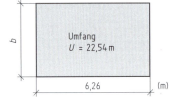

1834

Wie groß ist eine Kreisfläche A, wenn ihr Umfang $U = 20,00$ m beträgt?

① 21,48 m²
② 10,18 m²
③ 37,12 m²
④ 31,85 m²
⑤ 21,86 m²

1835

Eine Stahlbetonstütze hat die Querschnittsform eines regelmäßigen Sechseckes. Die 6 Seiten sind jeweils $s = 25$ cm lang. Welche Querschnittsfläche A hat diese Stütze?

① 17,24 dm²
② 16,28 dm²
③ 20,02 dm²
④ 17,00 dm²
⑤ 14,91 dm²

1836

Welche Querschnittsfläche A hat der skizzierte Leitungsgraben?

① 4,30 m²
② 5,50 m²
③ 5,40 m²
④ 4,20 m²
⑤ 3,10 m²

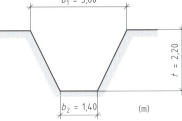

1837

Welchen Flächeninhalt A hat die abgebildete Wand einer Garage?

① 16,12 m²
② 12,93 m²
③ 15,00 m²
④ 19,31 m²
⑤ 17,50 m²

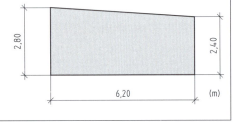

1838

Wie groß ist der Flächeninhalt A der dargestellten Rundbogentür?

① 2,05 m²
② 2,14 m²
③ 2,10 m²
④ 1,98 m²
⑤ 1,95 m²

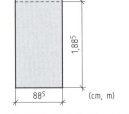

1839

Für den Bau einer Straße ist die schraffierte Abtragsfläche A zu ermitteln.

① 128,14 m²
② 116,00 m²
③ 60,48 m²
④ 51,25 m²
⑤ 65,20 m²

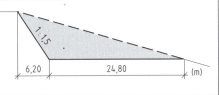

1840

Welche äußere Mantelfläche hat der abgebildete Zylinder?

① 120,40 m²
② 100,10 m²
③ 126,67 m²
④ 120,30 m²
⑤ 126,40 m²

1841

Wieviel Liter Mörtel sind im dargestellten Kegelstumpf (Mörteleimer), wenn er zu 75 % seines Inhalts gefüllt ist?

① 14,86 l
② 18,60 l
③ 14,41 l
④ 19,14 l
⑤ 17,18 l

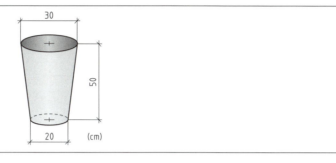

1842

Welchen Rauminhalt V in cm³ hat ein NF-Mauerziegel?

① 1200 cm³
② 240 cm³
③ 1000 cm³
④ 1960 cm³
⑤ 2400 cm³

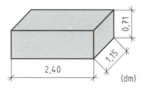

1843

Wie groß ist das Volumen V der 1,50 m hohen gemauerten Wandecke?

① 1,20 m³
② 1,08 m³
③ 2,04 m³
④ 1,56 m³
⑤ 2,00 m³

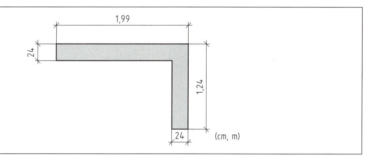

1844

Das skizzierte Betonteil hat ein Volumen von 18,68 m³. Wie groß ist seine Höhe h?

① 2,82 m
② 1,14 m
③ 2,86 m
④ 1,50 m
⑤ 1,47 m

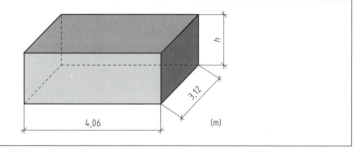

1845

Von dem im Querschnitt abgebildeten 23,60 m langen Leitungsgraben ist der Bodenaushub zu berechnen.

① 65,72 m³
② 60,51 m³
③ 80,28 m³
④ 70,14 m³
⑤ 81,42 m³

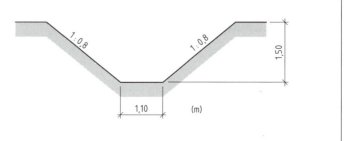

1846

Das Dachraumvolumen V eines 14,20 m langen
Satteldaches ist zu berechnen.

① 265,02 m³
② 108,46 m³
③ 257,94 m³
④ 260,20 m³
⑤ 218,10 m³

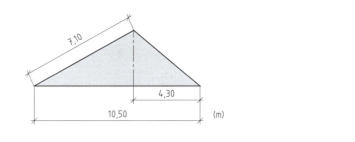

1847

Ein Zeltdach mit rechteckiger Grundfläche 8,60 m/6,40 m
ist 3,50 m hoch.
Welches Volumen V hat der Dachraum?

① 50,00 m³
② 62,83 m³
③ 70,12 m³
④ 64,21 m³
⑤ 40,00 m³

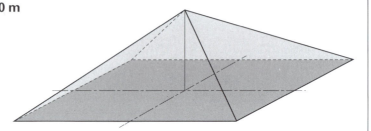

1848

Ein kegelförmiger Sandhaufen hat einen Umfang von
4,02 m und eine Höhe von 80 cm.
Welches Volumen V hat der Sandhaufen?

① 0,21 m³
② 0,34 m³
③ 0,18 m³
④ 0,20 m³
⑤ 0,36 m³

1849

Wie groß ist die Mantelfläche des skizzierten kegelstumpfförmigen Fundamentes?

① 5,62 m²
② 4,47 m²
③ 5,20 m²
④ 6,74 m²
⑤ 5,34 m²

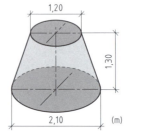

1850

Wie groß ist das Volumen V des dargestellten
kreisförmigen Fundaments?

① 1,34 m³
② 1,46 m³
③ 1,14 m³
④ 1,30 m³
⑤ 1,47 m³

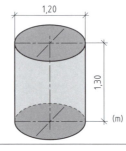

1861u

Berechnen Sie die fehlenden Einzellängen l_1 und l_2 des Gebäudes in m!

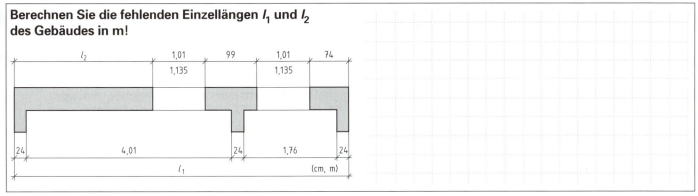

1862u

Die nachfolgende Stahlliste ist zu vervollständigen:

Pos.	Stück	∅ (mm)	Einzel-länge (m)	Gesamt-länge (m)	Längen-masse (kg/m)	Einzel-masse (kg)
1	2	6	0,82		0,222	
2	4	12	2,24		0,888	
3	3	20	1,16		2,470	
4	12	8	2,06		0,395	
Gesamtmasse (kg)						

1863u

Welche Querschnittsfläche A in mm² haben Beton-stähle mit folgenden Angaben:

1) **6 mm**
2) **12 mm**
3) **18 mm**

Die Querschnittsflächen sind nach Tabellen zu ermitteln.

1864u

Ein rechteckiges Zimmer hat eine Grundfläche von **24,39 m². Die Länge beträgt 5,82 m.**
Wie viel Meter Sockelleiste werden benötigt, wenn die Türöffnung 76 cm breit ist?

1865u

Auf einer Baustelle werden 196,37 m² Dämmplatten benötigt. Es sind noch 9 Pakete mit jeweils 8,70 m² Dämmplatten vorrätig.
Wie viel Pakete müssen bestellt werden?

1866u

Welche Umfänge *U* in mm haben die Kreisflächen mit folgenden Durchmessern:

1) ∅ **8 mm**
2) ∅ **16 mm** } Die Umfänge sind nach Tabellen zu ermitteln.
3) ∅ **24 mm**

1867u

In einer Bewehrungszeichnung müssen für ein Stahlbetonteil 8 Betonstabstähle mit einem Durchmesser von 10 mm verlegt werden. Auf der Baustelle sind jedoch nur Betonstabstähle mit einem Durchmesser von 8 mm vorhanden. Wie viel Betonstabstähle mit dem kleineren Durchmesser werden benötigt, um die gleiche Querschnittsfläche von 8 Betonstabstählen mit einem Durchmesser von 10 mm mindestens zu erreichen?

1868u

Für 1 m² Fliesenbelag werden 33 Fliesen 15 cm/20 cm benötigt. Wie viel Fliesen sind für 28,60 m² notwendig, wenn für Bruch und Verhau 3% Fliesen zu berücksichtigen sind.

1869u

3 Maurer benötigen für das Herstellen von Mauerwerk 8 Stunden. Wie lange brauchen dazu 2 Maurer bei gleichem Arbeitstempo?

1870u

In einem Lageplan 1 : 500 – m soll das skizzierte Bauwerk eingetragen werden.
Welche Zeichnungsmaße ergeben sich aus den wirklichen Maßen?

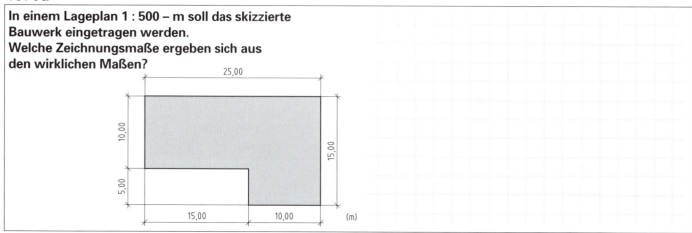

1871u

Nachfolgende Tabelle ist zu ergänzen:

Aufgabe	a)	b)
Verhältnis	1 : 50	
Prozent		
Länge		8,00 m
Höhe	12 cm	14 cm

1872u

Wie groß muss die Böschungsbreite b der Baugrube sein, wenn die Baugrubenwände aus der Bodenklasse 5 bestehen?

Boden-klasse	Böschungs-winkel	Neigungs-verhältnis	b
3 und 4	45°	1 : 1	
5	60°	1 : 0,58	
6 und 7	80°	1 : 0,16	

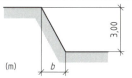

1873u

Der Stundenlohn eines Gesellen soll um 3,6 % erhöht werden. Wie hoch ist der zukünftige Stundenlohn, wenn der ehemalige 19,80 DM betrug?

1874u

Die Gleichungen sind nach x umzustellen:

1) $18 - 4x + 3x = x - 2 + 2 + 3x$
2) $6 \cdot 2 : 3 - 2 - 3x = x - 2$

1875u

Die Formeln sind nach A umzustellen:

1) $b = \dfrac{2 \cdot A}{(l_1 + l_2)}$

2) $d = \sqrt{\dfrac{4 \cdot A}{\pi}}$

1876u

Mit welchen Formeln kann die dargestellte zusammengesetzte Fläche berechnet werden?

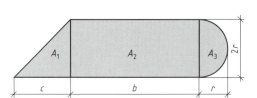

1877u

Wie groß ist die Bogenlänge *b* für einen Kreisausschnitt, wenn der Radius 1,67 m und der Mittelpunktswinkel 114° betragen?

1878u

Wie lang ist der mit NF-Mauerziegeln als Draufsicht
dargestellte Pfeiler?

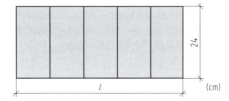

1879u

Wie groß ist die Firsthöhe *h* des skizzierten
gleichhüftigen Satteldaches?

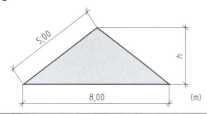

1880u

Wie groß ist der äußere und innere Umfang eines Betonrohres mit einem Nenndurchmesser DN 150 (innerer
Durchmesser in mm) und einer Wanddicke von 28 mm?

1881u

Welchen Umfang *U* hat die skizzierte Deckenfläche?

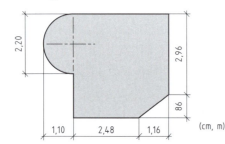

1882u

Wie groß ist die skizzierte Fläche A des Hausgiebels?
Tür und Fensteröffnungen sind abzuziehen.

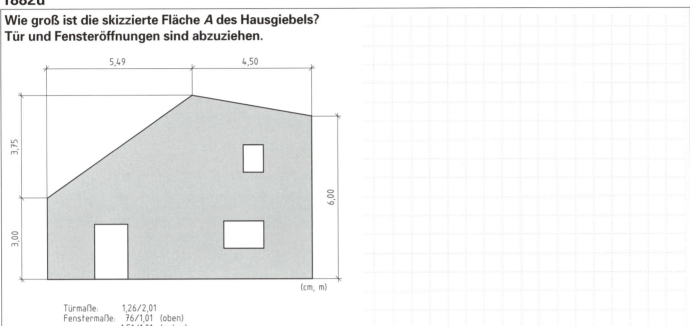

Türmaße: 1,26/2,01
Fenstermaße: 76/1,01 (oben)
1,51/1,01 (unten)

1883u

Von dem skizzierten Kreisverkehrsbereich sind zu berechnen:
a) der Flächeninhalt A_1 für die Verkehrsinsel (Kreisring)
b) der Flächeninhalt A_2 für die Grünflächeninsel (Mittiger Kreis) und
c) der Umfang U_2 der Grünflächeninsel

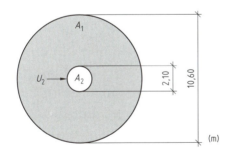

1884u

Welchen Flächeninhalt A hat die skizzierte Hoffläche?

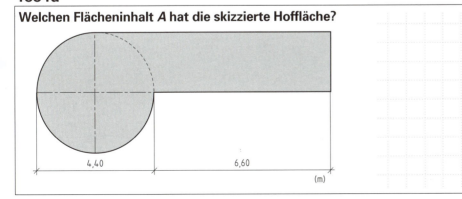

1885u

Wie groß ist die dargestellte Fläche A aus
Fußbodenfliesen?

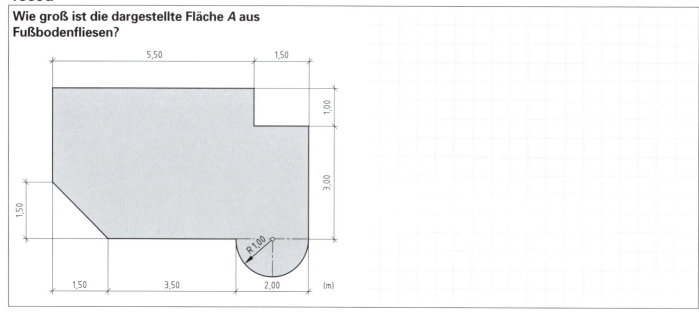

1886u

Wie groß ist die Putzfläche der Hausfassade, wenn
die Fenster- und Türöffnungen abgezogen werden?

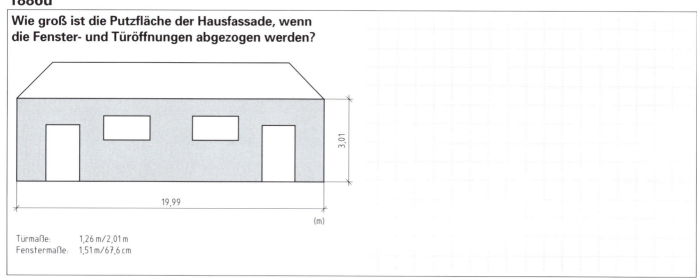

Türmaße: 1,26 m / 2,01 m
Fenstermaße: 1,51 m / 67,6 cm

1887u

Eine Dachgiebelfläche soll mit einer Holzschalung
verkleidet werden.
Wie groß ist der Bedarf an Holzschalung in m², wenn
ein Verschnitt von 25 % zu berücksichtigen ist?

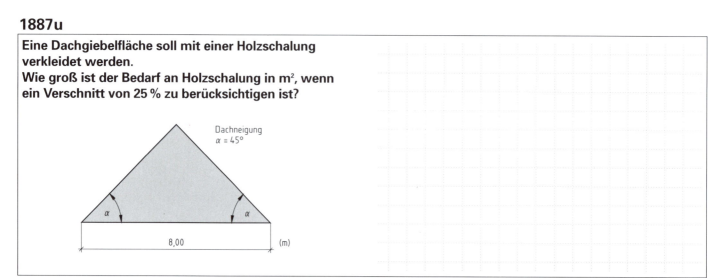

1888u

Wie viel Liter Putzmörtel werden für die vier abgebildeten Außenwände benötigt?

Außenputzdicke 2 cm
Fenstergröße 1,01 m/1,26 m
Türgröße 1,01 m/2,01 m

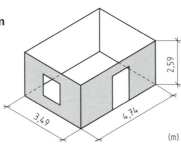

1889u

Ein zylinderförmiges Silo hat einen Radius von 2,90 m und eine Höhe von 4,10 m. Von diesem Silo sind zu berechnen:

1) das Volumen V
2) die Mantelfläche M
3) die Oberfläche O

1890u

Von der unten dargestellten Baugrube sind zu berechnen:

1) das Bodenvolumen in m³
2) der Bodenaushub in m³, wenn ein Zuschlag für Auflockerung von 20 % berücksichtigt wird
3) die Anzahl der Lkw-Ladungen, wenn ein Lkw ein Ladungsvolumen von 4,20 m³ hat.

Schnitt

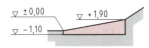

Draufsicht

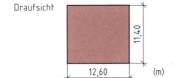

1891u

Wie groß ist das notwendige Festbetonvolumen des
skizzierten Streifenfundaments?
Die Fundamenttiefe beträgt 60 cm.

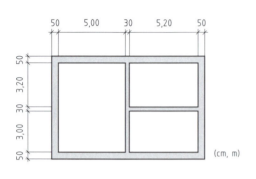

1892u

Für ein Bauwerk sind 15 rechteckige Stahlbetonstützen
mit den Abmaßen 65 cm/35 cm/630 cm herzustellen.
Die Mantelfläche M von allen Stahlbetonstützen ist
zu ermitteln.

1893u

Das Volumen eines 2,00 m langen Abwasserrohrs aus
Beton ist in dm^3 zu berechnen. Der Außendurchmesser
beträgt 20 cm und die Wandstärke $s = 3$ cm.

1894u

Wie viel Kubikmeter Erde müssen aus dem 43,20 m
langen Rohrgraben ausgehoben werden?

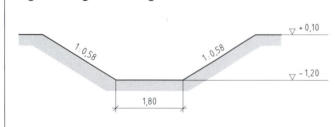

1895u

Die Dachfläche *M* des Zeltdaches ist zu bestimmen.

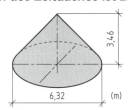

3,46

6,32 (m)

1896u

Wie groß ist das Volumen *V* der 25,40 m langen Stützmauer?

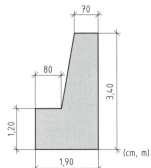

70

80

3,40

1,20

1,90 (cm, m)

1901

Welche Aussage über ein Zeichenpapier im Format DIN A4 ist richtig?

① Es ist viermal so groß wie DIN A1
② Es ist doppelt so groß wie DIN A2
③ Es ist doppelt so groß wie DIN A3
④ Es ist halb so groß wie DIN A3
⑤ Es ist halb so groß wie DIN A2

1902

Welche Abmessungen (Breite x Höhe in mm) hat ein DIN-A4-Blatt?

① 210 x 297
② 297 x 420
③ 210 x 300
④ 200 x 300
⑤ 197 x 310

1903

Auf welches handliche Format werden große Bauzeichnungen gefaltet?

① DIN A0
② DIN A1
③ DIN A2
④ DIN A3
⑤ DIN A4

1904

Welches Zeichnungsformat wird für Bauzeichnungen nicht verwendet?

① DIN A0
② DIN A1
③ DIN A3
④ DIN A4
⑤ DIN A6

1905

In welchem Maßstab kann man ein Bauteil auf der Bauzeichnung am besten erkennen?

① 1 : 5
② 1 : 10
③ 1 : 20
④ 1 : 50
⑤ 1 : 100

1906

In welchem Maßstab werden Ausführungszeichnungen (Ansichten, Grundrisse, Schnitte) hergestellt?

① 1 : 5
② 1 : 10
③ 1 : 50
④ 1 : 100
⑤ 1 : 500

1907

Welcher Maßstab ist für Detailzeichnungen geeignet?

① 1 : 10
② 1 : 50
③ 1 : 100
④ 1 : 500
⑤ 1 : 1000

1908

Was ist kein üblicher Maßstab für Bauzeichnungen?

① 1 : 10
② 1 : 50
③ 1 : 100
④ 1 : 250
⑤ 1 : 500

1909

Ein 9,50 m langes Gebäude ist auf der Bauzeichnung 19 cm lang. In welchem Maßstab ist es dargestellt?

① 1 : 20
② 1 : 50
③ 1 : 100
④ 1 : 200
⑤ 1 : 500

1910

In einer Vorentwurfszeichnung (M 1 : 200 – m, cm) beträgt der Abstand zweier Säulen 4,2 cm. Wie groß ist der Abstand wirklich?

① 0,84 m
② 2,10 m
③ 8,40 m
④ 21,00 m
⑤ 84,00 m

1911

Wofür werden in Bauzeichnungen mittelbreite Volllinien benutzt?

① Geschnittene Bauteile   breit   _____
② Sichtbare Bauteilkanten
③ Maßlinien   mittelbreit   _____
④ Verdeckte Kanten
⑤ Symmetrieachsen   schmal   _____

1912

Wie werden Kanten geschnittener Bauteile in Bauzeichnungen dargestellt?

① Durch eine mittelbreite Strichlinie   – – – – – – – – – – – – – – – –
② Durch eine breite Strichpunktlinie   — · — · — · — · — · —
③ Durch eine schmale Volllinie   _____
③ Durch eine mittelbreite Volllinie   _____
⑤ Durch eine breite Volllinie   _____

1913

Was darf man in Bauzeichnungen mit Volllinien nicht darstellen?

① Verdeckte Kanten
② Sichtbare Kanten
③ Maßhilfslinien
④ Begrenzung von Schnittflächen
⑤ Maßlinien

1914

Wo wird in Bauzeichnungen eine breite Strichpunktlinie eingesetzt?

① Bei verdeckten Kanten
② Zur Begrenzung von Flächen geschnittener Bauteile
③ Bei sichtbaren Kanten
④ Für Maßhilfslinien
⑤ Zur Kennzeichnung der Schnittebene

1915

Wie wird die gekennzeichnete Linie x bezeichnet?

① Hinweislinie
② Maßeintragungslinie
③ Maßhilfslinie
④ Maßlinie
⑤ Maßlinienbegrenzung

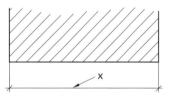

1916

Welchen Abstand sollte in Bauzeichnungen die Maßlinie mindestens vom Baukörper haben?

① 5 mm
② 7 mm
③ 10 mm
④ 15 mm
⑤ 20 mm

1917

Welche Maßlinienbegrenzung ist nicht normgerecht?

①
②
③
④
⑤

1918

Wie wird die gekennzeichnete Linie x bezeichnet?

① Maßlinienbegrenzung
② Maßlinie
③ Maßhilfslinie
④ Maßzuordnungslinie
⑤ Maßkantenlinie

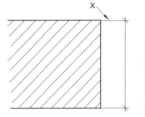

1919

Welche Maßzahl steht richtig?

①
②
③
④
⑤

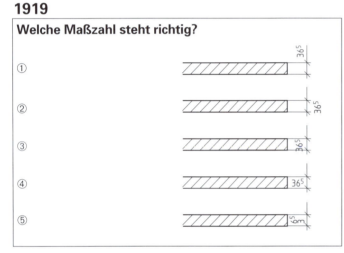

1921

Welche lichte Breite hat die Tür zum WC-Duschraum?

① 0,885 m
② 0,76 m
③ 1,125 m
④ 2,135 m
⑤ 1,135 m

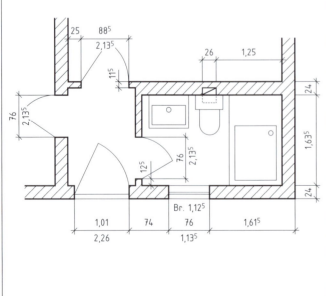

1920

Welche Anforderung muss die Beschriftung von Bauzeichnungen nicht erfüllen?

① Lesbarkeit
② Eindeutigkeit
③ Beschriftung nur mit Großbuchstaben
④ Abstand zwischen den Zeichen mindestens zweifache Linienbreite
⑤ Eignung für verschiedene Reproduktionsverfahren

1922

Wie hoch ist die Brüstung?

① 2,765 m
② 1,20 m
③ 0,24 m
④ 1,125 m
⑤ 1,135 m

1923

Welche lichte Höhe hat das Fenster?

① 0,55 m
② 1,01 m
③ 1,45 m
④ 1,51 m
⑤ 2,13⁵ m

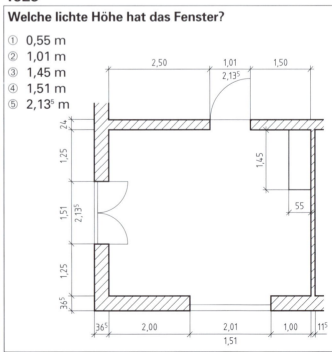

1924

Welche Innenmaße (Länge/Breite) hat der Vorraum?

① 1,10 m/0,50 m
② 2,01 m/1,51 m
③ 2,01 m/1,625 m
④ 2,01 m/1,65 m
⑤ 2,125 m/1,65 m

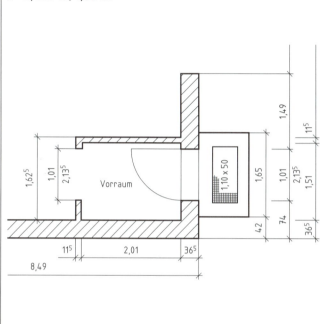

1925

Welche Aussage über die Höhenangaben ist richtig?

① Die Oberkante des Rohfußbodens liegt auf ± 0,00
② Die Oberkante der Fensterbrüstung liegt 87,5 cm über dem Rohfußboden
③ Die Unterkante des Fenstersturzes liegt 2,385 m über dem Rohfußboden
④ Die lichte Höhe der Fensteröffnung beträgt 2,385 m
⑤ Die Oberkante der Fensterbrüstung liegt 95,5 cm über dem Rohfußboden

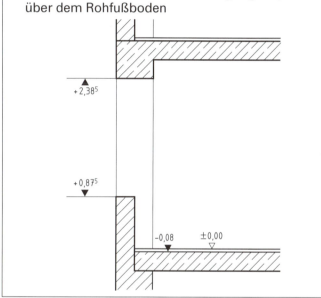

1926

Welche Maßeintragung ist normgerecht?

①
②
③
④
⑤

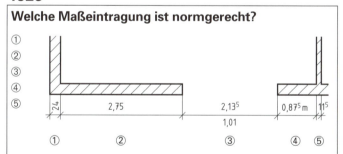

1928

Was ist die folgende Darstellung in einer Ausführungszeichnung?

① Ein Maßpfeil
② Eine Maßtoleranzangabe
③ Eine Höhenangabe (Rohbaumaß)
④ Eine Höhenangabe (Fertigbaumaß)
⑤ Hinweis auf eine Schnittführung

$-0,06$ ▼

1927

Wie hoch ist die Brüstung?

① 0,75 m
② 0,875 m
③ 1,01 m
④ 1,26 m
⑤ 1,135 m

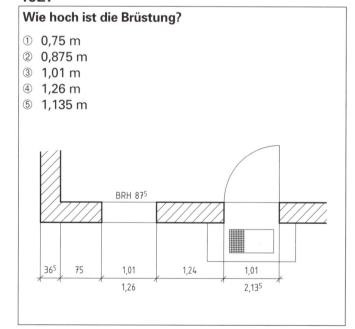

1929

Welcher Baustoff bzw. welches Bauteil ist im Schnitt dargestellt?

① Mauerwerk aus künstlichen Steinen
② Mauerwerk aus natürlichen Steinen
③ Unbewehrter Beton
④ Bewehrter Beton
⑤ Dämmstoff zur Wärme- und Schalldämmung

1930

Wie werden Mörtel und Putz im Schnitt gekennzeichnet?

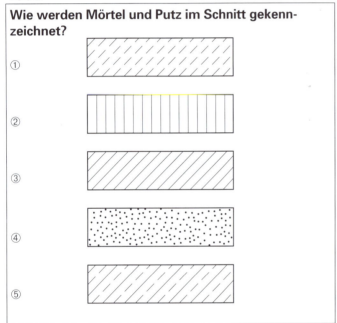

1932

Wie ist die Kellerwand außen (x) beschichtet?

① Mit Außenputz
② Mit Leichtbauplatten
③ Mit einem Fliesenbelag
④ Mit Dämmstoffen
⑤ Mit einer Feuchtigkeitssperrschicht

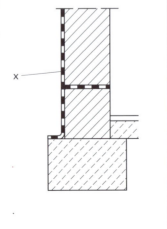

1931

Mit welcher Schraffur wird eine Stahlbetondecke im Schnitt dargestellt?

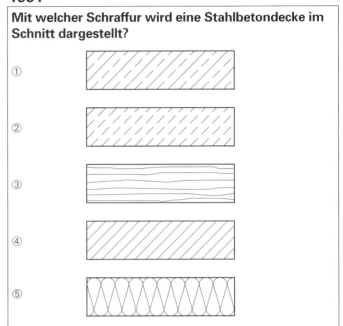

1933

Welcher Baustoff kommt in dem untenstehenden Zeichnungsausschnitt **nicht** vor?

① Stahlbeton
② Unbewehrter Beton
③ Putz
④ Mauerwerk
⑤ Holz

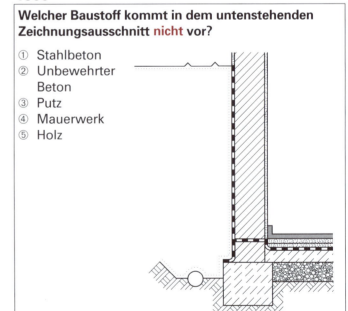

1934

Was bedeutet die Abkürzung UG in der Schnittdarstellung eines Hauses?

① Unterkante
② Umgebungs-Höhe
③ Untergrund-Lage
④ Unterer Grundriss
⑤ Untergeschoss

1935

Was bedeutet der Pfeil mit dem Hinweis 1,5 %?

① Das Gefälle zum Ablauf beträgt 1,5 % .
② Die Steigung zur Mitte beträgt 1,5 %
③ In den Ablauf darf 1,5 %iges Wasser entsorgt werden
④ Die Unebenheit darf nicht mehr als 1,5 % betragen
⑤ Gefälle von 1,5 m/m

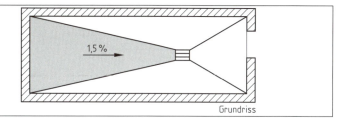

1936

Welcher Schnitt A – A durch die Wand ist richtig?

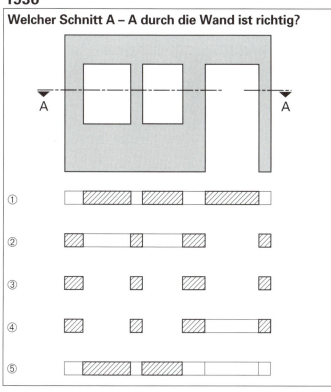

1937

Welcher Schnitt B – B durch die Giebelwand ist richtig?

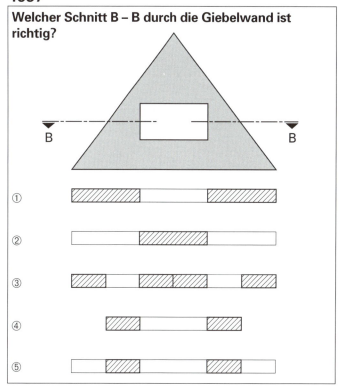

1938

In welcher Ansicht erscheint die Strecke A – B in wahrer Größe?

① In der Vorderansicht
② In der Seitenansicht von links
③ In der Seitenansicht von rechts
④ In der Draufsicht
⑤ In keiner der vier Ansichten

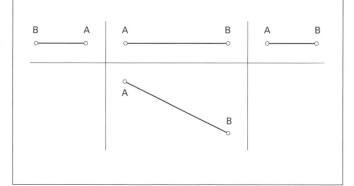

1939

In welcher Ansicht erscheint die Fläche in ihrer wahren Größe?

① In der Seitenansicht von links
② In der Seitenansicht von rechts
③ In der Vorderansicht
④ In der Draufsicht
⑤ In keiner der vier Ansichten

1940

Welche Draufsicht hat der in Vorderansicht und Seitenansicht (von links) dargestellte Körper?

① ② ③ ④ ⑤

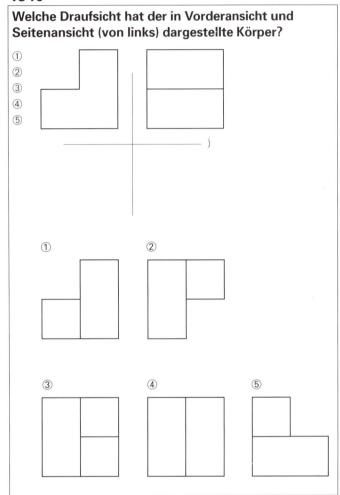

1941

Welche Seitenansicht (von links) hat der in Vorderansicht und Draufsicht dargestellte Körper?

① ② ③ ④ ⑤

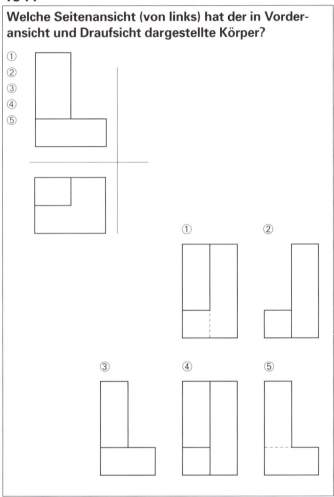

1942

Welche Vorderansicht hat der in Draufsicht und Seitenansicht (von links) dargestellte Körper?

① ② ③ ④ ⑤

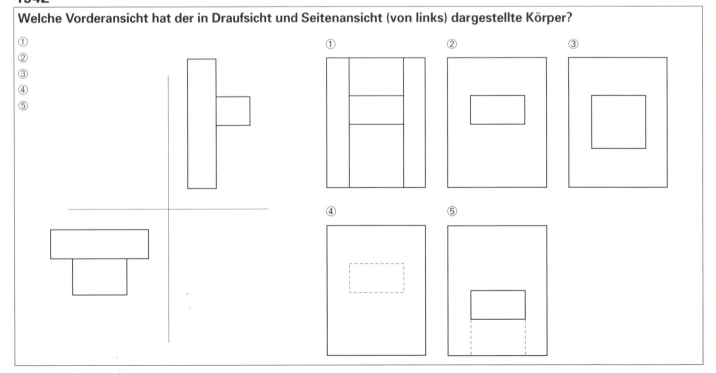

1943

Welche Ansicht in Pfeilrichtung ist richtig?

① ② ③ ④ ⑤

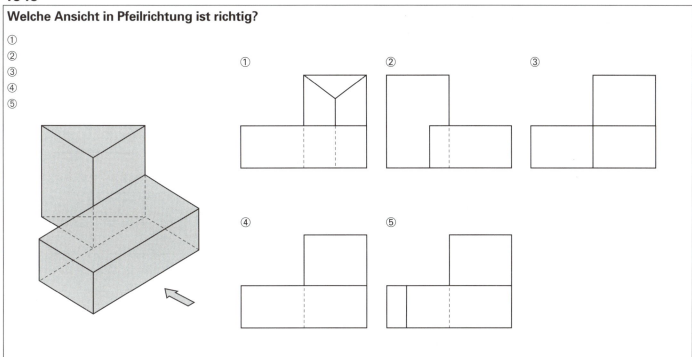

1944

Welche Draufsicht des räumlich dargestellten Körpers ist richtig?

① ② ③ ④ ⑤

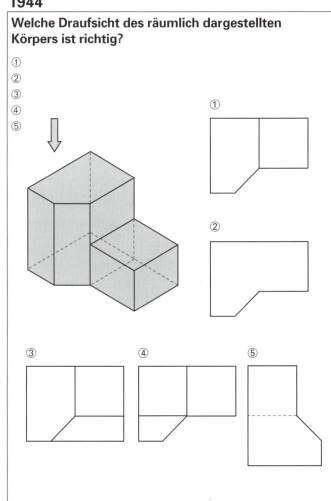

1945

Welche Ansicht in Pfeilrichtung ist richtig?

① ② ③ ④ ⑤

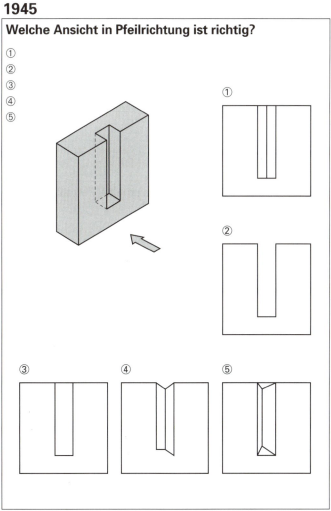

1971u

Zur Geraden g ist eine Parallele durch P zu zeichnen.

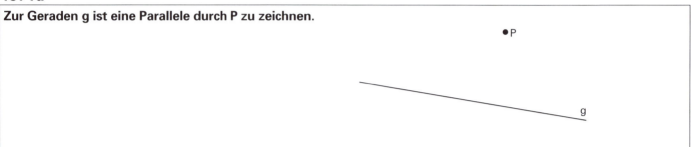

1972u

Die Strecke $\overline{AB}$ soll durch eine Zirkelkonstruktion halbiert werden.

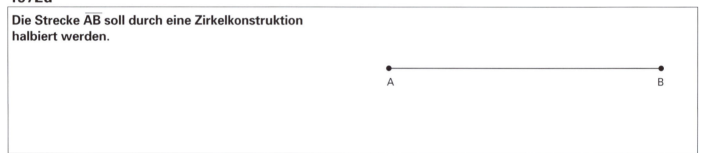

1973u

Auf dem Punkt P einer Strecke ist durch eine Zirkelkonstruktion eine Senkrechte zu errichten.

1974u

Der gegebene Winkel α soll durch eine Zirkelkonstruktion halbiert werden.

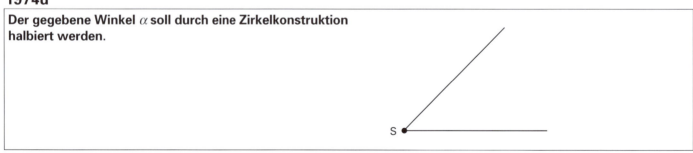

1975u

In den gegebenen Kreis (r = 1,5 cm) ist ein regelmäßiges Sechseck einzuzeichnen.

1976u

Welche Qualitätsanforderungen muss man an Bauzeichnungen stellen?

1977u

In einer Bauzeichnung (M 1 : 50 – m, cm) ist eine Mauer 15,5 cm lang. Wie lang ist sie wirklich?

1978u

Ein 24 cm dicker Pfeiler ist in der Zeichnung 1,2 cm dick. In welchem Maßstab ist er dargestellt?

1979u

Bauzeichnungen müssen eindeutig lesbar sein. Wie sind Körperkanten und Maßangaben darzustellen?

1980u

Was gibt die Maßzahl bzw. Maßeintragung über der Maßlinie an?

1981u

Welche Informationen erhält man aus dieser Fensterbemaßung?

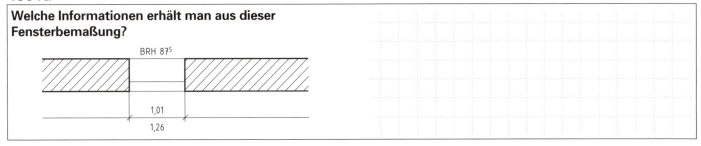

BRH 87⁵

1,01

1,26

1982u

Welche Länge (in m, cm, mm) beschreiben die Maßeintragungen?

Maßeintragung	m	cm	mm
115			
3,41			
6,625			

1983u

Wie wird ein Körper in dimetrischer Projektion dargestellt? Das Konstruktionsverfahren ist zu beschreiben.

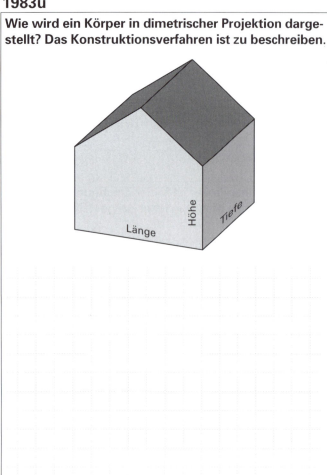

1984u

Was versteht man unter Kavalier-Projektion? Das Konstruktionsverfahren ist zu beschreiben.

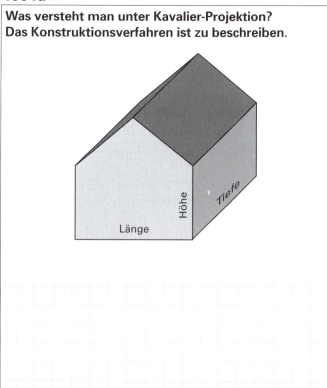

1985u

Wie wird ein Körper in isometrischer Projektion dargestellt? Das Konstruktionsverfahren ist zu beschreiben.

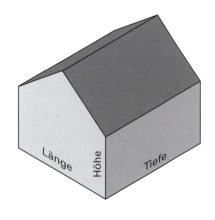

Prüfungsbuchreihe Bautechnik

Prüfungsbuch HOCHBAU

Zwischenprüfung

2001

Welche Bodenklasse nach DIN 18300 ist falsch beschrieben?

① Klasse 1: Oberboden
② Klasse 2: Fließende Bodenarten
③ Klasse 3: leicht lösbarer Boden
④ Klasse 4: schwer lösbarer Fels
⑤ Klasse 6: leicht lösbarer Fels

2002

Welche Bodenklasse ist in der DIN 18300 nicht genannt?

① Schwer lösbarer Fels
② Mittelschwer lösbarer Fels
③ Leicht lösbarer Feld
④ Leicht lösbare Bodenarten
⑤ Fließende Bodenarten

2003

Welcher Boden wird nach DIN 18300 der Bodenklasse 5 zugeordnet?

① Lehmiger Sand
② Ton
③ klüftiger Fels
④ Kiessand
⑤ Oberboden

2004

Welcher Boden wird nach DIN 18300 der Bodenklasse 3 zugeordnet?

① Lehm mit geringem Wassergehalt
② Ton
③ klüftiger Fels
④ Kiessand
⑤ Oberboden

2005

Warum sind Streifenfundamente meist etwas breiter als die darauf stehenden Wände?

① Der Fundamentboden kann dann eine geringere Güte haben
② Die Lasten werden auf eine größere Fläche des Baugrundes verteilt
③ Die Fundamente sollten wegen der Kippgefahr etwas breiter sein
④ Die Fundamente sollten wegen der Ungenauigkeit beim Herstellen etwas breiter sein
⑤ Die Frostgefährdung ist dann geringer

2006

Welche Aufgaben hat die Sauberkeitsschicht unter einem Stahlbetonbauteil?

① Die Baustelle soll leichter begehbar sein
② Sie soll nicht vorhersehbare Belastungen als Sicherheitszone aufnehmen
③ Sie soll die Lasten des Bauwerks sicher auf den Baugrund übertragen
④ Sie soll das Verschmutzen des Baustahls verhindern und die vorgeschriebene Betondeckung sicherstellen
⑤ Sie soll das Fundament vor betonschädlichem Grundwasser schützen

2007

Welches Material ist für Rammpfähle ungeeignet?

① Nadelholz
② Hartholz
③ Stahl
④ Aluminium
⑤ Stahlbeton als Ortbeton

2008

Welche Mindesttiefe gilt in Deutschland in der Regel als frostfreie Gründungstiefe?

① 0,50 m
② 0,60 m
③ 0,70 m
④ 0,80 m
⑤ 1,00 m

2009

Welche Art von Fundament wird für Fertigteilstützen benötigt?

① Streifenfundamente
② Ringfundamente
③ Köcherfundamente
④ Pfahlgründung
⑤ Plattenfundament

2010

Welche der sogenannten Gründungen ist eine Flachgründung?

① Stehende Pfahlgründung
② Schwimmende Pfahlgründung
③ Caissongründung
④ Einzelfundament
⑤ Brunnengründung

2011

Welche Gründungsart ist hier dargestellt?

① Brunnengründung
② Streifenfundament
③ Caissongründung
④ Einzelfundament
⑤ Plattenfundament

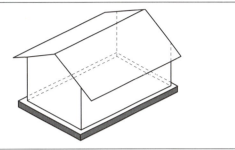

2012

Welche Gründungsart ist hier dargestellt?

① Brunnengründung
② Streifenfundament
③ Caissongründung
④ Einzelfundament
⑤ Plattenfundament

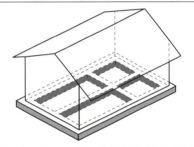

2013

Welche Gründungsart ist hier dargestellt?

① Brunnengründung
② Streifenfundament
③ Caissongründung
④ Einzelfundament
⑤ Plattenfundament

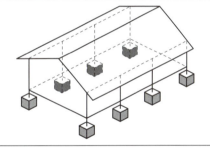

2014

Wie wird das hier abgebildete Fundament bezeichnet?

① Köcherfundament
② Pfeilerfundament
③ Streifenfundament
④ Kastenfundament
⑤ Brunnengründung

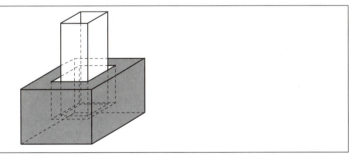

2015

Wie wird in dem nebenstehend dargestellten Querschnitt der mit Ⓐ gekennzeichnete Böschungsabsatz bezeichnet?

① Lastfreier Schutzstreifen
② Berme
③ Absatz
④ Rundweg
⑤ Transportweg

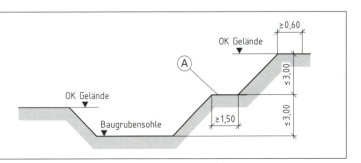

2016

Welchen Inhalt hat der Teil B in der VOB?

① Allgemeine Bestimmungen für die Vergabe von Bauleistungen
② Allgemeine Vertragsbedingungen für die Ausführung von Bauleistungen
③ Allgemeine technische Vertragsbedingungen für Bauleistungen
④ Vertragsarten
⑤ Maurerarbeiten (DIN 18330)

2017

Welche Gewährleistungsfristen von Baumaßnahmen sind nach VOB festgelegt?

① 1 Jahr
② 2 Jahre
③ 3 Jahre
④ 4 Jahre
⑤ 5 Jahre

2018

Unter welchen Voraussetzungen darf ein Auszubildender an Holzbearbeitungsmaschinen arbeiten?

① Nach dem Absolvieren entsprechender Maschinenkurse
② Erst im dritten Ausbildungsjahr
③ Unter fachkundiger Aufsicht ab dem 16. Lebensjahr
④ Nach dem ersten Ausbildungsjahr
⑤ Mit Beginn des Ausbildungsvertrages

2019

Wie ist ein Betonmischer elektrisch anzuschließen?

① An einen Baustromverteiler
② Nur über einen Schutztransformator
③ Nur über ein mindestens 10 m langes Kabel
④ An eine Wandsteckdose
⑤ Nur an eine einzeln angesicherte Wandsteckdose

2020

Welche Ursache hat das Klemmen der Handkreissäge im Schnitt?

① Das Sägeblatt ist stumpf
② Der Spaltkeil verursacht das Klemmen
③ Der Schrank des Sägeblattes ist zu gering
④ Das Holz ist zu trocken
⑤ Der Spanauswurfschacht ist verdreckt

2021

Für welche Arbeit wird ein Kröpfeisen benutzt?

① Zum Schärfen von Meißeln
② Zum Aufstielen von Vorschlaghämmern
③ Zum Reinigen von Mischertrommeln
④ Zum Befestigen von Abstandshaltern
⑤ Zum Biegen von Betonstahl

2022

Wofür wird eine Schichtmaßlatte benutzt?

① Zum Fluchten zwischen den Ecken
② Zur Kontrolle der Schichthöhe beim Mauern
③ Zum Übertragen rechter Winkel
④ Zum lotrechten Aufsetzen von Mauerecken
⑤ Zur Einhaltung der Breite der Luftschichten im zweischaligen Mauerwerk

2023

Wofür wird eine Schlauchwaage benutzt?

① Zur Kontrolle der Zugabewassermenge
② Zur Entwässerung der Baugrube
③ Zur Übertragung von Höhepunkten über mehr als 50 m
④ Zur Übertragung von Höhepunkten über mehrere Meter Entfernung
⑤ Zum Auftrommeln von Wasserschläuchen

2024

Wofür wird ein Rotationslaser benutzt?

① Zum Anlegen senkrechter und waagerechter Risse
② Zum Verlegen von Kanalisationsleitungen
③ Zum Auffinden von unter Putz verlegten Leitungen
④ Zum Schneiden harter Materialien, z.B. Klinker
⑤ Zum Bohren in Stahlbeton

2025

Wofür wird eine Laserwasserwaage benutzt?

① Zum Bohren in Stahlbeton
② Zum Markieren von unter Putz verlegten Leitungen
③ Zum Auffinden von unter Putz verlegten Leitungen
④ Zum Schneiden harter Materialien, z.B. Klinker
⑤ Zum Anlegen senkrechter und waagerechter Risse

2026

Wie hoch über dem Gerüstbelag muss bei einem Arbeitsgerüst die Oberkante des Seitenschutzes liegen?

① 1,20 m ± 5 cm
② 1,00 m ± 5 cm
③ 0,90 m ± 5 cm
④ 0,80 m ± 5 cm
⑤ 0,75 m ± 5 cm

2027

Welche der genannten Sicherungen einer Aussparung für eine Treppenöffnung entspricht den Unfallverhütungsvorschriften?

① Abdeckung mit einer Q-Matte
② Abdeckung mit lose nebeneinander liegenden Schalbrettern
③ Aufstellen von Gerüstblöcken mit Flatterband dazwischen
④ Umwehrung mit einem standfesten Geländer und Bordbrett
⑤ Beschilderung mit der Aufschrift: Vorsicht Öffnung!

2028

Welche Aufgabe hat ein Fanggerüst?

① Es ist ein begehbares Montagegerüst
② Es ist ein Leergerüst für Schalarbeiten
③ Es ist ein begehbares Arbeitsgerüst
④ Es ist ein Schutzgerüst zur Absturzsicherung
⑤ Es ist ein Gerüst zur Lagerung von Baustoffen

2051u

Benennen Sie die Teile der abgebildeten Baukreissäge!

A:

B:

C:

D:

E:

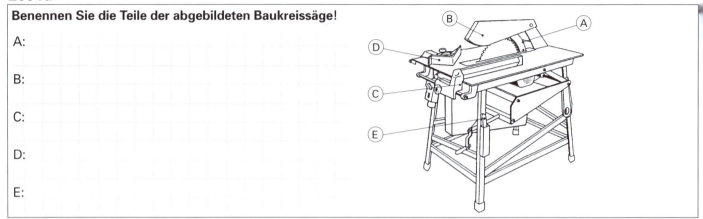

2052u

Benennen Sie das abgebildete Teil, das die Schalung zusammenhält!

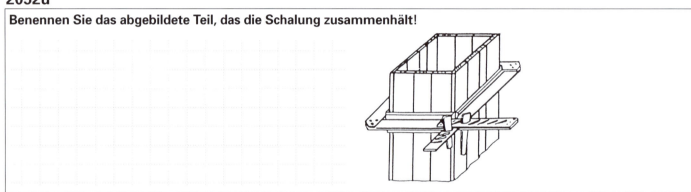

2053u

Welches Werkzeug ist hier abgebildet?

2054u

Welches Gerät ist hier abgebildet?

2101

Welches Gewicht in kg ist für Zweihand-Mauersteine maximal zulässig?

① 10 kg
② 20 kg
③ 25 kg
④ 30 kg
⑤ 35 kg

2102

Welche Mauerregel ist falsch?

① Schichten waagerecht mauern
② Mischmauerwerk vermeiden
③ Lagerfugendicke 2,0 cm
④ Stoßfugendicke 1,0 cm
⑤ Vollfugig mauern

2103

Wie groß ist die Überlappung beim schleppenden Verband?

① Nur $^1/_4$ Steinlänge
② Nur $^1/_3$ Steinlänge
③ $^1/_3$ oder $^1/_4$ Steinlänge
④ Nur $^1/_2$ Steinlänge
⑤ $^1/_2$ oder $^1/_3$ Steinlänge

2104

Mit welchen Teilsteinen enden Wandecken von Regelverbänden (außer Läuferverband)?

① Dreiviertelsteinen
② Einviertelsteinen
③ Halbe Steine
④ Ganze Steine
⑤ Halbe oder ganze Steine

2105

Welche Mauerwerkskonstruktion ist hier dargestellt?

① Mauerecke
② Mauerstoß
③ Mauerkreuzung
④ Vorlage
⑤ Anschlag

Steinformate:
1½ NF
2¼ NF
½ am

2106

Was für Mauerwerk ist hier abgebildet?

① Mauerecke
② Mauerstoß
③ Mauerkreuzung
④ Vorlage
⑤ Anschlag

½ am

2107

Was für Mauerwerk ist nebenstehend skizziert?

① Mauerecke
② Mauerstoß
③ Mauerkreuzung
④ Vorlage
⑤ Anschlag

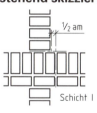
½ am
Schicht I

2108

Welcher Mauerverband ist nebenstehend abgebildet?

① Läuferverband
② Binderverband
③ Kopfverband
④ Blockverband
⑤ Kreuzverband

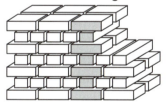

2109

Wie groß muss mindestens der lichte Querschnitt eines gemauerten Schornsteins sein?

① 50 cm²
② 100 cm²
③ 150 cm²
④ 200 cm²
⑤ 250 cm²

2110

Was für ein Schornstein bzw. Schacht ist hier abgebildet?

① Abgasschornstein
② Rauchgasschornstein
③ Belüftungsschacht
④ Entlüftungsschacht
⑤ Offener Kamin

2111

Ein trockener 2 DF-Stein wiegt 6,05 kg. Welcher Rohdichteklasse ist er zuzuordnen?

① 0,6 kg/dm³
② 0,8 kg/dm³
③ 1,2 kg/dm³
④ 1,8 kg/dm³
⑤ 2,0 kg/dm³

2112

Ein 3 DF-Stein geht bei einer Belastung von 612 kN zu Bruch. Welcher Druckfestigkeitsklasse ist er zuzuordnen?

① 8
② 12
③ 20
④ 28
⑤ 36

2113

Welchen Abstand hat bei Mauerecken die Regelfuge der durchbindenden Schicht von der Innendecke?

① 1 am oder ½ am
② ¾ am oder ¼ am
③ Nur 1 am
④ Nur ½ am
⑤ Nur ¾ am

2114

Welche Maßabweichung ist bei Mauerziegeln höchstens zulässig?

① ± 2%
② ± 1%
③ ± 5%
④ ± 3%
⑤ ± 4%

2115

Bei welcher Mauerwerkskonstruktion ist das Nennmaß als Außenmaß zu berechnen?

① Pfeiler
② Nische
③ Vorlage
④ Mauervorsprung
⑤ Türöffnung

2116

Wie heißt die im Grundriß skizzierte Schicht der Wandvorlage?

① Schränkschicht
② Binderschicht
③ Blockschicht
④ Läuferschicht
⑤ Rollschicht

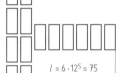

$l = 6 \cdot 12^5 = 75$

2117

Welcher Verband wird durch die im Grundriss skizzierten Mauerschichten dargestellt?

① Läuferverband
② Binderverband
③ Blockverband
④ Kreuzverband
⑤ Sparverband

4. Schicht
3. Schicht
2. Schicht
1. Schicht

2118

Welche Mauerwerkskonstruktion ist hier im Grundriss abgebildet?

① Vorlage
② Nische
③ Türöffnung
④ Pfeiler
⑤ Wandecke

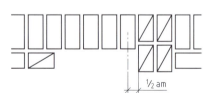

½ am

2119

Um das Aufsteigen von Bodenfeuchtigkeit im Mauerwerk zu verhindern, wird eine waagerechte Abdichtung eingebaut.
Aus welchem Material besteht diese Abdichtung?

① Korkplatte
② Faserzementplatte
③ Gipskarton-Bauplatte
④ Glaswollematte
⑤ Bitumenbahn

2120

Welcher Baustoff hat bei gleicher Dicke die größte Wärmedämmung?

① Mauer-Vollziegel
② Porenbetonstein
③ Kalksandstein
④ Betonstein
⑤ Klinker

2121

Welche Verzahnung ist dargestellt?

① Liegende Verzahnung
② Stehende Verzahnung
③ Lochverzahnung
④ Stockverzahnung
⑤ Stumpfstoßverzahnung

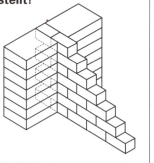

2122

Viele mittel- und großformatige Mauersteine werden mit Löchern und Kammern hergestellt. Welches ist der wichtigste Grund für diese Hohlräume?

① Verbesserte Schalldämmung
② Verbesserte Wärmedämmfähigkeit
③ Materialeinsparung
④ Verbesserter Haftverbund zwischen Mauerstein und Mörtel
⑤ Griffhilfe beim Mauern

2123

Welcher Kalksandstein ist hier abgebildet?

① Lochstein
② Hohlblockstein
③ Blockstein
④ Ratio-Blockstein
⑤ Ratio-Planstein

2124

Wie groß muss die Überbindung (ü) im Mauerwerk aus Großformaten mindestens sein?

① 4,5 cm
② 6,25 cm
③ 9,5 cm
④ 11,5 cm
⑤ 12,5 cm

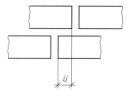

2125

In welche Mauerwerksfestigkeitsklassen wird Mauerwerk eingeteilt?

① M 1 bis M 25
② M I, M II, M III, M IV, M V
③ MG I, MG II/IIa, MG III/IIIa
④ M 32,5, M 42,5, M 52,5
⑤ M 5, M 10, M 15, M 25, M 35, M 45, M 55

2126

Mauerwerk aus großformatigen Steinen.
Die Mauerlänge ist durch die Steinlänge teilbar, wie groß sind die Teilsteine?

① Teilsteine sind nicht erforderlich
② ¼ Steinlänge
③ ⅓ Steinlänge
④ ½ Steinlänge
⑤ ≤ 4,5 cm

2127

Welche Mauerdicken bilden die Mauereinbindung aus 10 DF- und 12 DF-Steinen?

① 24er Mauer/24er Mauer
② 36⁵er Mauer/24er Mauer
③ 30er Mauer/36⁵er Mauer
④ 36⁵er Mauer/36⁵er Mauer
⑤ 30er Mauer/24er Mauer

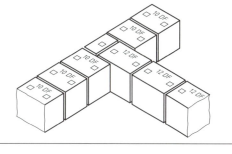

2128

Welcher künstliche Mauerstein hat die beste Wärmedämmung?

① DIN 105 – HLzA – 20 – 2,0 – 5 DF
② DIN 398 – HSV – 12 –1,8 – 5 DF
③ DIN 106 – KSL – 20 – 1,4 – 5 DF
④ DIN 105 – HLzW – 8 – 0,8 – 5 DF
⑤ DIN 18152 – V – 6 – 1,0 – 5 DF

2129

Mit welcher Mindestauflagertiefe a müssen KS- oder Ziegelflachstürze eingebaut werden?

① 5,25 cm
② 11,5 cm
③ 12,5 cm
④ 17,75 cm
⑤ 24,0 cm

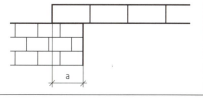

2141u

Welches Rohbaunennmaß (N) und Rohbaurichtmaß (R) hat ein freistehendes (Außenmaße), 3-am langes Mauerwerk?

2142u

In einer Tabelle ist der Läuferverband mit NF-Mauersteinen in Ansicht (5 Schichthöhen) und Draufsicht (1. und 2. Schicht) zu skizzieren und in Fugenversatz, Abtreppung und Anwendung zu unterscheiden.

Darstellung, Merkmale und Anwendungen des Läuferverbandes:

Regelverbände – Ansicht – Draufsicht	Merkmale			Anwendung (Auswahl)
	Ansicht	Fugenversatz	Abtreppung	

2143u

Welche Nennmaße entsprechen den vorgegebenen Kopfmaßen bei NF-Ziegeln?

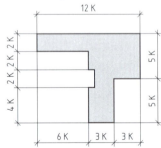

2144u

Welche Arbeitsgänge sind beim Mauern einzuhalten?

2145u

Tragen Sie in eine Tabelle die Anzahl von Mauer-schichten von DF, NF, 2 DF/3 DF und 10 DF/24 DF bei nachfolgenden Mauerhöhen ein: 1,00 m, 1,75 m und 2,25 m

Mauer-höhe	Anzahl der Mauerschichten bei			
	DF	NF	2DF/3DF	10DF/24DF
1,00 m				
1,75 m				
2,25 m				

2146u

Die 1. und 2. Schicht einer 36,5 cm dicken, recht-winkligen Wandecke aus NF-Steinen sind neben-stehend zu skizzieren.

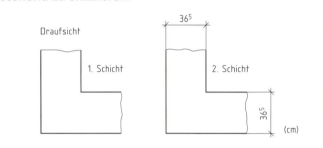

2147u

Welche Aufgaben haben Zuschläge, Bindemittel und Anmachwasser im Mörtelgemisch?

2148u

Welche Bestandteile sind zur Herstellung von Porenbetonsteinen (Gasbetonsteinen) notwendig?

2149u

Welche 4 Verbandsregeln sind beim Mauern von Block- und Kreuzverbänden einzuhalten?

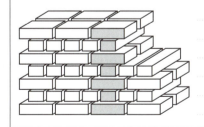 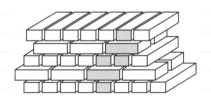

2150u

Was ist beim Mauern von Porenbetonsteinen hinsichtlich des Fugenmörtels und der Fugendicken zu beachten?

2151u

Es sind die 1. und 2. Schicht einer 93 cm langen und 24 cm breiten Wand aus NF-Steinen in der Draufsicht zu skizzieren (umgeworfener Verband).

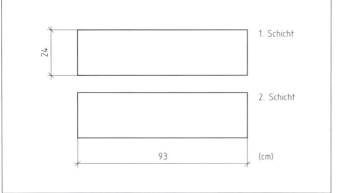

2152u

Welche 3 allgemeinen Verbandsregeln sind gleichermaßen beim Mauern von Wandkreuzungen, Wandecken und Wandstößen zu berücksichtigen?

2153u

Welche 4 Verbandsregeln sind beim Mauern von geraden Wandenden einzuhalten, die mindestens 2-am dick sind?

2154u

Ein rechtwinkliger Mauerstoß einer 24 cm dicken an eine 36,5 cm dicke Mauer aus NF-Steinen in der 1. und 2. Schicht ist nebenstehend zu skizzieren.

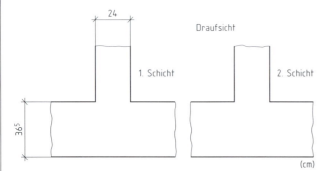

2155u

Es sind zwei Schichten einer 36,5 cm langen und 12,5 cm breiten Vorlage an einer 24 cm dicken Mauer aus NF-Steinen einzuzeichnen.

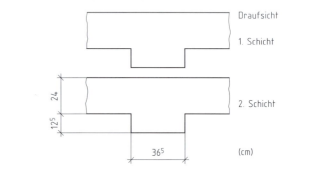

2156u

Welcher Unterschied besteht zwischen Nischen und Schlitzen?

2157u

Welche 3 Verbandsregeln gelten für Mauernischen?

2158u

In der untenstehenden Skizze ist ein 12,5 cm breiter Türanschlag in der 1. und 2. Schicht an einer 36,5 cm breiten Wand einzuzeichnen. Es werden NF-Mauersteine verwendet.

Draufsicht

1. Schicht

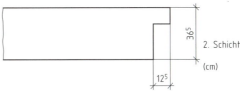

2. Schicht

(cm)

2159u

Warum müssen gemauerte Schornsteine vollfugig gemauert werden?

2160u

Welche 4 Verbandsregeln sind bei Schornsteinverbänden zu beachten?

2161u

Großformatige Mauersteine werden in Einzel- bzw. Reihenverlegung vermauert. In welchen Arbeitsschritten werden beide Verlegearten durchgeführt?

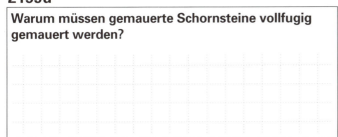

Einzelverlegung:
Mörtel in der Stoßfuge

10

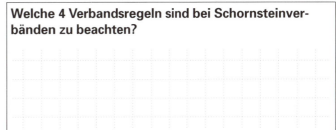

Reihenverlegung:
Mörtel in der Mörteltasche

<5

(mm)

2162u

Es sind zwei Schichten eines rechtwinkligen Mauerstoßes (24 cm und 30 cm dicke Wände) mit großformatigen Mauersteinen zu skizzieren.

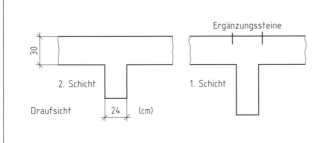

Ergänzungssteine

30

2. Schicht

1. Schicht

Draufsicht   24   (cm)

2163u

In welchen Breiten und Höhen werden Stahlbetonrippendecken hergestellt?
Jeweils 2 Maße sind anzugeben.

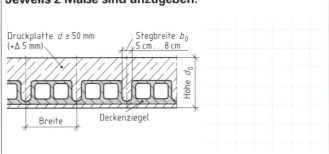

Druckplatte $d \geq 50$ mm
$(+\Delta 5$ mm$)$

Stegbreite b_0
5 cm … 8 cm

Höhe d_0

Breite

Deckenziegel

2164u

Aus welchen 3 Einzelteilen besteht der skizzierte hinterlüftete dreischalige Schornstein aus Formsteinen?

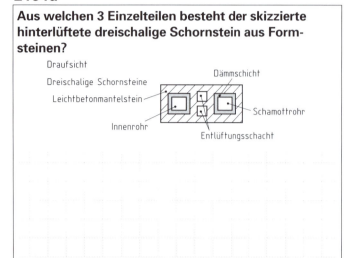

2165u

Vom nebenstehenden Schornstein sind die ersten beiden NF-Mauerschichten einzuzeichnen.

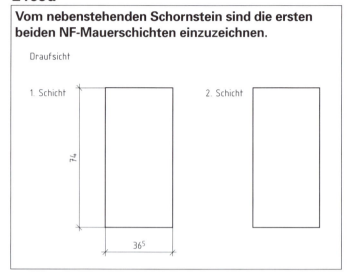

2166u

In welchen Deckenkonstruktionen werden Deckenziegel verwendet?

2167u

Welche 3 Vorteile haben Rippendecken aus Deckenziegeln?

2168u

Wie können die waagerechten und senkrechten Abdichtungen von nebenstehender Skizze hergestellt werden?

Herstellen von waagerechten Abdichtungen in gemauerten Außenwänden:

Herstellen von senkrechten Abdichtungen an gemauerten Außenwänden:

2169u

Wie können die beiden skizzierten Wärmebrücken vermieden werden?

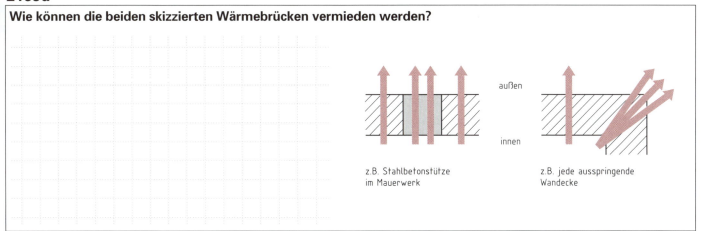

außen

innen

z.B. Stahlbetonstütze
im Mauerwerk

z.B. jede ausspringende
Wandecke

2170u

Wonach werden <u>Baustoffe</u> hinsichtlich ihres Brandverhaltens eingeteilt?

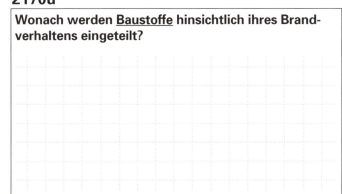

2171u

Wonach werden Bauteile hinsichtlich ihres Brandverhaltens eingeteilt?

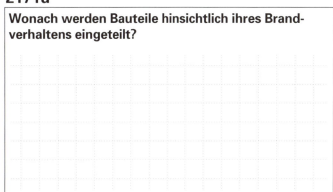

2201

Je feiner ein Zement gemahlen ist,

① Desto schneller erhärtet er
② Desto langsamer erhärtet er
③ Desto leichter ist er
④ Desto kleiner ist seine Druckfestigkeit nach 28 Tagen
⑤ Desto geringer ist seine Wärmeentwicklung

2202

Welcher Zement wird in grünen Papiersäcken mit schwarzem Aufdruck geliefert?

① CEM I 32,5
② CEM I 32,5 R
③ CEM II/A-S 32,5
④ CEM II/B-S 42,5
⑤ CEM III/A 42,5 R

2203

Welche Aussage über das Erhärten von Zement ist falsch?

① Zement wird auch unter Wasser fest
② Bei weniger als 5 °C Frischbetontemperatur kommt die Hydratation zum Stillstand
③ Zement muss nach 28 Tagen seine Normfestigkeit erreicht haben
④ Die Hydratation verläuft am Anfang langsam, wird aber immer schneller
⑤ Bei der Hydratation entsteht Wärme

2204

An jedem Zementsilo muss ein witterungsfestes Blatt Auskunft über den eingelagerten Zement geben. Welche Angabe muss nicht enthalten sein?

① Preis pro m³
② Lieferwerk
③ Datumstempel des Liefertages
④ Zementart
⑤ Festigkeitsklasse

2205

Wie lange dürfen Normzemente in Säcken mit den Festigkeitsklassen 32,5 und 42,5 höchstens auf der Baustelle gelagert werden?

① 1 Woche
② 1 Monat
③ 2 Monate
④ ein halbes Jahr
⑤ unbegrenzt

2206

Bis zu welcher Korngröße wird Zuschlag als »Mehlkorn« bezeichnet?

① 0,125 mm
② 0,25 mm
③ 0,5 mm
④ 1,0 mm
⑤ 2,0 mm

2207

Welchen Vorteil hat ein Zuschlaggemisch mit einer Sieblinie im günstigen Bereich gegenüber einem Gemisch mit einer Sieblinie im brauchbaren Bereich?

① Das Gemisch ist feiner
② Es wird weniger Bindemittel benötigt
③ Der Kiesanteil ist geringer
④ Einige Korngrößen werden nicht benötigt
⑤ Der Sandanteil ist höher

2208

Welche Folgen hat die Verdopplung des Wasser/Zement-Wertes von 0,4 auf 0,8?

① Der Beton wird wasserdichter
② Der Rostschutz der Bewehrung wird verbessert
③ Der Beton »schwindet« weniger
④ Die Festigkeit des Betons vermindert sich stark
⑤ Die Festigkeit des Betons nimmt zu

2209

Ein steifer Beton soll zur Verarbeitung weicher gemacht werden. Wie kann dies ohne Qualitätsverluste nur geschehen?

① Durch Zugabe von Zement
② Durch Zugabe von Wasser
③ Durch Zugabe von Feinsand
④ Durch Zugabe von Zementleim
⑤ Durch Zugabe von Schalöl

2210

Wie kann die Konsistenz von plastischen bis weichen Betonen geprüft werden?

① Mit dem Siebversuch
② Mit dem Ausbreitversuch
③ Mit dem Verdichtungsversuch
④ Mit dem Luftgehalt-Prüfgerät
⑤ Mit dem Absetzversuch

2211

Welche Betonfestigkeitsklassen gehören zur Beton-gruppe B I?

① B5 und B10
② B5, B10 und B15
③ B5, B10, B15 und B25
④ B35, B45 und B55
⑤ B45 und B55

2212

Für welchen Beton B I gibt es kein Betonrezept?

① Wasserundurchlässiger Beton
② Beton mit Betonzusätzen (zB Betonverflüssiger)
③ Beton mit hohem Widerstand gegen schwachen chemischen Angriff
④ Beton mit werksgemischtem Zuschlag bis 32 mm
⑤ Beton mit hohem Frostwiderstand

2213

Welcher Mindestzementgehalt muss für 1 m³ unbe-wehrten Beton BI mit Eignungsprüfung eingehalten werden?

① 100 kg
② 140 kg
③ 160 kg
④ 240 kg
⑤ 300 kg

2214

Welches Bauteil eines kleinen Wohnhauses darf nicht mit B10 betoniert werden?

① Kellerunterboden
② Unbewehrte Kellerwand
③ Geschossdecke
④ Streifenfundament
⑤ Schornsteinfundament

2215

Was ist ein Baustellenbeton?

① Beton, der auf der Baustelle verarbeitet wird
② Ein auf der Baustelle zusammengestellter und gemischter Beton
③ Beton, der auf die Baustelle geliefert wird
④ Der für die Einrichtung einer Baustelle nötige Beton
⑤ Auf der Baustelle gibt es nur Baustellenbeton

2216

Was enthält das »Betonsortenverzeichnis« eines Transportbetonwerkes?

① Alle herstellbaren Betonsorten
② Alle transportierbaren Betonsorten
③ Einen Auszug möglicher herstellbarer Betonsorten
④ Empfehlungen für günstige Betone
⑤ Alle lieferbaren Betonsorten dieses Transport-betonwerkes

2217

Wann muss Transportbeton (ohne Verzögerer) späte-stens entladen sein?

① 30 Minuten nach Beladen
② 60 Minuten nach Ankunft auf der Baustelle
③ 90 Minuten nach Wasserzugabe
④ 3 Stunden nach Bestellung
⑤ Bis zum Feierabend

2218

Lieferschein eines Transportbetons. Welche Angabe muss vor dem Entladen nicht überprüft werden?

① Empfänger der Lieferung, Baustelle
② Lieferschein-Nummer
③ Betonsorten-Nummer
④ Festigkeitsklasse
⑤ Besondere Eigenschaften

2219

Bis zu welchem Zeitpunkt sollte Transportbeton (bis 100 m³) vorbestellt werden?

① Vorbestellung nicht nötig
② Vorbestellung erst über 100 m³ nötig
③ Etwa 3 Stunden vorher
④ 24 Stunden vorher
⑤ Bei Baustelleneröffnung

2220

Welches Betonzusatzmittel darf dem Transportbeton auf der Baustelle zugegeben werden?

① Einpresshilfe (EH)
② Fließmittel (FM)
③ Stabilisierer (ST)
④ Beschleuniger (BE)
⑤ Dichtungsmittel (DM)

2221

Welches Material eignet sich nicht für die Schalhaut?

① Brettschalung
② Platten aus Holz bzw. Holzwerkstoffen
③ Gipskartonplatten
④ Stahlschalung
⑤ Kunststoffschalung

2222

Welches Element gehört nicht zu einer herkömm-lichen Deckenschalung?

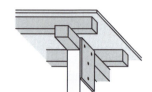

① Schaltafel
② Drängbrett
③ Querträger
④ Joch (Rähm)
⑤ Stütze

2223

Nach dem Ausschalen von Platten und Balken bis 8 m Stützweite gilt:

① Notstützen in Feldmitte stehen lassen
② Pro laufenden Meter eine Notstütze anordnen
③ Pro m² eine Notstütze anordnen
④ Jede zweite Stütze stehen lassen
⑤ Notstützen sind nicht erforderlich

2224

Welches Detail zeigt die Abbildung?

① Eckverspannung einer Rahmentafelschalung
② Eckverschraubung einer systemlosen Stützen-schalung
③ Fußpunkt einer herkömmlichen Stützenschalung
④ Ecke einer Stützenzwinge
⑤ Eckverbindung zweier Trägerschalungen

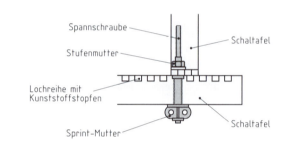

2225

Wo hat die systemlose Schalung im Vergleich zur Systemschalung einen Vorteil?

① Einsatzhäufigkeit
② Anpassungsfähigkeit an Bauteilformen
③ Lebensdauer
④ Montieren, Abbauen und Umsetzen
⑤ Lohn- und Materialkosten

2226

Wodurch wird die dargestellte Schalung zusammen-gehalten?

① Ringanker
② Säulenkranz aus Holz
③ Schalungsanker
④ Säulenzwinge aus Stahl
⑤ Verschwertungs-klammer

2227

Welches Verbindungsmittel eignet sich zur Verspan-nung bei großen Schalhöhen?

① Schalungsanker aus Ankerstab, Ankerverschluss und Abstandshalter
② Aufgenagelte Brettlaschen
③ Absprießungen
④ Verrödelungen
⑤ Bankettzwingen

2228

Wie wird das dargestellte Schalungselement bezeichnet?

① Fachwerkträger aus Holz
② Rahmentafel
③ Kantholz
④ Vollwandträger aus Holz
⑤ Holz-Profilträger

2229

Was ist bei der Trennmittelbehandlung nicht richtig?

① Flüssige Mittel möglichst mit Sprühgeräten auftragen
② Trennmittel dünn und gleichmäßig auf die Schal-haut auftragen
③ Unfallverhütungsvorschriften und Gefahrstoffver-ordnung beachten
④ Lösemittelfreie Trennmittel bevorzugen
⑤ Bewehrung allseitig intensiv mit Trennmitteln reinigen

2230

Welche Betonstabstahl-Sorten werden nach DIN 488 hergestellt?

① BSt 420 S und BSt 420 M
② BSt 500 M, BSt 500 P und BSt 500 G
③ BSt 240 S und BSt 420 S
④ BSt 420 S, BSt 460 S und BSt 500 S
⑤ BSt 420 S und BSt 500 S

2231

Welche Angabe muss der Lieferschein für Betonstahl **nicht** enthalten?

① Hersteller und -werk
② Tag der Herstellung
③ Überwachungszeichen
④ Liefermenge
⑤ Tag der Lieferung

2232

Welcher Betonstahl ist ein BSt 420 S ohne Längsrippen?

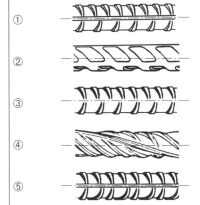

①

②

③

④

⑤

2233

Welche Betonstahlsorte hat das Kurzzeichen III S?

① Betonstabstahl 420 S
② Betonstabstahl 500 S
③ Geschweißte Matte aus gerippten Stählen 500 M
④ Bewehrungsdraht 500 P
⑤ Bewehrungsdraht 500 G

2234

Welches Bewehrungselement erkennt man an diesem eckigen Schild?

① Betonstabstahl
② Lagermatte
③ Stahlträger
④ Zeichnungsmatte
⑤ Listenmatte

R 443

Götze 54

2235

Wie wird die im Ausschnitt dargestellte Lagermatte bezeichnet?

① N-Matte
② Zwillingsmatte
③ Doppelstabmatte
④ Doppelverankerungsmatte
⑤ Einfachstab-Quermatte

2236

Was ist **falsch** beim Anliefern von Betonstahlmatten?

① Lieferschein kontrollieren
② Matten nicht vom Lkw werfen
③ Mattenpaket mit Stahlschlaufen an vier Stellen befestigen und mit dem Kran abladen
④ Matten auf Kanthölzern lagern
⑤ Große Matten unten, kleine Matten oben im Stapel lagern

2237

Lagermattenbezeichnungen geben Auskunft über den Mattenaufbau.
Was gilt für eine Q 378?

① Quadratische Stababstände 378 mm x 378 mm
② Mattenlänge 3,78 m, rechteckige Stababstände 150 mm x 250 mm
③ Quadratische Stababstände 150 mm x 150 mm, 378 mm² Querschnittsfläche der Längsstäbe je m Mattenbreite
④ Quadratische Stababstände 37,8 cm x 37,8 cm, Lagermatte für untergeordnete Beanspruchung
⑤ Querbelastung 378 N/mm², Mattenbreite 2,50 m

2271u

Wie erkennt man einen Normzement?

2272u

Was versteht man unter Normfestigkeit von Zement nach DIN 1164?

2273u

Durch welches Verfahren wird die richtige Kornzusammensetzung von Betonzuschlag geprüft?

2274u

Was ist ein »werksgemischter« Betonzuschlag?

2275u

Was ist eine »Ausfallkörnung«?

2276u

Was versteht man unter »Überschusswasser«?

2277u

Nach welchen Kriterien wird Beton eingeteilt?

2278u

Was ist »Rezeptbeton«?

2279u

Was ist »Transportbeton«?

2280u

Was sind (zwei von drei) entscheidende Vorteile von Transportbeton?

2281u

Wie werden die Elemente einer Balkenschalung fachgerecht bezeichnet?

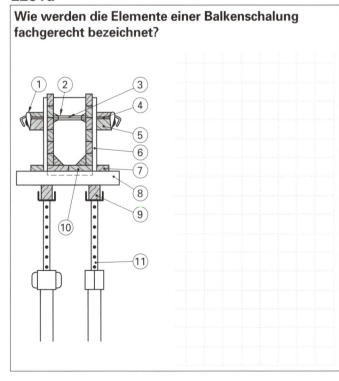

2282u

Was sind Güteprüfungen und wann werden sie durchgeführt?

2283u

Woran kann man Listenmatten erkennen?

2301

Welcher Schornsteinquerschnitt ist strömungstechnisch am günstigsten?

① Quadratisch
② Rund
③ Rechteckig
④ Sechseckig
⑤ Oval

2302

Wie entsteht der Schornsteinzug?

① Die warmen Abgase im Schornstein steigen nach oben, weil sie leichter sind als die Umgebungsluft
② Mit Hilfe eines Gebläses
③ Rauch steigt immer nach oben
④ In engen Röhren entsteht immer eine Strömung von unten nach oben
⑤ Der vorbeiwehende Wind erzeugt am Schornsteinkopf den Zug

2303

Wie weit müssen Balken und Dachhölzer von Schornsteinaußenflächen entfernt sein?

① 1 cm
② 2 cm
③ 3 cm
④ 5 cm
⑤ 10 cm

2304

Warum werden heute gedämmte Schornsteine gebaut?

① Ölbrenner benötigen gedämmte Schornsteine
② Gedämmte Schornsteine verbessern die Verbrennung
③ Holz- und Kohleherde (Festbrennstoffe) benötigen gedämmte Schornsteine
④ Nur hohe Schornsteine müssen als gedämmte Schornsteine erstellt werden
⑤ Gedämmte Schornsteine sind wegen der niedrigen Abgastemperaturen moderner Heizungsanlagen erforderlich

2305

Was versteht man unter dem Begriff »versotten« bei einem Schornstein?

① Bildung von Kondensat an der Schornsteinwand und die anschließende Durchfeuchtung des Schornsteins
② Der Schornsteinzug kommt zum Erliegen
③ Eine Verstopfung des Schornsteins
④ Die Anhaftungen an der Schornsteinwand (Ruß) geraten in Brand
⑤ Die nachträgliche Auskleiden des Schornsteins mit einer Schutzschicht

2306

Welche Aussage über Schornsteinwangen ist richtig?

① Schornsteinwangen müssen mindestens 17,5 cm dick sein
② Schornsteinwangen dürfen grundsätzlich nicht belastet oder geschwächt werden
③ Schornsteinwangen dürfen als Deckenauflager dienen
④ Schornsteinwangen müssen senkrecht geführt werden
⑤ Schornsteinwangen müssen über die ganze Baulänge aus dem gleichen Material bestehen

2307

Wie groß muss der Abstand zwischen Dach und Wangenaußenkante bei mehr als 20° Dachneigung mindestens sein?

① 0,50 m
② 0,75 m
③ 1,00 m
④ 1,20 m
⑤ 1,50 m

2308

Wie groß muss der Abstand zwischen Dach und Wangenaußenkante bei weniger als 20° Dachneigung mindestens sein?

① 1,20 m
② 1,25 m
③ 1,30 m
④ 1,40 m
⑤ 1,50 m

2309

Wie weit muss ein im First angeordneter Schornstein den First mindestens überragen?

① 0,20 m
② 0,25 m
③ 0,30 m
④ 0,40 m
⑤ 0,50 m

2310

Welche Aussage über Schornsteinköpfe ist **falsch**?

① Schornsteinköpfe müssen witterungsbeständig sein
② Schornsteinköpfe müssen ausreichende Wärmdehnung besitzen
③ Die Schornsteinabdeckung darf die Wärmedehnung der Innenrohre nicht behindern
④ Schornsteinwangen müssen oberhalb der Dachhaut aus frostbeständigem Material bestehen
⑤ Schornsteinköpfe müssen auf einer Kragplatte aufgesetzt werden

2311

Welcher Fehler ist in dem skizzierten Schornsteinverband?

① Zu viele Fugen vorhanden
② Kreuzfuge vorhanden
③ Zunge nicht eingebunden
④ Zu viele Teilsteine
⑤ Unzulässiger Schornsteinquerschnitt

2312

Wie heißt die schraffierte Fläche *A* eines zweizügigen Schornsteins?

① Wange
② Zunge
③ Schornsteinkopf
④ Rauchrohr
⑤ Schornsteinmündung

2313

Welches Maß hat die kleinste Seitenlänge eines gemauerten Rauchrohres?

① 11,5 cm
② 12,5 cm
③ 13,5 cm
④ 17,5 cm
⑤ 18,5 cm

2314

Wie dick muss mindestens das Wangenmauerwerk eines Schornsteinkopfes sein?

① 11,5 cm
② 17,5 cm
③ 24,0 cm
④ 30,0 cm
⑤ 36,5 cm

2315

Welche Aussage über Schornsteine ist **falsch**?

① Der Rauchgasauftrieb (Schornsteinzug) nimmt mit der Schornsteinhöhe zu
② Der Mindestquerschnitt gemauerter Schornsteine muss 13,5 cm × 13,5 cm betragen
③ Der Schornsteinzug entsteht durch den Überdruck im Rauchrohr, der die Rauchgase nach oben drückt
④ Das Seitenverhältnis rechteckiger Schornsteine darf maximal 1 : 1,5 betragen
⑤ Schamotterauchrohre sind beständig gegen Säureangriff durch Kondensat

2501

Was versteht man unter Putz in der Bautechnik?

① Zuschlag 0/4 für Mörtel nach DIN 4226
② Ein Mörtelbelag für Wände und Decken aus mineralischen Bindemitteln mit und ohne Zuschlag
③ Bitumenhaltiger Fußbodenbelag
④ Mörtel für natürliche Mauersteine
⑤ Abkürzung für Portlandpuzzolanzement

2502

In welcher Auswahlantwort werden nur Bindemittel für Putze aufgeführt?

① Baugipse, Baukalke, Bitumen
② Baugipse, Baukalke, Zement
③ Baugipse, Weißleim, Zement
④ Zuschlag, Baukalke, Zement
⑤ Zuschlag, Trass, Bitumen

2503

Welche Aussage über die Beschaffenheit des Putzgrundes ist falsch?

① Der Putzgrund soll sauber sein
② Der Putzgrund soll eben sein
③ Der Putzgrund soll glatt sein
④ Der Putzgrund soll frei von Öl und Fett sein
⑤ Der Putzgrund soll rauh sein

2504

In welcher Auswahlantwort sind nur Putzweisen aufgeführt?

① Unterputz, Spritzputz, geriebener Putz
② Kratzputz, Spritzputz, Außenputz
③ Kratzputz, Gipsputz, geriebener Putz
④ Kratzputz, Spritzputz, geriebener Putz
⑤ Kratzputz, einlagiger Putz, geriebener Putz

2505

Welche Behauptung trifft auf den Unterputz eines zweilagigen Putzes nicht zu?

① Der Unterputz ist in der Regel 10 mm bis 25 mm dick
② Der Unterputz soll rau sein
③ Der Unterputz soll Unebenheiten des Putzgrundes ausgleichen
④ Der Unterputz soll in der Regel eine höhere Festigkeit als der Oberputz aufweisen
⑤ Der Unterputz soll in der Regel eine geringere Festigkeit als der Oberputz aufweisen

2506

In welcher Auswahlantwort werden ausschließlich Putzträger für ungeeignete Putzgründe genannt?

① Holzwolle-Leichtbauplatten, Ziegeldrahtgewebe, Rippenstreckmetall
② Holzwolle-Leichtbauplatten, Spanplatten,
③ kunststoffbeschichtete Bau-Furnierplatten, Ziegeldrahtgewebe, Rippenstreckmetall
④ Holzwolle-Leichtbauplatten, Mineralfaser-Dämmplatten, Rippenstreckmetall
⑤ Holzwolle-Leichtbauplatten, Ziegeldrahtgewebe, Dämmplatten aus Polystyrol (Styropor)

2507

Für welche Verwendung ist Gipsputz geeignet?

① für Feuchträume in Schwimmbädern
② als Außenputz für Industriegebäude
③ als Wärmedämmputz für Außenwände von Wohngebäuden
④ als Sperrputz für Kelleraußenwände
⑤ als Innenputz für trockene Wohnräume

2508

Welche Aussage über Putzgips ist falsch?

① Putzgips erwärmt sich beim Anmachen mit Wasser
② Putzgips kann etwa sechs Stunden lang verarbeitet werden
③ Putzgips kann ohne Zuschlag verarbeitet werden
④ Putzgips dehnt sich beim Erhärten aus
⑤ Putzgips fördert das Rosten von Baustählen

2509

Was versteht man unter Estrich in der Bautechnik?

① Dämmschicht für Rohböden oder Rohdecken
② Feinüberzug für Rohböden oder Rohdecken, der in Industriehallen als Gehbelag dienen kann
③ Feuchtigkeitssperre für Rohböden oder Rohdecken
④ Abgehängte Unterdecke für Rohdecken
⑤ Teurer Ersatz für Teppiche in Wohnräumen

2510

In welcher Auswahlantwort werden nur Bindemittel für Estriche genannt?

① Zement, Anhydrit (wasserfreier Gips), Bitumen
② Zement, Anhydrit (wasserfreier Gips), Kalk
③ Weißleim, Anhydrit (wasserfreier Gips), Kalk
④ Zement, Zuschlag, Kalk
⑤ Weißleim, Anhydrit (wasserfreier Gips), Bitumen

2511

Welche Aussage über den Einbau von Estrichen ist richtig?

① Zementestriche werden trocken eingebaut
② Anhydritestriche werden heiß eingebaut
③ Gussasphaltestriche werden nass eingebaut
④ Zementestriche werden nass eingebaut
⑤ Zementestriche werden heiß eingebaut

2512

In welcher Auswahlantwort werden nur Estriche nach der Art des Einbaus aufgeführt?

① Verbundestrich, Estrich auf Trennschicht, Gussasphaltestrich
② Verbundestrich, Zementestrich, schwimmender Estrich
③ Anhydritestrich, Estrich auf Trennschicht, schwimmender Estrich
④ Anhydritestrich, Estrich auf Trennschicht, Gussasphaltestrich
⑤ Verbundestrich, Estrich auf Trennschicht, schwimmender Estrich

2513

Welche Aussage über die Eigenschaften von Zementestrichen ist richtig?

① Zementestriche sind etwa zwei Stunden nach dem Einbau begehbar
② Zementestriche bringen keine Feuchtigkeit in den Rohbau
③ Zementestriche schwinden nicht
④ Zementestriche haben eine gute Druckfestigkeit
⑤ Zementestriche sind teuer im Vergleich zu Gussasphaltestrichen

2514

Welcher Estrich ist für den Wohnungsbau gut geeignet?

① Verbundestrich, weil er direkt mit der Rohdecke verbunden ist
② Verbundestrich, weil er preiswert und einfach herzustellen ist
③ Schwimmender Estrich, weil er die beste Schall- und Wärmedämmung aufweist
④ Estrich auf Trennschicht, weil er das Aufsteigen von Feuchte durch die Rohdecke verhindert
⑤ Kein Estrich ist für den Wohnungsbau gut geeignet

2515

Welche Aufgabe hat der Randstreifen bei schwimmenden Estrichen?

① Gewährleistung eines guten Brandschutzes
② Gewährleistung eines guten Feuchteschutzes
③ Gewährleistung einer guten Wärmedämmung
④ Gewährleistung einer guten Schalldämmung
⑤ Gewährleistung eines guten Stoßschutzes für die verputzte Wand

2516

Welche Aussage trifft auf den Einbau von Zementestrich nicht zu?

① etwa alle 6 m sind Dehnungsfugen anzuordnen
② ungefähr 7 Tage feucht halten
③ erst nach etwa drei Wochen voll belasten
④ Dämmschichten mit PVC-Folie abdecken
⑤ hitzeempfindliche Bauteile entfernen

2801

Welche Höhe hat eine freistehende Mauer aus 27 NF-Mauerschichten?

① 2,27 m
② 2,25 m
③ 2,70 m
④ 1,35 m
⑤ 2,00 m

Baustoff-Tabellen auf
S. 136, 168, 200 und 201

2802

Welche Höhe hat eine eingebaute Mauer aus 27 NF-Mauerschichten?

① 2,34 m
② 2,27 m
③ 2,25 m
④ 2,23 m
⑤ 2,26 m

2803

Wie viel NF-Mauerschichten sind in einer 1,75 m hohen freistehenden Mauer enthalten?

① 21 Schichten
② 22 Schichten
③ 23 Schichten
④ 24 Schichten
⑤ 25 Schichten

2804

Wie viele NF-Mauerschichten sind in einer 2,51 m hohen eingebauten Mauer enthalten?

① 29 Schichten
② 30 Schichten
③ 31 Schichten
④ 32 Schichten
⑤ 33 Schichten

2805

Wie viele NF-Steine werden für eine 24 cm dicke und 14,80 m^2 große gemauerte Wand benötigt?

① 1216 Steine
② 1502 Steine
③ 1218 Steine
④ 1504 Steine
⑤ 1465 Steine

2806

Wie viel NF-Steine werden für 3,42 m^3 24er-Mauerwerk verwendet?

① 1500 Steine
② 1512 Steine
③ 1406 Steine
④ 1510 Steine
⑤ 1412 Steine

2807

Für zwei Gebäudeteile sollen 67,40 m^2 Mauerwerk, 24 cm dick, und 42,80 m^2 Mauerwerk 11,5 cm dick, hergestellt werden. Wie viel NF-Steine werden insgesamt gebraucht?

① 8740 Steine
② 8770 Steine
③ 8776 Steine
④ 8780 Steine
⑤ 8841 Steine

2808

Für zwei Gebäudeteile sollen 4,82 m^3 Mauerwerk, 36,5 cm dick, und 3,18 m^3 Mauerwerk, 24 cm dick, hergestellt werden. Wie viel NF-Steine werden insgesamt benötigt?

① 3418 Steine
② 3240 Steine
③ 3118 Steine
④ 3120 Steine
⑤ 3269 Steine

2809

Wie viel Liter Mauermörtel werden für eine 24 cm dicke und 18,60 m^2 große gemauerte Wand aus NF-Steinen verwendet?

① 1040 Liter
② 1172 Liter
③ 1218 Liter
④ 1226 Liter
⑤ 1042 Liter

2810

Wie viel Liter Mauermörtel werden für 4,12 m^3 24er Mauerwerk aus NF-Steinen benötigt?

① 1218 Liter
② 1084 Liter
③ 1100 Liter
④ 1062 Liter
⑤ 1064 Liter

2811

Für zwei Gebäudeteile aus NF-Mauerwerk sollen 78,20 m² Mauerwerk, 24 cm dick, sowie 51,60 m² Mauerwerk, 11,5 cm dick, hergestellt werden.
Wie viel Liter Mauermörtel werden insgesamt benötigt?

① 6269 Liter
② 6443 Liter
③ 4512 Liter
④ 6262 Liter
⑤ 6442 Liter

2812

Für zwei Gebäudeteile aus NF-Mauersteinen sollen 3,14 m³ Mauerwerk, 36,5 cm dick, sowie 2,68 m³ Mauerwerk, 24 cm dick, gemauert werden.
Wie viel Liter Mauermörtel werden insgesamt verbraucht?

① 1580 Liter
② 1420 Liter
③ 1565 Liter
④ 1423 Liter
⑤ 1582 Liter

2813

Wie viel NF-Steine werden für die abgebildete 24 cm dicke Mauerwerkswand gebraucht?

① 1124 Steine
② 1238 Steine
③ 1200 Steine
④ 1120 Steine
⑤ 1176 Steine

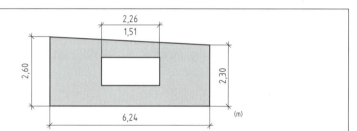

2814

Wie viel Liter Mauermörtel werden für die Mauerwerkswand aus der Aufgabe 2813 verwendet?

① 610 Liter
② 612 Liter
③ 794 Liter
④ 763 Liter
⑤ 748 Liter

2815

Die im Bild dargestellte Giebelmauer soll aus 3DF-Steinen hergestellt werden. Wie groß ist der Stein- und Mörtelbedarf?

① 500 Steine / 400 l
② 502 Steine / 426 l
③ 517 Steine / 467 l
④ 1003 Steine / 902 l
⑤ 447 Steine / 398 l

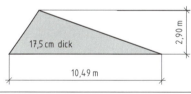

2816

Wie viel NF-Steine werden für den dargestellten 2,00 m hohen Pfeiler benötigt?

① 43 Steine
② 63 Steine
③ 68 Steine
④ 45 Steine
⑤ 72 Steine

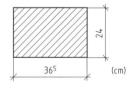

2817

Wie viel Liter Mauermörtel werden für den Pfeiler aus der Aufgabe 2816 verbraucht?

① 53 Liter
② 47 Liter
③ 56 Liter
④ 52 Liter
⑤ 60 Liter

2835u

Wie viel NF-Steine und Liter Mauermörtel werden für den skizzierten 3,3 m hohen Pfeiler gebraucht?

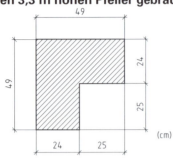

2836u

Wie viel NF-Steine und Liter Mauermörtel werden für die dargestellte 36,5 cm dicke Giebelwand benötigt?

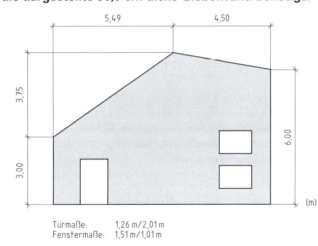

Türmaße: 1,26 m / 2,01 m
Fenstermaße: 1,51 m / 1,01 m

2837u

Von der abgebildeten abgeböschten Baugrube sind Aushubmassen in m³ bei 20% Auflockerung nach der Näherungsformel zu berechnen. Die Gebäudeaußenmaße betragen 12,49 m und 8,24 m.
Bodenklasse 5

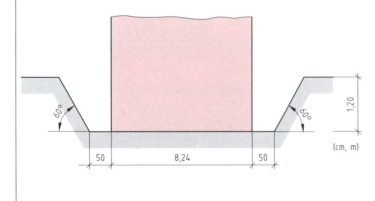

2838u

Es ist der Bodenaushub von der skizzierten, nicht abgeböschten Baugrube mit Verbau und Schalung zu berechnen. Die Gebäudeaußenmaße betragen 11,24 m und 9,74 m. Die Auflockerung beträgt 15%.

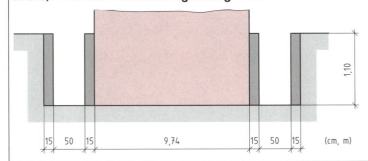

2839u

Für eine Rohrleitung, Außendurchmesser 200 mm, soll auf einer Länge von 24,00 m der Rohrgraben ausgehoben werden.

a) Wie viel m³ Boden sind auszuheben?
b) Wie viel m³ loser Boden sind bei 15% Auflockerung abzufahren?
c) Wie viel m³ Boden wird für die Wiederverfüllung benötigt?

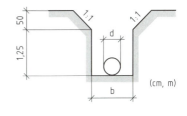

2840u

Für ein Wohnhaus sind 146,2 m² Zementestrich im Mischungsverhältnis 1 : 4 herzustellen.

a) Wie viel Zementmörtel in l sind notwendig, wenn der Zementestrich 4 cm dick werden soll?
b) Wie viel Sack Zement und m³ Sand (baufeucht) werden dazu gebraucht?
   Mörtelfaktor (MF):
   MF = 1,4 (trockener Sand)
   MF = 1,6 (baufeuchter Sand)

2842u

Die dargestellte Fläche soll mit einem Zementestrich
(MV 1 : 3) in einer Stärke von 3 cm hergestellt werden.
Wie viel Liter Zement und m³ Sand werden dazu benötigt?
Die Mörtelmischung ist nach der Tabelle zu berechnen.

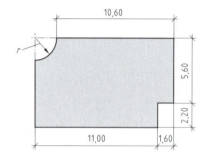

2843u

Die dargestellte Giebelwand soll einen 2,0 cm dicken
Außenputz aus Kalkzementmörtel MV 2 : 1 : 8 erhalten.
a) Wie viel Liter Putzmörtel werden benötigt?
b) Wie viel Liter Weißkalkhydrat, Zement und Mörtelsand sind für den Putzmörtel erforderlich?
Die Mörtelmischung ist nach der Tabelle zu berechnen.

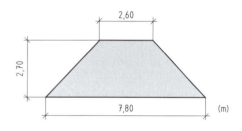

Stoffanteile je m³ Mörtel				
Baustoff	Mischungsanteile bei einem Mischungsverhältnis in Raumteilen von			
Kalkzementmörtel	**2 : 1 : 8**	**2 : 1 : 9**	**2 : 1 : 8**	**2 : 1 : 9**
Weißkalk oder	112 kg	104 kg		
Dolomitkalkhydrat	140 kg	130 kg	280 l	260 l
	168 kg	156 kg		
	196 kg	182 kg		
Normzement	168 kg	156 kg	140 l	130 l
Mörtelsand	1460 kg	1520 kg	1120 l	1170 l
Zementmörtel	**1 : 3**	**1 : 4**	**1 : 3**	**1 : 4**
Normzement	477 kg	360 kg	390 l	300 l
Mörtelsand	1520 kg	1560 kg	1170 l	1200 l

2851

Ein Stahlbetonbalken ist 30 cm breit. Die Betondeckung beträgt 2,0 cm, die Bügel haben einen $\varnothing$ 10 mm. Wie groß wird der Abstand a_s zwischen den 5 einzubauenden Stählen ($\varnothing$ 16 mm)?

① 1,4 cm
② 2,0 cm
③ 2,4 cm
④ 3,7 cm
⑤ 4,0 cm

2852

Nach der statischen Berechnung sind für einen Stahlbetonbalken 4 Stähle mit $\varnothing$ 20 mm erforderlich. Auf der Baustelle gibt es nur Stähle mit $\varnothing$ 16 mm. Wie viele Stähle $\varnothing$ 16 mm müssen statt dessen eingebaut werden?

① 2 Stähle
② 5 Stähle
③ 6 Stähle
④ 7 Stähle
⑤ 9 Stähle

2853

16 Stützenfundamente müssen hergestellt werden. Wie viel m³ Beton (Näherungsformel) werden benötigt?

① 1,59 m³
② 1,28 m³
③ 20,40 m³
④ 25,44 m³
⑤ 4,99 m³

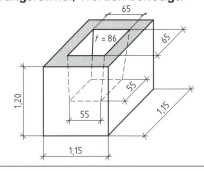

2856

6 Stützen mit abgetrepptem Fundament sollen aus
B25 nach Betonrezept hergestellt werden.
Wie viel kg Zement werden für den B25 (Sieblinien-
bereich ④, Konsistenz KR) benötigt?

① 180,5 kg
② 3651,8 kg
③ 3267,4 kg
④ 608,6 kg
⑤ 544,6 kg

Beton-festig-keits-klasse	Sieb-linien-bereich kg/m³	Baustoffbedarf		
		Zement kg/m³	Zuschlag kg/m³	Wasser kg/m³
B 10	③	230	1950	175
	④	260	1860	200
B 15	③	300	1890	175
	④	330	1800	200
B 25	③	340	1855	175
	④	380	1755	200

Konsistenz KR

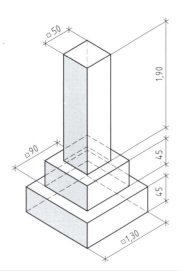

□50

1,90

□90

45

45

□1,30

2857

Zur Bestimmung der Konsistenz von Frischbeton wird
ein Verdichtungsversuch durchgeführt. An den vier
Seiten des 40 cm hohen, mit Beton gefüllten Normbehälters werden nach dem vollständigen Verdichten
die Abstichmaße $s_1 = 90$ mm,
$s_2 = 91$ mm,
$s_3 = 94$ mm und
$s_4 = 93$ mm gemessen.
Wie groß ist das Verdichtungsmaß v?

① 92
② 0,76
③ 0,13
④ 1,32
⑤ 308

2858

Wie viel m³ Beton sind zur Herstellung von 160 Betonrohren (Abmessungen nach Abbildung) erforderlich?

① 0,174 m³
② 0,57 m³
③ 10,44 m³
④ 27,8 m³
⑤ 91,2 m³

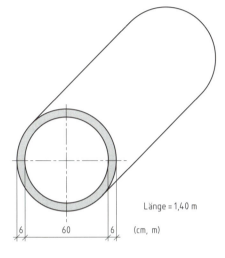

Länge = 1,40 m

6 60 6 (cm, m)

2859

Im Siebversuch wurde die Zusammensetzung eines
Zuschlags ermittelt.
Die zum Einzeichnen der Sieblinie notwendigen Werte
sind zu berechnen.
Wie ist der Zuschlag zu bewerten?

① Zu grobkörnig, nicht geeignet
② Ausfallkörnung, günstiger Bereich
③ Günstiger Bereich, zur Betonherstellung gut
   geeignet
④ Brauchbarer Bereich, zur Betonherstellung
   geeignet
⑤ Zu feinkörnig, nicht geeignet

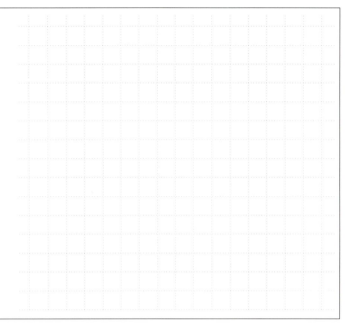

Sieb (mm)	0,125	0,25	0,5	1	2	4	8	16	31,5
Durchgang (g)									
Durchgang (%)									
Rückstand (g)	155	375	410	225	785	575	1135	1240	0
Summe aller Rückstände (g)	4900	4745	4370	3960	3735	2950	2375	1240	0

2860

Für 1 m³ verdichteten Frischbeton werden 345 kg
Zement, 1910 kg oberflächentrockene Zuschläge und
162 Liter Wasser benötigt.
Wie ist das Mischungsverhältnis in Masseteilen?
(Zement : Zuschlag : Wasser)?

① 1 : 5,54 : 0,47
② 1 : 19,10 : 1,62
③ 3,45 : 1,62 : 19,10
④ 5,74 : 11,80 : 3,45
⑤ 1 : 1,62 : 3,45

2861

Um die angestrebte Druckfestigkeit eines B25 zu
erreichen, benötigt man 340 kg Zement CEM 32,5 und
einen Wasserzementwert $w/z = 0{,}6$.
Die Zuschlagsmenge von 1830 kg hat eine Oberflächenfeuchte von 4,0%.
Wie viel Liter Zugabewasser werden benötigt?

① 73,2 l
② 130,8 l
③ 204,0 l
④ 493,5 l
⑤ 566,7 l

2871u

Wie groß ist die Schnittlänge *l* für den geraden Tragstahl mit Rechtwinkelhaken?

2872u

Die Schnittlänge *l* für den beidseitig aufgebogenen Tragstab mit Rechtwinkelhaken ist zu bestimmen.

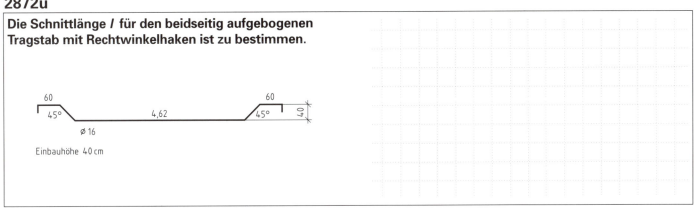

2873u

Für den im Balkenschnitt dargestellten Bügel ist die Schnittlänge zu ermitteln.

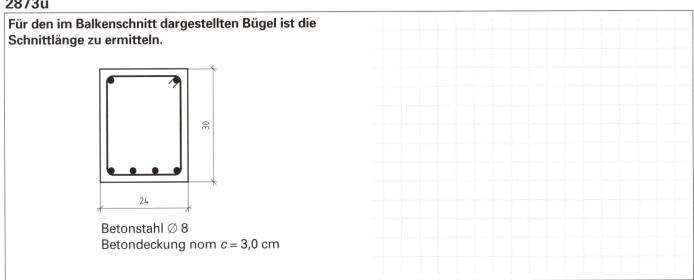

Betonstahl ⌀ 8
Betondeckung nom *c* = 3,0 cm

2874u

Einer Bewehrungszeichnung werden folgende
Angaben entnommen:

1. 14∅16, Schnittlänge = 6,32 m
2. 6∅ 8, Schnittlänge = 4,40 m
3. 24∅ 8, Schnittlänge = 2,52 m
4. 17∅16, Schnittlänge = 4,05 m
5. 3∅16, Schnittlänge = 3,50 m
6. 32∅10, Schnittlänge = 4,65 m

Aus einer Tabelle werden die Gewichte je Meter
Stablänge entnommen:

∅ 8 Metergewicht = 0,395 kg/m
∅10 Metergewicht = 0,617 kg/m
∅16 Metergewicht = 1,580 kg/m

Wie viel Kilogramm Bewehrungsstahl werden für die
Bewehrung benötigt?

2875u

Bei einer Festbetonprüfung wird die Höchstlast F von
1190 kN auf eine Druckfläche von 201 mm x 201 mm
gemessen.
Die Höhe des Probewürfels beträgt 200 mm, die Masse
m_B = 19,7 kg.
Wie groß sind seine Druckfestigkeit β_D und seine
Festbetonrohdichte ρ_R?

2876u

Das Ergebnis eines Siebversuchs:

Sieb (mm)	0,25	0,5	1	2	4	8	16	32	63
Durchgang (%)	5	14	22	32	39	53	72	96	100
Rückstand (%)	95	86	78	68	61	47	28	4	0
Anteil der Korngruppen	5	9	8	10	7	14	19	24	4

1 m³ Beton soll mit 1950 kg Zuschlag obiger Zusammensetzung in der Konsistenz KR hergestellt werden.

– **Wie groß ist der Wasseranspruch in Litern?**

– **Wie viel Liter Zugabewasser werden benötigt, wenn die Oberflächenfeuchte des Zuschlags 3,5% beträgt?**

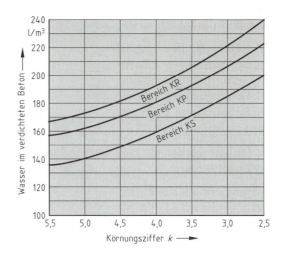

2877u

Ein angelieferter Transportbeton B25, KR mit einem Wasserzementwert von 0,51 enthält gemäß dem Betonsortenverzeichnis 350 kg/m³ CEM I 32,5 und 180 l/m³ Wasser. Um den Beton leichter verarbeiten zu können, werden den 4,5 m³ Frischbeton zusätzlich 120 l Wasser beigemischt.

– **Welche Betondruckfestigkeit wird nach der Wasserzugabe noch erreicht?**

– **Wie viel Zement muss zugegeben werden, damit der Wasserzementwert von 0,51 beibehalten wird?**

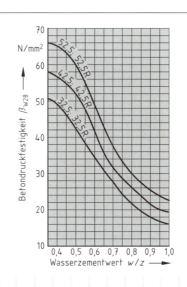

2878u

Ein Stahlbetonunterzug ist auszuführen. Die fehlenden Maße sind zu ermitteln, die Betonstahl-Gewichtsliste auszufüllen und die Masse an Betonstahl zu berechnen.

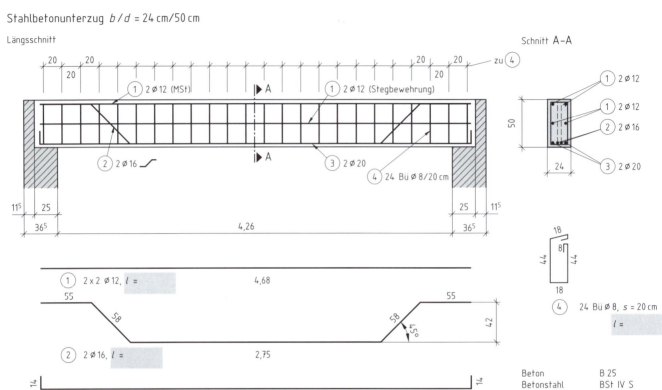

Stahlbetonunterzug b/d = 24 cm/50 cm

Beton — B 25
Betonstahl — BSt IV S
Betondeckung nom c = 3,0 cm
Biegemaße sind Außenmaße

Betonstahl-Gewichtsliste				Betonstahlsorte: IV S			Bauteil: Stahlbetonunterzug			
Pos. Nr.	Anzahl	d_s mm	Einzel-länge m	Gesamt-länge m	Gewichtsermittlung in kg für					
					d_s= 8 mm mit 0,395 kg/m	d_s= 10 mm mit 0,617 kg/m	d_s= 12 mm mit 0,888 kg/m	d_s= 14 mm mit 1,21 kg/m	d_s= 16 mm mit 1,58 kg/m	d_s= 20 mm mit 2,47 kg/m
Gewicht je Durchmesser [kg]										
Gesamtgewicht [kg]										

2901

Es gibt zwei grundsätzliche Projektionsarten für die Darstellung von Bauteilen und Bauwerken. Wie werden die beiden Projektionsarten genannt?

① Dreitafelprojekte und Isometrie
② Dimetrie und Isometrie
③ Zentralprojektion und Vogelperspektive
④ Parallelprojektion und Zentralprojektion
⑤ Dimetrie und Parallelprojektion

2902

In welcher Antwort gehören alle drei Projektionsarten zur Parallelprojektion?

① Dreitafelprojektion, Dimetrie, Isometrie
② Dimetrie, Isometrie, Vogelperspektive
③ Eckperspektive, Vogelperspektive, Isometrie
④ Eckperspektive, Froschperspektive, Dimetrie
⑤ Dimetrie, Eckperspektive, Dreitafelprojektion

2903

Welche grundsätzliche Projektionsart ist im Bild zu sehen?

① Vogelperspektive
② Parallelprojektion
③ Froschperspektive
④ Eckperspektive
⑤ Zentralprojektion

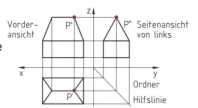

2904

Welche grundsätzliche Projektionsart ist im Bild dargestellt?

① Kavalierperspektive
② Dimetrie
③ Isometrie
④ Parallelprojektion
⑤ Zentralprojektion

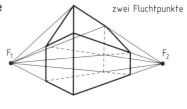

2905

Welche Bauzeichnung kann ein Maurer auf der Baustelle nicht gebrauchen?

① Erdgeschoß-Grundriss eines zu mauernden Einfamilienhauses
② Querschnitt durch ein Bürohaus aus Mauerwerk
③ Detailzeichnung eines gemauerten Schornsteinkopfes
④ Bewehrungsplan eines Köcherfundamentes
⑤ Schnitt durch eine zweischalige Wand aus Ziegelsteinen

2906

Welche der Bauzeichnungen kann ein Maurer auf der Baustelle verwenden?

① Schalplan einer Stahlbetonstütze
② Fundamentplan mit aufgehendem Kellermauerwerk
③ Sparrenplan zu einem Kehlbalkendach
④ Detailzeichnung zu einem Treppenaufbau
⑤ Verlegeplan für die Plattierung eines Schwimmbades

2907

Wie heißt die abgebildete Mauerschicht?

① Binderschicht
② Läuferschicht
③ Rollschicht
④ Grenadierschicht
⑤ Bodenschicht

2908

Welchen Vorzugsverband zeigt das Bild?

① Kreuzverband
② Blockverband
③ Läuferverband
④ Binderverband
⑤ keinen Vorzugsverband

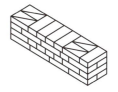

2909

Welcher Teilstein ist hier abgebildet?

① ganzer Stein
② dreiviertel Stein
③ halber Stein
④ viertel Stein
⑤ keiner

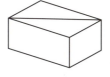

2910

Wie wird die mit a gekennzeichnete Fuge fachgerecht bezeichnet?

① Lagerfuge
② Stoßfuge
③ Längsfuge
④ Schnittfuge
⑤ Innenfuge

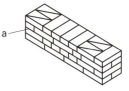

2911

Zu welcher Seitenansicht von links gehören die Vorderansicht und die Draufsicht?

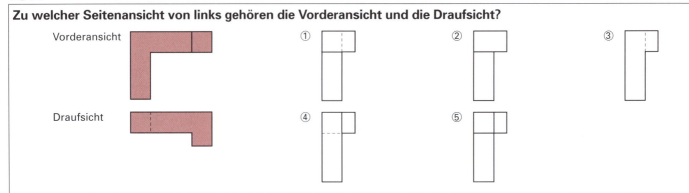

2912

Welche Draufsicht gehört zu dem abgebildeten Körper?

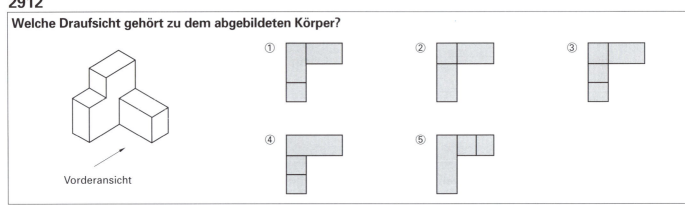

2913

Welche Vorderansicht gehört zu dem dargestellten Haus?

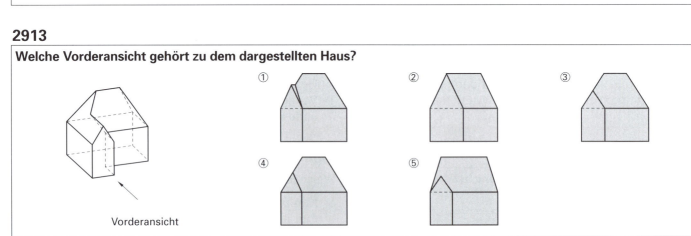

2914

Welche Draufsicht gehört zu dem Körper?

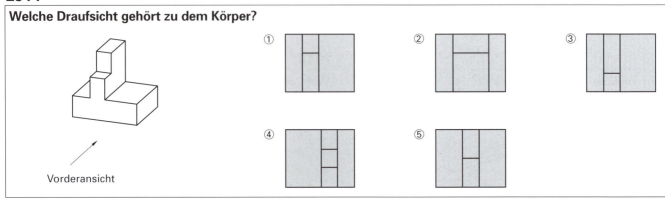

2915

Zu welcher perspektivischen Ansicht gehört die Draufsicht der Kirche?

Draufsicht

 ①

 ②

 ③

④

⑤

2916

Welche Draufsicht gehört zu der Vorderansicht und der Seitenansicht des abgebildeten Körpers?

Vorderansicht   Seitenansicht

①

②

③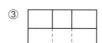

④

⑤

2917

Welche Vorderansicht passt zu dem dargestellten Körper?

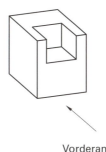

Vorderansicht

①

②

③

④

⑤

2918

Welche Draufsicht gehört zu dem Körper mit der Vorderansicht in Pfeilrichtung?

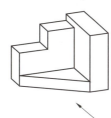

Vorderansicht

①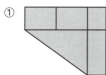

②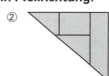

③

④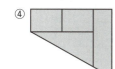

⑤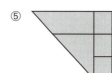

2919

Zu welcher Vorderansicht gehört die perspektivische Ansicht des Körpers?

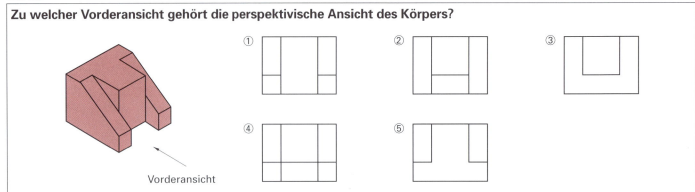

Vorderansicht

2920

Welche Draufsicht gehört zu der perspektivischen Ansicht des abgebildeten Körpers?

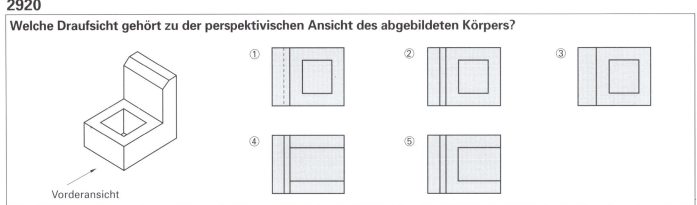

Vorderansicht

2921

Welche Draufsicht passt zu der perspektivischen Ansicht des dargestellten Körpers?

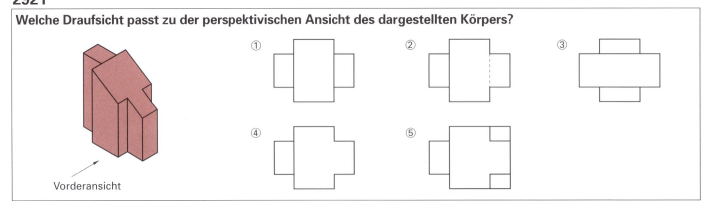

Vorderansicht

2922

Welche Draufsicht gehört zu dem Körper mit der abgebildeten Vorderansicht und Seitenansicht?

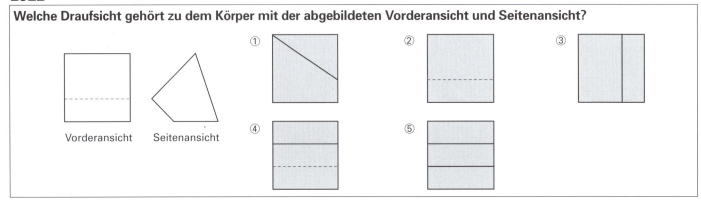

Vorderansicht   Seitenansicht

2923

Welche Schraffur wird in Bauzeichnungen nach DIN 1356 für Mauerwerk verwendet?

①   ②   ③

④ ⑤

2924

Welche Schraffur wird in Bauzeichnungen nach DIN 1356 für Dämmung verwendet?

① ② ③

④ ⑤

2925

Welche Position zeigt in der Skizze der Kelleraußenwand die senkrechte Sperrschicht?

① Pos. 1
② Pos. 2
③ Pos. 3
④ Pos. 4
⑤ Pos. 5

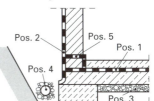

2926

Aus welchem Baustoff besteht das im Bild dargestellte Bauteil?

① Stahl
② Holz
③ Beton
④ Mauerwerk
⑤ Dämmstoff

2927

Welche Konstruktion ist in der Skizze zu sehen?

① Verbundestrich
② Estrich auf Trennschicht
③ Schwimmender Estrich
④ Abgehängte Decke
⑤ Flachdach-Anschluss

2928

In welchem Bild ist die Linienart nach DIN 1356 zur Kennzeichnung von Schnittebenen abgebildet?

①
②
③
④
⑤

2929

Welche Außenwandkonstruktion zeigt der Schnitt?

① Einschaliges Mauerwerk mit Thermohaut
② Einschaliges Mauerwerk mit Vorhangfassade
③ Zweischaliges Mauerwerk mit Kerndämmung
④ Zweischaliges Mauerwerk mit Luftschicht
⑤ Einschaliges Mauerwerk beidseitig verputzt

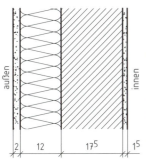

2930

Welche Handelsform von Nadelschnittholz ist im Bild zu sehen?

① Bohle
② Dachlatte
③ Brett
④ Das Bild zeigt keine Handelsform von Nadelschnittholz
⑤ Kantholz

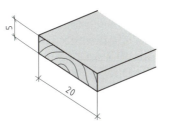

2931

Was bedeutet die Abkürzung DN in Bauzeichnungen?

① Deutsche Norm
② Dichtung Nennmaß
③ Halber Stein
④ Nenndurchmesser
⑤ Durchschnittliche Nennbreite

2932

Aus welchem Baustoff soll nach der Skizze die Kellersohle erstellt werden?

① Unbewehrter Beton
② Stahlbeton
③ Betonfertigteil
④ Mauerwerk
⑤ Holz

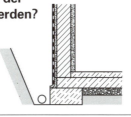

2933

Wie wird der mit a gekennzeichnete Bewehrungsstab des skizzierten Stahlbeton-Balkens fachgerecht bezeichnet?

① Bügel
② Gerader Tragstab
③ Montagestab
④ Aufgebogener Tragstab
⑤ Rödeldraht

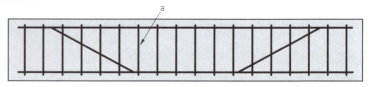

2934

Welche Bedeutung hat die Angabe 1% über dem Pfeil in dem dargestellten Grundriss?

① Gefälle der Rohdecke
② Gefälle des fertigen Fußbodens
③ Gefälle für einzubauende Leitungen
④ Gefälle des zugehörigen Daches
⑤ Gefälle wür die einzubauende Bewehrung

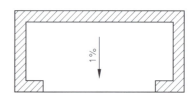

2935

Welche Höhe muss das Fenster nach dem Zeichnungsausschnitt erhalten?

① 1,00 m
② 2,385 m
③ 1,385 m
④ 1,76 m
⑤ 1,375 m

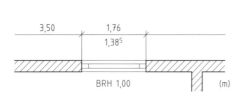

2936

Welche Abmessungen x hat die zu mauernde Öffnung für den Schornstein in der Skizze?

① 25 cm/25 cm
② 24 cm/24 cm
③ 26 cm/26 cm
④ 24 cm/26 cm
⑤ 26 cm/24 cm

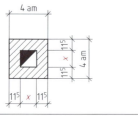

2937

Welche Aussage zu dem skizzierten Teilabschnitt ist richtig?

① Die Oberkante des Rohfußbodens beträgt 2,75 m
② Die Oberkante des Fertigfußbodens beträgt 2,75 m
③ Die Oberkante der Fensterbrüstung liegt 1,25 m über dem Rohfußboden
④ Die Oberkante der Fensterbrüstung liegt 1,25 m über dem Fertigfußboden
⑤ Die Unterkante des Fenstersturzes liegt 2,385 m über dem Fertigfußboden

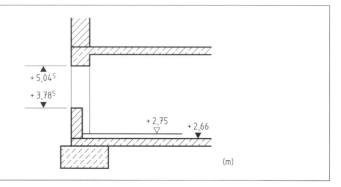

2938

In welcher Abbildung hat das Kantholz mit dem Querschnitt 14 cm/18 cm die richtige Bemaßung?

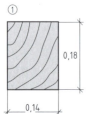 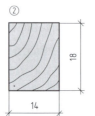 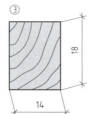 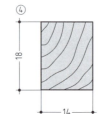 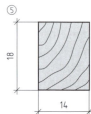

2951u

Zeichnen Sie die Vorderansicht, Seitenansicht von links und Draufsicht des räumlich skizzierten Mauerwerkskörpers auf DIN A4 in Bleistift im Maßstab 1 : 5.

- In den zu zeichnenden Ansichten sind alle für die Ausführung notwendigen Maße einzutragen.
- Verdeckte Kanten sind als gestrichelte Linien darzustellen.

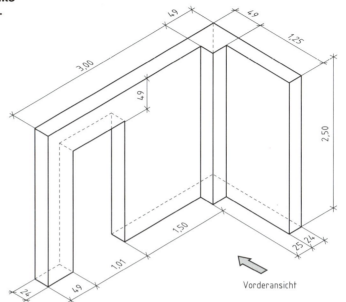

Vorderansicht

2952u

Zeichnen Sie die Vorderansicht, Seitenansicht von links und Draufsicht des räumlich skizzierten Hauses auf DIN A4 in Bleistift im Maßstab 1 : 200.

- In den zu zeichnenden Ansichten sind alle für die Ausführung notwendigen Maße einzutragen.
- Verdeckte Kanten sind als gestrichelte Linien darzustellen.

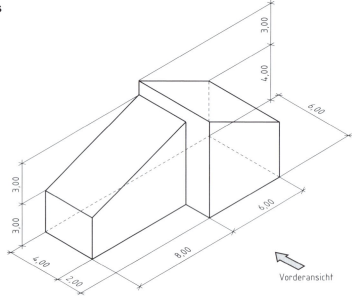

Vorderansicht

Prüfungsbuchreihe Bautechnik

Prüfungsbuch HOCHBAU

Abschlussprüfung

3101

Welches Mauerwerk ist **kein** Natursteinmauerwerk?

① Feldsteinmauerwerk
② Porenbetonmauerwerk
③ Trockenmauerwerk
④ Zyklopenmauerwerk
⑤ Schichtenmauerwerk

3102

Wie dick muss mindestens ein Binder im Naturstein-mauerwerk sein?

① 10 cm
② 20 cm
③ 30 cm
④ 40 cm
⑤ 50 cm

3103

Wie tief müssen Bindersteine mindestens in die Hinter-mauerung einbinden?

① 5 cm
② 10 cm
③ 15 cm
④ 20 cm
⑤ 25 cm

Misch-mauerwerk

3104

Welches Natursteinmauer-werk ist hier abgebildet?

① Bruchsteinmauerwerk
② Feldsteinmauerwerk
③ Zyklopenmauerwerk
④ Schichtenmauerwerk
⑤ Quadermauerwerk

3105

Welchen Durchmesser dürfen Zuschläge von Fugen-mörtel **nicht** überschreiten?

① 1 mm
② 2 mm
③ 3 mm
④ 4 mm
⑤ 5 mm

3106

Welcher Zierverband ist neben-stehend dargestellt?

① Wilder Verband
② Läuferverband
③ Holländischer Verband
④ Märkischer Verband
⑤ Gotischer Verband

3107

Welche Mindestdicke müssen tragende Innenwände haben?

① 17,5 cm
② 11,5 cm
③ 24,0 cm
④ 49,0 cm
⑤ 36,5 cm

3108

Welche Geschosshöhe darf bei Innenwänden **nicht** überschritten werden, wenn die Wanddicke geringer als 24 cm ist?

① 1,75 m
② 2,00 m
③ 2,25 m
④ 2,50 m
⑤ 2,75 m

3109

Wie wird das skizzierte zwei-schalige Mauerwerk bezeichnet?

① Mit Luftschicht
② Mit Putzschicht ohne Luftschicht
③ Mit Luftschicht und Wärme-dämmung
④ Mit Wärmedämmung ohne Luftschicht
⑤ Mit Luftschicht und mit Putzschicht

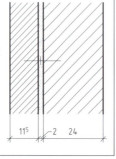

3110

Welcher gemauerte Bogen ist nebenstehend dargestellt?

① Rundbogen
② Segmentbogen
③ Flachbogen
④ Korbbogen
⑤ Scheitrechter Bogen

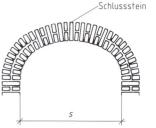

Schlussstein

3111

Welche Stoßfugendicke darf bei gemauerten Bögen nicht überschritten werden?

① 0,5 cm
② 1,0 cm
③ 1,5 cm
④ 2,0 cm
⑤ 2,5 cm

3112

Welche Druckfestigkeit müssen Steine von gemauerten Bögen mindestens aufweisen?

① 5 N/mm²
② 10 N/mm²
③ 15 N/mm²
④ 20 N/mm²
⑤ 25 N/mm²

3113

Welcher Stabdurchmesser darf bei bewehrtem Mauerwerk höchstens verwendet werden?

① 4 mm
② 6 mm
③ 8 mm
④ 10 mm
⑤ 12 mm

3114

Welche Mörtelgruppe ist zur Herstellung von bewehrtem Mauerwerk vorgeschrieben?

① MG I   (Kalkmörtel)
② MG II   (Kalkzementmörtel)
③ MG IIa   (Kalkzementmörtel)
④ MG III, IIIa (Zementmörtel)
⑤ MG IV   (Gipsmörtel)

3115

Wie hoch muss mindestens die Sockelhöhe von Fachwerkwänden sein?

① 10 cm
② 20 cm
③ 30 cm
④ 40 cm
⑤ 50 cm

3116

Wie heißt die abgebildete Zierschicht?

① Stellschicht
② Schränkschicht
③ Läuferschicht
④ Binderschicht
⑤ Rollschicht

3117

Welchen Abstand hat die Regelfuge der Läuferschicht bis zur Innenecke bei stumpfwinkligen Mauerecken?

① $\frac{1}{2}$ am
② 1 am
③ $1\frac{1}{2}$ am
④ 2 am
⑤ $2\frac{1}{2}$ am

3118

Wie heißt das skizzierte Mauerwerk?

① Türanschlag
② Stumpfwinklige
   Mauerecke
③ Pfeiler
④ Spitzwinklige
   Mauerecke
⑤ Nische

3119

Welches ist der kleinste belastbare Pfeilerquerschnitt?

① 11,5 cm/11,5 cm
② 11,5 cm/24 cm
③ 24 cm/24 cm
④ 24 cm/36,5 cm
⑤ 36,5 cm/36,5 cm

3120

Was für ein Pfeiler ist hier dargestellt?

① Pfeilervorlage
② Kreuzpfeiler
③ Runder Pfeiler
④ Achteckiger Pfeiler
⑤ Pfeiler im Spar- oder
   Schornsteinverband

3121

Wie weit darf der Überstand *ü* einer 11,5 cm dicken Außenschale eines zweischaligen Mauerwerks (wenn sie nicht höher als zwei Geschosse ist) über das Auflager vorstehen?

① Kein Überstand
② $\frac{1}{5}$ Steinbreite
③ $\frac{1}{4}$ Steinbreite
④ $\frac{1}{3}$ Steinbreite
⑤ $\frac{1}{2}$ Steinbreite

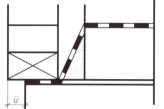

3122

Welche Aussage über zweischaliges Mauerwerk ist richtig?

① Beide Schalen übernehmen die Tragfunktion
② Beide Schalen müssen schlagregensicher sein
③ Die Innenschale muss schlagregensicher sein, die Außenschale übernimmt die Tragfunktion
④ Die Innenschale übernimmt die Tragfunktion, die Außenschale ist zuständig für den Wetterschutz
⑤ Die Außenschale übernimmt die Tragfunktion, die Innenschale ist zuständig für den Wärmeschutz

3123

Welchen lichten Abstand *a* dürfen Innen- und Außenschalen bei zweischaligem Mauerwerk – mit 5 Drahtankern ($\varnothing$ 5 mm) pro m² Wandfläche – höchstens haben?

① 4 cm
② 11,5 cm
③ 15 cm
④ 17,5 cm
⑤ 24 cm

3124

Welche Maßnahme zum Schutz des zweischaligen Mauerwerks vor Feuchtigkeit ist nicht geeignet?

① Entwässerungsöffnungen am Fußpunkt
② Tropfscheiben an den Drahtankern
③ Sperrschichten am Fußpunkt mit Gefälle nach außen
④ Ausfüllen des Wandschalenzwischenraums mit Mörtel
⑤ Lüftungsöffnungen am oberen Rand der Außenschale und unter Fenstern

3125

Welcher Mauerwerksbogen hat den größten Horizontalschub am Widerlager?

① Rundbogen
② Segmentbogen
③ Scheitrechter Bogen
④ Spitzbogen
⑤ Korbbogen

Rundbogen   Segmentbogen   scheitrechter Bogen   Spitzbogen   Korbbogen

3126

Ab welcher Höhe *h* über Erdgleiche darf die Luftschicht beim zweischaligen Mauerwerk beginnen?

① Hierfür sind keine Regeln einzuhalten
② Hängt von der Bodenart ab
③ h ≥ 0 cm
④ h ≥ 10 cm
⑤ h ≥ 30 cm

3127

Zweischalige Außenwand mit Kerndämmung
Welche Aussage ist falsch?

① Drahtanker sind nicht nötig
② Entwässerungs- und Lüftungsöffnungen sind vorzusehen
③ Kerndämmung muss dauerhaft wasserabweisend sein
④ Steine der Außenschale müssen wasserdampfdurchlässig sein
⑤ Tropfscheiben an den Drahtankern sind nicht nötig

3128

Wo sind Dehnungsfugen in der Außenschale einer zweischaligen Außenwand nicht nötig?

① In senkrechter Richtung an den Gebäudeecken
② In waagerechter Richtung unter Fensterbänken
③ In senkrechter Richtung in Verlängerung der Leibungen großer Türöffnungen
④ In senkrechter Richtung nach etwa 8 m langen Mauerscheiben
⑤ In waagerechter Richtung über Fensterstürzen

3129

Was sind »Ausblühungen«?

① Ablagerung von Sulfaten und Karbonaten an der Mauerwerksoberfläche
② Absandende Fugen
③ Pflanzenwuchs auf dem Mauerwerk
④ Farbig gestaltete Fugen
⑤ Mehrfarbige Sparverblender

3141u

Welche 4 Verbandsregeln sind allgemein beim Mauern von Natursteinmauerwerk einzuhalten?

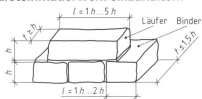

3142u

Wie werden untenstehende Zierschichten bezeichnet?

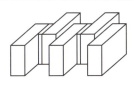 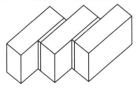 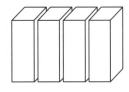 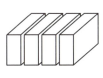

3143u

Welche 4 Zierverbände werden unterschieden?

3144u

Welche 4 Verbandsregeln sind beim wilden Verband zu beachten?

3145u

Vom wilden Verband ist die 2. Schicht einzuzeichnen. Es werden kleinformatige Steine vermauert.

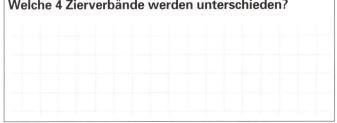

3146u

Nach welchen 6 Gesichtspunkten können Wände eingeteilt werden?

3147u

Was ist beim Einmauern von Bauteilen aus Holz zu beachten?
Es sind 3 Konstruktionsregeln anzugeben.

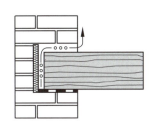

3148u

Was sind tragende Wände?

3149u

Was sind Brandwände?

3150u

Welche 3 Anforderungen müssen bei bewehrtem
Mauerwerk eingehalten werden?

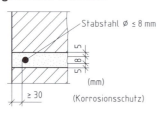

3151u

Welche 3 Konstruktionsregeln sind beim Mauern von
zweischaligen Außenwänden einzuhalten?

3152u

Wie werden die 4 verschiedenen zweischaligen Außenwände bezeichnet?
Zweischalige Außenwände mit

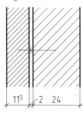 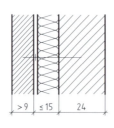 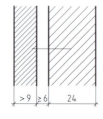 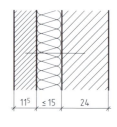

3153u

Welche Regeln sind beim Ausmauern von Gefachen bei Fachwerkwänden zu berücksichtigen?

3154u

Von der skizzierten spitzwinkligen Mauerecke ist die 2. Schicht einzuzeichnen. Beide Wände sind 36,5 cm breit und werden aus NF-Mauersteinen hergestellt.

Draufsicht   1. Schicht

2. Schicht

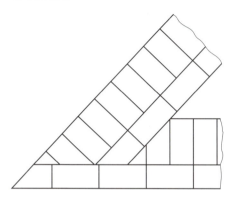
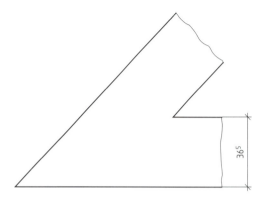

3155u

Es ist die 2. Schicht des quadratischen Pfeilers einzuzeichnen. Es werden NF-Mauersteine verwendet.

Draufsicht   1. Schicht   2. Schicht

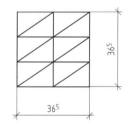

(cm)

3156u

Von dem rechtwinkligen Pfeiler soll die 2. Schicht eingezeichnet werden. Es werden NF-Mauersteine verwendet.

Draufsicht   1. Schicht   2. Schicht

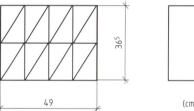

(cm)

3157u

Welche Bezeichnungen haben untenstehende gemauerte Bögen?

Bogenrücken   Bogenhalbmesser r Scheitelpunkt   Kämpferpunkt   Stichhöhe h Spannweite s Scheitelpunkt   überhöht   gedrückt   normal

_____   _____   _____   _____

_____   _____   _____   _____

3201

Welche Normkennzeichnung erhält ein Portlandzement mit schneller Anfangserhärtung und einer 28-Tage Mindestdruckfestigkeit von 32,5 N/mm²?

① CEM I 32,5 R
② CEM I 32,5
③ CEM II/A-S 32,5
④ CEM II/B-S 32,5
⑤ CEM III/B 32,5-NW/HS

3202

Welcher Zement eignet sich wegen seines hohen Sulfatwiderstandes für Beton-Abwasserrohre?

① Portlandzement CEM I 42,5 R
② Portlandkalksteinzement CEM II/A-L
③ Portlandhüttenzement CEM II/A-S
④ Portlandpuzzolanzement CEM II/B-P
⑤ Hochofenzement CEM III/B 32,5-NW/HS

3203

Welcher Zement eignet sich am besten zur Herstellung massiver Bauteile?

① CEM I 32,5 R
② CEM II/B-S 42,5 R
③ CEM III/B 32,5-NW/HS
④ CEM III/A 32,5 R
⑤ CEM III/A 42,5

3204

Welches Material ist neben Portlandzement Hauptbestandteil des Hochofenzementes CEM III?

① Puzzolan
② Flugasche
③ Ölschiefer
④ Hüttensand
⑤ Kalkstein

3205

Welche Eigenschaft der Normzemente wird bei der regelmäßigen Güteprüfung nicht kontrolliert?

① Erstarrungsbeginn und -ende
② Farbe
③ Mahlfeinheit
④ Druckfestigkeit
⑤ Hydratationswärme

3206

Wie wird ungebrochener Zuschlag 4/32 (Kleinstkorn/Größtkorn) nach DIN 4226 bezeichnet?

① Sand
② Kies
③ Grobkies
④ Splitt
⑤ Schotter

3207

Eine Stahlbetondecke ist 16 cm dick. Welches Größtkorn sollte der Zuschlag haben?

① 2 mm
② 4 mm
③ 8 mm
④ 16 mm
⑤ 32 mm

3208

Eine Zuschlags-Lieferung ist als »Zuschlag DIN 4226-8/16–eK« gekennzeichnet. Das bedeutet:

① Zuschlag ohne Korngruppe 8/16
② Zuschlag der Korngruppe 8/16 mit eckiger Kornform
③ Zuschlag der Korngruppe 8/16, der erhöhte Anforderungen an die Kornform erfüllt
④ Zuschlag ohne Korngruppe 8/16 mit extremer Kornfestigkeit
⑤ Zuschlag nach DIN 4226-8; Größtkorn 16 mm

3209

Welcher Wasserzementwert ist für einen ausreichenden Korrosionsschutz der Stahlbetonbewehrung höchstens zulässig?

① 0,6
② 0,8
③ 1,0
④ 1,2
⑤ 1,66

3210

Bei einer Frischbeton-Konsistenzprüfung ergibt sich das Verdichtungsmaß von 1,25. Welche Konsistenz hat der Beton?

① Steif
② Steif bis plastisch
③ Plastisch
④ Plastisch bis weich
④ Weich

3211

In welcher Auswahlantwort sind die Betonfestigkeits-klassen der Betongruppe B II vollständig aufgelistet?

① B 15, B 25, B 35, B 45, B 55
② B 25, B 35, B 45, B 55
③ B 35, B 45, B 55
④ B 45, B 55
⑤ B 55

3212

Wie erfolgt die Qualitätssicherung des B II-Betons?

① Güteüberwachung durch eine Prüfstelle F (Fremd-überwachung)
② Durch Zementdruckfestigkeitsprüfung und Über-prüfung der Kornzusammensetzung
③ Überprüfung des Mindestzementgehaltes, des Wasserzementwertes und des Korrosionsschutzes der Bewehrung durch eine Prüfstelle E (Eigen-überwachung)
④ Güteüberwachung der Prüstelle E (Eigenüber-wachung), der Prüfstelle F (Fremdüberwachung) und ggf. durch die Prüfstelle W (Wasserundurch-lässigkeitsprüfung)
⑤ Kontrolle der Betonrezepte nach DIN 1045 und Überprüfung der Druckfestigkeit durch eine Prüfstelle F (Fremdüberwachung)

3213

Bei welchem Beton muss keine Eignungsprüfung stattfinden?

① Beton B I, als Rezeptbeton nach DIN 1045
② Beton B I, als Rezeptbeton aber mit Betonzusätzen
③ Beton B I, wenn es kein Rezeptbeton ist
④ Beton B II
⑤ Beton mit besonderen Eigenschaften nach DIN 1045

3214

Bei Einsatz von Betonzusatzstoffen gilt der Grund-satz:

① Korngruppe 4 mm bis 8 mm verwenden
② Bei Außenbauteilen kann der Mindestzementge-halt auf 220 kg/m³ verringert werden
③ Sie brauchen bei der Stoffraumrechnung nicht berücksichtigt werden
④ Sie mindern die Festigkeit des Betons bis zu 10%
⑤ Sie dürfen niemals ohne Eignungsprüfung im Beton verwendet werden

3215

Welches Betonzusatzmittel vermindert die Wasser-aufnahme von Beton?

① DM
② LP
③ FM
④ BV
⑤ ST

3216

**Ein Beton mit verbessertem Widerstand gegen Frost und Tausalz soll hergestellt werden.
Welches Betonzusatzmittel ist zu wählen?**

① Dichtungsmittel (DM)
② Stabilisierer (ST)
③ Einpresshilfe (EH)
④ Verzögerer (VZ)
⑤ Luftporenbildner (LP)

3217

Welches Betonzusatzmittel verbessert die Verarbeit-barkeit und vermindert die Gefahr der Entmischung bei Frischbeton?

① ST
② BE
③ VZ
④ LP
⑤ DM

3218

Was versteht man unter »Karbonatisierung« des Betons?

① Verringerung des pH-Wertes von Beton durch Kohlenstoffdioxid aus der Luft
② Erhöhung des pH-Wertes von Beton
③ Betonschäden durch Frost und Tausalz
④ Seit der Erdfrühzeit zunehmend geschädigter Betonzuschlag
⑤ Bildung von Gipsstein, der den Beton zerstört

3219

Wie kann man die Karbonatisierungstiefe bei Beton feststellen?

① Wasser wird schnell aufgesaugt = Karbonatisierter Bereich
② Wasser wird abgestoßen = Karbonatisierter Bereich
③ Wasser färbt sich rot = Nicht karbonatisierter Bereich
④ Rotfärbung durch Phenolphthalein = Karbonatisier-ter Bereich
⑤ Rotfärbung durch Phenolphthalein = Nicht karbo-natisierter Bereich

3220

Was ist keine Ursache für Betonstahlkorrosion?

① Frost und Tausalz
② Stark alkalischer Beton
③ Karbonatisierung
④ Säuren
⑤ Sulfathaltige Wässer

3221

Aufgrund der Dehnung eines Bauteils kommt es zu feinen Rissen im Beton. Was ist richtig?

① Risse haben keine Bedeutung
② Nur Haarrisse bis 0,2 mm bringen keine Gefahr für die Bewehrung
③ Auch bei Haarrissen bis 0,2 mm muss das Bauteil abgerissen werden
④ Risse sorgen für ein schnelleres Austrocknen des Betons
⑤ Risse sind nur ein optisches Problem

3222

Was bewirkt das Auftragen von Versiegelung auf die Betonoberfläche?

① Die Glanzwirkung des Betons wird verbessert
② Der Beton wird gereinigt
③ Die Wasseraufnahmefähigkeit wird reduziert
④ Der Beton wird völlig wasserdicht
⑤ Lockere und geschädigte Betonschichten werden wieder fest

3223

Welche Eigenschaft von hydrophobierenden Betonimprägnierungen ist nicht richtig beschrieben?

① Sie machen den Beton dauerhaft wasserfest
② Der kapillare Wassertransport im Beton wird behindert
③ Der Schadstofftransport im Beton wird behindert
④ Sie sind nicht dauerhaft und müssen wiederholt werden
⑤ Sie sind farblos

3224

Welche Aussage zu der Schalung einer Ortbetontreppe ist nicht richtig?

① Treppenpodeste werden an der Unterseite wie Decken geschalt
② Die Tragkonstruktion für die Schalhaut besteht aus Kanthölzern und Stahlstützen
③ Die Stützen unter dem schrägen Treppenlauf sind senkrecht gestellt
④ Als Schalung für die Treppenstufen sind Stirnbretter angebracht
⑤ Um das Ausbiegen der Stirnbretter zu verhindern, ist ein Brett in Laufmitte angenagelt

3225

Welches Schalungsplattenmaß der im Schnitt dargestellten herkömmlichen Stützenschalung ist falsch?

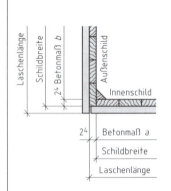

① Schildbreite = Betonmaß b + 2 x 2⁴
② Schildbreite = Betonmaß a
③ Laschenlänge = Betonmaß b + 2 x 2⁴ + 2 x Laschendicke
④ Laschenlänge = Betonmaß a + 2 x 2⁴ + 2 x Laschendicke
⑤ Laschenlänge = Betonmaß a + 2 x Laschenlänge

3226

Was zeigt das nebenenstehende Bild?

① Fluchtstab-Stativ
② Unverschiebliches Dreieck
③ Laserwasserwaage auf Stativ
④ Gerüstbock
⑤ Faltstütze als selbststehende Deckenstütze

3227

Wie verhindert man ein Ausknicken oder eine Verschiebung von Schalungsstützen?

① Durch mehrere waagerechte Streben
② Festnageln der Stützen am Boden
③ Durch Doppelkeile unter der Stütze
④ Durch eine Verschwertung zu unverschieblichen Dreiecken
⑤ Nicht nötig, wenn die Stützen exakt senkrecht stehen

3228

Welche Bauteile lassen sich mit Gleitschalungen nicht herstellen?

① Treppen- und Aufzugsschächte
② Brückenpfeiler mit gleichbleibendem Querschnitt
③ Hohe Stahlbetonwände
④ Behälterbauten mit veränderlichem Querschnitt
⑤ Schornsteine mit gleichbleibendem Querschnitt

3229

Nach welchem Zeitraum dürfen Deckenplatten (Zementfestigkeitsklasse 42,5 R) in der Regel ausgeschalt werden?

① 1 Tag
② 3 Tage
③ 10 Tage
④ 18 Tage
⑤ 28 Tage

3230

Welche zwei Informationen kann man aus der genormten Anordnung der Rippen des Betonstahls erhalten?

① Festigkeit und Einsatzmöglichkeit
② Herstellerwerk und Herstellungsdatum
③ Überwachungszeichen und Herstellungsnummer
④ Festigkeit und Herkunft
⑤ Herstellungsdatum und Korrosionsschutzgruppe

3231

Eine Betonstahl-Bestellung lautet: 30 t Betonstahl DIN 488 – BSt 500S – 25 x 12. Welche Lieferung BSt 500S ist richtig?

① 30 Stähle, 25 m lang, ∅ 12 mm
② 30 t Stähle, ∅ 25 mm, Länge 12 m
③ 30 Stähle, ∅ 25 mm, Länge 12 m
④ 30 t Stähle, ∅ 12 mm, 25 m lang
⑤ 1 Stahl, Querschnittsfläche 25 x 12 mm, 30 m lang

3232

R-Lagermatte.
Welcher Einsatz ist richtig?

① Für einachsig gespannte Bauteile: Nur die Längsstäbe (Abstand 150 mm) tragen
② Für einachsig gespannte Bauteile: Nur die Querträger (Abstand 250 mm) tragen
③ Für zweiachsig gespannte Bauteile: Nur die Längsstäbe (Abstand 150 mm) tragen
④ Für zweiachsig gespannte Bauteile: Nur die Querträger (Abstand 150 mm) tragen
⑤ Für Rissbewehrung: Nichtstatische Matte

3233

Was ist falsch beim Verlegen von Betonstahlmatten?

① Längsstäbe liegen immer oben
② Betondeckung nach DIN 1045 einhalten
③ In einer Gebäude- oder Feldecke beginnen
④ Stehbügel oder Unterstützungskörbe für eine obere Bewehrung einbauen
⑤ Kontrolle der Matten auf Verunreinigungen

3234

Eine Deckenplatte soll zweiachsig gespannt werden. Welche Betonstahlmatte ist für die Bewehrung geeignet?

① R 378
② N 141
③ K 770
④ K 884
⑤ Q 221

3235

Was bedeutet der Buchstabe d in der Aufbaubeschreibung einer Betonstahlmatte?
150 x 6,0 d/6,0 - 4/4

① Durchmesser der Querstäbe
② Durchmesser der Längsstäbe
③ Matte mit Doppelstäben
④ Abstand der Querstäbe
⑤ Abstand der Längsstäbe

3236

Wo ist bei schmalen Balken (höher als 30 cm) der beste Verbund zwischen Beton und Stahleinlage zu erwarten?

① Unten im Balken (Verbundbereich I)
② Oben im Balken (Verbundbereich II)
③ In der Mitte des Balkens
④ Genau zwischen Verbundbereich I und Verbundbereich II
⑤ Der Verbund ist im ganzen Balken gleich

3237

Was ist nicht richtig an der Stahlbetonwand-Bewehrung?

① Höchstabstand der senkrechten Längsstähle < 50 cm
② Durchmesser der Längsstäbe bei Matten ≥ 5 mm
③ Durchmesser der Längsstäbe aus Betonstabstahl ≥ 8 mm
④ S-Haken zur Verbindung der beidseitigen Bewehrung
⑤ Wandenden mit Steckbügeln gesichert

3238

An welcher Stelle der Stützwand ist die Biegebeanspruchung besonders hoch?

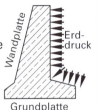

① Am oberen Ende der Wandplatte
② Im mittleren Bereich der Wandplatte
③ Im Bereich der Verbindung von Grund- und Wandplatte
④ An der Unterseite der Grundplatte
⑤ An der Oberkante der Grundplatte

3239

Verschiedene Arbeitsschritte sind zum Herstellen von Stahlbeton-Wänden nötig:

A 1. Schalungswand aufstellen
B 2. Schalungswand aufstellen
C Bewehrung einbauen
D Aussparungen einbauen
E Beton einbringen und verdichten

Welcher Arbeitsablauf ist richtig?

① A B C D E
② A B D C E
③ A C B D E
④ A D B C E
⑤ A D C B E

3240

Ein Balken, frei aufliegend auf 2 Stützen, wird in Balkenmitte belastet. Wo liegt die Zugbewehrung richtig?

① Oben im ganzen Balken
② Oben im Bereich der Auflager, unten in Balkenmitte
③ Oben im ganzen Balken, unten im Bereich der Auflager
④ Oben und unten im Bereich der Auflager
⑤ Unten im ganzen Balken

3241

Balken auf zwei Stützen mit Kragarm: In welcher Skizze ist die Zugbewehrung richtig eingezeichnet?

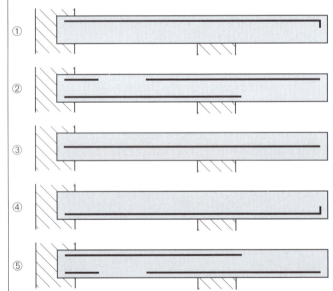

3242

Welche Aussage über bewehrte Plattenfundamente ist nicht richtig?

① Sie erhalten eine untere und eine obere Bewehrung
② Die auftretenden Lasten werden auf eine große Fläche verteilt
③ Sie liegen voll auf dem Baugrund auf und werden wie eine Decke ausgebildet
④ Eine untere Bewehrungslage ist ausreichend
⑤ Auch ungünstiger Baugrund kann als Baufläche genutzt werden

3243

Welche Spannungen treten in einem nicht belasteten, vorgespannten Stahlbetonbalken auf?

① Oben und unten Druckspannungen
② Oben und unten Zugspannungen
③ Oben Druck-, unten Zugspannungen
④ Oben Zug-, unten Druckspannungen
⑤ Oben und unten Scherspannungen

3244

Welcher Arbeitsablauf bei der Herstellung eines Spannbetonbauteils mit sofortigem Verbund ist richtig?

① A B C D E
② B C D A E
③ B A C D E
④ B A E C D
⑤ A B E C D

A = Vorspannen
B = Spanndrähte einbauen
C = Betonieren
D = Betonerhärtung
E = Überstehende Spanndrähte abtrennen

3271u

Wo verwendet man Zemente mit niedrig wirksamem Alkaligehalt (NA-Zemente)?

3272u

Wonach wählt man das Größtkorn eines Zuschlaggemischs?

3273u

Nennen Sie vier Anforderungen, die an Betonzuschlag gestellt werden.

3274u

Wie bestimmt man die Konsistenz von Frischbeton mittels Ausbreitversuch?

3275u

Herstellung und Verarbeitung bestimmen die Qualität des Betons. Welche (vier von fünf) Faktoren beeinflussen die Betongüte?

3276u

Wann muss für Beton BI eine Eignungsprüfung durchgeführt werden?

3277u

Der Wassergehalt eines Frischbetons soll festgestellt werden. Wie ist eine schnelle Ermittlung möglich?

3278u

Was beschreiben die Begriffe »Nennfestigkeit« und »Serienfestigkeit« von Beton?

3279u

Welche Vorbereitungen sind vor einer Transportbetonlieferung auf der Baustelle zu treffen?

3280u

Was sind »Systemschalungen«?

3281u

Wodurch unterscheiden sich Rahmentische und Portaltische für großflächige Deckenschalungen?

3282u

Welche Konstruktionssysteme für Großflächen-Wandschalungen unterscheidet man und wie sind sie aufgebaut?

3283u

Woraus bestehen bei der dargestellten Wand-Systemschalung die
- Schalhaut
- Tragkonstruktion
- Verspannung
- Verstrebung?

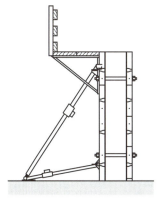

3284u

Aus welchen Elementen bestehen Systemschalungen für Balken und Unterzüge?

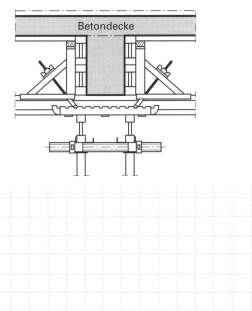

Betondecke

3285u

Was sind Randsparmatten?

3286u

Welche Lieferformen von Betonstahlmatten unterscheidet man?

3801

Wie viel kg wiegen 30 l Zement?

① 15 kg
② 24 kg
③ 30 kg
④ 36 kg
⑤ 40 kg

3802

Wie viel l sind 54 kg hydraulischer Kalk mit der Schüttdichte 0,9 kg/l?

① 32 l
② 60 l
③ 38 l
④ 54 l
⑤ 56 l

3803

Wie viel l Zement werden für 650 l Zementmörtel im MV 1 : 4 benötigt?

① 178 l
② 300 l
③ 320 l
④ 195 l
⑤ 162 l

3804

Wie viel Säcke Zement erfordern 750 l Zementmörtel im MV 1 : 5?

① 16 Säcke
② 12 Säcke
③ 10 Säcke
④   9 Säcke
⑤   7 Säcke

Massen und Volumen der Mörtelbaustoffe

Baustoff	Schüttdichte in kg/l	Spezifisches Volumen in kg	Inhalt je Sack in kg	Inhalt je Sack in l
Weißkalkhydrat oder Dolomitkalkhydrat	0,4	2,5	20	25
	0,5	2,0	20	40
	0,6	1,7	20	34
	0,7	1,4	20	29
Hydraulische Kalke	0,8	1,3	25	32
	0,9	1,1	25	28
	1,0	1,0	25	25
Normzement	1,2	0,8	25	21
Stuck- und Putzgips	0,9	1,1	20	22
Mörtelsand (3 % Feuchtigkeit)	1,3	0,8	–	–

Mörtelfaktoren (MF) und Mörtelausbeuten (MA)

$$MF = \frac{\text{Volumen der Mörtelstoffe}}{\text{Volumen des Mörtels}}$$

trockener Sand	1,4
feuchter Sand	1,6

$$MA = \frac{\text{Volumen des Mörtels} \cdot 100\,\%}{\text{Volumen der Mörtelstoffe}}$$

trockener Sand	71 %
feuchter Sand	63 %

Stoffanteil je 1 m³ (1000 l) Mörtel

Baustoff	Schüttdichte in kg/l	Mischungsanteile bei einem Mischungsverhältnis in Raumteilen von					
Kalkmörtel		1 : 3	1 : 3,5	1 : 4	1 : 3	1 : 3,5	1 : 4
Weißkalkhydrat oder Dolomitkalkhydrat	0,4	160 kg	138 kg	122 kg			
	0,5	200 kg	173 kg	153 kg			
	0,6	240 kg	207 kg	183 kg	400 l	345 l	305 l
	0,7	280 kg	241 kg	214 kg			
Mörtelsand	1,3	1560 kg	1575 kg	1585 kg	1200 l	1210 l	1220 l
Hydraulischer Kalkmörtel		1 : 3	1 : 3,5	1 : 4	1 : 3	1 : 3,5	1 : 4
Hydraulische Kalke	0,8	312 kg	272 kg	240 kg			
	0,9	351 kg	306 kg	270 kg	390 l	340 l	300 l
	1,0	390 kg	340 kg	300 kg			
Mörtelsand	1,3	1520 kg	1545 kg	1560 kg	1170 l	1190 l	1200 l
Kalkzementmörtel		2 : 1 : 8	2 : 1 : 9	2 : 1 : 10	2 : 1 : 8	2 : 1 : 9	2 : 1 : 10
Weißkalk oder Dolomitkalkhydrat	0,4	112 kg	104 kg	96 kg			
	0,5	140 kg	130 kg	120 kg			
	0,6	168 kg	156 kg	144 kg	280 l	260 l	240 l
	0,7	196 kg	182 kg	168 kg			
Normzement	1,2	168 kg	156 kg	144 kg	140 l	130 l	120 l
Mörtelsand	1,3	1460 kg	1520 kg	1560 kg	1120 l	1170 l	1200 l
Zementmörtel		1 : 3	1 : 4	1 : 5	1 : 3	1 : 4	1 : 5
Normzement	1,2	477 kg	360 kg	300 kg	390 kg	300 l	250 l
Mörtelsand	1,3	1520 kg	1560 kg	1625 kg	1170 l	1200 l	1250 l

3805

Wie viel m³ Mörtelsand sind notwendig, um 1460 l Kalkzementmörtel im MV 2 : 1 : 8 herzustellen?

① 1,635 m³
② 1,680 m³
③ 1,675 m³
④ 1,710 m³
⑤ 1,715 m³

3806

Wie viel l Zement werden für 1260 l Zementmörtel MV 1 : 4 benötigt, wenn feuchter Sand verwendet wird?

① 502 l
② 504 l
③ 403 l
④ 430 l
⑤ 480 l

3807

Wie viel Säcke Zement entsprechen 403 l Zement aus Aufgabe 3806?

① 20 Säcke
② 14 Säcke
③ 24 Säcke
④ 18 Säcke
⑤ 22 Säcke

3808

Welcher Sandbedarf in m³ ergibt sich aus der Aufgabe 3806?

① 2,230 m³
② 1,584 m³
③ 1,700 m³
④ 1,613 m³
⑤ 1,668 m³

3809

Wie viel Kalkzementmörtel MV 2 : 1 : 8 können mit 8 Säcken Weißkalkhydrat (Schüttdichte 0,5 kg/l) hergestellt werden? Der Mörtelsand ist baufeucht.

① 1180 l
② 1050 l
③ 1200 l
④ 1334 l
⑤ 1100 l

3810

Wieviel m³ Sand sind für 1840 l Zementmörtel MV 1 : 5 notwendig? Der Mörtelsand ist trocken.

① 2,000 m³
② 2,063 m³
③ 2,147 m³
④ 1,860 m³
⑤ 1,800 m³

3811

Von dem skizzierten Pfeiler aus NF-Steinen ist das Volumen von Fugenmörtel in l zu berechnen. Der Pfeiler hat eine Höhe von 2,30 m.

① 12 l
② 16 l
③ 19 l
④ 20 l
⑤ 21 l

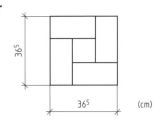

3812

Wie viel m³ lose Bruchsteine werden für das 30 cm dicke Natursteinmauerwerk benötigt?

① 2,416 m³
② 4,167 m³
③ 4,536 m³
④ 4,300 m³
⑤ 5,672 m³

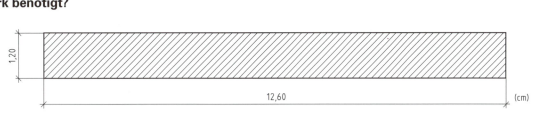

3813

Ein Rundbogen hat eine Spannweite s von 1,26 m.
Wie groß ist die Bogenleibungslänge?

① 198 cm
② 142 cm
③ 126 cm
④ 182 cm
⑤ 252 cm

3814

Von der Aufgabe 3813 ist die Schichtenzahl des Rund-
bogens zu berechnen, wenn DF-Steine verwendet werden.

① 31 Schichten
② 32 Schichten
③ 33 Schichten
④ 34 Schichten
⑤ 35 Schichten

3815

Wie groß ist die Bogenleibungslänge eines Segment-
bogens, wenn die Spannweite 1,01 m und der Stich
1/10 sind?

① 101,0 cm
② 131,2 cm
③ 103,1 cm
④ 112,4 cm
⑤ 109,8 cm

3816

Welche Abmessung muss das Mauerwerk (b) mindes-
tens haben, wenn ein Wärmedurchlasswiderstand
von 2,85 m²k/W erreicht werden soll?

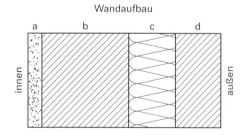

Wandaufbau

a = Innenputz ($s = 0,015\,\text{m}$; $\lambda_R = 0,70$)
b = Mauerwerk ($\lambda_R = 0,99$)
c = Wärmedämmschicht ($\lambda_R = 0,04$; $s = 0,10\,\text{m}$)
d = KS Vb 1,8–2,0 ($s = 0,115\,\text{m}$; $\lambda_R = 1,1$)

① $s = 17,5$ cm
② $s = 0,0175$ m
③ $s = 0,365$ m
④ $s = 0,24$
⑤ $s = 0,30$ m

3821u

Wie viel Säcke Weißkalkhydrat (Schüttdichte 0,50 kg/l) und Zement sowie m³ Mörtelsand sind erforderlich, um die dargestellte Mauerwerkswand herzustellen?
Das MV ist 2 : 1 : 8. Die Wand ist 24 cm dick. Die Mörtelstoffe sind mit Tabellenwerten zu berechnen.

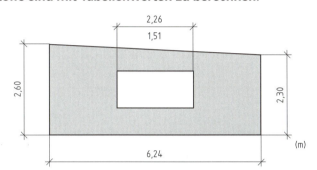

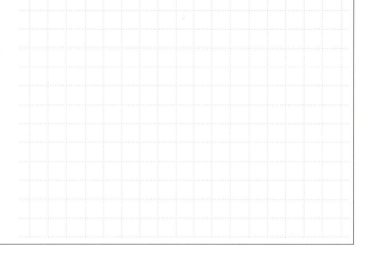

3822u

Wie viel Säcke Zement und m³ Mörtelsand sind erforderlich, um 8 Pfeiler herzustellen? Die Pfeilerhöhe beträgt 3,30 m. Der Grundriss eines Pfeilers ist in der Skizze dargestellt. Das MV ist 1 : 4. Es wird baufeuchter Mörtelsand verwendet. Die Mörtelstoffe sind mit dem Mörtelfaktor zu ermitteln.

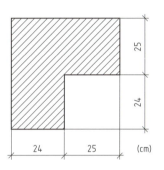

3823u

Welches Mörtelvolumen MV 2 : 1 : 8 kann aus dem skizzierten baufeuchten Sandhaufen hergestellt werden?

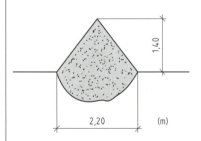

3824u

Wie viel l Kalkzementmörtel MV 2 : 1 : 9 können mit 8 Säcken Weißkalkhydrat (Schüttdichte 0,5 kg/l) angemacht werden? Der Mörtelsand ist baufeucht.

3825u

Wie viel Säcke Weißkalkhydrat (Schüttdichte 0,60 kg/l) und Zement sowie m³ Mörtelsand sind notwendig, um die skizzierte 36,5 cm dicke Giebelwand herzustellen? Das MV ist 2 : 1 : 10. Die Mörtelstoffe sind mit Tabellenwerten zu berechnen.

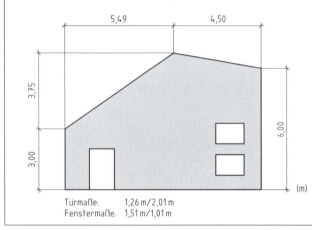

Türmaße: 1,26 m/2,01 m
Fenstermaße: 1,51 m/1,01 m

3826u

Wie viel l Weißkalkhydrat (Schüttdichte 0,7 kg/l) und Zement sowie m³ Mörtelsand müssen bestellt werden, damit die dargestellte 36,5 cm dicke Hauswand aus 2DF-Steinen gemauert werden kann? Das MV ist 2 : 1 : 9. Der Mörtelsand soll baufeucht sein. Die Mörtelstoffe sind mit dem Mörtelfaktor zu ermitteln.

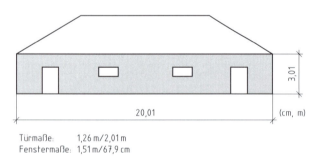

Türmaße: 1,26 m/2,01 m
Fenstermaße: 1,51 m/67,9 cm

3827u

Von dem skizzierten Rundbogen aus DF-Steinen sind zu berechnen:

a) die Bogenleibungslänge
b) die Bogenrückenlänge
c) die Anzahl der Bogenschichten

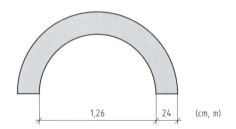

3828u

Ein Segmentbogen soll aus NF-Steinen mit $^1/_{10}$ Stich gemauert werden. Zu berechnen sind:

a) die Bogenleibungslänge
b) die Bogenrückenlänge
c) die Anzahl der Bogenschichten
d) die Fugendicke an der Bogenleibung
e) die Fugendicke am Bogenrücken

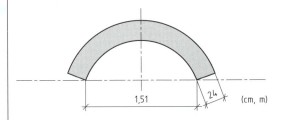

1,51   24   (cm, m)

3829u

Der skizzierte Segmentbogen soll mit $^1/_8$ Stich gemauert werden. Es werden DF-Steine verwendet. Die Fugendicke an der Bogenleibung wird mit 0,7 cm angenommen. Zu ermitteln sind:

a) die Bogenleibungslänge
b) die Bogenrückenlänge
c) die Anzahl der Bogenschichten
d) die Fugendicke an der Bogenleibung
e) die Fugendicke am Bogenrücken

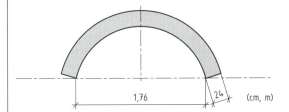

1,76   24   (cm, m)

3830u

Über einer Türöffnung ist ein scheitrechter Bogen aus DF-Steinen zu mauern. Das Verhältnis der Widerlagerneigung soll 1 : 8 sein. Zu berechnen sind:

a) die Bogenleibungslänge
b) die Bogenrückenlänge
c) die Anzahl der Bogenschichten
d) die Fugendicke an der Bogenleibung
e) die Fugendicke am Bogenrücken

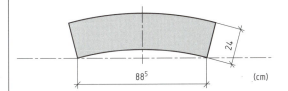

88⁵   24   (cm)

3831u

Der dargestellte scheitrechte Bogen soll mit einer Widerlagerneigung von 1 : 7 gemauert werden. Es werden NF-Steine verwendet. Zu ermitteln sind:

a) die Bogenleibungslänge
b) die Bogenrückenlänge
c) die Anzahl der Bogenschichten
d) die Fugendicke an der Bogenleibung
e) die Fugendicke am Bogenrücken

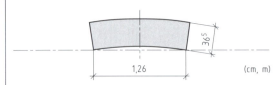

36,5

1,26

(cm, m)

3832u

Mit welcher Gewichtskraft in kN drückt der skizzierte 3,30 m hohe Pfeiler aus NF-Steinen (Vollklinker) auf den Untergrund? Die Rohdichte der Vollklinker beträgt 2,0 kg/dm³.

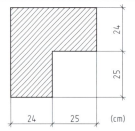

24

25

24   25   (cm)

3833u

Ein Stahlbetonsturz mit einer Auflagerkraft von 34 kN liegt auf einer gemauerten Wand. Diese Wand besteht aus Mauerziegeln der Steinfestigkeitsklasse 6 und aus Mauermörtel MG II. Wie groß muss mindestens die Auflagerlänge *l* des Stahlbetonsturzes sein?

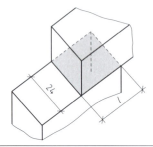

24   l

3834u

Der dargestellte Pfeiler trägt eine Gesamtbelastung von 264 kN. Welche Steinfestigkeitsklasse muss nach DIN 1053-1 mindestens gewählt werden, wenn Mauermörtel (Normalmörtel) der Mörtelgruppe MG II a verwendet wird?

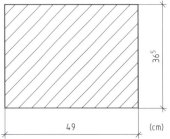

36,5

49   (cm)

3851

Eine dreiseitig aufliegende Deckenplatte ist eingeschalt worden. Wie viel Quadratmeter Schalung sind in Rechnung zu stellen?

① 21,54 m²
② 22,29 m²
③ 28,00 m²
④ 30,01 m²
⑤ 30,76 m²

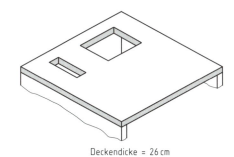

Deckendicke = 26 cm

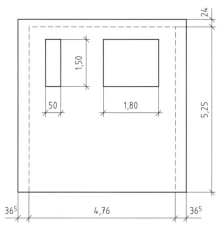

24
1,50
50
1,80
5,25
36⁵
4,76
36⁵

3852

Ein Rundstahl (zul σ = 160 N/mm²) hat eine Zugkraft F = 72 kN aufzunehmen.

Welcher Stahldurchmesser ist notwendig?

① 1,7 cm
② 2,4 cm
③ 3,4 cm
④ 4,5 cm
⑤ 5,7 cm

3853

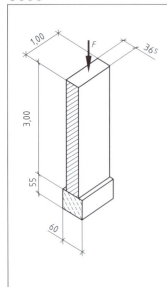

Welche Last hat das Streifenfundament aus B 10 pro Längenmeter aufzunehmen?

Lastannahme für Baustoffe:
Mauerwerk = 18 kN/m³
Beton B 10 = 23 kN/m³

Lasten der oberen Geschosse
F = 70 kN/m

① 97,30 kN/m
② 70,00 kN/m
③ 23,10 kN/m
④ 19,71 kN/m
⑤ 7,59 kN/m

3854

Ein Stahlbetonsturz ist im Zugbereich mit 6 Betonstabstählen ⌀ 16 mm bewehrt. Die Zugkraft im Stahlbetonsturz beträgt 120 kN.
Wie groß ist die vorhandene
Zugspannung in den Beton-
stabstählen?

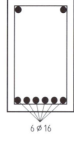

6 ⌀ 16

① 0,01 N/mm²
② 24,9 N/mm²
③ 99,5 N/mm²
④ 398,1 N/mm²
⑤ 597,0 N/mm²

3855

Wie groß ist die Biegezugfestigkeit in N/mm² eines
Betonbalkens mit einer Bruchlast von 52,4 kN?
Der Balken ist 200 mm breit, 200 mm hoch und wurde
bei einer Stützweite von 800 mm belastet.

① 0,524 N/mm²
② 52,4 N/mm²
③ 5,24 N/mm²
④ 1,31 N/mm²
⑤ 3,42 N/mm²

3856

Auf einen Stahlbetonträger wirken verschiedene Lasten.
Die Auflagerkraft bei A beträgt 19,4 kN. Wie groß ist die
Auflagerkraft bei B?

① 29,8 kN

② 24,6 kN

③ 20,6 kN

④ 19,4 kN

⑤ 14,2 kN

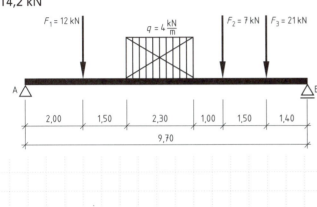

3857

Für 1 m³ Beton werden 330 kg Zement (ρ = 3,1 kg/dm³)
und 165 kg Wasser benötigt. Der Luftporengehalt wird
mit 4,5 Vol.-% angenommen.
Wie groß ist der Bedarf an oberflächentrockenem
Zuschlag (ρ = 2,65 kg/dm³)?

① 683,55 kg

② 2650,00 kg

③ 511,50 kg

④ 1640,64 kg

⑤ 1811,41 kg

3871u

Die Wandecke mit Türöffnung und Schlitz wurde
eingeschalt.
**Wie viel m² Schalung werden nach DIN 18331
abgerechnet?**

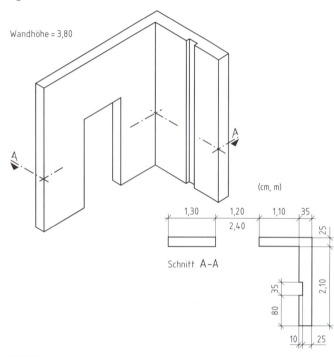

Wandhöhe = 3,80

(cm, m)

Schnitt A–A

3872u

**Für das dargestellte Abwasserbecken aus Stahlbeton
muss die Betonmenge (m³) abgerechnet werden.**
Wanddicke: 30 cm
Höhe der Sohlplatte: 55 cm
Die Abrechnung erfolgt nach DIN 18331.

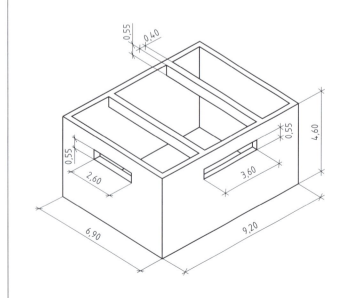

3873u

Für einen Garagentorsturz sind die Längen der einzelnen Positionen zu bestimmen und die Gesamtmasse an Betonstahl zu ermitteln.

$\varnothing$ 8 Metergewicht = 0,395 kg/m $\qquad$ $\varnothing$ 14 Metergewicht = 1,210 kg/m

$\varnothing$ 12 Metergewicht = 0,888 kg/m $\qquad$ $\varnothing$ 16 Metergewicht = 1,580 kg/m

Stahlbetonbalken b/d = 24 cm/30 cm

Beton $\qquad$ B 25
Betonstahl $\qquad$ BSt IV S
Betondeckung nom $\qquad$ c = 3,0 cm

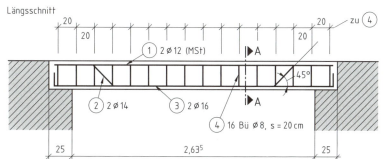

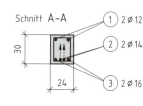

3874u

In ein Wohnhaus mit der Geschosshöhe von 2,80 m soll eine einläufige gerade Stahlbetontreppe eingebaut werden. Zu berechnen sind

– **Anzahl der Steigungen,**
– **Steigungshöhe,**
– **Auftrittsbreite,**
– **Treppenlauflänge.**

3875u

Für eine Außenwand wird gefordert:

- Wärmedurchlasswiderstand $\frac{1}{\Lambda} \geq 0{,}55$ m²K/W
- Wärmedurchgangskoeffizient $k \leq 1{,}38$ W/m²K.

Entspricht die dargestellte Außenwand diesen Anforderungen?

von außen nach innen:

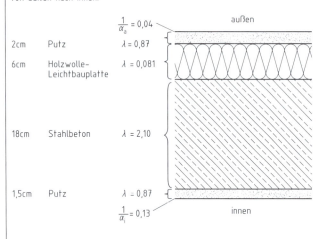

		$\frac{1}{\alpha_a} = 0{,}04$ — außen
2 cm	Putz	$\lambda = 0{,}87$
6 cm	Holzwolle-Leichtbauplatte	$\lambda = 0{,}081$
18 cm	Stahlbeton	$\lambda = 2{,}10$
1,5 cm	Putz	$\lambda = 0{,}87$
		$\frac{1}{\alpha_i} = 0{,}13$ — innen

Hinweis:
Die europäische Norm DIN EN 27345 legt folgende Formelzeichen fest:
Wärmedurchlasswiderstand R und Wärmedurchgangskoeffizient U.

3876u

Bei der dargestellten viertelgewendelten Treppe sollen die Stufen 4 bis 10 rechnerisch verzogen werden. Wie breit sind diese auf der Hilfslauflinie?

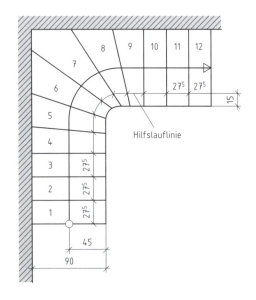

Hilfslauflinie

3877u

Ein Träger wird durch die Einzellast F_1 = 4 kN belastet.
Wie groß sind die Auflagerkräfte F_A und F_B?

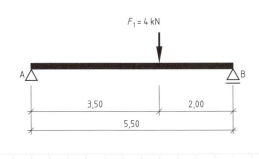

3878u

Ein Träger mit Kragarm wird durch die Streckenlast
q = 3 kN/m und eine Einzellast F_1 = 14 kN belastet.
Wie groß ist die Ersatzlast F_Q, welchen Abstand hat
sie zu Auflager A?
Wie groß sind die Auflagerkräfte F_A und F_B?

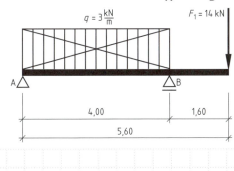

3879u

Für mehrere Hallenbauten sind 312 gleiche Stützen zu schalen. Die komplette Rahmenschalung (angenommene Nutzungsdauer mehr als 200 Einsätze) für eine Säule kostet 16 500,00 DM.

Das Ein- und Ausschalen erfordert einen Aufwand von 2,2 Stunden pro Stütze.

Eine glasfaserverstärkte Polyesterschalung (Nutzungsdauer mindestens 170 Einsätze) kostet fertig 12 200,00 DM. Pro Stütze benötigt man 3,7 Stunden zum Ein- und Ausschalen.

Die Kosten für eine fertige herkömmliche Holzschalung (Nutzungsdauer 20 Einsätze) betragen 1900,00 DM. Ein- und Ausschalen pro Stütze dauert 6,1 Stunden.

Der Mittellohn einschließlich Gemeinkosten beträgt 68,20 DM/h.

Welches Verfahren ist hinsichtlich der Kosten am günstigsten, wenn jeweils 6 Stützen gleichzeitig betoniert werden sollen?

3901

Welches Natursteinmauerwerk in der Vorderansicht zeigt das Bild?

① Zyklopenmauerwerk
② Bruchsteinmauerwerk
③ Quadermauerwerk
④ Verblendmauerwerk
⑤ Unregelmäßiges Schichtenmauerwerk

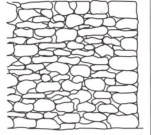

3902

Welches Natursteinmauerwerk in der Vorderansicht ist in dem Bild zu sehen?

① Quadermauerwerk
② Trockenmauerwerk
③ Zyklopenmauerwerk
④ Verblendmauerwerk
⑤ Regelmäßiges Schichtenmauerwerk

3903

Welchen Verband in der Vorderansicht zeigt das Bild?

① Kreuzverband
② Blockverband
③ Läuferverband
④ Binderverband
⑤ Märkischen Verband (Zierverband)

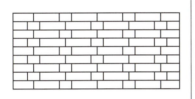

3904

Welcher gemauerte Bogen ist im Bild dargestellt?

① Flach- oder Segmentbogen
② Scheitrechter Bogen (Sturz)
③ Elliptischer Bogen
④ Korbbogen
⑤ Spitzbogen

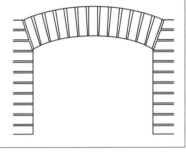

3905

Wie wird der gemauerte Bogen im Bild fachgerecht bezeichnet?

① Flach- oder Segmentbogen
② Scheitrechter Bogen (Sturz)
③ Rundbogen
④ Korbbogen
⑤ Spitzbogen

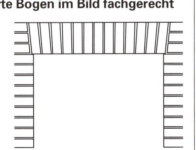

3906

Wie wird das Bauteil im Bild fachgerecht benannt?

① Ringbalken
② Flachsturz
③ U-Schale
④ gemauerter Flachbogen
⑤ Stahlbetonbalken

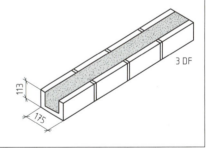

3907

Wie wird das im Bild mit Ⓐ gekennzeichnte Bauteil fachgerecht benannt?

① Ringbalken
② U-Schale
③ Ringanker
④ gemauerter Flachbogen
⑤ Holzbalken

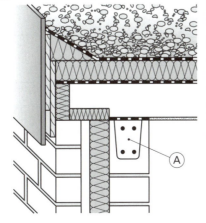

3908

Welche Funktion hat das im Bild mit Ⓑ gekennzeichnete Bauteil?

① Feuchtigkeitssperre
② Auflager aus Stahl
③ Gleitschicht
④ Wärmedämmung
⑤ Schallschutz

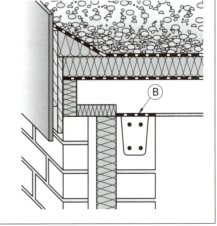

3909

In welchem Bild ist die richtige Draufsicht des Körpers zu sehen?

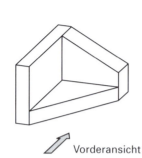 Vorderansicht

①   ②   ③

④   ⑤

3910

Welche Draufsicht gehört zu dem abgebildeten Körper?

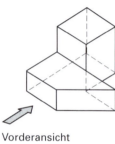 Vorderansicht

①   ②   ③

④ ⑤

3911

In welchem Bild ist die richtige Draufsicht des Körpers zu sehen?

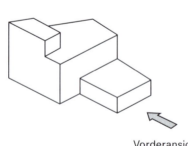 Vorderansicht

①   ②   ③

④   ⑤

3912

Welche Ansicht in Pfeilrichtung gehört zu dem Körper?

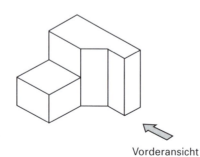 Vorderansicht

①  ② 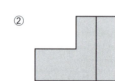 ③

④   ⑤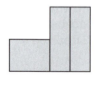

3913

Welche Skizze zeigt die fachliche richtige Ausführung der ersten Schicht des Mauerwerkskörpers mit NF-Steinen?

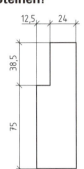
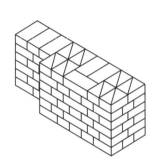

① 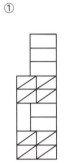 ② 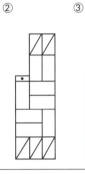 ③ 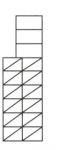 ④ ⑤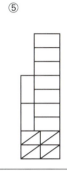

3914

Welche 2. Schicht passt zu der skizzierten 1. Schicht des Mauerwerkspfeilers 36,5/36,5 aus 2 DF-Steinen?

1. Schicht

①   ②   ③   ④   ⑤

3915

In welcher der Skizzen ist eine regelgerechte Ausführung für den Mauerwerkskörper aus NF-Steinen abgebildet?

① 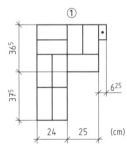 ② 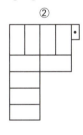 ③ 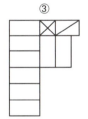 ④ 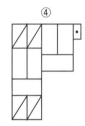 ⑤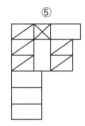

3916

Die Skizze zeigt die Vorderansicht einer Wand aus 2 DF-Steinen. Welche Aussage zu der Wand ist **falsch**?

① Die Wand ist im Blockverband gemauert.

② Die Mauerhöhe beträgt 1,50 m.

③ Die Wand ist 2,24 m lang.

④ Die Öffnung ist 0,76/0,76 m groß.

⑤ Das Maß a beträgt 0,74 m.

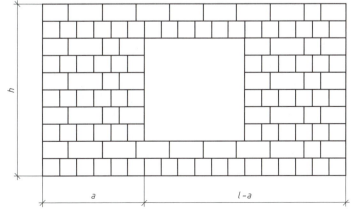

3917

Die Skizze zeigt einen Mauerwerkskörper, der mit 2 DF-Steinen hergestellt worden ist. Welche Abmessung des Mauerwerkskörpers ist **falsch** bemaßt?

① Länge a
② Länge b
③ Länge c
④ Länge d
⑤ Länge e

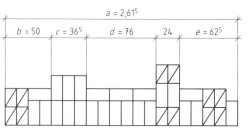

3918

Um welches Bauteil handelt es sich bei dem Ausschnitt aus der Bauzeichnung eines Erdgeschoss-Grundrisses von einem Wohnhaus?

① Deckenaussparung 1,76/1,51
② Fenster 1,76/1,51 mit Heizkörpernische
③ Fenster 1,76/1,51 mit Außenanschlag
④ Fenster 1,76/1,51 mit Innenanschlag
⑤ Wanddurchbruch 1,76/1,51

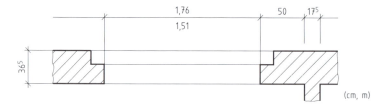

3919

Welche Bedeutung hat das diagonal geteilte, schwarzweiße Viereck mit den Angaben $13^5/26$ in dem Ausschnitt aus der Bauzeichnung eines Erdgeschoss-Grundrisses von einem Wohnhaus?

① Aufzug
② Lüftungsschacht $13^5/26$
③ Heizraumentlüftung $13^5/26$
④ Deckendurchbruch $13^5/26$
⑤ Gemauerter Rauchgas-
　Schornstein $13^5/26$

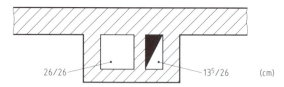

3920

Welche Bedeutung hat die Abkürzung »BRH 90« in dem Ausschnitt aus der Bauzeichnung eines Erdgeschoss-Grundrisses von einem Wohnhaus?

① Bruttorauminhalt   = 90 m³
② Bruttoraumhöhe   = 90 dm
③ Brüstungshöhe   = 90 cm
④ Bruttoraumumfang   = 90 m
⑤ Baurichthöhe   = 90 mm

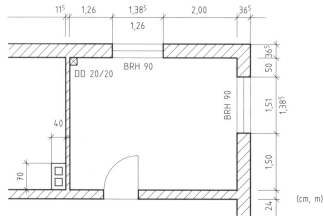

3921

Welche Aussage zu den Höhenangaben aus dem Schnitt eines Wohnhauses ist richtig?

① Die Oberkante des Rohfußbodens liegt auf ± 0,00 m
② Die lichte Fensterhöhe beträgt 1,375 m
③ Die lichte Raumhöhe beträgt 2,545 m
④ Die Brüstungshöhe liegt 92 cm über Oberkante Rohfußboden
⑤ Der Fenstersturz liegt 2,385 m über Oberkante Rohfußboden

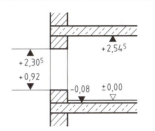

3922

Welche Bedeutung hat die gestrichelte Linie in der Skizze eines Ausschnittes aus einem Fundamentplan?

① Eingebaute Feuchtesperre
② Verdeckte Bewehrung
③ Lage der Fundamenterder
④ Fundamenthöhe
⑤ Breite des aufgehenden Kellermauerwerks

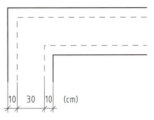

3923

Wie tief liegt die Unterkante des Fundamentes unter der Oberkante des Geländes?

① – 3,15 m
② – 3,29 m
③ – 3,39 m
④ – 3,05 m
⑤ – 2,95 m

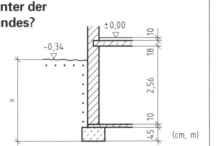

3924

Welche Auftrittsbreite besitzt die Treppe in der Skizze?

① 28 cm
② 25 cm
③ 22 cm
④ 33 cm
⑤ 17 cm

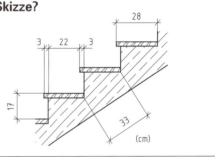

3925

Welche Bedeutung hat die Darstellung aus dem Erdgeschossgrundriss eines Wohnhauses in der Skizze?

① Deutsche Auslegware 80 cm/1,20 m
② Deckendurchbruch in der Erdgeschossdecke
③ Deckenaussparung in der Decke des 1. Obergeschosses
④ Deckendurchbruch in der Decke des 1. Obergeschosses
⑤ Deckenaussparung in der Erdgeschossdecke

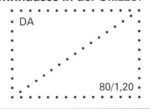

3926

Welchen Fehler enthält die zweischalige Wandkonstruktion in der Skizze?

① Die Dämmung muss ≤ 4 cm sein
② Die Mauerwerks-Innenschale muss ≥ 24 cm sein
③ Die Außenschale ist stets zu verputzen
④ Die Luftschicht muss ≥ 4 cm sein
⑤ Die Innenschale darf nicht verputzt werden

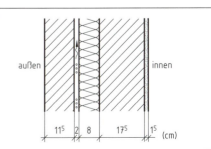

3941u

Für den dargestellten Mauerwerkskörper sollen zwei Schichten aus 2 DF-Steinen im Trockenverband angelegt werden.

Zeichnen Sie in das Aufgabenblatt eine mögliche 1. Schicht sowie eine mögliche 2. Schicht ein.

Bemaßen Sie den Mauerwerkskörper in der 1. Schicht mit Nennmaßen.

1. Schicht

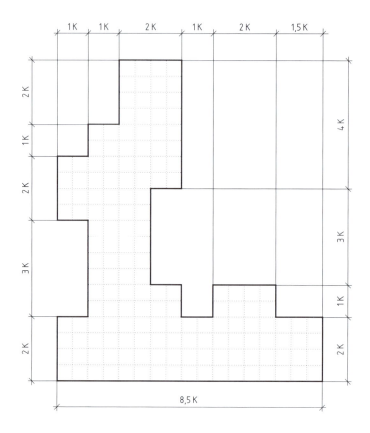

2. Schicht

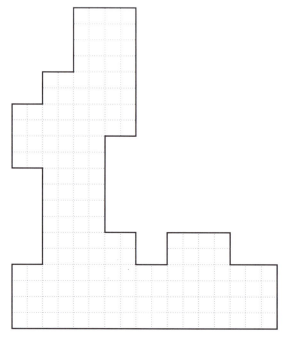

3942u

Für den dargestellten Mauerwerkskörper sollen zwei Schichten aus 2 DF-Steinen im Trockenverband angelegt werden.
Zeichnen Sie in das Aufgabenblatt eine mögliche 1. Schicht sowie eine mögliche 2. Schicht ein.
Bemaßen Sie den Mauerwerkskörper in der 1. Schicht mit Nennmaßen.

1. Schicht

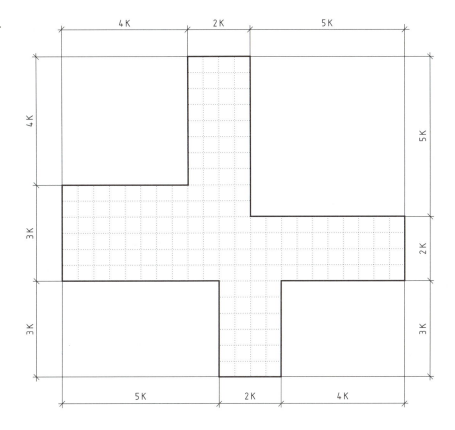

2. Schicht

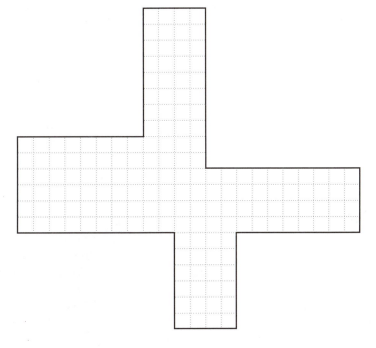

3951

In welchem Maßstab werden Bewehrungspläne in der Regel erstellt?

① Maßstab 1 : 1
② Maßstab 1 : 5
③ Maßstab 1 : 50
④ Maßstab 1 : 500
⑤ Maßstab 1 : 5000

3952

In welcher Antwort werden nur Zeichnungen für Betonbauwerke oder Betonbauteile genannt?

① Installationsplan, Bewehrungsplan, Schalplan
② Fundamentplan, Entwässerungsplan, Schalplan
③ Lageplan, Entwässerungsplan, Schalplan
④ Fundamentplan, Bewehrungsplan, Schalplan
⑤ Fundamentplan, Bewehrungsplan, Höhenplan

3953

In welcher Antwort werden nur Angaben genannt, die der Legende eines Bewehrungsplanes zu entnehmen sind?

① B25, BSt IV, nom. c = 3 cm
② BRH 90, BSt IV, nom. c = 3 cm
③ B25, BSt IV, NH Gk II
④ B25, Wände F 30, nom. c = 3 cm
⑤ Wände F 30, NH Gk II, nom. c = 3 cm

3954

In welcher Antwort werden nur die Bestandteile eines Bewehrungsplanes aufgeführt?

① Nordpfeil, Stahlauszug, Stahlliste
② Bewehrungszeichnung, Stahlauszug, Stahlliste
③ Bewehrungszeichnung, Holzliste, Stahlliste
④ Bewehrungszeichnung, Stahlauszug, Statik
⑤ Nordpfeil, Stahlauszug, Statik

3955

Welche Bauzeichnung kann ein Betonbauer auf der Baustelle nicht gebrauchen?

① Detailzeichnung einer Stahlbetontreppe
② Fundamentplan für ein Hochhaus
③ Schalplan für eine Stahlbetonstütze
④ Bewehrungsplan eines Köcherfundamentes
⑤ Detailzeichnung eines gemauerten Schornsteinkopfes

3956

Welche der Bauzeichnungen kann ein Betonbauer auf der Baustelle verwenden?

① Ausbauquerschnitt einer Straße
② Sparrenplan für einen Dachstuhl
③ Detailzeichnung zu einer Holztreppe
④ Bewehrungsplan eines Köcherfundamentes
⑤ Verlegeplan für die Plattierung eines Schwimmbades

3957

Was ist mit der Angabe nom. c = 3,5 cm in der Legende eines Bewehrungsplanes gemeint?

① Das Mindestmaß der Betondeckung ist 3,5 cm
② Der Mindestabstand paralleler Betonstähle beträgt 3,5 cm
③ Das Nennmaß für die Betondeckung ist 3,5 cm
④ Der Biegeradius für Betonstähle ist 3,5 cm
⑤ Die Angabe hat keine Bedeutung

3958

Mit welcher Linienart wird die Anschlussbewehrung, die bereits auf einem anderen Plan dargestellt ist, in einem Bewehrungsplan eingezeichnet?

① Mit einer Volllinie
② Mit einer punktierten Linie
③ Mit einer Strichpunktlinie
④ Mit keiner Linie, die Anschlussbewehrung wird nicht dargestellt
⑤ Mit einer gestrichelten Linie

3959

Welche Bedeutung hat das abgebildete Symbol in einem Bewehrungsplan?

① Verankerungselement für Bewehrungsstäbe
② Stoß von Bewehrungsstäben
③ Stabbündel (2 Bewehrungsstäbe)
④ Stabbündel (3 Bewehrungsstäbe)
⑤ Achtung Verletzungsgefahr!

3960

Welche Bedeutung hat das abgebildete Symbol in einem Bewehrungsplan?

① Stab mit Winkelhaken
② Keine Bedeutung
③ Stab mit Ankerkörper
④ Stab mit Haken
⑤ Stoß von Bewehrungsstäben

Gebundene Aufgaben | 3961 … 3970

3961

Welche Schraffur wird in Bauzeichnungen nach DIN 1356 für Stahlbeton verwendet?

①   ②   ③

④   ⑤

3962

Welche Schraffur wird in Bauzeichnungen nach DIN 1356 für Betonfertigteile verwendet?

①   ② ③

④ ⑤

3963

Aus welchem Baustoff besteht die Sauberkeitsschicht in der Skizze?

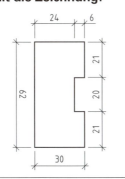

① Mauerwerk
② Unbewehrter Beton
③ Stahlbeton
④ Frostschutzkies
⑤ Putz

3964

Aus welchem Baustoff besteht das im Bild dargestellte Bauteil?

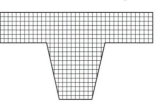

① Stahlbeton
② Holz
③ Betonfertigteil
④ Mauerwerk
⑤ Dämmstoff

3965

Wie werden freihändig angefertigte Zeichnungen genannt?

① Isometrien
② Entwurfszeichnungen
③ Skizzen
④ Dreitafelprojektionen
⑤ Ausführungszeichnungen

3966

In welchem Bild ist die Linienart nach DIN 1356 zur Kennzeichnung von Achsen abgebildet?

①
②
③
④
⑤

3967

Welchen **Bemaßungsfehler** enthält die Zeichnung?

① Als Maßbegrenzungen sind nur Punkte erlaubt
② Die Maßzahlen gehören unter die Maßlinie
③ Die Schrägstriche sind verkehrt eingezeichnet
④ Die Maßzahl 62 muss von rechts zu lesen sein
⑤ Die Maßhilfslinien müssen am Bauteil enden

3968

Welchen **Fehler** enthält die Skizze?

① Das Mauerwerk ist falsch schraffiert
② Die Stahlbetonplatte ist falsch schraffiert
③ Die Sauberkeitsschicht fehlt
④ Die senkrechte Feuchtigkeitssperre fehlt
⑤ Die Schraffur für den geschütteten Boden ist falsch

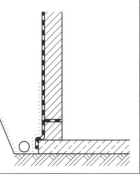

3969

Welche Bedeutung hat das abgebildete Symbol in Bauzeichnungen?

① Rohbauhöhe des Bauteiles
② Fertigbauhöhe des Bauteiles
③ Geschosshöhe
④ Lichte Raumhöhe
⑤ Brüstungshöhe

+2,56

3970

Aus welchem Baustoff soll nach der Skizze die Kellerwand erstellt werden?

① Unbewehrter Beton
② Stahlbeton
③ Betonfertigteil
④ Mauerwerk
⑤ Holz

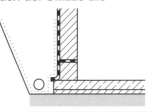

3971

Welche Positionen bzw. welche Stäbe liegen an der mit (P) gekennzeichneten Stelle im Bild?

① Position ① und Position ②
② Position ① und Position ③
③ Nur Position ①
④ Position ① und Position ④
⑤ Position ② und Position ③

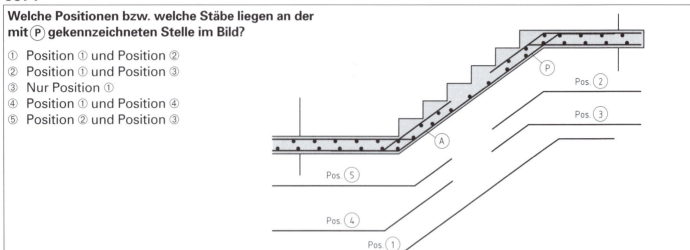

3972

In welchem Bild ist der Schnitt durch untere und obere Bewehrung der Decke richtig gekennzeichnet?

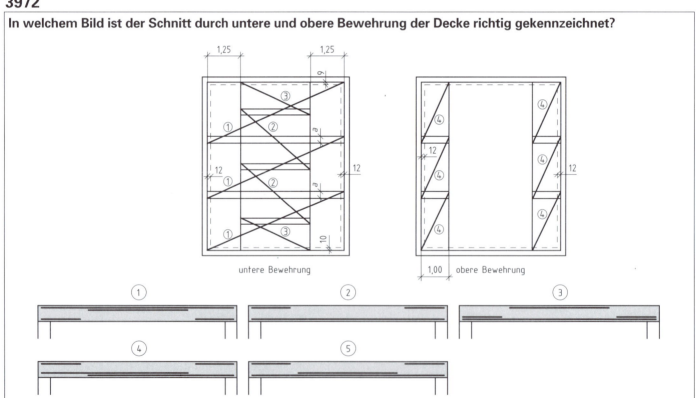

untere Bewehrung   obere Bewehrung

3973

Was bedeutet das Symbol mit der Abkürzung DA 20/40 in dem Bild mit dem Teilschnitt?

① Deckendicke 40 cm, Deckenaussparung ⌀ 20 cm
② Deckenschlitz, oben und unten 20 cm × 40 cm
③ Deckenaussparung 20 cm × 40 cm, im Endzustand geschlossen
④ Deckenaussparung 20 cm × 40 cm, im Endzustand offen
⑤ Deckenaussparung ⌀ 20 cm, Abstand zur Wand 40 cm

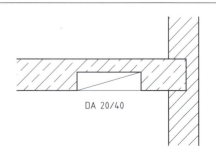

DA 20/40

3974

In welchem Bild ist die Bewehrungsführung im Schnitt durch die Zweifelddecke richtig gezeichnet?

3975

Welche Betonstahl-Lagermatte zeigt der abgebildete Ausschnitt aufgrund der Stababstände und Stabdurchmesser nach der abgebildeten Tabelle (Auszug)?

① Q 221
② K 664
③ R 295
④ N 141
⑤ R 221

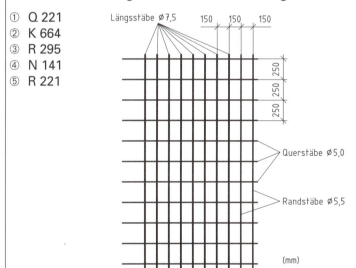

Der Gewichtsermittlung der Lagermatten liegen folgende Überstände zugrunde:
Q 131 bis Q 295: Überstände längs: 100 mm/100 mm | Überstände quer: 25 mm/25 mm
Q 378   : Überstände längs: 150 mm/150 mm | Überstände quer: 25 mm/25 mm
Q 443 bis Q 670: Überstände längs: 100 mm/100 mm | Überstände quer: 25 mm/25 mm
R 188 bis R 589: Überstände längs: 125 mm/125 mm | Überstände quer: 25 mm/25 mm
K 644 bis K 884 : Überstände längs: 125 mm/125 mm | Überstände quer: 25 mm/25 mm

Länge Breite	Randeinsparung (Längsrichtung)	Mattenbezeichnung	Stababstände	Mattenaufbau in		Längsrichtung Querrichtung	
				Stabdurchmesser		Anzahl der Längsrandstäbe	
				Innenbereich	Randbereich	links	rechts
m			mm	mm			
5,00 2,15	ohne	Q 131	150 150	5,0 5,0			
		Q 188	150 150	6,0 6,0			
	mit	Q 221	150 150	6,5 6,5	/ 5,0	– 4	/ 4
		Q 295	150 150	7,5 7,5	/ 5,5	– 4	/ 4
5,00 2,15	ohne	R 188	150 250	6,0 5,0			
		R 221	150 250	6,5 5,0			
6,00 2,15	mit	R 295	150 250	7,5 5,0	/ 5,5	– 2	/ 2
		R 378	150 250	8,5 5,0	/ 6,0	– 2	/ 2
		R 443	150 250	6,5d 5,5	/ 6,5	– 2	/ 2
		K 664	100 250	6,5d 6,5	/ 6,5	– 4	/ 4
		K 770	150 250	7,0d 7,0	/ 7,0	– 4	/ 4
		K 884	100 250	7,5d 7,5	/ 7,5	– 4	/ 4
5,00 2,15	ohne	N 94	75 75	3,0 3,0			
		N 141	50 50	3,0 3,0			

3976

Welche Höhenlage hat das Maschinenfundament an der Stelle ⓟ im Schnitt?

① + 1,69
② + 1,79
③ + 1,59
④ + 1,48
⑤ + 1,49

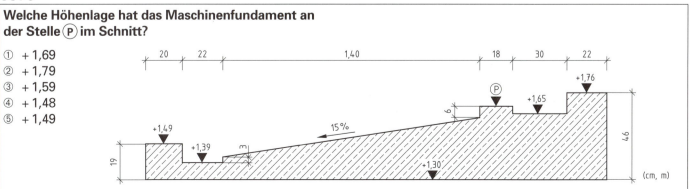

3991u

Zeichnen Sie die Bewehrung des Stahlauszuges mit den Positionen ① bis ③ in die Draufsicht und Seitenansicht des Betonbauteiles in Bleistift im Maßstab 1 : 20 – m, cm ein.

Der eingezeichneten Bewehrung sind in der Draufsicht und Seitenansicht die entsprechenden Positionsnummern zuzuordnen.

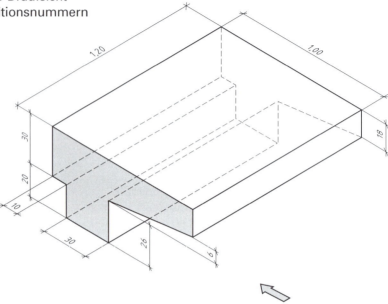

Vorderansicht

Seitenansicht

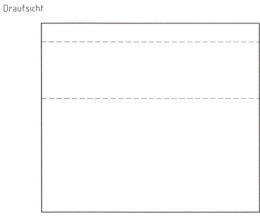

Draufsicht

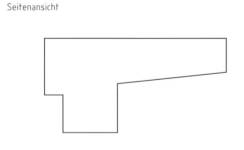

② 4 Ø 10 – 38 – *l* = 2,08

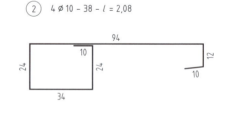

③ 8 Ø 8 – 16 – *l* = 1,56

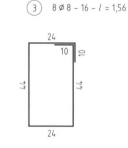

① 11 Ø 10 – *l* = 1,14

3992u

Zeichnen Sie die Bewehrung des Stahlauszuges mit den Positionen ① bis ⑤ in den Schnitt A-A und die Bewehrung mit den Positionen ① bis ⑥ in die Draufsicht des Betonbauteiles in Bleistift im Maßstab 1 : 20 – m, cm ein.

Der eingezeichneten Bewehrung sind in der Draufsicht und im Schnitt die entsprechenden Positionsnummern zuzuordnen.
Im Schnitt A-A liegt der Bügel mit der Pos. ③ 10 cm unter der Oberkante des Betonbauteiles, der Bügel mit der Pos. ④ 58 cm unter der Oberkante des Betonbauteiles und der Bügel mit der Pos. ⑤ 90 cm unter der Oberkante des Betonbauteiles.

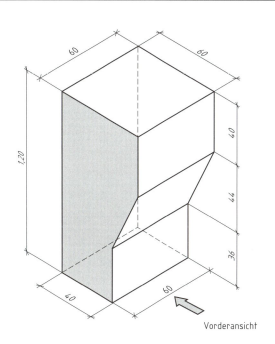

Vorderansicht

Schnitt A–A

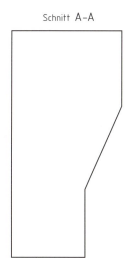

① 8 ∅ 10

② 4 ∅ 10 – l = 1,78

③ 1 ∅ 8 – l = 2,36

④ 1 ∅ 8 – l = 2,20

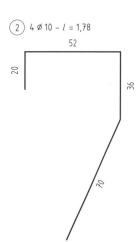

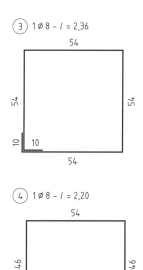

Draufsicht

⑤ 1 ∅ 8 – l = 1,96

⑥ 1 ∅ 8 – l = 1,66

⑦ 1 ∅ 8 – l = 1,50

⑧ 1 ∅ 8 – l = 1,26

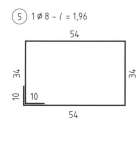

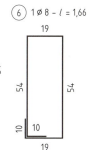

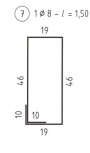

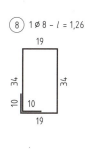

195

3993u

Zeichnen Sie die Vorderansicht, Seitenansicht von links und Draufsicht des räumlich skizzierten Köcherfundamentes auf DIN A4 in Bleistift im Maßstab 1 : 20 – m, cm. Die Köchertiefe beträgt 48 cm und die Maße des Köcherbodens sind 32 cm/24 cm.

In den zu zeichnenden Ansichten sind alle für die Ausführung notwendigen Maße einzutragen. Verdeckte Kanten sind als gestrichelte Linien darzustellen.

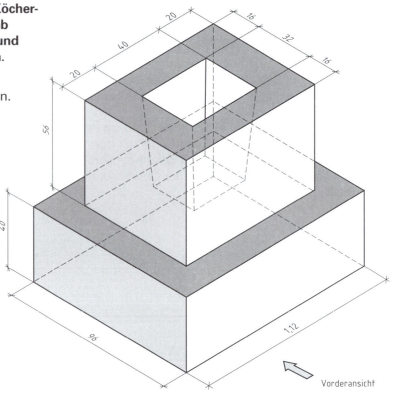

Vorderansicht

3994u

**Zeichnen Sie die Vorderansicht, Seitenansicht von
links und Draufsicht des räumlich skizzierten Betonbauteiles auf DIN A4 in Bleistift im Maßstab 1 : 20 – m, cm.**

In den zu zeichnenden Ansichten sind alle für die Ausführung notwendigen Maße einzutragen.
Verdeckte Kanten sind als gestrichelte Linien darzustellen.

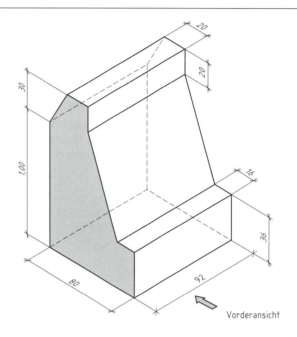

Vorderansicht

3995u

**Zeichnen Sie die Bewehrung des Stahlauszuges
mit den Positionen ① bis ⑥ in die Vorderansicht
und in den Schnitt A-A des Einzelfundamentes
in Bleistift im Maßstab 1 : 20 – m, cm ein.**

Die Betondeckung beträgt 3 cm.
Der eingezeichneten Bewehrung sind in der
Draufsicht und im Schnitt die entsprechenden
Positionsnummern zuzuordnen. In der Vorderansicht
liegt der Bügel mit der Pos. ⑥ 10 cm unter der
Oberkante des Betonbauteiles.

Vorderansicht

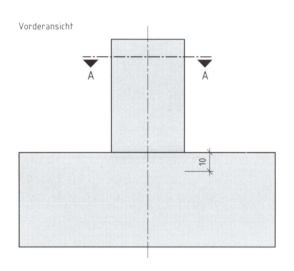

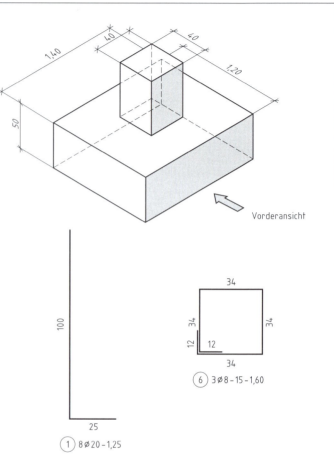

Vorderansicht

34

34 34

12 34

12 12

⑥ 3 ∅ 8 – 15 – 1,60

100

25

① 8 ∅ 20 – 1,25

Schnitt A-A

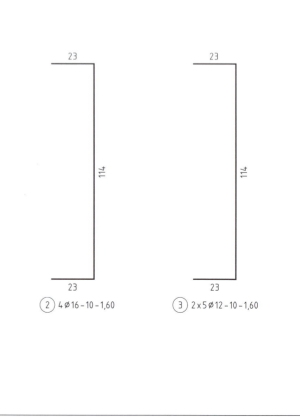

23 23

114 114

23 23

② 4 ∅ 16 – 10 – 1,60   ③ 2 x 5 ∅ 12 – 10 – 1,60

13 13

134

④ 4 ∅ 16 – 10 – 1,60

13 13

134

⑤ 2 x 4 ∅ 12 – 10 – 1,60

198

Prüfungsbuchreihe Bautechnik

Prüfungsbuch HOCHBAU

Projekte/Handlungsorientierte Aufgaben

Die »handlungsorientierten Aufgaben/Projekte« sind wie folgt aufbereitet:

- Aufgabenstellung, linke Hälfte einer Doppelseite
- Platz für Lösungskonzept, rechte Hälfte einer Doppelseite
- Lösungsvorschläge, direkt im Anschluss an die Doppelseiten

Der Lösungsvorschlag zur Projektaufgabe zeigt ausführlich eine bautechnisch richtige Problembearbeitung. Auch andere Ergebnisse sind denkbar, wichtig ist aber immer, dass die Bearbeitungs- und Handlungsschritte (z. B. durch Stichworte, Skizzen, Hinweise, Kommentare, Berechnungen) nachvollziehbar und nicht nur durch ein Endergebnis dokumentiert sind.

4101u

Für die einschaligen Kellerwände mit Streifenfundament, Kellerfußboden und Kellerdecke sind nachfolgende Teilaufgaben zu lösen:

① Ergänzen der Bauplanungsunterlagen
② Auswählen der Baustoffe für die Kellerwände
③ Berechnen des Baustoffbedarfs für die Baustoffe der Kellerwände

④ Aussagen zum Mauern der Kellerwände
⑤ Ermitteln der Baustoffpreise und Lohnkosten für die Herstellung der Kellerwände in DM und in Euro

① Bauplanung

Kellergeschossgrundriss

Die Bemaßung des Kellergeschossgrundrisses ist zu ergänzen.

Senkrechter Schnitt durch die Kelleraußenwand

Es ist ein senkrechter Schnitt durch die Kelleraußenwand Schnitt A–A (M 1 : 20 – m, cm) von Unterkante Fundament bis Oberkante Kellerdecke (Fertigdecke) zu zeichnen. Die Baustoffe sind normgerecht mit den entsprechenden Schraffuren zu kennzeichnen. Alle notwendigen Maße sind einzutragen. Oberkante Gelände soll die gleiche Höhe haben wie Unterkante Kellerdecke (Rohdecke).

② Baustoffauswahl

Für die Herstellung der gemauerten einschaligen Kellerwände sind geeignete Baustoffe auszuwählen. Das Kellermauerwerk soll aus Mauersteinen mit mittlerer Druckfestigkeit bestehen. Der Wandinnenputz soll stoßfest sein. Die Kellerräume werden nur kurzzeitig genutzt.

③ Baustoffbedarf

Zu berechnen ist der Baustoffbedarf an Mauersteinen, Liter Mauermörtel inkl. Säcke Bindemittel und m³ Mörtelsand, Liter Putzmörtel (Wandinnenputz) inkl. Säcke Bindemittel und m³ Mörtelsand sowie m² waagerechte Abdichtungen. Der Mörtelsand soll lagerfeucht, baufeucht sein. Wegen Stoßüberdeckung und Verschnitt sind bei den Abdichtungen 5 % vom Endergebnis hinzuzurechnen. Die Fenster- u. Türstürze sollen jeweils eine Auflagerlänge von 10 cm und eine Höhe von 20 cm haben. Die Tür- u. Fensterleibungen werden bei der Ermittlung des Putzmörtels nicht berücksichtigt.

④ Mauern der Kellerwände

Es sollen Aussagen gemacht werden zu
•   benötigten Werkzeugen und Hilfsmitteln, die gebraucht werden, um z.B. Kellerwände herzustellen
•   allgemeinen Mauerregeln.
Außerdem ist eine 36,5 cm dicke Wandecke mit den gewählten Mauersteinen mit mindestens 2 Schichten im Grundriss zu zeichnen.

⑤ Baustoffpreise und Lohnkosten

Die Baustoffpreise und Lohnkosten sollen in DM und Euro angegeben werden. **1 Euro ist gleich 1,92421 DM.**
Die Baustoffpreise und Lohnkosten können aus den Tabellen entnommen oder aktuelle Baustoffpreise und Lohnkosten verwendet werden.

⑥ Tabellen

Baustoffbedarf und Arbeitszeitbedarf

Die in den folgenden Tabellen genannten Werte sind Mittelwerte unter Beachtung der aufgeführten Randbedingungen. Sie dienen als Grundlage der Kalkulation und zur Baustoffbestellung.

Preise für Baustoffe

Abdichtungsmaterialien und Dämmmaterialien	Kalkulationsvorschlag	mein Preis
Abdichtungspappe R 500 N in den Breiten 125, 240, 300, 365 mm	2,10 DM/m²	
Bitumenschweißbahn	4,50 DM/m²	
PE-Folie, 0,2 mm dick	0,65 DM/m²	
Mineralfaserdämmplatten, 4 cm dick	4,20 DM/m²	
Trittschalldämmplatten aus Polystyrol-Hartschaum 35 mm/30 mm aus Mineralfaser	4,40 DM/m² / 4,80 DM/m²	
Dämmstoff-Randstreifen, 10 mm dick	0,65 DM/m	
Dämmplatten aus Polystyrol-Hartschaum 20 mm dick	2,50 DM/m²	
Kunststoffhartschaumplatten aus extrudiertem Polystyrol, 4 cm dick	18,20 DM/m²	

Projektaufgabe | **Mauerwerksbau** | **4101u**

Tabellen

Sand und Kies	Kalkulations-vorschlag	mein Preis
Flusssand 0/4, ungebrochen	16,00 DM/t	
Flusssand 0/4, gebrochen	16,90 DM/t	
Estrichsand 0/8	17,50 DM/t	
Flusskies 4/16, ungebrochen	17,90 DM/t	
Flusskies 4/16, gebrochen	17,90 DM/t	
Flusskies 4/32, ungebrochen	17,90 DM/t	
Flusskies 4/32, gebrochen	17,90 DM/t	
Flusskies 16/32, ungebrochen	17,90 DM/t	
Flusskies 16/32, gebrochen	22,00 DM/t	

Preis ohne Lieferung. Lieferung 75,00 DM/t bei ρ = 1,8 t/m³.

Mauersteine	Kalkulationsvorschlag	mein Preis
240/115/115 (2 DF)	0,85 DM/St	
240/175/115 (3 DF)	1,20 DM/St	
240/300/115 (5 DF)	1,48 DM/St	
Verblender		
240/115/52 (DF)	0,78 DM/St	
240/115/71 (NF)	0,84 DM/St	
Mörtelsand	28,80 DM/m³	

Baukalke und Zement (25-kg-Sack)	Kalkulations-vorschlag	mein Preis
Weißkalkhydrat (20-kg-Sack)	8,69 DM	
Hydraulischer Kalk (25-kg-Sack)	3,97 DM	
CEM I 32,5	4,58 DM	
CEM I 32,5 R	4,70 DM	
CEM I 42,5	5,18 DM	
CEM I 42,5 R	5,29 DM	
CEM III 32,5	6,00 DM	

Mauerwerk

Steinart	Formate	Wand-dicke cm	je m³ Mauerwerk Steine[1] Stück	je m³ Mauerwerk Mörtel[2] l	je m³ Mauerwerk Arbeits-[3] zeit h	je m² Mauerwerk Steine[1] Stück	je m² Mauerwerk Mörtel[2] l	je m² Mauerwerk Arbeits-[3] zeit h
Vollsteine	DF	11,5	573	241	8,3	66	28	1,0
		24	549	284	7,9	132	68	1,9
		36,5	542	300	7,4	198	105	2,7
Vollsteine	NF	11,5	428	224	7,2	49	26	0,8
		24	411	263	6,8	99	63	1,6
		36,5	407	274	6,5	148	100	2,4
Porenziegel Hochlochziegel Lochsteine	2 DF	11,5	287	162	6,1	33	19	0,7
		24	275	203	5,8	66	50	1,4
		36,5	271	218	5,5	98	80	1,95
	3 DF	17,5	188	160	5,6	33	28	1,0
		24	185	174	5,4	45	44	1,25
Porenziegel	12 DF	24	46	110	4,1	12	26	1,0
Leichtbeton-Hohlblocksteine	16 DF	24	33	85	3,9	8	22	0,9
	20 DF	30	26	87	3,9	8	26	1,1
Kalksand-Planelemente	(48 DF)	17,5	11,4	13	2,3	2	2,2	0,40
	(64 DF)	24	8,3	13	1,9	2	3,0	0,45
Verblendschale	NF	11,5	–	–	–	50	24	1,4

1) Einschließlich eines Bruchanteils von 3 %
2) Einschließlich eines Verlustanteiles von 20 %
3) Werte für Erd- und Kellergeschosse bei Geschosshöhen von ~ 2,75 m

Bei unvermörtelten Stoßfugen bis 40 % geringerer, bei verfüllten Mörteltaschen bis 25 % höherer Mörtelbedarf.

Putzarbeiten

Putzart	Bauteil	Dicke cm	je m² Putz Mörtel l	je m² Putz Arbeitszeit h[1]
Spritzbewurf	Wand	–	6	0,10
geriebener Putz	Wand	1,5	17	0,60
	Wand	2,0	22	0,78
Anbringen von Kantenschutzleisten				0,3 h/m
geglätteter Putz	Wand	1,5	17	0,85
	Decke	1,5	22	0,97
Rauputz	Wand	–	11	0,27
	Decke	–	11	0,30

1) Werte einschließlich Mischen von angeliefertem Fertigmörtel

Stundenverrechnungssatz für einen Spezial-baufacharbeiter (Maurer) Berufsgruppe III	
Basislohn = 100 %	23,25 DM
Stundenverrechnungs-satz einschl. MwSt	75,01 DM

4101u

① **Kellergeschossgrundriss M 1 : 50 – m, cm**

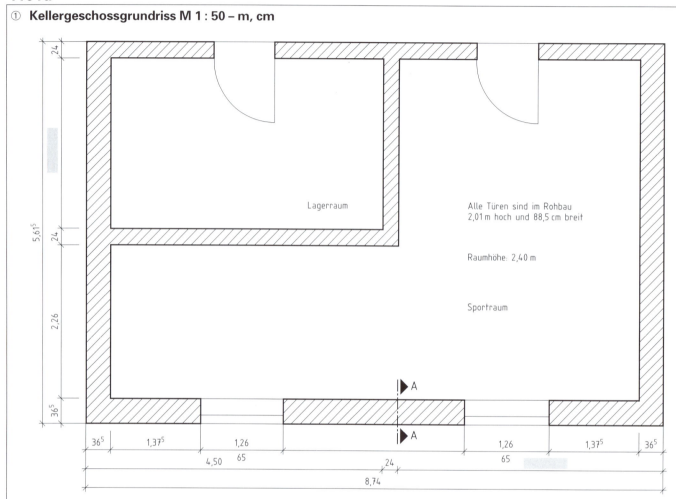

Lagerraum

Alle Türen sind im Rohbau
2,01 m hoch und 88,5 cm breit

Raumhöhe: 2,40 m

Sportraum

A

Senkrechter Schnitt durch die Kelleraußenwand M 1 : 20 – m, cm

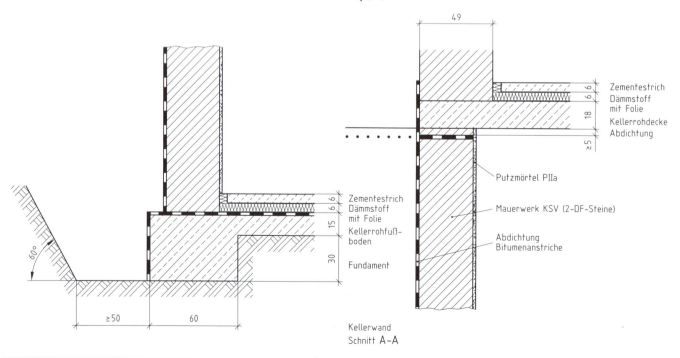

Zementestrich
Dämmstoff
mit Folie
Kellerrohdecke
Abdichtung

Putzmörtel PIIa

Mauerwerk KSV (2-DF-Steine)

Abdichtung
Bitumenanstriche

Zementestrich
Dämmstoff
mit Folie
Kellerrohfuß-
boden

Fundament

60°

Kellerwand
Schnitt A–A

4101u (Lösungsansätze)

4101u

② Baustoffauswahl

Mauersteine

Es werden Kalksandvollsteine (KS) mit dem Steinformat 2 DF gewählt.

Nach Vorgabe soll das Mauerwerk aus Mauersteinen mit mittlerer Druckfestigkeit bestehen. Das entspricht bei Kalksandvollsteinen einer Druckfestigkeitsklasse von z.B. 20 N/mm². Es wird eine Rohdichteklasse von 1,6 kg/dm³ gewählt.

Kurzbezeichnung für die Steinauswahl: **DIN 106 – KS – 20 – 1,6 – 2 DF**

Kalksandvollsteine wurden gewählt, da sie ein gutes Wärmespeichervermögen haben und sehr maßgenau hergestellt werden. Das Mauerwerk soll Rezeptmauerwerk (RM) sein und der DIN 1053-1, Mauerwerk, Teil 1: Berechnung und Ausführung entsprechen. Wenn großformatige Steine verwendet werden, z. B. 12 DF, kann die Arbeitszeit verringert werden.

Sollte z.B. der Sportraum auch im Winter genutzt werden, so wäre eine innenliegende (kürzere Nutzungsdauer eines warmen Raumes) bzw. eine außenliegende Wärmedämmung (längere Nutzungsdauer eines warmen Raumes) notwendig.

Mauermörtel

Es wird ein Mauermörtel (NM) der Mörtelgruppe MG II (Kalkzementmörtel) gewählt. Das Mischungsverhältnis MV soll 2 : 1 : 8 sein.

2 RT Kalkhydrat, 1 RT Portlandzement CEM I/A-32,5 R, 8 RT lagerfeuchten Sand.

Dieser Mauermörtel ist ausreichend geschmeidig und dadurch gut verarbeitbar. Der Zement ist ein schnell erhärtender Portlandzement. Dieser Mörtel hat nach dem Erhärten eine ausreichende Mindestdruckfestigkeit von 5 N/mm².

Putzmörtel

Für den Wandinnenputz wird ein Putzmörtel P II a genommen. Das MV beträgt 1 : 4.

1 RT hydraulischen Kalk HL 5, 4 RT baufeuchten Mörtelsand.

Dieser Putzmörtel lässt sich gut verarbeiten; er ist Wasserdampf durchlässig und stoßfest. Der Putzmörtel wird 1-lagig in einer Dicke von 15 mm aufgebracht.

Waagerechte Abdichtungen

Bitumen-Dachbahnen mit Rohfilzeinlagen R 500 werden für die beiden waagerechten Abdichtungen verwendet. Sie bieten einen ausreichenden Feuchtigkeitsschutz gegenüber senkrecht aufsteigender Feuchtigkeit (Kapillarfeuchtigkeit) in den Kellerwänden.

③ Baustoffbedarf (Materialbedarf)

Mauersteine

Materialbedarf (Steine) M_{St} = Mauerwerksfläche A × Materialbedarfsnorm (Steine) N_{St}

$M_{St} = A \times N_{St}$ Materialbedarfsnormen sind Tabellen zu entnehmen.

Wanddicke 24 cm

$A_1 = 35{,}17$ m² Gesamtfläche

$A_2 = 2\,(0{,}885$ m × $2{,}01$ m$) = 3{,}56$ m² Türen

Die Fläche der Türstürze beträgt je $A = (0{,}885$ m + $0{,}20$ m$) \times 0{,}20$ m = $0{,}22$ m²

(< 0,25 m², VOB) und bleibt unberücksichtigt.

$A_3 = A_1 - A_2 = 35{,}17$ m² $- 3{,}56$ m² $= 31{,}61$ m²

$M_{St} = 31{,}61$ m² × 66 St/m² = <u>2086 Steine 2 DF</u>

Wanddicke 36,5 cm

$A_1 = 46{,}18$ m² Gesamtfläche

$A_2 = 2\,(0{,}65$ m × $1{,}26$ m$) + 2\,(1{,}46$ m × $0{,}20$ m$) = 2{,}22$ m² Fenster und Stürze

$A_3 = A_1 - A_2 = 46{,}18$ m² $- 2{,}22$ m² $= 43{,}96$ m²

$M_{St} = 43{,}96$ m² × 99 St/m² = <u>4352 Steine 2 DF</u>

Für die Kellerwände sind 6438 2DF-Mauersteine erforderlich.

Mauermörtel

Materialbedarf (Mörtel) M_M = Mauerwerksfläche A × Materialbedarfsnorm (Mörtel) N_M

$M_M = A \times N_M$ Materialbedarfsnormen sind Tabellen zu entnehmen

$M_M = 31{,}61$ m² × 49 l/m² = <u>1549 l Mauermörtel</u> Wanddicke 24 cm

4101u

M_M = 43,96 m² × 79 l/m² = <u>3473 l Mauermörtel</u> Wanddicke 36,5 cm

Insgesamt werden 5022 l Mauermörtel, Kalkzementmörtel MV 2 : 1 : 8 benötigt.

Für 1000 l Kalkzementmörtel braucht man laut Tabelle (Seite 169): 140 kg Weißkalkhydrat (Schüttdichte 0,5 kg/l), 168 kg Zement und 1120 l Mörtelsand.

V_K = (5022 l × 140 kg)/1000 l = 703 kg   n = (703 kg)/20 kg/Sack ≈ <u>35 Säcke Kalkhydrat</u>

V_Z = (5022 l × 168 kg)/1000 l = 844 kg   n = (844 kg)/25 kg/Sack ≈ <u>34 Säcke Zement</u>

V_S = (5022 l × 1120 l)/1000 l = 5625 l   = <u>5,625 m³</u> Mörtelsand

Putzmörtel

Materialbedarf (Mörtel) M_M = Mauerwerksfläche A × Materialbedarfsnorm (Mörtel) N_M

$M_M = A × N_M$

A_1 = 93,09 m × 2,40 m = 93,82 m² Gesamtfläche

A_2 = 2 (0,885 m × 2,01 m + 1,26 m × 0,65 m) = 5,20 m² Fenster und Türen

$A_3 = A_1 - A_2$ = 93,82 m² – 5,20 m² = 88,62 m² ohne Leibungen

Für 1 m² Wandputz 1,5 cm dick werden laut Tabelle 17 Liter Putzmörtel verbraucht.

M_M = 88,62 m² × 17 l/m² = <u>1507 l Putzmörtel</u> P II a, MV 1 : 4

Im Gegensatz zum Mauermörtel werden beim Putzmörtel die Mörtelstoffe mit dem Mörtelfaktor 1,6 (baufeuchter Sand) ermittelt.

Σ RT = 1 RT + 4 RT = 5 RT

V_{MS} = 1507 l × 1,6 = 2411 l

V_{RT} = V_{MS}/Σ RT = 2411 l/5 RT = 482 l/RT

V_K = 1 RT × 482 l/RT = 482 l

n = 482 l/25 kg/Sack ≈ <u>20 Säcke hydraulischen Kalk</u>

V_S = 4 RT × 482 l/RT = 1928 l   = <u>1,928 m³ Mörtelsand</u>

Für den Innenputzmörtel werden 20 Säcke hydraulischer Kalk HL 5 und 1,928 m³ Mörtelsand gebraucht.

Waagerechte Abdichtungen

Materialbedarf (Abdichtung) M_A = Abdichtungsfläche A × Materialbedarfsnorm (Abdichtung) N_A

$M_A = A × N_A$

A_1 = 75,04 m × 0,365 m = 27,30 m² Wanddicke 36,5 cm

L = 4 (8,74 m + 2,51 m + 4,375 m) = 62,50 m

A_2 = 62,50 m² × 0,24 m = 15,00 m² Wanddicke 24 cm

$A_3 = A_1 + A_2$ = 27,39 m² + 15,00 m² = 42,39 m²

A_4 = 42,39 m² + 5 % von 42,39 m² = 44,51 m² ≈ <u>45,00 m²</u>

Für die waagerechten Abdichtungen sind 45 m² Bitumen-Dachbahnen mit Rohfilzeinlagen R 500 notwendig.

④ **Mauern der Kellerwände**

Werkzeuge zum Mauern

Zum Mauern der Kellerwände werden Maurerkelle, Maurerhammer, Richtscheit, Senklot, Wasserwaage, Latten- oder Bretterwinkel, Fluchtschnur, Maurerpinsel, Weichmacher, Gliedermaßstab (2,00 m lang) und Mörtelkasten benötigt.

Allgemeine Mauerregeln

- Alle Mauerschichten müssen waagerecht liegen
- Läufer- und Binderschichten wechseln in der Regel miteinander ab

- Vollfugig mauern
- Möglichst viele ganze Steine vermauern

4101u

Wandecke (36,5 cm) (Grundriss, 1. und 2. Schicht)

⑤ **Baustoffpreise und Lohnkosten (Auswahl)**

Baustoffpreise

Mauersteine

P = 6438 Steine × 0,85 DM/Stein = <u>5472,30 DM = 2843,92 Euro</u> 2 DF-Steine

Mauermörtel

P = 35 Säcke × 8,69 DM/Sack = <u>304,15 DM = 158,06 Euro</u> Kalkhydrat

P = 34 Säcke × 4,70 DM/Sack = <u>159,80 DM = 83,05 Euro</u> Zement

P = 5,625 m³ × 28,80 DM/m³ = <u>162,00 DM = 84,19 Euro</u> Mörtelsand

Putzmörtel

P = 20 Säcke × 3,97 DM/Sack = <u>79,40 DM = 41,26 Euro</u> hydraulischer Kalk HL 5

P = 1,928 m³ × 28,80 DM/m³ = <u>55,53 DM = 28,86 Euro</u> Mörtelsand

Abdichtungen

P = 45,00 m² × 2,10 DM/m² = <u>94,50 DM = 49,11 Euro</u> Bitumen-Dachbahnen R 500

Die Baustoffe kosten insgesamt 6327,68 DM bzw. 3288,46 Euro

Lohnkosten

Mauersteine/Mauermörtel (Mauern)

t = 2086 Steine × 1,40 h/66 Steine = 44,25 h Wanddicke 24 cm

t = 4352 Steine × 1,95 h/98 Steine = 86,60 h Wanddicke 36,5 cm

In den Arbeitsstunden sind auch alle waagerechten Abdichtungsarbeiten enthalten.

Putzmörtel (Putzen)

t = 88,62 m² × 0,60 h/m² = 53,17 h Putzen (oder 0,68 h/m² einschl. Kantenschutzleisten)

t = 19,85 m × 0,30 h/m = 5,96 h Anbringen von Kantenschutzleisten

Die Arbeitszeit beträgt insgesamt 189,98 h.

Für die Arbeitsstunde eines Facharbeiters werden 75,01 DM bzw. 38,98 Euro angenommen.

Daraus ergeben sich die Lohnkosten:

K = 189,98 h × 75,01 DM/h bzw. 38,98 Euro/h = <u>14 250,40 DM bzw. 7405,84 Euro</u>

Die Herstellkosten ergeben sich aus den Baustoffpreisen und den Lohnkosten.

Herstellkosten = 6327,68 DM bzw. 3288,46 Euro + 14250,40 DM bzw. 7405,84 Euro =
<u>20 578,08 DM bzw. 10 694,30 Euro</u>

4102u

Für die ein- und zweischaligen Erdgeschosswände mit Kellerdecke sind nachfolgende Teilaufgaben zu lösen:

① **Bauplanung**

Erdgeschossgrundriss: Die Bemaßung des Erdgeschossgrundrisses ist zu ergänzen.
Senkrechter Schnitt durch die Erdgeschosswand: Es ist ein senkrechter Schnitt durch die zweischalige Erdgeschosswand Schnitt A–A (M 1 : 10 – m, cm) von Unterkante Kellerdecke bis 1,00 m über Kellerdecke (Fertigdecke) zu zeichnen. Die Baustoffe sind normgerecht mit den entsprechenden Schraffuren zu kennzeichnen. Alle notwendigen Maße sind einzutragen. Oberkante Gelände soll die gleiche Höhe haben wie Unterkante Kellerdecke (Rohdecke).

② **Baustoffauswahl**

Für die Herstellung der gemauerten ein- und zweischaligen Erdgeschosswände sind geeignete Baustoffe auszuwählen. Diese Wände sollen aus Mauerwerk mit mittlerer Druckfestigkeit bestehen. Der Wandinnenputz soll sehr Wasserdampf durchlässig sein. Das Wohnzimmer wird ganzjährig genutzt.

③ **Baustoffbedarf**

Zu berechnen ist der Baustoffbedarf an Mauersteinen, Liter Mauermörtel inkl. Säcke Bindemittel und m³ Mörtelsand, evtl. m² Wärmedämmstoff inkl. Anzahl der Drahtanker, Liter Putzmörtel (Wandinnenputz mit Tür- und Fensterleibungen) inkl. Säcke Bindemittel und m³ Mörtelsand. Der Mörtelsand soll lagerfeucht, baufeucht sein. Die Tür- und Fensterstürze sollen jeweils eine Auflagerlänge von 10 cm und eine Höhe von 20 cm haben. Die Baustoffbedarfsnormen können aus den Tabellen entnommen werden.

④ **Mauern der Erdgeschosswände**

Es sollen Aussagen gemacht werden zu
* allgemeinen Bestimmungen für die Herstellung einer zweischaligen Außenwand mit Luftschicht und Wärmedämmung
* allgemeinen Putzregeln

⑤ **Baustoffpreise und Lohnkosten**

Die Baustoffpreise und Lohnkosten sollen in DM und Euro angegeben werden. 1 Euro ist gleich 1,92421 DM. Die Baustoffpreise und Lohnkosten können aus den Tabellen entnommen werden. Ansonsten können auch andere aktuelle Baustoffpreise und Lohnkosten genutzt werden.

Erdgeschossgrundriss   M 1 : 50 – m, cm (verkleinert)

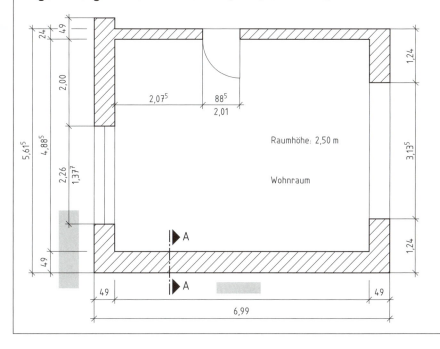

Die Aufgabenstellung bezieht sich auf den Wohnraum, der durch drei zweischalige Außenwände und eine einschalige Innenwand begrenzt wird.

4102u (Lösungsansätze)

Schnitt A – A / M 1 : 10 – m, cm (verkleinert)

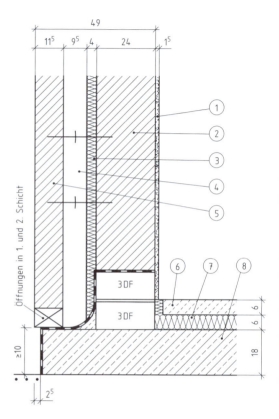

(1) Putzmörtel: PIB

(2) Innenschale: KSV (3-DF-Steine)

(3) Dämmschicht: Mineralfaserplatten

(4) Luftschicht: mit Drahtankern

(5) Außenschale: KSVb (NF-Steine)

(6) Zementestrich

(7) Dämmstoff mit Folie

(8) Kellerrohdecke

4102u

② Baustoffauswahl

Mauersteine

Es werden Kalksandvollsteine (KS) Format 3 DF und Kalksandsteinverblender (KSVb) Format NF verwendet. Entsprechend der Aufgabenstellung soll das Mauerwerk aus Mauersteinen mit mittlerer Druckfestigkeit bestehen. Das entspricht bei Kalksandsteinen einer Druckfestigkeitsklasse von z.B. 20 N/mm². Da das Wohnzimmer ganzjährig genutzt wird, müssen besondere Wärmedämmaßnahmen durchgeführt werden. Für beide Formate wird die Rohdichteklasse
1,6 kg/dm³ gewählt.
Kurzbezeichnung für die Steinauswahl:
DIN 106-KS-20-1,6-3 DF und **DIN 106-KSVb-20-1,6-NF**
Kalksandsteine wurden gewählt, da sie gute Werte für Schallschutz und Wärmespeicherung bringen und außerdem sehr maßgenau hergestellt werden. Das weiße Sichtmauerwerk besteht aus Kalksandsteinverblendern. Das Mauerwerk soll Rezeptmauerwerk (RM) sein und der DIN 1053-1, Mauerwerk, Teil 1: Berechnung und Ausführung, entsprechen.

Mauermörtel

Es wird ein Mauermörtel (Normalmörtel NM) der Mörtelgruppe MG II (Kalkzementmörtel) verwendet. Das Mischungsverhältnis MV soll 2 : 1 : 8 sein:
2 RT Kalkhydrat, 1 RT Portlandzement CEM I/A – 32,5 R, 8 RT lagerfeuchter, baufeuchter Mörtelsand.
Dieser Mauermörtel ist ausreichend geschmeidig und dadurch gut verarbeitbar. Der Zement ist ein schnell härtender Portlandzement. Dieser Mörtel hat nach dem Erhärten eine ausreichende Mindestdruckfestigkeit von 5 N/mm².

Wärmedämmstoff

Für die zweischalige Außenwand werden Mineralfaserdämmplatten, 4 cm dick, Wärmeleitfähigkeitsgruppe 035, gewählt. Die zweischalige Außenwand mit dem o.g. Wärmedämmstoff erfüllt die Forderungen der WSchVO.

Putzmörtel

Für den Wandinnenputz wird ein Putzmörtel P I b gewählt. Das MV beträgt 1 : 4.
1 RT hydraulischen Kalk HL2, 4 RT baufeuchten Mörtelsand.
Dieser Putzmörtel lässt sich gut verarbeiten und ist sehr Wasserdampf durchlässig. Der Putzmörtel wird 1-lagig in einer Dicke von 15 mm aufgebracht.

Waagerechte Abdichtungen

Bitumen-Dachbahnen mit Rohfilzeinlagen R 500 werden für die eine waagerechte Abdichtung verwendet. Sie bieten einen ausreichenden Feuchtigkeitsschutz gegenüber senkrecht aufsteigender Feuchtigkeit (Kapillarfeuchtigkeit) in den Erdgeschosswänden.

③ Baustoffbedarf (Materialbedarf)

Mauersteine

Materialbedarf (Steine) M_{St} = Mauerwerksfläche A × Materialbedarfsnorm (Steine) N_{St}
$M_{St} = A \times N_{St}$

<u>Wanddicke 11,5 cm</u> (Sichtmauerwerk)
A_1 = 35,34 m² Gesamtfläche
A_2 = 2,26 m × 1,377 m + (2,26 m + 0,20 m) × 0,20 m = 3,60 m² Fenster, Fenstersturz
$A_3 = A_1 - A_2$ = 35,34 m² – 3,60 m² = 31,74 m²
M_{St} = 31,74 m² × 49 St/m² = <u>1555 Steine NF</u>

<u>Wanddicke 24 cm</u> (Tragendes Mauerwerk)
A_1 = 47,24 m² Gesamtfläche
A_2 = 2,26 m × 1,377 m + (2,26 m + 0,20 m) 0,20 m + 0,885 m × 2,01 m
A_2 = 5,38 m² Fenster, Fenstersturz, Tür
Die Fläche des Türsturzes beträgt A = (0,885 m + 0,20 m) 0,20 m = 0,22 m² (< 0,25 m²) und wird nach VOB nicht berücksichtigt.
$A_3 = A_1 - A_2$ = 47,24 m² – 5,38 m² = 41,86 m²
M_{St} = 41,86 m² × 45 St/m² = 1884 Steine 3 DF
Für die Erdgeschosswände sind 1555 NF (KSVb)- und 1884 3 DF (KS)-Mauersteine erforderlich.

4102u

Mauermörtel

Materialbedarf (Mörtel) M_M = Mauerwerksfläche $A \times$ Materialbedarfsnorm (Steine) N_M

$M_M = 31{,}74\ m^2 \times 26\ l/m^2 = \underline{825\ Liter\ Mauermörtel,}$ Wanddicke 11,5 cm

$M_M = 41{,}86\ m^2 \times 42\ l/m^2 = \underline{1758\ Liter\ Mauermörtel,}$ Wanddicke 24 cm

Insgesamt werden 2583 l Mauermörtel, Kalkzementmörtel MV 2 : 1 : 8 benötigt. Die Mörtelstoffe werden mit dem Mörtelfaktor ermittelt. Σ RT = 2 RT + 1 RT + 8 RT = 11 RT Summe aller Raumteile

$V_{MS} = 2583\ l \times 1{,}6 = 4133\ l$ Volumen der Mörtelstoffe

$V_{RT} = 4133\ l/11\ RT = 376\ l$ /RT Volumen eines Raumteils

$V_K = 2\ RT \times 376\ l/RT = 752\ l$ n = 752 l/40 l/Sack = $\underline{19\ Säcke\ Kalkhydrat}$ (Schüttdichte 0,5 kg/l)

$V_Z = 1\ RT \times 376\ l/RT = 376\ l$ n = 376 l/21 l/Sack = $\underline{18\ Säcke\ Zement}$ (Schüttdichte 1,2 kg/l)

$V_S = 8\ RT \times 376\ l/RT = 3008\ l$ $V_S = \underline{3{,}008\ m^3\ Sand}$

Zum Herstellen des Mauermörtels werden 19 Säcke Kalkhydrat, 18 Säcke Zement und 3,008 m³ Sand benötigt.

Wärmedämmstoff

Aus Berechnung Sichtmauerwerk $A_3 = 31{,}74\ m^2$

A = 31,74 m² + 5 % von 31,74 m² ≈ 34 m² Mineralfaserdämmplatten, 4 cm dick, WLG 035

Drahtanker

Nach DIN 1053-1, Mauerwerk, Teil 1: Berechnung und Ausführung,

Mindestanzahl und Durchmesser von Drahtankern je m² Wandfläche gem. Berechnung Sichtmauerwerk: 5 Drahtanker je 1 m² Wandfläche , 4 mm Durchmesser aus nichtrostendem Stahl. An allen freien Rändern (Öffnungen, Gebäudeecken, oberes Ende der Außenschalen) sind zusätzlich drei Drahtanker je m Randlänge einzusetzen.

n ≈ 32,00 m² × 5 Drahtanker/m² + 20,00 m × 3 Drahtanker/m = $\underline{220\ Drahtanker}$

Zum Befestigen der Mineralfasermatten werden 220 Drahtanker gebraucht.

Putzmörtel

Materialbedarf (Mörtel) M_M = Mauerwerksfläche A x Materialbedarfsnorm (Mörtel) N_M

$A_1 = 54{,}58\ m^2$ Gesamtfläche

Nach VOB werden Öffnungen > 2,50 m² abgezogen,

$A_2 = 2{,}26\ m \times 1{,}377\ m + 3{,}135\ m \times 2{,}50\ m = 10{,}95\ m^2$

$A_3 = A_1 - A_2 = 54{,}58\ m^2 - 10{,}95\ m^2 = 43{,}63\ m^2$

$A_4 = 7{,}19\ m^2$ Leibungsfläche

$A_5 = A_3 + A_4 = 43{,}63\ m^2 + 7{,}19\ m^2 = 50{,}82\ m^2$

Für 1 m² Wandputz 15 mm dick werden laut Tabelle 17 Liter Putzmörtel verbraucht.

$M_M = 50{,}82\ m^2 \times 17\ l/m^2 ≈ \underline{864\ l\ Putzmörtel}$ Plb, MV 1 : 4

Im Gegensatz zum Mauermörtel werden beim Putzmörtel die Mörtelstoffe mit Tabellenwerten ermittelt. Für 1000 l hydraulischen Kalkmörtel benötigt man laut Tabelle Seite 170 (Schüttdichte vom hydraulischen Kalk soll 0,9 kg/l betragen): 270 kg hydraulischer Kalk und 1200 l Mörtelsand

$V_K = (864\ l \times 270\ kg)/1000\ l ≈ 233\ kg$ n = 233 kg/25 kg/Sack ≈ $\underline{10\ Säcke\ hydraulischen\ Kalk}$

$V_S = (864\ l \times 1200\ l)/1000\ l ≈ 1037\ l$ $V_S = \underline{1{,}037\ m^3\ Mörtelsand}$

Für den Putzmörtel sind 10 Säcke hydraulischer Kalk und 1,037 m³ Mörtelsand erforderlich.

④ **Mauern der Erdgeschosswände**

Bestimmungen für die Herstellung einer zweischaligen Außenwand mit Luftschicht und Wärmedämmung
Auswahl:
- Die Mindestdicke der Außenschale beträgt 9 cm, die der Innenschale 11,5 cm.
- Die Mauerwerksschalen sind durch Drahtanker aus nichtrostendem Stahl zu verbinden.
- Die Drahtanker sind so einzubauen, dass keine Feuchtigkeit von der Außen- zur Innenschale gelangen kann, z.B. durch Aufschieben einer Kunststoffscheibe.
- Die Luftschicht soll mindestens 6 cm und darf höchstens 15 cm dick sein.
- Die Außenschalen sollen unten und oben mit Lüftungsöffnungen versehen werden, z.B. offene Stoßfugen.

4102u

Allgemeine Putzregeln
- Glatter Putzgrund ist aufzurauhen oder mit Spritzbewurf zu versehen.
- Stark saugender Putzgrund ist anzufeuchten.
- Die Festigkeit der Putzschichten muss von innen nach außen abnehmen.
- Den Putzmörtel gleichmäßig dick anwerfen und sorgfältig verreiben.
- Putzarbeiten dürfen nicht bei einer Lufttemperatur unter 5 °C durchgeführt werden.

⑤ **Baustoffpreise und Lohnkosten (Auswahl)**

Baustoffpreise
Mauersteine

P = 1555 Steine × 0,84 DM/Stein = <u>1306,20 DM = 678,82 Euro</u> NF-Steine

P = 1884 × 1,20 DM/Stein = <u>2260,80 DM = 1174,92 Euro</u> 3 DF-Steine

Mauermörtel

P = 19 Säcke × 8,69 DM/Sack = 165,11 DM = 85,81 Euro Kalkhydrat

P = 18 Säcke × 4,70 DM/Sack = <u>84,60 DM = 42,97 Euro</u> Zement

P = 3,008 m³ × 28,80 DM/m³ = <u>86,63 DM = 45,02 Euro</u> Mörtelsand

Wärmedämmstoff

P = 34,00 m² × 4,20 DM/m² = <u>142,80 DM = 74,21 Euro</u> Mineralfaserdämmplatten

Putzmörtel

P = 10 Säcke × 3,97 DM/Sack = <u>39,70 DM = 20,63 Euro</u> hydraulischer Kalk

P = 1,037 m³ × 28,80 DM/m³ = <u>29,87 DM = 15,52 Euro</u> Mörtelsand

Die Baustoffe kosten insgesamt   4115,71 DM bzw. 2138,90 Euro

Lohnkosten

Mauersteine/Mauermörtel (Mauern)

t = 1555 Steine × 1,40 h/50 Steine = 43,54 h, Wanddicke 11,5 cm

t = 1884 Steine × 1,25 h/45 Steine = 52,33 h, Wanddicke 24 cm

In den Arbeitszeitstunden sind auch alle waagerechten Abdichtungsarbeiten enthalten.

Putzmörtel (Putzen)

t = 50,82 m² × 0,60 h/m² = 30,49 h Putzen

t = 22,10 m × 0,30 h/m = 6,63 h Anbringen von Kantenschutzleisten

Die Arbeitszeit beträgt insgesamt 132,99 h.

Für die Arbeitsstunde eines Facharbeiters werden 75,01 DM bzw. 38,98 Euro angenommen.

Daraus ergeben sich die Lohnkosten:

K = 132,99 h × 75,01 DM/h = 9975,58 DM bzw. 5184,25 Euro

Herstellkosten = Baustoffpreise + Lohnkosten

Herstellkosten = 4115,71 DM bzw. 2138,90 Euro + 9975,58 DM bzw. 5184,25 Euro = 14091,29 DM bzw. 7323,15 Euro

Die Herstellkosten betragen 14091,29 DM bzw. 7323,15 Euro.

4201u

Über einer Garagentoröffnung ist ein **STAHLBETONBALKEN** nötig. Der Bewehrungsplan (siehe Zeichnung) liegt vor.

Stahlbetonbalken b/d = 24 cm/36⁵ cm

Längsschnitt

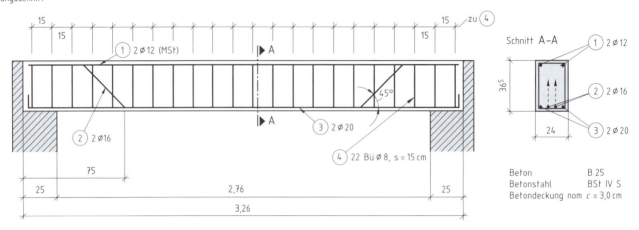

Zur Herstellung des Stahlbetonbalkens sind einige Vorüberlegungen und Berechnungen erforderlich:

① Erstellen Sie einen Biegeplan (Stahlauszug). Die einzelnen Bewehrungselemente sind mit Positionsnummern zu versehen und vollständig zu bemaßen.
② Bestimmen Sie das Gewicht der Bewehrung in kg.
③ Welche Arbeitsschritte sind zur Herstellung des Bewehrungskorbes durchzuführen?
④ Stellen Sie eine herkömmliche (systemlose) Balkenschalung im Schnitt dar. Benennen Sie die einzelnen Teile.
⑤ Welche Arbeitsschritte sind zur Herstellung der Balkenschalung durchzuführen?
⑥ Ermitteln Sie den Bedarf an Schalmaterial.
⑦ Berechnen Sie die nötige Betonmenge (m³) und die dafür erforderlichen Baustoffmengen.
⑧ Was ist beim Herstellen, Einbringen und Nachbehandeln des Betons zu beachten?

(Lösungsansätze)

4201u

(Lösungsansätze)

4201u

① **Schnittlängenermittlung**

Praxisgerecht ist eine Aufrundung der ermittelten Schnittlängen auf volle 5,0 cm, wenn das Übermaß in Verankerungs- oder Hakenlängen aufgefangen werden kann, ohne die erforderliche Betondeckung zu verringern.

2⌀12 (Gerade Stahleinlagen, Pos. 1)

l = Balkenlänge − 2x Betondeckung
l =   326 cm   − 2x 3,0 cm
l =   320 cm

2⌀20 (Gerade Stahleinlagen mit Winkelhaken, Pos. 3)

l = Balkenlänge − 2x Betondeckung + 2x Hakenzuschlag
l =   326 cm   − 2x 3,0 cm + 2x 10x 2,0 cm
l =   360 cm

22⌀8 (Bügel mit Haken, Pos. 4)

Bügelbreite = Balkenbreite − 2x Betondeckung
b = 24 cm − 2x 3,0 cm
b = 18 cm
Bügelhöhe = Balkenhöhe − 2x Betondeckung
h = 36,5 cm − 2x 3,0 cm
h = 30,5 cm
l = 2x Bügelbreite + 2x Bügelhöhe + 2x Hakenzuschlag
l = 2x 18 cm + 2x 30,5 cm + 2x 10x 0,8 cm
l = 113 cm   gewählt: l = 115 cm

2⌀16 (45° Aufgebogene Stahleinlagen, Pos. 2)

Aufbiegehöhe = Bügelhöhe − 2x Bügeldurchmesser
h = 30,5 cm − 2x 0,8 cm
h = 28,9 cm, gewählt: h = 28,5 cm
Grundmaß der Aufbiegelänge (bei 45 °)
    = Aufbiegehöhe − Stahldurchmesser
a = 28,5 cm − 1,6 cm
a = 26,9 cm
Aufbiegelänge = Grundmaß der Aufbiegelänge x 1,414
l_s =   26,9 cm x 1,414
l_s =   38 cm
l = Balkenlänge − 2x Betondeckung − 2x Grundmaß der Aufbiegelänge + 2x Aufbiegelänge
l = 326 cm − 2x 3,0 cm − 2x 26,9 cm + 2x 38 cm
l = 342,2 cm gewählt: l = 340 cm
Teillänge des Stabes in der Zugzone = Balkenlänge − 2x 75 cm
        = 326 cm − 150 cm
        = 176 cm
Teillänge des Stabes in der Druckzone = (Schnittlänge − 2x Aufbiegelänge − Teillänge Zugzone) : 2
        = (340 cm − 2x 38 cm − 176 cm) : 2

② **Biegeplan**   = 44 cm

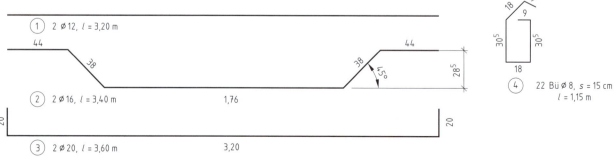

4201u

Gewichtsermittlung

① 2 x 3,20 m x 0,888 kg/m = 5,68 kg
② 2 x 3,40 m x 1,58 kg/m = 10,74 kg
③ 2 x 3,60 m x 2,47 kg/m = 17,78 kg
④ 22 x 1,15 m x 0,395 kg/m = 9,99 kg
$\quad\quad\quad\quad$ Gesamtgewicht $\quad$ 44,19 kg

③ **Arbeitsschritte Bewehrung**
Vorbereiten der Stahlpositionen 1 bis 4

- Schnittlängen ermitteln, anzeichnen und mit Bolzenschneider (bis $\varnothing$ 14 mm), Betonstahlschere oder -maschine zuschneiden.
- Mindestwerte der Biegerollendurchmesser einhalten:
  Pos. 2 Aufbiegung (seitliche Betondeckung > 5 cm): 15 x 16 mm = 240 mm
  Pos. 3 Haken: $\quad\quad\quad\quad\quad\quad\quad\quad\quad\quad\quad\quad\quad$ 7 x 20 mm = 140 mm
  Pos. 4 Bügel: $\quad\quad\quad\quad\quad\quad\quad\quad\quad\quad\quad\quad\quad\quad$ 4 x 8 mm = 32 mm
- Biegeriß: Bei Aufbiegungen auf der Rollenmitte, bei Haken und Bügeln eine Stabdicke vor der Biegerolle.

Herstellen des Bewehrungskorbes

- Montagestäbe Pos. 1 auf Montageböcke auflegen.
- Ersten Bügel nach 2,5 cm, dann die Bügelabstände = 15 cm anreißen. Überprüfen, ob die letzte Markierung 2,5 cm vor dem Stahlende liegt.
- Bügel wechselseitig auf die Montagestäbe schieben und mit Bindedraht befestigen. Die Bügelschlösser liegen abwechselnd rechts und links oben.
- Tragstäbe Pos. 3 einschieben und in den unteren Bügelecken befestigen.
- Aufgebogene Stähle Pos. 2 einschieben und mit Abständen von etwa 3 cm an den Bügeln befestigen.
- Untere und seitliche Abstandhalter (je Seite zwei pro Meter) anbringen.

④ **Schnitt durch eine Balkenschalung**

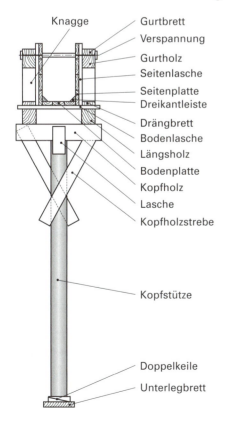

Knagge
Gurtbrett
Verspannung
Gurtholz
Seitenlasche
Seitenplatte
Dreikantleiste
Drängbrett
Bodenlasche
Längsholz
Bodenplatte
Kopfholz
Lasche
Kopfholzstrebe
Kopfstütze
Doppelkeile
Unterlegbrett

4201u

⑤ **Arbeitsschritte Schalung**

Erstellen einer (unmaßstäblichen) Schalungsplatten-Zeichnung
- gewählte Schalbretter: 2,4 cm/10 cm

Länge der Bodenplatte
$l =$ Öffnungsmaß – ca. 0,5 cm (zum Ausschalen)
$l =$ 276 cm – 0,5 cm
$l =$ 275,5 cm

Breite der Bodenplatte
$b =$ Balkenbreite
$b =$ 24 cm

Laschen
Abstand der äußeren Laschen von den Außenkanten: ca. 5 cm
Maximaler Laschenabstand: 60 cm
wird erreicht durch 6 Laschen mit einem Abstand von 51 cm
Laschenlänge = Balkenbreite + 2x seitlicher Überstand
l = 24 cm + 2x 15 cm
l = 54 cm

Länge der Seitenplatte
$l =$ Balkenlänge + 2x seitlicher Anschlag
$l =$ 326 cm + 2x 5 cm
$l =$ 336 cm
Die Laschen der Seitenplatte orientiert man an den Laschen der Bodenplatte. Zusätzlich wird an jedem Ende der (2x 30 cm längeren) Seitenplatte eine Lasche angeordnet.

Höhe der Seitenplatte
$h =$ Balkenhöhe + Brettdicke der Bodenplatte
$h =$ 36,5 cm + 2,4 cm
$h =$ 38,9 cm ⇒ gewählt: $h = 39$ cm

Bodenplatte

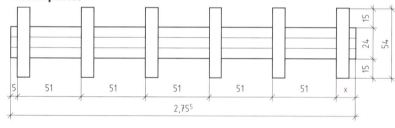

Seitenplatte

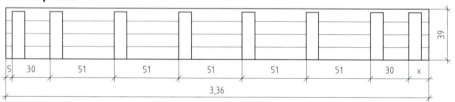

Bodenplatte und zwei Seitenplatten herstellen (Kernseiten der Bretter zum Beton) und mit Trennmittel behandeln.
Unterstützung und Aussteifung herstellen:
- 2 Längshölzer werden auf 335 cm Länge geschnitten,
- 4 Kopfstützen (max. Abstand 1 m) komplett hergestellt:
  – Kopfholz (10/12) (länger als Bodenlasche): 60 cm,
  – Rundholzstütze ⌀ 10 cm: ca. 40 cm kürzer als lichte Balkenhöhe,
  – Lasche und zwei Kopfholzstreben.
Unterstützung aufstellen und Schalungsbodenplatte auf die Unterstützung, Seitenplatten direkt auf die Laschen der Bodenplatte stellen.
Drängbrett annageln, Gurtholz und Gurtbrett auf Knaggen lagern.
Verspannung (4x) aus Spanndrähten, Spannschlössern und Abstandhaltern vorbereiten.
Bewehrungskorb mit Abstandhaltern einbauen. Schalung verspannen.

4201u

⑥ **Schalmaterialermittlung**

Um den Bedarf an Schalmaterial zu kennen, wird die geschalte Fläche des Balkens ermittelt:
- 1 Balkenunterseite: 2,76 m x 0,24 m   =   0,67 m²
- 2 Balkenseiten: 2x 3,26 m x 0,36⁵ m   =   2,38 m²

                                                      ges. :   3,05 m²

Damit ist die Schalfläche nach DIN 18331 richtig ermittelt, die **Aufgabenstellung** »Schalmaterialermittlung« **erledigt**.
Tatsächlich benötigt man **mehr** Schalmaterial:

Bretter Bodenplatte	3x 0,10 m x 2,76 m	= 0,83 m²	
Laschen Bodenplatte	6x 0,10 m x 0,54 m	= 0,32 m²	
Bretter Seitenplatten	2x 4x 0,10 m x 3,36 m	= 2,69 m²	
Laschen Seitenplatten	2x 8x 0,10 m x 0,38 m	= 0,61 m²	Schalbretter
Drängbretter	2x 0,10 m x 3,36 m	= 0,67 m²	mit Querschnitt
Gurtbretter	2x 0,10 m x 3,36 m	= 0,67 m²	2,4 cm/10 cm
Kopfholzstreben	8x 0,10 m x 1,00 m	= 0,80 m²	insges. 6,83 m²
Brettstücke für Laschen, Unterlegbretter, Knaggen, ca.	12x0,10 m x 0,20 m	= 0,24 m²	

2 Langhölzer 10/14	2x 3,35 m	= 6,70 m	
2 Gurthölzer 10/12	2x 3,35 m = 6,70 m	} ges. : 9,10 m	
+ 4 Kopfhölzer 10/12	+ 4x 0,60 m = 2,40 m		
4 Kopfstützen ∅ 10	4 x ca. 1,80 m	= 7,20 m	

⑦ **Betonmenge/Baustoffanteile**

Gefordert wird ein Beton der Festigkeitsklasse B 25, der darf nach DIN 1045 als **Rezeptbeton** hergestellt werden.
Da keine Vorgaben zu Zement, Zuschlag und Konsistenz gemacht werden, sei angenommen, dass auf der Bau-stelle Zement der Festigkeitsklasse **CEM 32,5** und **werksgemischter Betonzuschlag 0/32 (Sieblinienbereich »günstig«)** vorhanden sind. Gut verarbeitbar und gut zu verdichten ist ein Beton mit der Konsistenz **KR**.
Baustoffbedarf für **1 m³** verdichteten Frischbeton nach Rezept: 340 kg Zement, 128 kg Wasser und 1822 kg Zuschlag.
Volumen des Festbetonbalkens: 3,26 m x 0,24 m x 0,365 m = **0,286 m³**.
Der **Beton** für den Balken wird **gemischt** aus:

  340 kg/m³ x 0,286 m³ = **98 kg Zement**
  128 kg/m³ x 0,286 m³ = **37 kg Wasser**
1822 kg/m³ x 0,286 m³ = **521 kg Zuschlag**

⑧ **Herstellen**
- Anzahl Mischungen (Mischergröße z.B. 150 l):
  Für 1 m³ Frischbeton KR braucht man 7,2 Mischungen, für 0,286 m³ (7,2 Mi/m³ x 0,286 m³) 2 Mischerfüllungen.
- Baustoffanteile für eine Mischerfüllung:
    98 kg : 2 Mischungen = **49   kg Zement**
    37 kg : 2 Mischungen = **18,5 kg Wasser**
  521 kg : 2 Mischungen = **260,5 kg Zuschlag**
- Mischdauer: Freifallmischer 2 bis 3 Minuten, Zwangsmischer etwa 1 Minute

Einbringen
- Betonverarbeitung: ½ Stunde bei trockenem und warmem Wetter,
                        1 Stunde bei feuchtem und kühlem Wetter.
- Mischerfüllungen zügig, ohne Absätze einbringen, maximale Freifallhöhe nicht überschreiten.
- Frischbeton verdichten, bis sich eine zähe Schlempe an der Oberfläche bildet. Für die Konsistenz KR und die kleine Bauteilgröße reicht Handverdichtung mit einem Stab, sonst Rüttelflasche oder Schalungsrüttler ein-setzen.

Nachbehandeln
- Erschütterungen während der Betonerhärtung vermeiden.
- Vorzeitiges Austrocknen durch Besprühen mit Wasser und Abdecken mit Folie vermeiden.
- Bei niedrigen Temperaturen mit Folie und Wärmedämmung abdecken, Betontemperatur min. 3 Tage auf +10 °C halten.

4202u

Im Tiefgaragenbereich eines Mehrfamilienhauses muss eine Stahlbetonstütze auf einem bewehrten Einzelfundament hergestellt werden.

Der Bewehrungsplan des Stahlbetoneinzelfundaments (siehe Zeichnung) liegt vor. Der Tragwerksplaner hat die Belastung der Stahlbetonstütze (Höhe = 3,10 m) berechnet und eine erforderliche Querschnittsfläche der Längsstähle A_s = 5,92 cm² festgelegt. Diese Längsstähle sollen als Anschlussbewehrung 1,18 m überstehen (Kröpflänge: 50 cm, Kröpfmaß: 5 cm):

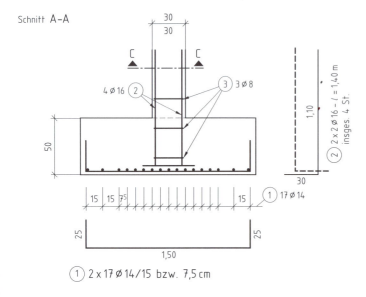

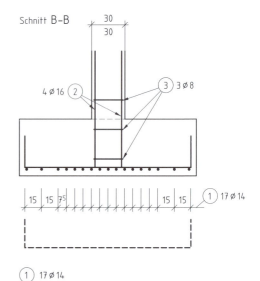

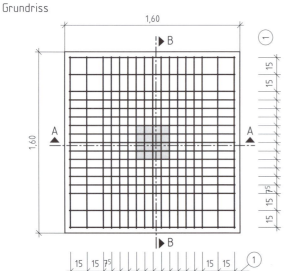

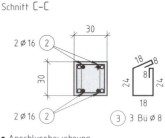

- ● Anschlussbewehrung
- ○ Stützenbewehrung

Baustoffe: B 25; BSt IVS
Betondeckung
Fundament: nom c = 5,0 cm
Stütze: nom c = 3,0 cm

Zur Herstellung von Fundament und Stütze sind einige Vorüberlegungen und Berechnungen erforderlich:

① Fundamentschalung: Untergrund, Material, Abrechnung der Schalfläche
② Fundamentbewehrung: Schnittlängen, Betonstahlliste, Bewehrungseinbau
③ Fundamentbeton: Mengenermittlung, Transportbeton: Bestellung, Baustellenvorbereitung, Lieferung/Einbringung
④ Stahlbetonstütze: Beanspruchung, Aufgaben von Beton u. Bewehrung
⑤ Stützenbewehrung: Planung nach DIN 1045, Schnittlängen, Gewicht, Bewehrungszeichnung, Herstellung/Einbau des Bewehrungskorbes
⑥ Stützenschalung: Vorschlag, Abrechnung der Schalfläche
⑦ Stützenbeton: Mengenermittlung, Baustoffanteile, Herstellung, Einbringen, Nachbehandlung

Projektaufgabe Beton- u. Stahlbetonbau **2402u**

4202u (Lösungsansätze)

4202u

① Fundamentschalung

Errichtet wird die Fundamentschalung auf einer 5 cm dicken Sauberkeitsschicht aus unbewehrtem Beton B 10. Die Schalung besteht aus Schaltafeln oder Schalungsplatten, die durch Kanthölzer, Gurthölzer, Fundamentzargen und Drängbretter gehalten werden. Der Betondruck wird durch eine Verspannung aufgenommen.
Zur Schalung von Fundamenten kann man auch Systemschalungen einsetzen.
Nach den allgemein anerkannten Regeln der DIN 18331 »Beton- und Stahlbetonarbeiten« wird die Schalung von Fundamenten in der Abwicklung der geschalten Fläche berechnet:

$A_{\text{Fundamentschalung}}$ = 4 x 1,60 m x 0,50 m
A = 3,20 m²

Es sind 3,20 m² Fundamentschalung aufzustellen.

② Fundamentbewehrung
Schnittlängenermittlung

2x 17∅14   **(Gerade Stahleinlagen mit Winkelhaken, Pos. 1)**
        l = 25 cm + 150 cm + 25 cm
        l = 200 cm

4∅16   **(Anschlussbewehrung mit Winkelhaken, Pos. 2)**
        l = 30 cm + 110 cm
        l = 140 cm

3∅8   **(Bügel mit Haken, Pos. 3)**
        l = 8 cm + 18 cm + 24 cm + 18 cm + 24cm + 8 cm
        l = 100 cm

Betonstahlliste – BSt IVS

Pos. Nr.	Anzahl	d_S mm	Einzel- länge m	Gesamt- länge m	d_S= 8 mm mit 0,395 kg/m	d_S= 10 mm mit 0,617 kg/m	d_S= 12 mm mit 0,888 kg/m	d_S= 14 mm mit 1,21 kg/m	d_S= 16 mm mit 1,58 kg/m	d_S= 20 mm mit 2,47 kg/m
					Gewichtsermittlung in kg für					
1	2 · 17	14	2,00	68,00				82,28		
2	4	16	1,40	5,60						8,85
3	3	8	1,00	3,00	1,19					
Gewicht je Durchmesser [kg]					1,19			82,28		8,85
Gesamtgewicht [kg]					92,32					

Einbau der Bewehrung

– Nach dem Bewehrungsplan wird die Bewehrung bestellt, bei Lieferung die einzelnen Positionen und deren Kennzeichnung (Positionsschildchen) überprüft.
– Zurichten und Biegen der Bewehrung auf der Baustelle: Schnittlängen aus dem Bewehrungsplan ermitteln, anzeichnen und mit Bolzenschneider, Betonstahlschere oder -maschine zuschneiden. Beim Biegen die Biegerollendurchmesser (d_{br}) beachten: $d_{br} \geq 4\, d_s$ (d_s = Stabstahldurchmesser).
Die Winkelhakenlängen der Bügel sind angegeben (8 cm).
– Vor Einbau der Bewehrung Schalung mit Trennmitteln behandeln.
– Fundamentbewehrung nach Bewehrungsplan auf Abstandhaltern (Betondeckung nom c = 5,0 cm) verlegen und mit Bindedraht, Drahtschlaufen oder Spannklammern unverschiebbar verknüpfen.
– Anschlussbewehrung für die Stahlbetonstütze als Bewehrungskorb in der Fundamentmitte fixieren.

4202u

③ **Fundamentbeton**

- Mengenermittlung
  Den Betonbedarf für das Fundament ermittelt man aus den Konstruktionsmaßen, die Bewehrung wird nicht berücksichtigt.

$$V_{Fundament} = l \times b \times h$$
$$V_{Fundament} = 1,60\,m \times 1,60\,m \times 0,50\,m$$
$$V_{Fundament} = 1,28\,m^3$$

- Transportbetonbestellung
  Betonwerke bieten eine Vielzahl verschiedener Betonsorten an, die in einem Betonsortenverzeichnis aufgeführt sind. Anhand dieses Betonsortenverzeichnisses wird die für das Fundament geeignete Betonsorte ausgewählt.
  Folgende Angaben sind bei der Bestellung von Transportbeton erforderlich:

Bauteil: Fundament aus Stahlbeton Geeignet für Außenbauteile	Betonfestigkeitsklasse B 25 Keine besonderen Eigenschaften erforderlich

Die folgenden Angaben sind nicht durch die Bauunterlagen vorgegeben:

Regelkonsistenz (pumpbar): Gute Verarbeitbarkeit, kein hoher Verdichtungsaufwand, ist eine gewisse Zeit ausreichend verarbeitbar. Zementart CEM I 32,5: Meistverwendeter Zement für übliche Bauteile im Hoch- und Tiefbau, mittlere Festigkeitsentwicklung.	Art und Größtkorn des Zuschlags: Kies 32 mm: Normales Größtkorn, keine dichte Bewehrung, kein feines Bauteil.

Zur Organisation des Betontransports muss man angeben:

Besteller Baustellenanschrift Tag, Datum, Uhrzeit der gewünschten Lieferung	Menge Baustellenverhältnisse und Anfahrtswege

- Vorbereitungen auf der Baustelle vor der Transportbetonlieferung

Überprüfen der An- und Abfahrtswege, ggf. des Wendeplatzes, der Baugrubenkante. Bereitstellen und Überprüfen der Fördergeräte (Betonpumpe, Kran und Kübel, Rutsche, Rohre).	Personal bereitstellen und einweisen. Geräte (Rüttler) und Stromversorgung sicherstellen.

- Transportbetonlieferung und Einbringung

Nach DIN 1045 muss der Beton spätestens 90 Minuten nach Beladen des Fahrmischers entladen sein. Auf dem Lieferschein Empfänger des Betons, Baustelle, Betonsorten-Nummer und Festigkeitsklasse überprüfen. Beton mit dem Krankübel vom Fahrmischer über die Fundamentschalung bringen und mit einer Fallhöhe von höchstens 1 m betonieren.	Mit dem Innenrüttler (Rüttelflaschen) verdichten (zügig eintauchen, langsam herausziehen), bis sich an der Oberfläche eine zähe Schlempe zeigt. Bei extremen Temperaturen eine Mindesttemperatur des Frischbetons einhalten bzw. vor vorzeitigem Austrocknen schützen.

④ **Stahlbetonstütze**

- Beanspruchung, Aufgaben von Beton und Bewehrung
  Eine Stütze im Bauwerk kann mittig und außermittig belastet werden.
  Bei mittiger Belastung wird sie in Richtung ihrer Längsachse auf Druck, bei außermittiger Belastung auf Biegedruck (Stauchung) und Biegezug (Dehnung) beansprucht.
  Verformung und Ausknicken der Stütze werden durch das Zusammenwirken von Beton, Längsstäben und Bügeln verhindert. Der Beton nimmt ca. 90% der Druckspannungen auf, die restlichen Druckspannungen die Längsstäbe (durch Haftung im Beton). Die Längsstäbe müssen die durch Biegebeanspruchung hervorgerufenen Zug- und Druckspannungen sowie durch Materialfehler verursachte Spannungen aufnehmen. Bügel umschnüren die Längsstähle und verhindern ihr Herausknicken aus dem Beton.

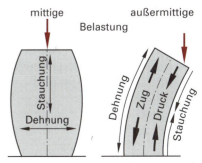

Beanspruchung von Stützen

4202u

⑤ **Stützenbewehrung**

Unter Berücksichtigung der Anforderungen der DIN 1045 (Beton und Stahlbeton, Bemessung und Ausführung) wird die Bewehrung geplant und gezeichnet:

- Bei Stützenquerschnitten mit b ≤ 40 cm genügt ein Längsstab in jeder Ecke:
  4 Längsstäbe müssen den erforderlichen A_S = 5,92 cm² aufbringen.

$$\text{erf. } A_S = 4 \text{ (Längsstäbe)} \times d^2 \times \frac{\pi}{4}$$

$$5,92 \text{ cm}^2 = d^2 \times \pi$$
$$1,89 \text{ cm}^2 = d^2 \text{ (aufgerundet)}$$
$$1,38 \text{ cm} = d \text{ (aufgerundet)}$$

gewählt: **4⌀14 mm IV** (Pos. 4)

$$\text{vorh. } A_S = 4 \times 1,4 \text{ cm} \times 1,4 \text{ cm} \times \frac{\pi}{4}$$

$$\text{vorh. } A_S = \textbf{6,15 cm}^2 \qquad > \qquad \text{erf. } A_S = 5,92 \text{ cm}^2$$

- Verbügelung mit geschlossenen Bügeln, deren Haken über die ganze Stützenlänge versetzt werden.
- Mindestdurchmesser der Bügel bei Längsstäben ⌀ 14 mm : 5 mm,
  gewählt: **Bügeldurchmesser 8 mm** (Pos. 5)
- Bügelabstand darf nicht größer sein als die kleinste Querschnittsabmessung der Stütze (30 cm) und auch nicht größer als der 12fache Durchmesser der Längsstäbe (12 x 1,4 cm = 16,8 cm),
  gewählt: **Bügelabstand 16 cm**
- Übergreifungslänge = Höhe der Anschlussbewehrung + Betondeckung + 2 x Bewehrungsdurchmesser – Fundamenthöhe
  Übergreifungslänge = 110 cm + 5 cm + 2x 1,4 cm - 50 cm ≈ 68 cm
- Verstärkung der Bügelbewehrung im Verankerungsbereich der Stützenbewehrung am Stützenfuß durch Einbau von Bügeln im Abstand ≤ 8 cm: Wird erreicht durch 4 zusätzliche Bügel im Bereich der Übergreifungslänge.
- Anzahl der Bügel = Bügel mit 16 cm Abstand + zusätzliche Bügel im Bereich der Übergreifungslänge

$$= \frac{\text{Stützenhöhe} - 2 \times \text{Abstand der äußeren Bügel vom Stützenende}}{16 \text{ cm}} + 1 \text{ Bügel} + 4 \text{ (zusätzliche) Bügel}$$

$$= \frac{310 \text{ cm} - 2 \times 3,0 \text{ cm}}{16 \text{ cm}} + 1 + 4$$

Anzahl der Bügel = 24

- Schnittlängenermittlung
  4⌀14 (Längsstäbe Pos. 4)
  l = Stützenhöhe + Länge der Anschlussbewehrung
  l = 310 cm + 118 cm
  l = 428 cm

  24⌀8 (Bügel mit Haken Pos. 5)
  Bügelbreite = Stützenbreite – 2 x Betondeckung
  b = 30 cm – 2 x 3,0 cm
  b = 24 cm
  l = 4 x Bügelbreite + 2 x Hakenzuschlag
  l = 4 x 24 cm + 2 x 10 x 0,8 cm
  l = 112 cm

- Gewichtsermittlung
  Pos. 4   4 x 4,28 m x 1,21 kg/m = 20,72 kg
  Pos. 5   24 x 1,12 m x 0,395 kg/m = 10,62 kg
  Gesamtgewicht   31,34 kg

4202u

- Bewehrungszeichnung

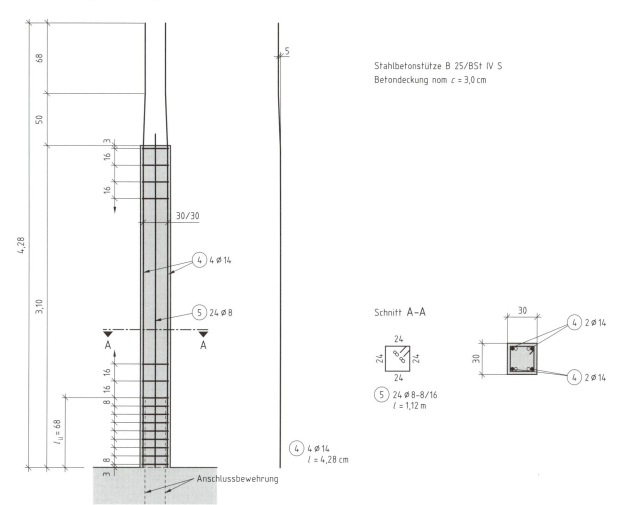

Stahlbetonstütze B 25/BSt IV S
Betondeckung nom c = 3,0 cm

Schnitt A–A

⑤ 24 Ø 8-8/16
l = 1,12 m

④ 4 Ø 14
l = 4,28 cm

Anschlussbewehrung

- Herstellen des Bewehrungskorbes
  - Vorbereiten der Stahlpositionen 4 und 5 (wie bei der Fundamentbewehrung beschrieben).
  - 2 Längsstäbe (Pos. 4) auf Montageböcke auflegen, Kröpfung beachten.
  - Ersten Bügel nach 3 cm, dann die Bügelabstände (8 x 8 cm, 15 x 16 cm) anreißen. Überprüfen, ob die letzte Markierung 3 cm vor der Kröpfung liegt.
  - Bügel (Pos. 5) mit versetzten Haken über die Längsstäbe hängen, mit Bindedraht befestigen und Bügel schließen.
  - Restliche Längsstäbe einschieben und befestigen.
  - Abstandhalter an den Bügeln anbringen (in Längsrichtung im Abstand von ca. 1 m pro Stützenseite 2 Stück).

4202u

⑥ **Stützenschalung**

Nach dem Einbau (möglichst enge Verknüpfung von Anschlussbewehrung und Längsstäben) wird die Stützen-bewehrung mit einer Träger- oder Rahmenschalung eingeschalt. Mit Richtstützen ist eine genaue Fixierung auf dem Fundament und die Standsicherheit der Schalung möglich.

Sollte keine Systemschalung zur Verfügung stehen, muss eine konventionelle Brettschalung aufgebaut werden. Ein auf dem Fundament befestigter Fußkranz sichert die genaue Lage der Stütze. Es werden jeweils zwei glei-che, stützenhohe Schilder gefertigt: mit der Stützenbreite von 30 cm und um zwei Brettdicken breiter als 30 cm (Reinigungsöffnung vorsehen!). Die Querlaschen der Schilder werden in gleicher Höhe angebracht. Beginnend mit einem Abstand von ca. 25 cm vom Stützenfuß können die Laschenabstände wegen des abnehmenden Schalungsdrucks nach oben hin größer werden. Die Schalungsschilde werden mit Dreikantleisten versehen und mit Trennmitteln behandelt. Die Schalhaut wird um den Bewehrungskorb mit Säulenzwingen zusammen-gebaut, ins Lot gebracht und mit Richtstützen in ihrer Lage gesichert.

$$A_{Stützenschalung} = 4 \times 0,30 \text{ m} \times 3,10 \text{ m}$$
$$A = 3,72 \text{ m}^2$$

Es sind 3,72 m² Stützenschalung aufzustellen.

⑦ **Stützenbeton**

- Mengenermittlung
$$V_{Stütze} = l \quad x \quad b \quad x \quad h$$
$$V_{Stütze} = 0,30 \text{ m} \times 0,30 \text{ m} \times 3,10 \text{ m}$$
$$V_{Stütze} = 0,279 \text{ m}^3$$

- **Baustoffanteile**

  Gefordert wird ein Beton der Festigkeitsklasse **B 25,** der darf nach DIN 1045 als **Rezeptbeton** hergestellt werden. Da keine Vorgabe zu Zement, Zuschlag und Konsisten gemacht werden, sei angenommen, dass auf der Bau-stelle Zement der Festigkeitsklasse **CEM 32,5** und **Betonzuschlag 0/32** (Sieblinienbereich **»brauchbar«**) vor-handen sind. Gut verarbeitbar und gut zu verdichten ist ein Beton mit der Konsistenz **KR.**
  Baustoffbedarf für **1 m³** verdichteten **Frischbeton** nach Rezept: 380 kg Zement, 135 l Wasser und 1747 kg Zuschlag.
  Der **Beton** für den Balken wird **gemischt** aus:

  380 kg/m³ x 0,279 m³ = **106 kg Zement**
  135 l/m³ x 0,279 m³ = **38 l Wasser**
  1747 kg/m³ x 0,279 m³ = **487 kg Zuschlag**

- **Herstellung**
  - Anzahl Mischungen (Mischergröße z.B. 250 l):
    Für 1 m³ Frischbeton KR braucht man 5 Mischungen, für 0,279 m³ (5 Mi/m³ x 0,279 m³) 2 Mischerfüllungen.
  - Baustoffanteile für eine Mischerfüllung:
    106 kg : 2 Mischungen = 53 kg Zement
     38 l : 2 Mischungen = 19 l Wasser
    487 kg : 2 Mischungen = 243,5 kg Zuschlag
  - Mischdauer: Freifallmischer 2 bis 3 Minuten
    Zwangsmischer etwa 1 Minute

- **Einbringung**
  - Betonverarbeitung: $^1/_2$ Stunde bei trockenem und warmem Wetter, 1 Stunde bei feuchtem und kühlem Wetter.
  - Mischerfüllungen zügig in Schichten von 30 cm … 50 cm einbringen (maximale Freifallhöhe 1 m – Fallrohre oder Schläuche verwenden), mit Rüttelflasche oder Außenrüttler verdichten.
    Schüttgeschwindigkeiten beachten – zu hoher plötzlicher Druck kann die Schalung zerstören.

- **Nachbehandlung**
  - Erschütterungen während der Betonerhärtung vermeiden.
  - Vorzeitiges Austrocknen durch Besprühen mit Wasser und Abdecken mit Folie vermeiden.
  - Bei niedrigen Temperaturen mit Folie und Wärmedämmung abdecken, Betontemperatur mindestens 3 Tage auf +10 °C halten.

Prüfungsbuchreihe Bautechnik

Prüfungsbuch HOCHBAU

Wirtschafts- und Sozialkunde

5001

Welche Angaben enthält das Berufsbild?

① Fertigkeiten und Kenntnisse, die der Ausbildende zu vermitteln hat
② Voraussichtliche Entwicklung des jeweiligen Berufs
③ Prüfungsanforderungen für die Fertigkeits- und Kenntnisprüfung
④ Geschichte des Berufs
⑤ Bilder vom zukünftigen Arbeitsplatz

5002

In welchen der genannten Fälle gilt das Berufsbildungsgesetz?

① Ausbildung zum Berufsschullehrer
② Ausbildung zum Beamten
③ Ausbildung zum Holztechniker
④ Ausbildung zum Ingenieur
⑤ Ausbildung zum Maurer

5003

Wer stellt nach dem Berufsbildungsgesetz fest, welcher Betrieb ausbilden darf?

① Der Arbeitgeberverband
② Der Deutsche Gewerkschaftsbund
③ Die Berufsgenossenschaft
④ Die Industrie- und Handelskammer bzw. die Handwerkskammer
⑤ Das Arbeitsamt

5004

Was versteht man unter dem »Dualen Ausbildungssystem«?

① Berufliche Weiterbildung von Facharbeitern zu Meistern
② Berufsschule und Betrieb übernehmen gemeinsam die berufliche Bildung
③ Überbetrieblichen Bildungsveranstaltungen
④ Ausbildung im Betrieb ohne Berufsschulunterricht
⑤ Erlernen eines zweiten Berufs

5005

Was heißt: Der Berufsschüler hat Blockunterricht?

① Er nimmt an betrieblichen Ausbildungsmaßnahmen teil.
② Er geht zweimal in der Woche zur Berufsschule
③ Er hat täglich Vollzeitunterricht
④ Er hat im Wechsel mit der betrieblichen Ausbildung längere Zeitabschnitte Berufsschulunterricht in Vollzeitform
⑤ Er hat Unterricht nur in einem Teil der Klasse

5006

Welche Institution ist gesetzlich verpflichtet, Personen zu beraten, die sich für einen anderen Beruf umschulen lassen wollen?

① Arbeitsamt
② Handwerkskammer
③ Arbeitgeberverband
④ Berufsschule
⑤ Landesversicherungsanstalt

5007

Welche Verpflichtung übernimmt der Ausbildende bei Abschluss des Ausbildungsvertrags nicht?

① Die Ausbildung planmäßig, zeitlich und sachlich gegliedert durchzuführen
② Den Auszubildenden nach der Abschlussprüfung als Facharbeiter zu beschäftigen
③ Dem Auszubildenden den Urlaub zu gewähren
④ Die Ausbildungsvergütung pünktlich zu zahlen
⑤ Das Berichtsheft des Auszubildenden durchzusehen

5008

Wer stellt das Ergebnis der Abschlussprüfung fest?

① Der Vorsitzende des Prüfungsausschusses
② Der Ausbildungsberater der Handwerkskammer
③ Der Prüfungsausschuss
④ Der Prüfungsausschuss im Einvernehmen mit dem Ausbildungsbetrieb
⑤ Der Vorsitzende des Prüfungsausschusses in Absprache mit dem Klassenlehrer der Berufsschule

5009

Warum wird die berufliche Flexibilität für alle Arbeitnehmer immer wichtiger?

① Weil sich die Lebensarbeitszeit dadurch verkürzen lässt
② Weil die Arbeitszeit immer kürzer wird und die Zeit für Urlaub zunimmt
③ Weil durch Einsparungen der Verkehrsbetriebe und der Gemeinden die Arbeitsplätze mit öffentlichen Verkehrsmitteln schlechter erreichbar sind
④ Weil sich die technischen und wirtschaftlichen Verhältnisse in der Arbeitswelt immer schneller verändern
⑤ Weil die Betriebe häufig ihren Standort verlegen

5010

Ein Jugendlicher möchte ab 1. August den Beruf des Maurers erlernen und bewirbt sich bei einem Baubetrieb. Was muss der Firmeninhaber danach tun?

① Er muss das Kultusministerium um Genehmigung zur Einstellung bitten
② Er muss das Arbeitsamt um Genehmigung zur Einstellung bitten
③ Er muss ab 1. Juli die Ausbildungsvergütung zahlen
④ Er muss den Jugendlichen sofort bei der Berufsschule anmelden
⑤ Er muss sofort einen Ausbildungsvertrag schriftlich abschließen

5011

Mit welchen betrieblichen Maßnahmen kann die Humanisierung der Arbeit unter anderem nicht erreicht werden?

① Abbau von Arbeitsplätzen
② Senkung der Produktionskosten
③ Verringerung der regelmäßigen Wochenarbeitszeit
④ Verringerung der körperlichen und seelischen Belastungen
⑤ Verringerung des Arbeitstempos bei Akkordarbeiten

5012

Welche Behauptung über den Handwerksbetrieb ist richtig?

① Im Handwerksbetrieb ist der Unternehmer nur noch leitend und nicht mehr praktisch mitarbeitend tätig
② Der Handwerksbetrieb muss erheblichen Aufwand für die Werbung treiben
③ Die Fertigung im Handwerksbetrieb ist meist lohnintensiv
④ Zwischen dem Handwerksbetrieb und dem Endverbraucher ist immer der Handel eingeschaltet
⑤ Der Kapitalbedarf eines Handwerksbetriebs ist größer als der eines Industriebetriebs

5013

Wonach richtet sich die Rangfolge der Mitarbeiter in einem Betrieb?

① Nach der Verantwortung
② Nach dem Lebensalter
③ Nach dem Titel
④ Nach der Art der Arbeit
⑤ Nach der Dauer der Betriebszugehörigkeit

5014

Welcher der folgenden Umstände ist für ein gutes Betriebsklima förderlich?

① Rivalität
② Geltungsstreben
③ Partnerschaftliches Verhältnis
④ Ehrgeiz
⑤ Lohngefälle

5015

Durch Rationalisierungsmaßnahmen kann in einem Betrieb eine Arbeitskraft in einer Arbeitsstunde mehr produzieren als vorher. Welche Aussage ist richtig?

① Die körperliche Arbeitsbelastung nimmt zu
② Die Kapitalkosten nehmen ab
③ Die Qualität der hergestellten Güter nimmt ab
④ Der Personalbedarf wird größer
⑤ Die Arbeitsproduktivität steigt

5016

Welche Institution ist gesetzlich beauftragt, Unfallverhütungsvorschriften zu erstellen?

① Gewerbeaufsichtsamt
② Berufsgenossenschaft
③ Technischer Überwachungsverein
④ Landesarbeitsamt
⑤ Stadt- bzw. Landkreise

5017

Für welche Personen gilt die Arbeitszeitordnung?

① Für Arbeitnehmer über 18 Jahre in Betrieben und Verwaltungen aller Art
② Für alle Arbeitnehmer unabhängig von ihrem Alter und dem Beschäftigungsbereich
③ Für alle leitenden Angestellten in Großbetrieben
④ Für Arbeitnehmer in der Land- und Forstwirtschaft
⑤ Für alle freiberuflich Tätigen, wie Architekten und Ärzte

5018

Wer ist für die Überwachung von Gesetzen zum Schutz der menschlichen Arbeitskraft verantwortlich?

① Gesundheitsämter
② Sozialämter
③ Arbeitsämter
④ Gewerbeaufsichtsämter
⑤ Landkreise

5019

Das Jugendschutzgesetz gilt für Personen bis

① 25 Jahre
② 21 Jahre
③ 18 Jahre
④ 16 Jahre
⑤ 14 Jahre

5020

Bis zu welchem Alter gilt das Jugendarbeitsschutzgesetz? Bis zur Vollendung des

① 21. Lebensjahrs
② 18. Lebensjahrs
③ 16. Lebensjahrs
④ 15. Lebensjahrs
⑤ 14. Lebensjahrs

5021

Wer überwacht die Einhaltung des Jugendarbeitsschutzgesetzes?

① Jugendamt
② Arbeitsamt
③ Sozialamt
④ Schulamt
⑤ Gewerbeaufsichtsamt

5022

Mit welchen der genannten Arbeiten dürfen Jugendliche grundsätzlich nicht beschäftigt werden?

① Mit Arbeiten, die auch den Einsatz körperlicher Kräfte erfordern
② Mit Arbeiten, die überwiegend im Freien zu verrichten sind
③ Mit Akkord- und Fließbandarbeiten
④ Mit Arbeiten, die vorwiegend im Stehen zu verrichten sind
⑤ Mit Arbeiten in Räumen, die ausschließlich künstlich beleuchtet sind

5023

In welchem Zeitraum dürfen werdende Mütter nicht beschäftigt werden?

① 4 Wochen vor und 6 Wochen nach der Entbindung
② 4 Wochen vor und 8 Wochen nach der Entbindung
③ 6 Wochen vor und 6 Wochen nach der Entbindung
④ 6 Wochen vor und 8 Wochen nach der Entbindung
⑤ 6 Wochen vor und 10 Wochen nach der Entbindung

5024

Welche Aussage über die betriebliche Beschäftigung von werdenden Müttern ist richtig?

① Werdende Mütter dürfen nicht mit Akkordarbeiten beschäftigt werden
② Werdende Mütter dürfen mit Akkordarbeiten beschäftigt werden, wenn sie dazu ihr Einverständnis geben
③ Werdende Mütter dürfen in den letzten 8 Wochen vor der Entbindung nicht mehr beschäftigt werden
④ Mütter dürfen in den 10 Wochen nach der Entbindung nicht beschäftigt werden
⑤ Werdende Mütter dürfen in der Zeit zwischen 18 Uhr und 7 Uhr nicht beschäftigt werden

5031

Nach dem Bürgerlichen Gesetzbuch ist jeder Mensch rechtsfähig. Was heißt das?

① Jeder Mensch kann rechtswirksam Verträge abschließen
② Jeder Mensch ist Träger von Rechten und Pflichten
③ Jeder Mensch ist für seine Handlungen voll verantwortlich
④ Jeder Mensch kann strafrechtlich zur Verantwortung gezogen werden
⑤ Jeder Mensch kann mit Freiheitsentzug bestraft werden

5032

Wann erlangt der Mensch seine Rechtsfähigkeit?

① Mit Vollendung der Geburt
② Mit seinem 7. Lebensjahr
③ Mit seinem 14. Lebensjahr
④ Mit seinem 16. Lebensjahr
⑤ Mit seinem 21. Lebensjahr

5033

Wodurch endet die Rechtsfähigkeit einer natürlichen Person?

① Durch Tod
② Durch vorübergehende Entmündigung
③ Durch Verurteilung wegen einer Straftat
④ Durch Eintritt in den Altersruhestand
⑤ Durch Aberkennung der bürgerlichen Ehrenrechte

5034

Was bedeutet der Begriff »Geschäftsfähigkeit«?

① Das Recht, ein Geschäft zu eröffnen
② Die Fähigkeit, Rechtsgeschäfte selbstständig und gültig abzuschließen
③ Das Recht, vor Gericht selbst auftreten zu dürfen
④ Tüchtigkeit im Geschäftsleben
⑤ Ein Geschäftsführer kann für ein Unternehmen Rechtsgeschäfte abschließen

5035

Wann beginnt die beschränkte Geschäftsfähigkeit beim Menschen?

① Mit Vollendung der Geburt
② Mit dem vollendeten 7. Lebensjahr
③ Mit dem vollendeten 14. Lebensjahr
④ Mit dem vollendeten 18. Lebensjahr
⑤ Mit der Beendigung der Berufsausbildung

5036

Die Eidesfähigkeit des Menschen beginnt mit

① 7 Jahren
② 14 Jahren
③ 16 Jahren
④ 18 Jahren
⑤ 21 Jahren

5037

Welches Rechtsgeschäft ist ein einseitiges Rechtsgeschäft?

① Arbeitsvertrag
② Mietvertrag
③ Darlehensvertrag
④ Kündigung
⑤ Kaufvertrag

5038

Was ist ein zweiseitiges Rechtsgeschäft?

① Testament
② Kündigung
③ Anfechtung eines Vertrags
④ Rücktritt vom Kaufvertrag
⑤ Kaufvertrag

5039

Was ist die Grundvoraussetzung für den Abschluss eines Vertrages?

① Schuldenfreiheit
② Gute Vermögenslage
③ Kreditfähigkeit
④ Geschäftsfähigkeit
⑤ Der gute Ruf

5040

Mit wie viel Jahren darf man selbstständig Verträge abschließen und muss für alle Rechtsfolgen allein einstehen?

① Mit 7 Jahren
② Mit 16 Jahren
③ Mit 18 Jahren
④ Mit 21 Jahren
⑤ Mit 25 Jahren

5041

Welcher der folgenden Kaufverträge ist ungültig, wenn er nur mündlich abgeschlossen wurde?

① Kauf eines Pferdes direkt vom Züchter
② Kauf eines Autos vom Nachbarn
③ Kauf einer Breitbandschleifmaschine auf Probe
④ Kauf einer Zeitschrift am Kiosk
⑤ Kauf einer Maschine auf Raten beim Händler

5042

Wann ist ein Kaufvertrag nichtig?

① Bei Irrtum
② Bei Vertragsbruch
③ Bei Scherzgeschäften
④ Bei Lieferungsverzug
⑤ Bei kleinen Mängeln, die beseitigt werden können

5043

Für eine Zimmererarbeit liefert der Sägewerkbesitzer als Kunde das Holz. Welche Art von Vertrag liegt vor?

① Dienstleistungsvertrag
② Werkvertrag
③ Kaufvertrag
④ Werklieferungsvertrag
⑤ Arbeitsvertrag

5044

In welchem Fall liegt ein Werklieferungsvertrag vor?

① Der Zimmerer liefert dem Kunden unbearbeitetes Holz
② Der Zimmerer liefert eine von ihm hergestellte Tür einschließlich aller Materialien
③ Eine Tür wird vom Zimmerer an der Unterkante abgesägt
④ Der Zimmerer bezieht einen Tisch ab Fabrik
⑤ Ein Möbelwerk liefert Möbel an einen Händler

5045

Ein Wohnungseigentümer holt ein Angebot zum Tapezieren der Wände seiner Wohnung ein. Wozu verpflichtet ihn das Angebot?

① Zur Vergabe des Auftrags an den Anbieter
② Zur Einholung eines zweiten Angebots zum Vergleich
③ Zu nichts
④ Falls es zu keinem Vertragsabschluss kommt, sind 5% der Angebotssumme zu zahlen
⑤ Zur Rücksendung des Angebots, wenn kein Interesse mehr besteht

5046

Ein Möbelstück, das auf Raten gekauft wurde,

① darf verkauft werden, wenn es im Besitz des Käufers ist
② darf verkauft werden, wenn es sein Eigentum geworden ist
③ darf gar nicht mehr verkauft werden
④ darf zu jeder Zeit verkauft werden
⑤ darf schon vor Bezahlung der letzten Rate verkauft werden

5047

Welche der genannten Tätigkeiten zählt zur Urproduktion?

① Forstwirtschaft
② Transport von Holz
③ Sägewerksbetrieb
④ Handwerkliche Möbelfertigung
⑤ Industrielle Möbelfertigung

5048

Ein Pizzavertrieb liefert eine Bestellung verspätet an. Welches Recht hat nun der Besteller?

① Er muss die Ware trotzdem abnehmen
② Er erhält einen hohen Rabatt
③ Er kann vom Vertrag zurücktreten (Wandelung)
④ Er muss erst wesentlich später bezahlen
⑤ Er wird neu beliefert

5049

Wer erlässt auf Antrag einen Mahnbescheid, um die Forderung eines Gläubigers einziehen zu können?

① Staatsanwalt
② Stadtverwaltung
③ Finanzamt
④ Amtsgericht
⑤ Polizei

5050

Die »regelmäßige Verjährungsfrist« nach BGB § 195 für eine Forderung aus einem Vertrag beträgt

① 1 Jahr
② 3 Jahre
③ 4 Jahre
④ 10 Jahre
⑤ 30 Jahre

5051

In der Wirtschaft unterscheidet man zwischen Unternehmung und Betrieb. Welche Aussage über die Unternehmung bzw. den Betrieb ist richtig?

① Ein Betrieb kann mehrere Unternehmungen umfassen
② Die Unternehmensleitung ist der Betriebsleitung unterstellt
③ Eine Unternehmung kann mehrere Betriebe besitzen
④ Der Betrieb besitzt eine eigene Rechtspersönlichkeit, d.h., er kann klagen. Die Unternehmung ist rechtlich unselbstständig
⑤ Der Betrieb plant in eigener Verantwortung. Die Unternehmung ist planerisch unselbstständig

5052

Bei einem fehlerhaften neuen Gerät lässt sich der Mangel trotz Reparatur nicht beseitigen. Was bedeutet dies für den Kunden?

① Er erhält ein neues Gerät, muss aber eine Entschädigung für die bisherige Nutzung bezahlen
② Er erhält kostenlos ein neues Gerät
③ Er erhält dafür ein fehlerfreies, aber gebrauchtes Gerät
④ Bevor er ein neues Gerät erhält, muss er die angefallenen Reparaturkosten bezahlen
⑤ Er muss das fehlerhafte Gerät behalten

5053

Was versteht man unter dem Begriff »Produktion«?

① Konstruktion von Gütern
② Erzeugung von Gütern
③ Verteilung von Gütern
④ Verkauf von Gütern
⑤ Kauf von Gütern

5054

In welcher Gruppe sind die drei Produktionsfaktoren genannt?

① Industrie, Handel, Verkehr
② Kalkulation, Zeichnung, Herstellung
③ Arbeit, Güter, Handel
④ Kredite, Darlehen, Zinsen
⑤ Arbeit, Kapital, Boden

5055

Welcher Produktionszweig liegt vor, wenn dieser selbstständig gesteuert wird?

① Manufaktur
② Mechanisierung
③ Fließbandarbeit
④ Automation
⑤ Rationalisierung

5056

Welche der folgenden Tätigkeiten ist keine Dienstleistung?

① Der Arbeiter beim Säubern seines Arbeitsplatzes
② Der Installateur beim Einsetzen einer Dichtung
③ Der Zimmerer bei der Herstellung einer Haustüre
④ Der Spediteur beim Transport einer Kiste
⑤ Der Rentner beim Austragen von Zeitungen

5057

Was bedeutet der Begriff »Investition«?

① Gewinnverteilung an Mitarbeiter
② Anlage von Kapital in Produktionsmitteln
③ Kauf von Konsumgütern
④ Neue Facharbeiter einstellen
⑤ Anlage von Wertpapieren

5058

Ein Betrieb arbeitet wirtschaftlich, wenn

① Aufträge mit hohen Kosten erledigt werden
② Der Umsatz hoch ist
③ ein Auftrag mit geringen Kosten erledigt wird
④ der Betrieb einen hohen Gemeinkostensatz hat
⑤ der Betrieb die 35-Stunden-Woche einführt

5059

In einem Unternehmen müssen aus Konkurrenzgründen die Preise gesenkt werden. Welche Aussage ist richtig?

① Der Gewinn steigt
② Die Wirtschaftlichkeit wird größer
③ Die Rentabilität wird größer
④ Die Produktivität steigt
⑤ Die Wirtschaftlichkeit der Unternehmung wird kleiner

5060

Durch welche Maßnahme kann die Arbeitsproduktivität eines Betriebes erhöht werden?

① Durch Erhöhung der Anzahl der Überstunden
② Durch Vergrößerung der Anzahl der Mitarbeiter
③ Durch Rationalisierung der Fertigung
④ Durch Senkung der Materialkosten
⑤ Durch Abschaffung von Schichtarbeit

5061

Für welche Unternehmungen ist die Rechtsform der Einzelunternehmung geeignet?

① Unternehmungen im Bank- und Versicherungs-
 bereich
② Unternehmungen mit großem Kapitalaufwand
③ Kleinunternehmungen
④ Unternehmungen mit Betrieben im Ausland
⑤ Unternehmungen der öffentlichen Hand

5062

Welche Aussage über die Einzelunternehmung ist richtig?

① Einzelunternehmungen sind besonders kapitalstark
② Einzelunternehmungen hängen stark von den
 Fähigkeiten des Unternehmers ab
③ Einzelunternehmungen sind besonders kreditwürdig
④ Bei Einzelunternehmungen wird das Risiko stets
 von mehreren Kapitalgebern getragen
⑤ Einzelunternehmungen können sich nur sehr langsam den Marktveränderungen anpassen

5063

Womit haftet ein Einzelunternehmer im Falle eines Konkurses?

① Mit seinen Maschinen und Warenvorräten
② Mit dem gesamten Privat- und Geschäftsvermögen
③ Mit seinem Geschäftsvermögen
④ Mit seinem Privatvermögen
⑤ Mit seinem Geschäftsvermögen und seinem Bank-
 guthaben

5064

Welche Aussage über die Haftung in einer Offenen Handelsgesellschaft ist richtig?

① Die Gesellschafter haften nur mit ihrem Geschäftsvermögen
② Der Gesellschafter haftet, den ein Verschulden trifft
③ Alle Gesellschafter haften mit ihrem Geschäfts-
 und Privatvermögen
④ Die Gesellschafter haften mit 50% ihres Privatver-
 mögens
⑤ Die einzelnen Gesellschafter haften mit ihrem Aktien-
 kapital

5065

Wie nennt man in einer Kommanditgesellschaft den Gesellschafter, der mit seinem Geschäfts- und Privatvermögen haftet?

① Kommanditgesellschafter
② Komplementär
③ Stiller Gesellschafter
④ Kommanditist
⑤ Aktionär

5066

Welche Unternehmungsform gehört zu den Kapital-gesellschaften?

① Offene Handelsgesellschaft
② Stille Gesellschaft
③ Genossenschaft
④ Kommanditgesellschaft
⑤ Gesellschaft mit beschränkter Haftung

5067

An welcher Angabe erkennt man eine Gesellschaft mit beschränkter Haftung?

① Mindestens zwei Gründer
② Jeder Gesellschafter haftet mit seinem gesamten
 Vermögen
③ Das Mindeststammkapital beträgt 50 000,– DM
④ Es handelt sich um eine Personengesellschaft
⑤ Es ist eine Person des öffentlichen Rechts

5068

Welche Aussage über den Vorstand einer Aktien-gesellschaft ist richtig?

① Der Vorstand führt die Geschäfte der Aktiengesellschaft
② Dem Vorstand müssen 2 Arbeitgeber- und 2 Arbeitnehmervertreter angehören
③ Der Vorstand wird von der Hauptversammlung gewählt
④ Der Vorstand hat in der Hauptversammlung
 Stimmrecht
⑤ Dem Vorstand muss ein Aktionär angehören, der
 mindestens 5% der Aktien besitzt

5071

Was versteht man unter einer Währung?

① Die Goldmenge eines Staates
② Gesetzliche Ordnung des Geldwesens
③ Papierwährung eines Staates
④ Gesetzliches Geldsystem eines Staates
⑤ Die sich im Verkehr befindliche Geldmenge einer Volkswirtschaft

5072

Was versteht man unter Devisen?

① Goldreserven der Bundesbank
② Ausländische Zahlungsmittel
③ Ausländische Goldreserven
④ Ausländische Aktien
⑤ Ausländische Wertpapiere

5073

Welche Aussage über den Geldwert ist richtig?

① Der Wert des Geldes nimmt ab, wenn das Güterangebot abnimmt
② Der Geldwert ist abhängig vom Goldpreis
③ Der Geldwert ist die Kaufkraft gegenüber Gütern und Dienstleistungen
④ Wenn die Preise steigen, steigt auch der Wert des Geldes
⑤ Der Geldwert hängt von der Höhe der Bankzinsen ab

5074

Unter dem »Wert des Geldes« versteht man

① das Geld als Wertstück zum Sammeln
② die Herstellungskosten einschließlich Papier
③ den aufgedruckten Wert
④ die Kaufkraft des Geldes
⑤ den Metallwert der Münzen

5075

Wovon hängt die Kaufkraft des Geldes ab?

① Von der Höhe des aufgedruckten Nennwerts
② Vom Gegenwert an Gütern, die man dafür bekommt
③ Von der Gewährung von Krediten
④ Von der gesetzlichen Regelung
⑤ vom Außenhandelsgleichgewicht

5076

Was ist unter einer Inflation zu verstehen?

① Eine fortschreitende Geldentwertung
② Die Gütermenge ist größer als die Geldmenge
③ Eine Geldwertsteigerung
④ Sinkende Preise
⑤ Das Prägen neuer Münzen

5077

Was kann die Bundesbank zur Bekämpfung der Inflation tun?

① Die Währung abwerten
② Den Diskontsatz anheben
③ Die Zinsen senken
④ An der Börse Wertpapiere kaufen
⑤ Die Geldmenge vergrößern

5078

Man spricht von einer Rezession,

① wenn sich das wirtschaftliche Wachstum abschwächt
② wenn das wirtschaftliche Wachstum einen Höhepunkt erreicht hat
③ wenn die Nachfrage steigt
④ wenn Überbeschäftigung herrscht
⑤ wenn die Preise stark ansteigen

5079

Was versteht man unter einem Wechselkurs?

① Das Geld, mit dem auf dem Markt gewechselt werden kann
② Die Bandbreite, innerhalb derer der Wert der DM schwankt
③ Die Richtung, die ein Flugzeug einschlägt, wenn es den Kurs wechselt
④ Das Austauschverhältnis einer ausländischen Währung zur Deutschen Mark
⑤ Das Geld, das z. B. Fußballspieler beim Wechseln des Vereins zahlen müssen

5080

Wozu werden Girokonten verwendet?

① Sie werden von Geschäftsleuten zur Kapitalansammlung verwendet
② Sie dienen dem bargeldlosen Zahlungsverkehr
③ Sie werden zum langfristigen Sparen verwendet
④ Sie werden nur zur Zahlung großer Beträge verwendet
⑤ Sie werden eingerichtet, weil man hier den höchsten Zins erhält

5081

Wie kann eine Zahlung erfolgen, wenn weder Schuldner noch Gläubiger ein Girokonto besitzen?

① Durch Überweisung
② Durch Postanweisung
③ Durch Dauerauftrag
④ Durch Einziehungsauftrag
⑤ Durch Scheck

5082

Was ist eine Lastschrift mit Einzugsermächtigung im Zahlungsverkehr?

① Der Empfänger einer Zahlung hat das Recht, fällige Beträge vom Girokonto des Schuldners einzuziehen
② Ein Kreditinstitut zahlt regelmäßig die am Monatsanfang fällige Miete für den Mieter
③ Ausstehende Zahlungen werden in regelmäßigen Abständen gemahnt
④ Ein Postbote holt im Auftrag des Gläubigers einen Geldbetrag beim Schuldner ab
⑤ Der Gerichtsvollzieher kommt regelmäßig, um geschuldete Beiträge einzuziehen

5083

Welche Personen dürfen Postbankschecks ausstellen?

① Wer Inhaber eines Postgirokontos ist
② Wer genügend Bargeld zur Deckung besitzt
③ Jeder, der einen Kredit bei der Postbank bekommt
④ Jeder Volljährige
⑤ Jeder, der ein Sparguthaben besitzt

5084

In welchem Fall kann mittels Barscheck bezahlt werden?

① Wenn der Zahlende und der Empfänger ein Sparkonto haben
② Wenn der Zahlende ein Girokonto hat
③ Wenn nur der Empfänger ein Girokonto hat
④ Wenn keiner ein Girokonto hat
⑤ Wenn der Empfänger eine Scheckkarte besitzt

5085

Welchen Vorteil hat ein Verrechnungsscheck?

① Der Scheckbetrag darf 400,– DM nicht übersteigen
② Der Scheckbetrag kann bar ausbezahlt werden
③ Die Einlösungsgebühr darf 2,– DM nicht übersteigen
④ Der Aussteller kann den Scheck nicht widerrufen
⑤ Der Scheckbetrag wird dem Überbringer gutgeschrieben

5086

Was ist ein Blankoscheck?

① Die Unterschrift des Ausstellers fehlt
② Der Scheck ist gefälscht
③ Der Scheck ist leer und noch nicht ausgefüllt
④ Der Scheck ist unterschrieben, der Geldbetrag jedoch nicht eingetragen
⑤ Der Scheck ist nicht gedeckt

5087

Wie heißt der Preisnachlass bei Zahlung innerhalb einer bestimmten Frist?

① Bonus
② Provision
③ Skonto
④ Prämie
⑤ Gutschrift

5088

Was ist ein Wechsel?

① Ein Scheck für Beträge über 400,– DM
② Eine Vereinbarung mit wechselndem Zahlungsziel
③ Eine besondere Form des Schuldscheins
④ Eine Gebührenquittung
⑤ Eine Zahlung auf Raten

5089

Worauf bezieht sich der Diskontsatz als Mittel der Geldpolitik?

① Auf den Eurocheque
② Auf den Verrechnungsscheck
③ Auf den Wechsel
④ Auf die Auslandswährungen
⑤ Auf den Zahlungsverkehr bei der Post

5090

Welche Zahlungsmittel werden im Zahlungsverkehr mit dem Ausland verwendet?

① Münzen
② Devisen
③ Wechsel
④ Eurocheques
⑤ Buchgeld

5091

Wer bestimmt den Preis in der freien Marktwirtschaft?

① Der Erzeuger einer Ware
② Das Wirtschaftsministerium
③ Die Planungsbehörde
④ Angebot und Nachfrage
⑤ Der Kunde

5092

Welche Wirtschaftsordnung lässt dem persönlichen Leistungswillen den größten Spielraum?

① Die Planwirtschaft
② Der Sozialismus kommunistischer Prägung
③ Die freie Marktwirtschaft
④ Die marktorientierte Planwirtschaft
⑤ Die zentrale Verwaltungswirtschaft

5093

Mehrere Unternehmungen vereinbaren, ihre gleichartigen Erzeugnisse nicht unter einem bestimmten Preis abzugeben. Welche Aussage ist richtig?

① Solche Absprachen fördern die Idee der sozialen Marktwirtschaft
② Solche Absprachen sind verboten
③ Solche Absprachen sind zulässig, wenn dadurch Arbeitsplätze gesichert werden
④ Solche Absprachen führen zur Verbilligung der Güter
⑤ Ohne solche Absprachen kann eine Marktwirtschaft nicht funktionieren

5094

Was versteht man unter einem Monopol?

① Mehrere Unternehmen schließen sich zusammen
② Besonders gewinnbringende Geschäfte
③ Zwei Arbeitsgemeinschaften (Arge) bauen einen Autotunnel
④ Der Anbieter hat keinen Konkurrenten und fordert den möglichen Preis für seine Ware
⑤ Ein Gesellschaftsspiel

5095

Was versteht man unter Autarkie?

① Ein Unternehmer kann selbstständig handeln
② Ein Staat ist von wirtschaftlichen Zusammenschlüssen unabhängig
③ Eine Volkswirtschaft ist unabhängig von Importen
④ Ein Staat ist von politischen Bündnissen unabhängig
⑤ Ein Unternehmen stellt von der Urproduktion bis zum fertigen Produkt alles im eigenen Unternehmen her

5096

Wann sinkt der Preis in einer Marktwirtschaft bei wirksamer Konkurrenz?

① Wenn das Angebot bei lebhafter Nachfrage steigt
② Wenn bei sinkendem Angebot die Nachfrage steigt
③ Wenn Angebot und Nachfrage im Gleichgewicht sind
④ Wenn bei steigendem Angebot die Nachfrage sinkt
⑤ Wenn Angebot und Nachfrage in gleichem Maße sinken

5097

Wie bilden sich die Preise in der freien Marktwirtschaft?

① Durch Preisabsprachen der Unternehmer
② Durch Preisfestsetzung einer staatlichen Stelle
③ Durch Absprachen zwischen Gewerkschaften und Arbeitgeberverbänden
④ Durch Angebot und Nachfrage
⑤ Durch Festpreise der Monopole

5098

Wie heißt das Wirtschaftssystem der Bundesrepublik Deutschland?

① Frei Marktwirtschaft
② Soziale Marktwirtschaft
③ Zentrale Verwaltungswirtschaft
④ Marktorientierte Planwirtschaft
⑤ Soziale Planwirtschaft

5099

Was bedeutet »Soziale Marktwirtschaft«?

① Der Staat hat keinen Einfluss auf die Preise
② Angebot und Nachfrage bestimmen allein den Preis
③ Hart lenkende Maßnahmen des Staates in der Wirtschaft
④ Zentrale Planung der Wirtschaft
⑤ Freier Wettbewerb bei staatlicher Unterstützung der wirtschaftlich Schwachen

5100

Welches Merkmal kennzeichnet die zentrale Planwirtschaft?

① Die Preise werden von einer zentralen Planungsbehörde festgesetzt
② Die Produktionsmittel sind Privateigentum
③ Die Wahl des Arbeitsplatzes liegt im Ermessen des Arbeitnehmers
④ Zwischen den Sozialpartnern besteht Tarifautonomie
⑤ Die Produktionsmenge ist freigestellt

5101

Was versteht man unter dem Volkseinkommen?

① Gesamteinnahmen aus allen Exporten einer Volkswirtschaft
② Verdienst aller Bürger in einem Monat
③ Überschuss in der Handelsbilanz einer Volkswirtschaft
④ Summe aller Einkommen einer Volkswirtschaft in einem Jahr
⑤ Gesamteinnahmen aus Exporten abzüglich aller Importe

5102

Was bedeutet der Begriff »Bruttosozialprodukt«?

① Summe aller Sozialleistungen
② Gesamtwert der Produktion und Dienstleistungen einer Volkswirtschaft in einem Jahr
③ Wert der Güter, die in Unternehmen hergestellt wurden
④ Bruttoverdienst aus unselbstständiger Arbeit
⑤ Ergebnis der Wirtschaftspolitik

5103

**Wie errechnet man das Nettosozialprodukt?
Es ist das Bruttosozialprodukt**

① plus Abschreibungen
② minus Abschreibungen
③ plus Subventionen
④ minus Subventionen
⑤ minus Steuern

5104

Was versteht man unter »Wirtschaftswachstum«?

① Zunahme des Bruttosozialprodukts
② Vergrößerung des Staatshaushaltes
③ Die Wirtschaft investiert Geld in die Betriebe
④ Neubau von Industrieanlagen
⑤ Investitionen ausländischer Firmen in Deutschland

5105

Was bedeutet »Außenwirtschaftliches Gleichgewicht«?

① Importwaren werden besteuert wie einheimische Produkte
② Die Zahlungsbilanz innerhalb eines Jahres zwischen der Bundesrepublik und dem Ausland ist ausgeglichen
③ Die Militärblöcke der Welt sind gleich stark
④ Die Volkswirtschaften zweier Staaten haben die gleiche Größe
⑤ Die Leistungsbilanz muss so groß sein wie die Zahlungsbilanz

5106

Wodurch ist eine Hochkonjunktur gekennzeichnet?

① Vollbeschäftigung, große Güternachfrage, Preissteigerungen
② Preisrückgang, Vollbeschäftigung, Einkommenssteigerung
③ Investitionsrückgang, Vollbeschäftigung, starkes Wirtschaftswachstum
④ Kreditnachfrage, Einkommensverminderung, Arbeitslosigkeit
⑤ Lohnsteigerungen, Preissteigerungen, Arbeitslosigkeit

5107

Wie nennt man die Konjunkturphase, die nach einer Hochphase eintritt?

① Depression
② Rezession
③ Konjunkturtief
④ Deflation
⑤ Expansion

5108

Was versteht man unter Konjunktur?

① Einen wirtschaftlichen Tiefstand
② Eine antizyklische Finanzpolitik
③ Ein Auf und Ab der wirtschaftlichen Entwicklung
④ Vorausschauende Wirtschaftspolitik
⑤ Einen wirtschaftlichen Aufschwung mit Preissteigerungen

5109

Kennzeichen für ein Konjunkturtief ist

① Die hohe Kreditnachfrage
② Das Ansteigen der Preise
③ Das Ansteigen der Löhne
④ Das Stocken des Absatzes von Gütern
⑤ Die hohe Güternachfrage

5110

Wie sollte der Staat auf einen konjunkturellen Abschwung reagieren?

① Vorzeitige Tilgung von Schulden
② Öffentliche Aufträge zurückstellen
③ Zurückgestellte Baumaßnahmen beschleunigen
④ Bildung einer Konjunkturausgleichsrücklage
⑤ Verschiedene Steuern erhöhen

5141

Welche Unterlagen müssen Sie in jedem Fall bei Antritt einer neuen Stelle als Facharbeiter dem Arbeitgeber vorlegen?

① Personalausweis, Versicherungsnachweis
② Schulzeugnis, Lohnsteuerkarte
③ Geburtsschein, Facharbeiterbrief
④ Reisepass, Führungszeugnis
⑤ Lohnsteuerkarte, Versicherungsnachweis

5142

Welche Pflicht hat der Arbeitgeber im Rahmen des Arbeitsverhältnisses nicht?

① Auf Wunsch des Arbeitnehmers unbezahlten Urlaub zu gewähren
② Sanitäre Einrichtungen einzurichten und zu unterhalten
③ Die Vergütung pünktlich zu zahlen
④ Bei Beendigung des Arbeitsverhältnisses ein Zeugnis auszustellen
⑤ Die Unfallverhütungsvorschriften zu beachten

5143

Was gehört nicht zur Fürsorgepflicht des Arbeitgebers gegenüber dem Arbeitnehmer?

① Den Arbeitsablauf gefahrlos zu gestalten
② Die Sozialversicherungsbeiträge abzuführen
③ Für eine ausreichende Verpflegung zu sorgen
④ Gesundheit, Sitte und Anstand zu schützen
⑤ Für die Sicherheit der Sachen zu sorgen, die der Arbeitnehmer berechtigterweise in den Betrieb mitbringt

5144

Welche Verpflichtung hat ein Arbeiter nicht, wenn er unverschuldet arbeitsunfähig erkrankt?

① Dem Arbeitgeber unverzüglich die Arbeitsunfähigkeit zu melden
② Spätestens nach Ablauf des dritten Tages dem Arbeitgeber eine ärztliche Bescheinigung einzureichen
③ Die ärztlichen Weisungen zu beachten
④ Dem Arbeitgeber den Namen der Krankheit zu nennen
⑤ Den Arbeitgeber über die voraussichtliche Dauer der Arbeitsunfähigkeit zu informieren

5145

Wie wird ein Arbeitsverhältnis im Normalfall beendet?

① Durch Einstellung eines anderen Mitarbeiters
② Durch fristlose Entlassung
③ Nach unentschuldigtem Fernbleiben von der Arbeit
④ Durch ordentliche Kündigung von Arbeitnehmer oder Arbeitgeber
⑤ Nach Aufnahme des Wehrdienstes

5146

Welche Wirkung hat die Einberufung zum Wehr- oder Ersatzdienst auf das Arbeitsverhältnis?

① Das Arbeitsverhältnis ruht bei Einigkeit zwischen Arbeitgeber und Arbeitnehmer
② Das Arbeitsverhältnis wird aufgelöst
③ Das Arbeitsverhältnis geht auf den Staat über
④ Das Arbeitsverhältnis wird um mindestens drei Jahre verlängert
⑤ Das Arbeitsverhältnis ruht automatisch

5147

Wann ist eine Kündigung nach dem Kündigungsschutzgesetz unwirksam?

① Wenn der Arbeitnehmer schon drei Monate im Betrieb arbeitet
② Wenn die Kündigung gegen das Allgemeinwohl verstößt
③ Wenn die Kündigung einseitig durch den Arbeitgeber erfolgt
④ Wenn die Kündigung sozial ungerechtfertigt ist
⑤ Wenn die Kündigung ohne Zustimmung des Betriebsrats erfolgt

5148

Für welche Betriebe gilt das Kündigungsschutzgesetz nicht?

① Für Betriebe mit höchstens 5 Arbeitnehmern
② Für Betriebe mit höchstens 10 Arbeitnehmern
③ Für Betriebe mit höchstens 50 Arbeitnehmern
④ Für Betriebe mit höchstens 500 Arbeitnehmern
⑤ Für Betriebe mit höchstens 1000 Arbeitnehmern

5149

In welchem Fall darf dem Arbeitnehmer nicht fristlos gekündigt werden?

① Bei Konkurs des Betriebs
② Bei Diebstahl
③ Bei vorsätzlicher Sachbeschädigung
④ Bei Tätlichkeiten des Arbeitnehmers
⑤ Bei Trunkenheit am Arbeitsplatz

5150

Was versteht man unter dem Betriebsklima?

① Die durch die im Betrieb verarbeiteten Stoffe geschaffene Umweltbelastung
② Das Verhältnis der Mitarbeiter untereinander und zur Betriebsleitung
③ Die Auswirkungen der jeweiligen Wetterlage auf das Befinden der Arbeiter
④ Die jahreszeitlich bedingte Beheizung der Arbeitsräume
⑤ Das Verhältnis zwischen Männern und Frauen im Betrieb

5151

Wer ist gegenseitiger Sozialpartner?

① Staat und Krankenkassen
② Die Träger der Sozialversicherungen
③ Sozialämter und Sozialhilfeempfänger
④ Arbeitgeber und Arbeitnehmer
⑤ Prozessparteien vor dem Sozialgericht

5152

Was ist im Betriebsverfassungsgesetz nicht geregelt?

① Recht zur Durchführung von Betriebsversammlungen
② Mitbestimmungsrechte des Betriebsrats
③ Erlass von Unfallverhütungsvorschriften
④ Zusammensetzung des Betriebsrats
⑤ Aufgaben der Jugend- und Auszubildendenvertreter

5153

Wer gehört nicht zu den Arbeitnehmern im Sinne des Betriebsverfassungsgesetzes?

① Angestellte, die nur halbtags tätig sind
② Geschäftsführer einer GmbH
③ Mitglied des Betriebsrats, das von der Arbeit freigestellt ist
④ Arbeiter, der ständig auf Montage ist
⑤ Auszubildende

5154

Was bedeutet »Mitbestimmung« im Arbeitsleben?

① Gleichberechtigung von Mann und Frau
② Wahlrecht für Frauen
③ Mitbestimmung der Betriebsversammlung
④ Mitbestimmung der Arbeitnehmervertreter in der Unternehmensführung
⑤ Mitbestimmung der Einigungsstelle

5155

Welche Aussage über die Tarifautonomie ist richtig?

① Recht der Gewerkschaften, einen Streik auszurufen
② Den Arbeitgebern ist es verboten, höhere Löhne als die tariflich festgelegten zu zahlen
③ Gewerkschaften müssen generell auf Kampfmaßnahmen verzichten
④ Tarifverträge können nur mit Hilfe eines Schlichters abgeschlossen werden
⑤ Die Tarifvertragsparteien können ohne staatlichen Zwang einen Tarifvertrag aushandeln

5156

Für welche Betriebe sieht das Betriebsverfassungsgesetz die Wahl eines Betriebsrats vor?
Für Betriebe

① mit einem Jahresumsatz von mehr als 100 000,– DM
② mit mehr als zwei Arbeitnehmern
③ mit mindestens vier Arbeitnehmern, von denen zwei wählbar sind
④ mit mindestens fünf wahlberechtigten Arbeitnehmern, von denen drei wählbar sind
⑤ mit mindestens vier Arbeitnehmern und einem Jahresumsatz von mehr als 300 000,– DM

5157

Wer kann in den Betriebsrat gewählt werden?

① Wahlberechtigte, die das 24. Lebensjahr vollendet haben
② Wahlberechtigte, die einer Gewerkschaft angehören
③ Wahlberechtigte, die die deutsche Staatsangehörigkeit besitzen
④ Wahlberechtigte, die dem Betrieb sechs Monate angehören
⑤ Wahlberechtigte, die das 21. Lebensjahr vollendet haben

5158

Welche Aussage über den Vorsitzenden des Betriebsrats ist richtig?

① Sind Arbeiter und Angestellte im Betrieb tätig, wird für jede Gruppe ein Betriebsratsvorsitzender gewählt
② Den Vorsitzenden des Betriebsrats wählt der Betriebsrat aus seiner Mitte
③ Vorsitzender des Betriebsrats ist, wer bei der Betriebsratswahl die meisten Stimmen erhalten hat
④ Zum Vorsitzenden des Betriebsrats kann auch ein Arbeitnehmer gewählt werden, der nicht dem Betriebsrat angehört
⑤ Der Betriebsratsvorsitzende muss der größeren der beiden Gruppen angehören, wenn Arbeiter und Angestellte im Betrieb tätig sind

5159

Was gehört nicht zu den gesetzlichen Aufgaben des Betriebsrats?

① Die Beschäftigung älterer Arbeitnehmer im Betrieb zu fördern
② Darüber zu wachen, dass die Produktionskosten niedrig gehalten werden
③ Mit der Jugend- und Auszubildendenvertretung eng zusammenzuarbeiten
④ Die Eingliederung Schwerbehinderter zu fördern
⑤ Darüber zu wachen, dass die Tarifverträge eingehalten werden

5160

Der Arbeitgeber will Beginn und Ende der täglichen Arbeitszeit neu regeln. Welche Aussage ist richtig?

① Der Betriebsrat muss vom Arbeitgeber lediglich informiert werden
② Der Arbeitgeber muss mit dem Betriebsrat beraten, bevor er allein entscheidet
③ Der Betriebsrat hat in dieser Angelegenheit ein Mitbestimmungsrecht
④ Der Betriebsrat muss vom Arbeitgeber gehört werden
⑤ Der Betriebsrat hat kein Mitwirkungs- oder Mitbestimmungsrecht

5161

Wer trägt die Kosten, die durch die Tätigkeit des Betriebsrats entstehen?

① Der Arbeitgeber
② Die im Betrieb tätigen Mitarbeiter der Gewerkschaft
③ Im Allgemeinen die Betriebsratsmitglieder selbst
④ Die im Betrieb vertretenen Gewerkschaften
⑤ Alle im Betrieb beschäftigten Arbeitnehmer (Umlageverfahren)

5162

Wer kann für die Wahl in die Jugend- und Auszubildendenvertretung kandidieren?
Nur die Arbeitnehmer,

① die das 18. Lebensjahr noch nicht vollendet haben
② die das 21. Lebensjahr noch nicht vollendet haben
③ die das 25. Lebensjahr noch nicht vollendet haben
④ die das 30. Lebensjahr noch nicht vollendet haben
⑤ die im Betrieb gewerkschaftlich organisiert sind

5163

Hat die Jugend- und Auszubildendenvertretung das Recht, selbst mit dem Arbeitgeber zu verhandeln?

① Nein, sie muss den Betriebsrat einschalten
② Ja, aber nur, wenn es um Fragen der Berufsausbildung geht
③ ja, wenn es um Fragen der Arbeitszeit und der Ausbildungsvergütung geht
④ Nein, denn mit dem Arbeitgeber verhandelt nur der Vorsitzende des Betriebsrats
⑤ Ja, aber nur, wenn es um Fragen des Berufsschulunterrichts geht

5164

Welche Tarifverträge können für »allgemeinverbindlich« erklärt werden?

① Solche, die sowohl für Arbeiter als auch für Angestellte gelten
② Solche, die auch für Arbeitnehmer gelten, die nicht der Gewerkschaft angehören
③ Solche, die eine Laufzeit von unbestimmter Dauer haben
④ Solche, die nur für Arbeiter und Auszubildende gelten
⑤ Solche, die nur für Gewerkschaftsmitglieder gelten

5165

Was kann in einem Tarifvertrag nicht geregelt werden?

① Dauer des Urlaubs
② Lohn- und Gehaltsgruppen
③ Regelungen zur Kurzarbeit
④ Akkordarbeit von Auszubildenden
⑤ Lohnhöhe

5166

Wer schließt Tarifverträge ab?

① Der einzelne Arbeitgeber mit jedem seiner Arbeitnehmer
② Gewerkschaften und Arbeitgeberverbände
③ Das Wirtschaftsministerium eines Landes mit den Unternehmen
④ Die Handwerkskammern mit den Gewerkschaften
⑤ Das Landesarbeitsamt mit den Gewerkschaften

5167

Welche der genannten Fragen wird nicht in einer Betriebsvereinbarung geregelt?

① Verwaltung der Betriebskantine
② Betriebliche Ordnungs- und Sicherheitsvorschriften (Betriebsordnung)
③ Fahrgeldzuschuss für die Arbeitnehmer
④ Festsetzung von Akkordsätzen
⑤ Finanzierung neuer Betriebseinrichtungen

5168

Was wird unter anderem in einem Lohntarifvertrag geregelt?

① Urlaubsdauer
② Arbeitszeiten
③ Zeitpunkt der Lohnzahlung
④ Mindesthöhe der Löhne
⑤ Beiträge zur Krankenversicherung

5169

Was ist in einem Manteltarifvertrag nicht geregelt?

① Rationalisierungsschutzbestimmungen
② Arbeitszeit
③ Höhe der Stundenlöhne
④ Mehrarbeit
⑤ Urlaubsdauer

5170

Welche der genannten Aufgaben ist keine Aufgabe der Gewerkschaften?

① Beratung der Arbeitnehmer in arbeitsrechtlichen Fragen
② Aussperrung im Arbeitskampf
③ Finanzielle Unterstützung streikender Mitglieder
④ Führung von Tarifverhandlungen
⑤ Politischer Einsatz für arbeitnehmergünstige Gesetze

5171

Welchen Zweck soll das Netz der sozialen Sicherung unter anderem erfüllen?

① Bildung von Vermögen in Arbeitnehmerhand
② Vermeidung von Notsituationen für möglichst alle Bevölkerungsgruppen
③ Verbesserung des Lebensstandards für alle Bürger
④ Verkürzung der Wochen- und Lebensarbeitszeit
⑤ Finanzielle Absicherung aller Lebensrisiken

5172

Welche der genannten Versicherungen gehört nicht zum Bereich der Sozialversicherungen?

① Krankenversicherung
② Arbeitslosenversicherung
③ Haftpflichtversicherung
④ Pflegeversicherung
⑤ Rentenversicherung

5173

Welche Aussage über die Verwaltung der Sozialversicherung ist richtig?

① Sozialversicherungen werden durch das Bundesministerium für Arbeit verwaltet
② Sozialversicherungen werden von Beamten verwaltet
③ Sozialversicherungen werden von Arbeitgebern und den Gewerkschaften gemeinsam verwaltet
④ Sozialversicherungen verwalten sich durch gewählte Organe selbst
⑤ Ein kleiner Teil der Sozialversicherungen verwaltet sich selbst, die Mehrzahl wird vom Staat verwaltet

5174

Wonach richtet sich die Höhe des Beitrags, den ein Arbeitnehmer zur Arbeitslosenversicherung zu zahlen hat?

① Nach dem Nettoeinkommen
② Nach dem Bruttoeinkommen
③ Nach dem Bruttoeinkommen sowie nach dem Familienstand
④ Nach dem Nettoeinkommen sowie nach dem Familienstand
⑤ Nach dem Nettoeinkommen sowie nach der Anzahl der Berufsjahre

5175

In welcher Zeile der Tabelle ist der Beitrag zur Versicherung zwischen Arbeitgeber und Arbeitnehmer richtig aufgeteilt?

	Versicherung	Arbeitgeber	Arbeitnehmer
①	Krankenvers.	30%	70%
②	Pflegevers.	100%	–
③	Rentenvers.	70%	30%
④	Arbeitslosenvers.	–	100%
⑤	Unfallvers.	100%	–

5176

Was wird dem Arbeitnehmer vom Bruttolohn- bzw. -gehalt nicht abgezogen?

① Beiträge zur Rentenversicherung
② Beiträge zur Unfallversicherung
③ Beiträge zur Arbeitslosenversicherung
④ Beiträge zur Pflegeversicherung
⑤ Beiträge zur Krankenversicherung

5177

Wer zahlt die Beiträge zur gesetzlichen Unfallversicherung?

① Je zur Hälfte Arbeitgeber und Arbeitnehmer
② Der Arbeitgeber allein
③ Der Staat allein
④ Die Bundesanstalt für Arbeit und der Arbeitgeber auf freiwilliger Basis
⑤ Die gesetzlichen Krankenkassen

5178

Wonach richtet sich die Höhe des Arbeitslosengeldes?

① Nach dem zuletzt bezogenen Nettoarbeitsentgelt
② Nach dem Lebensalter und der Zahl der Familienangehörigen
③ Nach der Höhe der insgesamt entrichteten Beiträge
④ Nach den entrichteten Beiträgen und dem Lebensalter
⑤ Nach der Anzahl der Beitragsjahre

5179

Wonach richtet sich die Höhe des Beitrags zur gesetzlichen Krankenversicherung für pflichtversicherte Arbeitnehmer?

① Nach der Höhe der gewünschten Leistungen
② Nach der Höhe des Lohns und der Anzahl der Familienangehörigen
③ Nach dem Familienstand und der Anzahl der Familienangehörigen
④ Nach der Verdiensthöhe und der Krankheitshäufigkeit
⑤ Nach der Höhe des Bruttolohns bzw. -gehalts

5180

Welche Aussage über die gesetzliche Krankenversicherung ist richtig?

① Die Höhe der Leistungen ist abhängig von der Höhe der Beitragsleistung des Versicherten
② Den Beitrag zur Krankenversicherung trägt der Arbeitgeber allein
③ Die Höhe des Beitrags richtet sich nach der Höhe des Nettolohns
④ Der nicht berufstätige Ehepartner eines Versicherten ist mitversichert
⑤ Die Kosten für Hilfsmittel, wie z.B. Zahnersatz, trägt die Krankenversicherung in jedem Fall in voller Höhe

5181

Wie lange zahlt die Krankenkasse für eine Behandlung im Krankenhaus?

① 6 Wochen
② 3 Monate
③ 6 Monate
④ 2 Jahre
⑤ unbefristet

5182

Wie lange erhält der Arbeitnehmer im Krankheitsfall seinen vollen Lohn fortgezahlt?

① 2 Wochen
② 4 Wochen
③ 5 Wochen
④ 6 Wochen
⑤ 8 Wochen

5183

Welche Aussage über das Arbeitslosengeld ist richtig?

① Arbeitslosengeld erhält nur derjenige, der eine Notlage nachweisen kann
② Arbeitslosengeld wird nicht gezahlt, wenn der Arbeitslose verwertbares Vermögen besitzt
③ Arbeitslosengeld erhält derjenige, der in den letzten drei Jahren mindestens 360 Kalendertage beitragspflichtig beschäftigt war
④ Arbeitslosengeld wird erst vom vierten Tag der Arbeitslosigkeit gezahlt
⑤ Arbeitslosengeld wird für die Höchstdauer von 10 Jahren gezahlt

5184

Was versteht man unter Arbeitslosenhilfe?

① Beschäftigungs- und Fortbildungsprogramm des Arbeitsamtes
② Betreuung von Arbeitslosen durch die Arbeiterwohlfahrt
③ Unterstützung durch die Sozialhilfe, wenn beide Ehepartner arbeitslos sind
④ Zahlung, die nach Ablauf des Anspruchs auf Arbeitslosengeld bei weiterer Arbeitslosigkeit einsetzt
⑤ Hilfe durch das Sozialamt während der Arbeitslosigkeit

5185

Welche Aussage über die Landesversicherungsanstalt ist richtig?

① Sie erlassen Verwaltungsanweisungen für alle Sozialversicherungen
② Sie erarbeiten Unfallverhütungsvorschriften
③ Sie sind zuständig für die Rentenversicherung der Arbeiter
④ Sie sind zuständig für die gesetzliche Krankenversicherung der Arbeitnehmer
⑤ Sie sind zuständig für die Rentenversicherung der Angestellten

5186

Was bedeutet der Begriff »Dynamisierung« der Rente?

① Das Altersruhegeld kann zwischen dem 63. und 67. Lebensjahr beantragt werden
② Die Höhe der Rente richtet sich allein nach der Höhe der gezahlten Beiträge
③ Die Renten werden jeweils der Entwicklung der Löhne und Gehälter angepasst
④ Die Renten sind einkommensteuerfrei
⑤ Die Renten werden mit den Beiträgen der zur Zeit beitragspflichtigen Arbeitnehmer finanziert

5187

Von welcher Versicherung erhält der Arbeitnehmer das Altersruhegeld?

① Krankenversicherung
② Lebensversicherung
③ Arbeitslosenversicherung
④ Rentenversicherung
⑤ Unfallversicherung

5188

Welche Leistungen übernimmt die Rentenversicherung nicht?

① Wiederherstellung der Erwerbsfähigkeit
② Hinterbliebenenrente
③ Altersruhegeld
④ Gewährung von Kuren
⑤ Förderung der beruflichen Fortbildung

5189

Wofür sind die Berufsgenossenschaften zuständig?

① Umweltschutz im Betrieb
② Tarifvertragswesen
③ Lehrlingsausbildung
④ Früherkennung von Krankheiten
⑤ Unfallverhütung und Unfallversicherung

5190

Wer zahlt die Beiträge für die Berufsgenossenschaft?

	Arbeitgeber	Arbeitnehmer
①	0%	100%
②	30%	80%
③	50%	50%
④	70%	30%
⑤	100%	0%

5191

Für Unfälle auf dem Weg zur und von der Arbeit ist zuständig die

① Gesetzliche Krankenversicherung
② Berufsgenossenschaft
③ Haftpflichtversicherung des Arbeitgebers
④ Haftpflichtversicherung des Arbeitnehmers
⑤ Landesversicherungsanstalt

5192

Was versteht man unter einem Wegeunfall?

① Jeder Unfall außer Haus ist ein Wegeunfall
② Einen Unfall, der sich auf dem Weg von der Wohnung zum Arbeitsplatz oder umgekehrt ereignet
③ Unfälle, die einem auf einer Urlaubsfahrt zustoßen
④ Einen Unfall, den man auf dem Weg zum Arzt erleidet
⑤ Jeder Unfall, der auf öffentlichen Wegen und Straßen geschehen ist

5193

Welche der genannten Leistungen wird von der gesetzlichen Unfallversicherung nicht erbracht?

① Zahlung einer Rente an Hinterbliebene von Unfallopfern
② Übernahme der Kosten der Umschulung bei Berufsunfähigkeit wegen einer Berufskrankheit
③ Zahlung von Krankengeld bei allgemeinen Erkrankungen
④ Übernahme der Kosten für Heilbehandlung nach Arbeitsunfällen
⑤ Zahlung einer Verletztenrente nach Arbeitsunfällen

5194

Welche Institution ist gesetzlich beauftragt, Unfallverhütungsvorschriften zu erstellen?

① Gewerbeaufsichtsamt
② Technischer Überwachungsverein (TÜV)
③ Landesarbeitsamt
④ Landesregierung
⑤ Berufsgenossenschaft

5195

Wo kann die Höhe einer Unfallrente angefochten werden?

① Beim Sozialgericht
② Beim Finanzamt
③ Beim Arbeitsgericht
④ Beim Verwaltungsgericht
⑤ Beim Amtsgericht

5196

Welche Individualversicherung deckt Schäden ab, die Ihre Kinder möglicherweise einmal verursachen?

① Unfallversicherung
② Haftpflichtversicherung
③ Invalidenversicherung
④ Lebensversicherung
⑤ Kaskoversicherung

5201

Welches sind die Haupteinnahmequellen unseres Staates?

① Gebühren für staatliche Leistungen
② Gewinne der staatlichen Unternehmen
③ Direkte und indirekte Steuern
④ Gerichtsgebühren und Geldstrafen
⑤ Zölle für eingeführte Waren

5202

Was bezeichnet man als direkte Steuer?

① Kraftfahrzeugsteuer
② Mineralölsteuer
③ Getränkesteuer
④ Kaffeesteuer
⑤ Mehrwertsteuer

5203

Welche Steuer ist eine indirekte Steuer?

① Gewerbesteuer
② Hundesteuer
③ Grundsteuer
④ Tabaksteuer
⑤ Lohnsteuer

5204

Wer bestimmt die Höhe des Einkommensteuersatzes?

① Der Finanzminister
② Das Bundesfinanzgericht
③ Der Gesetzgeber
④ Das Finanzamt
⑤ Die Landesregierung

5205

Was versteht man unter der Steuerprogression?

① Der Steuersatz nimmt mit steigendem Alter ab
② Der Steuersatz steigt mit steigendem Einkommen
③ Der Steuersatz sinkt mit steigender Kinderzahl
④ Der Steuersatz von Unverheirateten ist höher als bei Verheirateten
⑤ Der Steuersatz ist vom Familienstand abhängig

5206

Warum zahlen manche Lehrlinge keine Lohnsteuer?

① Weil sie beschränkt geschäftsfähig sind
② Weil sie Steuerhinterziehung begehen
③ Weil sie stattdessen Sozialabgaben bezahlen
④ Weil die Freibeträge höher sind als die Vergütung
⑤ Weil sie beim Finanzamt einen Antrag auf Erlass der Steuer gestellt haben

5207

Wer stellt die Lohnsteuerkarte aus?

① Finanzamt
② Innung
③ Gewerbeaufsichtsamt
④ Gemeindebehörde
⑤ Landratsamt

5208

Welche Eintragungen werden auf der Lohnsteuerkarte nicht gemacht?

① Geburtsdatum
② Steuerklasse
③ Familienstand
④ Konfessionszugehörigkeit
⑤ Anzuwendende Lohnsteuertabelle

5209

Welche Bezüge sind grundsätzlich lohnsteuerfrei?

① Zusätzliches Urlaubsgeld
② Schmutzzulage
③ Vergütung von Überstunden
④ Weihnachtsgeld
⑤ Krankengeld

5210

Wie nennt man Aufwendungen, die zur Erwerbung, Sicherung und Erhaltung des Arbeitslohnes gemacht werden?

① Lohnsteuer
② Sonderausgaben
③ Außergewöhnliche Belastungen
④ Werbungskosten
⑤ Pauschbeträge

5211

Was versteht man unter dem Begriff »Bruttolohn«?

① Die Summe aller Lohnabzüge
② Den Lohn nach Abzug der Sozialabgaben
③ Die Kaufkraft des Arbeitsentgelts
④ Den Gesamtarbeitslohn vor Abzug der Steuern und Sozialabgaben
⑤ Den Arbeitslohn ohne Überstundenvergütung

5212

Unter Nettoarbeitslohn versteht man

① den Arbeitslohn nach Abzug der Lohnsteuer
② den Arbeitslohn einschließlich Überstundenvergütung
③ den Arbeitslohn nach Abzug der Sozialabgaben
④ die Kaufkraft des Arbeitsentgelts
⑤ den Arbeitslohn nach Abzug der Sozialversicherungsbeiträge und Kirchen- und Lohnsteuern

5213

Was versteht man unter »Tariflohn«?

① Tariflicher Höchstlohn
② Tariflicher Mindestlohn
③ Prämienlohn
④ Zeitakkordlohn
⑤ Zeitlohn

5214

Was bedeutet der Begriff »Reallohn«?

① Kaufkraft des Lohnes
② Unterschied zwischen Brutto- und Nettolohn
③ Der wahre Wert der Leistung
④ Lohn nach Stückzeitakkord
⑤ Lohn nach Abzug der Sozialleistungen

5215

Was ist ein »Ecklohn«?

① Tariflohn eines Facharbeiters nach zwei bis drei Gesellenjahren
② Lohn für ungelernte Arbeitskräfte
③ Tariflicher Höchstlohn
④ Vorarbeiterlohn
⑤ Übertariflicher Lohnzuschlag

5216

Was versteht man unter »verfügbarem Einkommen«?

① Den Reallohn
② Den Bruttolohn
③ Den Nettolohn
④ Das Einkommen nach Abzug von Steuern und Sozialabgaben zuzüglich der Sozialleistungen des Staates
⑤ Das Einkommen nach Abzug der Zinsen

5217

Bei welcher Lohnart handelt es sich um Zeitlohn?

① Stundenlohn
② Prämienlohn
③ Akkordlohn
④ Lohnnebenkosten
⑤ Zeitakkordlohn

5218

Welche der folgenden Behauptungen über den Zeitlohn ist richtig?

① Beim Zeitlohn muss im Betrieb eine umfangreiche Arbeitsvorbereitung vorhanden sein
② Beim Zeitlohn sind leistungsschwächere Arbeitnehmer leistungsstärkeren gegenüber benachteiligt
③ Beim Zeitlohn erhält der Arbeitnehmer einen Lohnabzug, wenn der Ausschuss einen gewissen Prozentsatz überschreitet
④ Beim Zeitlohn ist der Anreiz zur Leistungssteigerung geringer als beim Akkordlohn

5219

Welche Behauptung über den Akkordlohn ist richtig? Akkordlohn ist ein Lohn,

① der in der Hauptsache von der Betriebszugehörigkeit des Arbeitnehmers abhängig ist
② der nur von der Zeit der Anwesenheit im Betrieb abhängig ist
③ der nur von der Leistung abhängig ist
④ der nur in der Bauindustrie üblich ist
⑤ der für Arbeiten, die besonders hohe fachliche Anforderungen stellen, bezahlt wird

5220

Was ist »Leistungslohn«?

① Der Arbeitnehmer wird am Erfolg des Unternehmens beteiligt
② Es wird nur eine auf die Leistung bezogene Prämie bezahlt
③ Es wird nach der tatsächlich im Betrieb erbrachten Leistung bezahlt
④ Es wird die geleistete Arbeit bezahlt
⑤ Die Überstunden werden ausgezahlt

5221

Was bedeutet »Sparen«?

① Volle Sparkonten
② Verminderung des Einkommens
③ Anzeichen von Geiz
④ Konsumgüterverzicht
⑤ Konsumausweitung

5222

Welcher Begriff gehört nicht zur Vermögensbildung?

① Versicherungssparvertrag
② Vertrag über Termineinlagen
③ Ratensparvertrag
④ Abzahlungsvertrag
⑤ Bausparvertrag

5223

Welche der folgenden Maßnahmen dient nicht der Förderung der Eigentumsbildung in Arbeitnehmerhand?

① Ausgabe von Volksaktien
② Steuerprogression
③ Gewährung von Bausparprämien
④ Steuerbegünstigtes Sparen
⑤ Gewährung von Sparzulagen

5224

Was kann nicht zur Sicherung eines Kredits beitragen?

① Regelmäßiges Einkommen
② Lohn- und Gehaltsabtretung
③ Sicherungsübereignung
④ Bürgschaft
⑤ Höhe der Rückzahlungsraten

5225

Was versteht man unter dem »effektiven Jahreszins«?

① Prozentualer Jahreszins für Dispositionskredite
② Zinssatz für Kredite ohne Berechnung von Bearbeitungsgebühren
③ Monatszins für Überziehungskredite
④ Vergleichsgröße für Kredite, die die tatsächliche Zinsbelastung angibt
⑤ Nominalzinssatz pro Monat

5226

Was bedeutet der Nominalwert bei Wertpapieren?

① Der Wert, den ein Käufer für das Wertpapier zu zahlen bereit ist
② Der aufgedruckte Wert
③ Der Preis, zu dem die Bank das Wertpapier verkauft
④ Der Vermögenszuwachs einer Aktiengesellschaft
⑤ Der Kurswert an der Börse

5227

Was ist eine Aktie?

① Festverzinsliches Wertpapier
② Anteil an Kapitalvermögen
③ Anleihe
④ Schuldverschreibung
⑤ Pfandbrief

5228

Wie heißt der Ertrag einer Aktie?

① Zins
② Dividende
③ Bonus
④ Prämie
⑤ Emission

5229

Wo werden Aktien gehandelt?

① Bei der Bundesbank
② Bei allen Banken und Girozentralen
③ Bei den Landeszentralbanken
④ An der Börse
⑤ Bei der Postbank

5230

Wie bildet sich der tägliche Aktienkurs an der Börse?

① Den Preis bestimmen die Börsenmakler
② Der Preis ergibt sich aus Angebot und Nachfrage
③ Den Preis bestimmt die Aktionärsversammlung
④ Den Preis bestimmen die Aktienverkäufer
⑤ Den Preis bestimmen die Aktienkäufer

5251

Welche Aussage ist richtig? Nachrichten sind ...

① Deutungen eines Zeitgeschehens
② Kommentare von Redakteuren
③ Meinungen von Nachrichtensprechern
④ aktuelle Informationen des Zeitgeschehens
⑤ persönliche Meinungen der Reporter

5252

Was versteht man unter Kommunikation?

① Austausch von Waren
② Zusammenkunft mehrerer Gruppen
③ Austausch von Meinungen in Gesprächen
④ Bildung von Meinungen in Gruppen
⑤ Forschung von Meinungen in Instituten

5253

Womit befasst sich eine Demoskopie?

① Volkszählung
② Warentest
③ Wissensvermittlung
④ Meinungsumfrage
⑤ Meinungsbildung

5254

Welche Aufgaben haben Nachrichtenagenturen?

① Sie sammeln Nachrichten und verkaufen diese
② Sie beliefern ausschließlich Tageszeitungen mit ihren Informationen
③ Sie betreiben Marktforschung
④ Sie werben für Verbrauchsgüter
⑤ Sie sammeln ausschließlich Informationen für politische Parteien

5255

Wann ist Gefahr der Manipulation in der Berichterstattung einer Zeitung gegeben?

① Der Leser äußert in Leserbriefen seine Meinung
② Der Verleger äußert in der Spalte »Kommentare« seine Meinung
③ Der größte Anzeigenkunde will Berichte nach seiner Meinung geändert haben
④ In einer Reportage werden Meinungen betroffener Bürger veröffentlicht
⑤ Die Zeitung vermeidet es, Staatsgeheimnisse zu veröffentlichen

5256

In der Bundesrepublik Deutschland ist die Pressefreiheit im Grundgesetz garantiert. Gegen welches Grundrecht würde eine Pressezensur verstoßen?

① Unverletzlichkeit des Brief-, Post- und Fernmeldegeheimnisses (Art. 10)
② Freizügigkeit (Art. 11)
③ Freiheit der Meinungsäußerung (Art. 5)
④ Versammlungsfreiheit (Art. 9)

5257

Personen können sich durch Veröffentlichungen angegriffen fühlen. Können sie eine Veröffentlichung einer Gegendarstellung beim Verursacher verlangen?

① Ja, er muss auf jeden Fall eine Gegendarstellung veröffentlichen
② Nein, er kann die Veröffentlichung ablehnen
③ Ja, aber er darf sie zur Veröffentlichung stark kürzen
④ Es liegt in der Hand des Verursachers, ob er die Gegendarstellung veröffentlicht oder nicht
⑤ Ja, aber er muss vorher den Wahrheitsgehalt der Gegendarstellung überprüfen

5258

Welche Auswirkungen hat eine Pressekonzentration auf die Zeitungsleser?

① Die Informationen werden ausführlicher
② Die Informationen werden objektiver
③ Die Informationen werden einseitiger
④ Die Zeitungen werden billiger
⑤ Die Informationen werden interessanter

5259

In der Bundesrepublik Deutschland gibt es mehrere Rundfunk- und Fernsehanstalten. Welche Rechtsstellung haben diese? Sie sind ...

① Gesellschaften mit beschränkter Haftung
② staatliche Anstalten
③ Anstalten des öffentlichen Rechts
④ private Anstalten
⑤ Gesellschaften der einzelnen Länder

5271

Welche Aufgaben haben die politischen Parteien in der Bundesrepublik Deutschland?

① Das politische Geschehen zu beeinflussen
② Mit den Gewerkschaften die Tarifverträge auszuhandeln
③ Die Bevölkerung im Auftrag der Regierung zu beeinflussen
④ Dafür zu sorgen, dass die Ziele der Staatsführung durchgesetzt werden
⑤ Radikal ihre politischen Ziele durchzusetzen

5272

Welche Grundsätze gelten für Parteien in der Bundesrepublik Deutschland?

① Sie dürfen keiner anderen Partei Stimmen wegnehmen
② Sie müssen über genügend Geldmittel verfügen
③ Sie dürfen nicht weniger als 5% der Wählerstimmen haben
④ Sie müssen in ihren Zielen der freiheitlichen demokratischen Grundordnung entsprechen
⑤ Sie müssen christlich, sozial und liberal in ihrer Grundhaltung sein

5273

Wie beginnt der Artikel 1 des Grundgesetzes?

① Das Recht auf körperliche Unversehrtheit muss garantiert sein ...
② Die Ehe und Familie steht unter dem Schutz des Staates ...
③ Die Würde des Menschen ist unantastbar ...
④ Jeder Bürger kann seine Meinung frei äußern ...
⑤ Das Grundgesetz garantiert die freie Entfaltung der Persönlichkeit eines jeden Bürgers

5274

Was verstehen Sie unter dem Petitionsrecht, das jedem Bürger nach dem Grundgesetz zusteht?

① Sich um Strafmilderung an den Bundespräsidenten wenden
② Die Entscheidungen der öffentlichen Verwaltung beim Verwaltungsgericht überprüfen lassen
③ Das Recht, sich durch einen Anwalt vertreten zu lassen
④ Sich mit Bitten oder Beschwerden an die Volksvertretung zu wenden
⑤ Die Entscheidung eines Gerichts durch ein anderes übergeordnetes Gericht überprüfen zu lassen

5275

Welche Inhalte könnten die Programme politischer Parteien haben?

① Programmatische Aussagen, die für längere Zeit Gültigkeit haben sollen
② Spontane Äußerungen der Wähler
③ Vordringliche Aufgaben, die die Regierung zu erfüllen hat
④ Zielvorstellungen einflussreicher Persönlichkeiten aus Industrie und Handel

5276

Unter welchen Voraussetzungen kann eine Partei in Deutschland verboten werden?

① Wenn die Mehrheit der Mitglieder radikal ist
② Wenn ihre Ziele gegen die freiheitliche demokratische Grundordnung verstoßen
③ Wenn sich die Partei politisch passiv verhält
④ Wenn die Mehrheit von einer kommunistischen Partei gefördert wird

5277

Der Artikel 21 im GG regelt Organisation, Aufgabe und Finanzierung der Parteien, welche Aussage kann nicht stimmen?

① Die Parteien wirken bei der politischen Willensbildung des Volkes mit
② Die Gründung der Parteien ist frei
③ Die Ordnung der Parteien muss der freiheitlichen demokratischen Grundordnung entsprechen
④ Das Bundesverfassungsgericht entscheidet über die Verfassungswidrigkeit einer Partei
⑤ Parteien brauchen über die Herkunft ihrer Gelder öffentlich keine Rechenschaft abzulegen

5278

Warum besteht in demokratischen Staaten Gewaltenteilung?

① Um die Staatsbürger kontrollieren zu können
② Um die Parlamente zu schützen
③ Um die Staatsorgane kontrollieren zu können
④ Um die Staatsbetriebe kontrollieren zu können
⑤ Um die Regierung schützen zu können

5281

Welche Bedingungen müssen Wahlen gemäß dem geltenden Wahlrecht in der Bundesrepublik erfüllen?

① Der Wahlberechtigte hat Wahlpflicht
② Die Wahl hat nach den Grundsätzen der Gleichheit, Freiheit und Brüderlichkeit zu erfolgen
③ Die Wahl muss allgemein, gleich, unmittelbar, geheim und frei erfolgen
④ Wähler müssen an Wahlversammlungen teilnehmen

5282

Wer muss die endgültige Unterschrift unter die Ausfertigung eines Bundesgesetzes setzen?

① Der Bundestagspräsident
② Der oder die Fachminister
③ Der Bundeskanzler
④ Der Bundespräsident
⑤ Der Präsident des Verwaltungsgerichtes

5283

Welche der genannten Bedingungen muss ein Wähler bei der Ausübung seines Wahlrechts nicht erfüllen?

① Er muss schuldenfrei sein
② Er muss das Wahlalter erreicht haben
③ Er muss im Vollbesitz seiner geistigen Kräfte sein
④ Er muss die Deutsche Staatsangehörigkeit besitzen
⑤ Er muss im Besitz der bürgerlichen Ehrenrechte sein

5284

Wer entscheidet über die Aufstellung der Kandidaten in einem Wahlkreis?

① Der Parteivorsitzende einer Partei
② Eine Versammlung der wahlberechtigten Bürger des Wahlkreises
③ Eine paritätisch aus Frauen und Männern zusammengesetzte Versammlung von wahlberechtigten Bürgern des Wahlkreises
④ Eine Versammlung von wahlberechtigten Parteimitgliedern
⑤ Das Ergebnis einer demoskopischen Umfrage in der Bevölkerung

5285

Wie kann ein Bundesgesetz in Kraft treten?

① Wenn der Bundespräsident es unterzeichnet hat
② Wenn der Bundesrat das Gesetz verabschiedet hat
③ Nachdem die dritte Lesung im Bundestag erfolgt ist
④ Nachdem es im Bundesgesetzblatt veröffentlicht ist

5286

Was versteht man unter passivem Wahlrecht?

① Der Staatsbürger darf zur Wahl gehen
② Der Staatsbürger kann sich wählen lassen
③ Der Staatsbürger verhält sich passiv und geht nicht zur Wahl
④ Hier haben nur Parteimitglieder das Recht zu wählen

5287

Welche Aufgabe gehört nicht zu den Aufgaben des Bundestages?

① Verabschiedung von Gesetzen
② Wahl des Bundeskanzlers
③ Kontrolle der Gerichte
④ Wahl des Wehrbeauftragten

5288

Wer hat die gesetzgebende Gewalt (Legislative) in der Bundesrepublik Deutschland?

① Der Bundestag
② Die Bundesregierung
③ Der Bundesgerichtshof
④ Das Bundesverfassungsgericht

5289

Auf welchem Gebiet haben nur die Länder Gesetzgebungsrecht?

① Landesverteidigung
② Schulwesen
③ Bundesbahn und Luftverkehr
④ Währung
⑤ Fernmeldewesen

5290

Wer ist berechtigt, Gesetzesvorlagen im deutschen Bundestag einzureichen?

① Jeder wahlberechtigte Staatsbürger
② Gesellschaften öffentlichen Rechts
③ Berufsverbände wie Gewerkschaften
④ Der Bundespräsident
⑤ Die Bundesregierung

5291

Wie nennt man die Vereinigung von Mitgliedern des Deutschen Bundestages, die einer gleichen Partei angehören?

① Plenum
② Fachausschuss
③ Koalition
④ Fraktion
⑤ Parlament

5292

Wem gegenüber ist ein Abgeordneter des Bundestages nach dem Grundgesetz nur verantwortlich oder verpflichtet?

① Seinem Gewissen
② Seinen heimlichen Geldgebern
③ Dem Parteivorsitzenden
④ Seiner Fraktion

5293

Was versteht man unter »Immunität« bei Abgeordneten?

① Abgeordnete genießen einen besonderen Schutz gegen Krankheiten
② Sie sind befreit von der Steuerschuld
③ Sie müssen bei Überprüfungen unbekannt bleiben
④ Sie haben als Abgeordneter kein Wahlrecht
⑤ Sie sind nur in Ausnahmefällen der Gewalt der Polizei und der Gerichte unterworfen

5294

Was versteht man unter dem »imperativen Mandat«?

① Der Abgeordnete ist der Gruppe verantwortlich, die ihn gewählt hat
② Der Abgeordnete ist nur seinem Gewissen gegenüber verantwortlich
③ Der Abgeordnete ist einem Interessenverband gegenüber verantwortlich
④ Der Abgeordnete hat auf die Weisungen des Parteivorsitzenden zu achten

5295

Welche Aufgaben hat der Bundesrechnungshof?

① Er errechnet den Verteilerschlüssel zum Finanzausgleich der Länder
② Er berät den Finanzminister bei der Aufstellung seines Haushaltsplanes
③ Er ist für die Zahlung aller Rechnungen zuständig, die bei Bundesbehörden eingehen
④ Er überprüft die Haushaltspläne nach Ablauf eines Kalenderjahres auf die ordnungsgemäße Erfüllung hin

5296

Wer bestimmt die Mitglieder des Bundesverfassungsgerichts?

① Der Bundeskanzler
② Der Bundesrat
③ Der Bundespräsident
④ Der Bundestag
⑤ Der Bundesrat und Bundestag je zur Hälfte

5297

Wer ist bei der Wahl des Bundeskanzlers stimmberechtigt?

① Nur die Mitglieder des Deutschen Bundestages
② Nur die wahlberechtigten Bürger im ganzen Bundesgebiet
③ Nur die Fraktionen der Parteien, die in der letzten Bundestagswahl gewonnen haben
④ Die Mitglieder des Bundestages und des Bundesrates je zur Hälfte

5298

Wer bestimmt nach Art. 65 GG die Richtlinien der Politik und trägt die Verantwortung dafür?

① Der Bundespräsident
② Die Bundesversammlung
③ Der Bundeskanzler
④ Die größte Fraktion im Bundestag
⑤ Die Bürgerinitiativen

5299

Welche Hauptaufgabe hat das Bundespresseamt?

① Nachrichten aus aller Welt zu beschaffen
② Die objektive Berichterstattung in Zeitungen zu überwachen
③ Die Interessen der Zeitungsverleger zu vertreten
④ Die Öffentlichkeit über die politischen Aktivitäten der Bundesregierung zu unterrichten

5301

Seit wann sind in Deutschland Frauen wahlberechtigt?

① 1848
② 1919
③ 1933
④ 1945
⑤ 1949

5302

Was versteht man unter »Industrieller Revolution«?

① Die Vorbereitung der Lehren von Lenin und Marx
② Den Aufstand der Weber im 19. Jahrhundert
③ Die Einführung der Kernenergie
④ Den sprunghaften Anstieg industrieller Massenproduktion im 19. Jahrhundert
⑤ Die Revolution in Frankreich um 1848

5303

In welchem Land begann die industrielle Revolution?

① England
② Frankreich
③ Deutschland
④ Amerika
⑤ Russland

5304

Wer hat in Deutschland das System der sozialen Marktwirtschaft eingeführt?

① Ebert
② Stresemann
③ Bismarck
④ Brandt
⑤ Erhardt

5305

Welche Vorteile hat die Fließfertigung bei der Massenproduktion?

① Verbesserung des Betriebsklimas
② Möglichkeit rationeller Fertigung
③ Bessere Aufstiegschancen der Beschäftigten
④ Man muss bei der Arbeit nicht viel denken

5306

Wie nennt man eine Fertigung, bei der die menschliche Arbeitskraft fast ganz durch Maschinen und Vorrichtungen ersetzt wurde?

① Mechanische Fertigung
② Handwerkliche Fertigung
③ Fließfertigung
④ Automation
⑤ Manufaktur

5307

Welche der genannten Merkmale treffen für einen demokratischen Rechtsstaat zu?

① Gerichte sind an Weisungen der Regierung gebunden
② Die Staatsgewalt geht vom Volke aus (Einparteiensystem)
③ Entscheidungen über Verfassungsstreitigkeiten hat die Regierung
④ Wahrung der Menschenrechte, Mehrparteiensystem
⑤ Gleichheit aller Bürger vor dem Gesetz, Parlamentswahlen durch Einheitslisten

5308

Welche Aussage trifft für totalitäre Staaten zu?

① Gewaltenteilung durch Exekutive, Legislative und Judikative
② Der Staat sind wir, darum braucht er alle Macht
③ Einhaltung der Menschenrechte ist ein Grundrecht
④ Die Regierung wird nach demokratischen Grundsätzen frei und geheim vom Volk gewählt

5309

Wie nennt man die Staatsform in Deutschland von 1919 bis 1933?

① Republik
② Monarchie
③ Demokratie
④ Diktatur
⑤ Präsidialdemokratie

5310

In welchem Land kann man die Staatsform als Monarchie bezeichnen?

① Schweden
② Österreich
③ Italien
④ Frankreich
⑤ Schweiz

5311

Wann wurde unter Kanzler Bismarck das 2. Deutsche Reich gegründet?

① 1848
② 1866
③ 1871
④ 1914
⑤ 1933

5312

Wodurch wurde der 1. Weltkrieg (1914–1918) beendet?

① Frieden von Paris
② Vertrag von Rapallo
③ Wiener Kongress
④ Vertrag von Versailles
⑤ Westfälischer Frieden

5313

Wann kam Hitler an die Macht?

① 1927
② 1933
③ 1939
④ 1919
⑤ 1949

5314

Wer war der erste Reichspräsident der Weimarer Republik?

① Brüning
② von Papen
③ Hindenburg
④ Ebert
⑤ Stresemann

5315

Von wann bis wann dauerte der 2. Weltkrieg?

① von 1914 bis 1918
② von 1933 bis 1945
③ von 1939 bis 1948
④ von 1939 bis 1945
⑤ von 1945 bis 1948

5316

Durch welche Maßnahme konnte Hitler seine Macht erheblich ausbauen?

① Durch Koalition mit anderen Parteien im Reichstag
② Durch Fälschung von Wählerstimmen
③ Durch Einführung des Ermächtigungsgesetzes
④ Durch Propagandareden im Reichstag
⑤ Durch Verbreitung der Rundfunkempfänger

5317

Welche Bedeutung hatte der Mai 1949 für die Bundesrepublik Deutschland?

① Das Grundgesetz trat in Kraft
② Die Währungsreform wurde durchgeführt
③ Die Berliner Mauer wurde gebaut
④ Der 2. Weltkrieg war nun beendet
⑤ Keine der Antworten ist richtig

5318

Welches Ereignis steht für den 17. Juni 1953 in den deutschen Geschichtsbüchern?

① Einführung der Deutschen Mark (Währungsreform)
② Attentat während der Olympischen Spiele in München
③ Aufhebung der Berliner Blockade
④ Beitritt der Bundesrepublik Deutschland zur Nato
⑤ Aufstand der Arbeiter in der ehemaligen DDR

5319

Zuordnungsaufgabe:
Ordnen Sie die Landeshauptstädte (a bis e) den genannten Bundesländern (1 bis 5) zu.

① Schleswig-Holstein   a) Wiesbaden   ①_____
② Nordrhein-Westfalen   b) Dresden   ②_____
③ Thüringen   c) Kiel   ③_____
④ Sachsen   d) Düsseldorf   ④_____
⑤ Hessen   e) Erfurt   ⑤_____

5320

Welche Bedeutung hat der 3.10.1990 für Deutschland?

① Deutschland wird Fußballweltmeister
② Offizielle Wiedervereinigung Deutschlands
③ Abriss der Berliner Mauer
④ Freier Reiseverkehr zwischen DDR und Bundesrepublik
⑤ Abzug der Siegermächte aus Deutschland

Prüfungsbuchreihe Bautechnik

Prüfungsbuch HOCHBAU

Lösungen

Hinweise:

1. Die Lösungen sind je nach Komplexität in drei Arten aufbereitet:
   - Aufgabentext – Lösungsnummer – Lösung
   - Aufgabentext – Lösungsnummer – Lösungshinweis – Lösung
   - Aufgabentext – Lösungsnummer – vollständige Lösungsansätze – Lösung

2. Die Reihenfolge der Lösungen auf einer Seite ist nicht immer fortlaufend.

3. Am Ende des Lösungsteils sind Vorschläge für Leistungskontrollen in den ersten sechs Lernfeldern gemäß Verordnung über die Berufsausbildung in der Bauwirtschaft bzw. für Dachdecker / Dachdeckerin zusammengestellt.

4. Eine Kopiervorlage für Leistungskontrollen mit Antwort-Auswahl-Aufgaben ist auf der letzten Seite bereitgestellt.

1001

Wie groß muss der Sicherheitsabstand bei Arbeiten in der Nähe von Hochspannungsleitungen mit unbekannter Spannung sein?

⑤ 5 m

1002

An welcher Stelle müssen die Unfallverhütungsvorschriften (UVV) auf der Baustelle vorhanden sein?

④ An einer für jeden Beschäftigten zugänglichen und sichtbaren Stelle

1003

Welche Aussage über die persönliche Schutzausrüstung auf Baustellen ist falsch?

② Schutzhelme müssen immer getragen werden

1004

Welche Aussage über Alkoholgenuss auf der Baustelle ist zutreffend?

② Alkoholgenuss ist grundsätzlich verboten

1005

Welche Folgen hat es für einen Arbeiter, wenn er bei einem Arbeitsunfall Verletzungen erleidet, die nur durch das Fehlen der persönlichen Schutzausrüstung entstanden sind?

⑤ Die Berufsgenossenschaft übernimmt keine Leistungen

1006

Wer darf kleine Reparaturen an Elektrogeräten auf der Baustelle durchführen?

① Nur ein entsprechend ausgebildeter Elektrofachmann

1007

Was ist die Bauberufsgenossenschaft?

② Die gesetzliche Unfallversicherung

1008

Was ist das Gewerbeaufsichtsamt?

④ Eine staatliche Behörde

1009

Wer ist für den vorschriftsmäßigen Zustand der Maschinen und Einrichtungen im Betrieb verantwortlich?

① Der Unternehmer

1010

Welche Aussage über Gerüste ist falsch?

④ Bei Arbeiten auf Gerüsten müssen Rettungsgurte angelegt werden

1011

Welche Aussage über elektrische Geräte ist falsch?

③ Schadhafte elektrische Geräte dürfen nur benutzt werden, wenn keine spannungsführenden Teile zugänglich sind

1012

Welche Aussage über den Umgang mit Gefahrstoffen auf Baustellen ist zutreffend?

③ Der Arbeitgeber hat eine Betriebsanweisung über den Umgang mit Gefahrstoffen in verständlicher Form zu erstellen, also in der Sprache der Beschäftigten

1013

Welcher der genannten Stoffe ist kein Gefahrstoff im Sinne der Gefahrstoffverordnung?

⑤ Frischbeton

1014

Wie ist die Gefahr durch einstürzende Baugruben einzuschätzen? 1 m³ Erde entspricht etwa der Masse ...

④ ... eines Kleinbusses (2000 kg)

1015

Welche Aussage zur Unfallverhütung ist richtig?

② Leichtsinn ist kein Mut, Vorsicht keine Angst

1017

Welche Höhe h müssen die Leiterholme einer Anlege-
leiter über den Leiteraustritt mindestens hinausragen,
um die Unfallverhütungsvorschriften einzuhalten und
damit einen sicheren Austritt zu gewährleisten?

③ 1,0 m

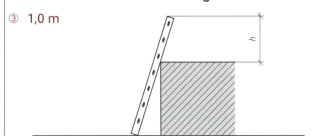

1018

Ab welcher Höhe h müssen Gerüste über festem
Boden seitliche Absturzsicherungen erhalten?

② ab 2,00 m

1019

Welches der Symbole auf einem Elektrogerät besagt,
dass das Gerät wasserdicht ist?

④ Symbol C

1020

Ab welcher Höhe h muss eine seitliche Absturzsicherung an Treppenläufen angebracht sein?

② 1,0 m

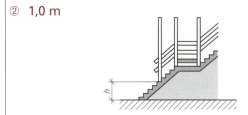

1021

Ab welcher Arbeitsplatzhöhe h auf Dächern müssen
Fanggerüste angebracht werden?

③ 5 m

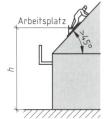

1025u

Was ist in Bezug auf Körperschutz auf Baustellen zu beachten?

1. Grundsätzlich sind immer Sicherheitsschuhe zu tragen
2. Wenn mit herabfallenden Gegenständen zu rechnen ist, muss ein Schutzhelm getragen werden
3. In der Nähe von beweglichen Maschinenteilen ist eng anliegende Kleidung zu tragen
4. Wenn mit Splittern, Funken oder Spritzern ätzender Flüssigkeiten zu rechnen ist, muss eine Schutzbrille getragen werden
5. Wenn mit verdünnter Säure gearbeitet wird, müssen Gummihandschuhe und Gummischürze getragen werden

1026u

Welche Wirkungen hat elektrischer Strom auf den menschlichen Körper? Nennen Sie mindestens 4 Stichworte.

1. Muskelverkrampfung
2. Verbrennungen
3. Störung des Gleichgewichts
4. Schockwirkung
5. Bewusstlosigkeit
6. Herz- und Atemstillstand

1027u

Welche vier Sofortmaßnahmen sind bei einem Stromunfall zu ergreifen?

1. Strom abschalten, noch bevor der Verletzte berührt wird
2. Bei Atemstillstand sofort künstlich beatmen
3. Um Hilfe rufen und die Beatmung nicht unterbrechen
4. Notruf verständigen, damit ein Rettungsfahrzeug kommen kann

1028u

Was muss man tun, wenn man einen Schaden an einer elektrischen Einrichtung entdeckt?

1. Strom im betroffenen Bereich abschalten, bzw. Stecker ziehen
2. Elektrofachmann für die Reparatur verständigen

1029u

Wie muss eine Treppenöffnung im Rohbau gesichert werden?

1. Standfestes Geländer rings um die Öffnung
2. Bordbrett am Boden

1030u

Welche Vorschriften sind beim Einsatz von Anlegeleitern einzuhalten?

1. Sie müssen mindestens 1 m über den Austritt hinaustragen
2. Der Anstellwinkel soll etwa 70° betragen (Ellbogenregel)
3. Die Austrittssprosse soll auf der Höhe des Gerüstbelages liegen
4. Leitern sind gegen Ausgleiten, Einsinken, Durchbiegen und Umkippen zu sichern
5. Auf Gerüsten dürfen Leitern zum Transport von Lasten höchstens durch zwei Gerüstlagen reichen

1031u

Welche allgemeinen Grundregeln sind zur Vermeidung von Unfällen einzuhalten?

1. Ordnung am Arbeitsplatz halten
2. Körperschutz anlegen, persönliche Schutzausrüstung
3. Nicht unter schwebenden Lasten aufhalten
4. Nur einwandfreies Werkzeug benutzen
5. Sicherheitsmängel sofort melden
6. Sicherheitsanweisungen beachten
7. Kein Alkohol am Arbeitsplatz

1032u

Welche Arten Gerüste werden unterschieden?

1. Arbeitsgerüste   2. Schutzgerüste   3. Traggerüste

1033u

Benennen Sie die Teile des dargestellten Gerüstes!

① Geländerholm
② Zwischenholm
③ Bordbrett
④ Zwischenquerriegel
⑤ Querverstrebung
⑥ Längsverstrebung
⑦ Fußplatte
⑧ Ständer
⑨ Querriegel
⑩ Längsriegel
⑪ Gerüstbelag
⑫ Gerüstfeld

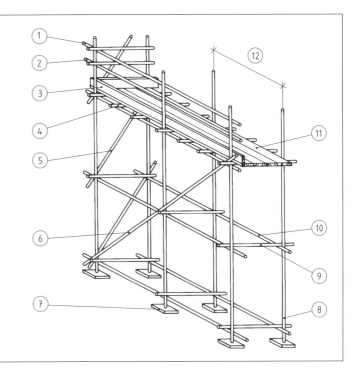

1034u

Welche Vorschriften müssen bei Arbeiten auf Gerüsten beachtet werden?

1. Gerüste dürfen vor der Fertigstellung nicht benutzt werden
2. Gerüste dürfen nicht überlastet werden
3. Lasten müssen möglichst gleichmäßig verteilt werden
4. Die Betriebssicherheit muss überwacht werden
5. Von Gerüstlagen darf nicht abgesprungen werden

1041

In welcher Auswahlantwort sind nur Rohstoffe für die Herstellung von Bauglas aufgelistet?

③ Quarzsand, Soda, Kalk

1042

Welche Eigenschaft trifft auf Glas nicht zu?

① kristallin

1043

Welche Gläser werden heutzutage in der Regel als Fensterscheiben eingebaut?

⑤ Mehrscheiben-Isoliergläser aus Spiegelglas

1044

Welche Aussage trifft auf Isolierglas zu?

② Es besteht aus mindestens zwei Scheiben aus Flachglas im Abstand von rund 15 mm

1051u

Beschreiben Sie kurz die Herstellung von Bauglas.

Die Rohstoffe Quarzsand, Soda oder Glaubersalz, Kalkstein und Dolomit werden aufbereitet, fein gemahlen, miteinander vermischt und bei rund 1500 °C geschmolzen. Nach der Abkühlung auf etwa 1000 °C kann die dickflüssige Glasschmelze mit verschiedenen Verfahren geformt werden.

1052u

Nennen Sie drei Verfahren zur Formgebung bei der Herstellung von Bauglas.

Ziehverfahren, Float- oder Schwimmverfahren, Gieß- oder Walzverfahren, Pressverfahren, Schäumverfahren.

1053u

Beschreiben Sie kurz den Aufbau von Isolierglas und nennen Sie den Vorteil von Isolierglas gegenüber einfachem Fensterglas.

Isolierglas besteht aus mindestens zwei Scheiben im Abstand von 12 mm bis 16 mm. Der Raum zwischen den Scheiben ist luftdicht verschlossen und in der Regel mit trockener Luft gefüllt. Durch die eingeschlossene Luft sinkt der Wärmeverlust gegenüber Einfachverglasungen auf etwa die Hälfte.

1101

Welche chemische Bezeichnung hat Kalkstein?

③ Calciumcarbonat $CaCO_3$

1102

Welcher Baukalk ist ein Luftkalk?

⑤ CL 70

1103

Welche Bedeutung hat die Zahl 5 beim hydraulischen Kalk HL 5?

④ Druckfestigkeit in N/mm^2 nach 28 Tagen

1104

Mit welchem Kurzzeichen werden Gipskarton-Putzträgerplatten gekennzeichnet?

③ GKP

1105

Wann beginnt und endet das Erstarren von Normzementen?

	Erstarrungsbeginn (in h)	Erstarrungsende (in h)
④	1	12

1106

Welche Sackfarbe und Farbe des Aufdrucks hat die Zementfestigkeitsklasse 42,5 R?

	Sackfarbe	Farbe des Aufdrucks
②	grün	rot

1107

Was bedeutet die Zusatzkennzeichnung R bei der Zementart Portlandzement CEM I 32,5 R – HS?

③ Höhere Anfangsfestigkeit

1108

Mit welchem Gerät wird der Versteifungsbeginn bei Baugipsen überprüft?

① Nadelgerät (Vicatgerät)

1109

Welche Aussage über die Verwendung von Gipsarten ist richtig?

⑤ Putzgips wird für Innenputz- und Rabitzarbeiten verwendet

1111

Welche Mörtelgruppe (MG) gehört zum Mischungsverhältnis 1 : 1 : 6?

③ MG IIa

1112

Welches Bindemittel eignet sich nicht für Mauermörtel?

③ Gips

1113

Welchen Korndurchmesser darf der Zuschlag (Sand) von Mörtel höchstens haben?

④ 4 mm

1114

Welche Putzmörtelgruppe (P) hat die Abkürzung PIIb?

③ Kalkzementmörtel

1115

Welche Mörtelgruppe hat die größte Druckfestigkeit?

③ MG IIIa   Zementmörtel

1116

Mit welchem Mischungsverhältnis wird die Putzmörtelgruppe PIII (ohne Luftkalk) hergestellt?

② 1 : 3

1117

Aus Gipssandmörtel soll ein Innenputz hergestellt werden. Welches Mischungsverhältnis ist dazu notwendig?

② 1 : 2

1118

Wie dick muss im Allgemeinen mindestens ein Außenputz sein?

③ 20 mm

1119

Welche Putzregel ist richtig?

② Glatter Putzgrund ist aufzurauhen

1120

Welche Bedeutung hat die Zahl 40 hinter der Zementestrichart ZE 40?

① Festigkeitsklasse in N/mm^2

1141

Welche zwei Eigenschaften sind für die Verwendung von natürlichen Mauersteinen besonders wichtig?

③ Druckfest/witterungsbeständig

1142

Zum Mauern einer tragenden Wand werden Mauerziegel im Format NF verarbeitet. Welche Abmessungen in cm haben diese Ziegel?

③ $24 \times 11,5 \times 7,1$

1143

Welches Mauerziegelformat ist hier abgebildet?

④ 2 DF

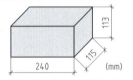

1152

Welche Schicht aus NF-Mauerziegeln ist hier dargestellt?

⑤ Läuferschicht

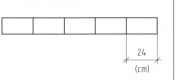

1144

Welcher Mauerziegel wird mit dem Kurzzeichen KHlz gekennzeichnet?

① Hochlochklinker

1145

Was bedeutet die Zahl 12 bei der Bezeichnung des Mauerziegels VMZ-12-1,8-NF?

③ Druckfestigkeit   in N/mm²

1146

Was bedeutet die Zahl 1,8 bei der Bezeichnung des Mauerziegels VMZ-12-1,8-NF?

④ Rohdichte   in kg/dm³

1147

Welche Bedeutung hat die Zahl 4 bei der Kennzeichnung G4 von Gasbetonsteinen?

③ Mindestwert der Druckfestigkeit   in N/mm²

1148

Die Grundeinheit der Maßordnung im Mauerwerksbau ist 1 am. Welches Maß wird dadurch gekennzeichnet?

④ 12,5 cm

1149

Welcher Stein ist ein gebrannter Mauerstein?

② Mauerziegel

1150

Welcher Stein ist ein ungebrannter Mauerstein?

① Porenbetonstein

1151

Für welches Steinformat ist das Überbindemaß von 4,5 cm vorgeschrieben?

① DF

1153

Welches Mauerziegelformat ist ein Vorzugsformat?

① 3 DF

1154

Wie dick sind Lagerfugen bei Mauerwerk aus 2 DF-Mauerziegeln?

③ 1,2 cm

1155

Welcher Mauerziegel ist hier dargestellt?

② HlzB

1158

Welcher Regelverband ist hier abgebildet?

③ Binderverband

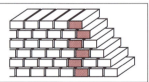

1156

Welche Höhe hat ein Pfeiler aus 18 NF-Mauerwerksschichten?

④ 1,50 m

1157

Wie dick sind Stoßfugen bei Mauerwerk aus NF-Mauerziegeln?

③ 1,0 cm

1159

Welche Mindestdicke müssen Außenwände aus Mauerziegeln haben?

① 11,5 cm

1160

Welcher Regelverband hat eine Wanddicke von 1/2-Stein?

④ Läuferverband

1171u

Was sind Bindemittel?

Bindemittel sind Baustoffe, die durch Zugabe von Wasser feste Körper (z. B. Zuschläge, Mauersteine) miteinander verbinden.

1172u

Welche Zementarten werden in der Bauwirtschaft verwendet und welche Benennungen und Kurzzeichen haben sie?

Zementart	Benennung	Kurzzeichen
CEM I	Portlandzement	CEM I
CEM II	Portlandhüttenzement	CEM II / A-S CEM II / B-S
	Portlandpuzzolanzement	CEM II / A-P CEM II / B-P
	Portlandflugaschezement	CEM II / A-V
	Portlandölschieferzement	CEM II / A-T CEM II / B-T
	Portlandkalksteinzement	CEM II / A-L
	Portlandflugaschehüttenzement	CEM II / B-SV
CEM III	Hochofenzement	CEM III / A CEM III / B

1175u

Für welche Baumaßnahmen werden Luftkalke und hydraulische Kalke verwendet?

Baukalke	Anwendung
Luftkalk	– Nicht tragendes Mauerwerk – Innenputz
Hydraulischer Kalk	– Stärker tragendes Mauerwerk – Innen- und Außenputz

1177u

Was sind Hydraulefaktoren und welchen Einfluss haben sie auf Wasserkalke?

Hydraulefaktoren sind
- Aluminiumoxid (Al_2O_3),
- Eisenoxid (Fe_2O_3) und Siliciumdioxid (SiO_2).

Hydraulefaktoren sind besonders im Ton enthalten (über 10%). Sie bewirken bei den Wasserkalken Erhärtung auch unter Wasser.

1178u

Was versteht man unter dem »Kreislauf des Kalkes«?

»Kreislauf des Kalkes« bedeutet der Herstellungsweg des Kalkes vom natürlichen Kalkstein ($CaCO_3$) bis zum künstlichen Kalkstein ($CaCO_3$).

Das frei werdende Wasser bleibt zunächst als Baufeuchte im Mauerwerk und trocknet langsam aus. Durch Zufuhr von Wärme und Kohlenstoffdioxid (CO_2) kann der Erhärtungsvorgang (Abbindevorgang des Mörtels und das Austrocknen des Bauwerks beschleunigt werden.
Nach der vollständigen Erhärtung ist aus dem Mörtel ein künstlicher Stein entstanden, der in seiner Zusammensetzung den Ausgangsrohstoffen entspricht.

1173u

Wie werden die einzelnen Festigkeitsklassen von Normzementen nach Kennfarbe (Grundfarbe des Sackes oder des Lieferscheins) und Farbe des Aufdruckes unterschieden?

Kennfarben für Zementsäcke und Farben des Aufdrucks:

Festigkeitsklasse	Kennfarbe	Farbe des Aufdrucks
32,5	hellbraun	schwarz
32,5 R		rot
42,5	grün	schwarz
42,5 R		rot
52,5	rot	schwarz
52,5 R		weiß

1174u

Was sind Baukalke?

Baukalke sind Bindemittel für Mauer- und Putzmörtel.

1176u

Wie erhärten Luftkalke und hydraulische Kalke?

Luftkalke erhärten nach dem Anmachen nur an der Luft durch Aufnahme von Kohlendioxid. Hydraulische Kalke erstarren und erhärten auch unter Wasser.

1179u

Was sind Baugipse?

Baugipse sind nichthydraulische Bindemittel. Sie werden aus Gipsstein hergestellt.

1181u

Was ist beim Anmachen von Gips zu beachten?

Beim Anmachen von Baugips ist immer der Gips in das Anmachwasser einzustreuen und nicht umgekehrt. Dadurch werden die Gipsteilchen mit Wasser vollständig benetzt und ein optimaler Erhärtungsprozess ist möglich.

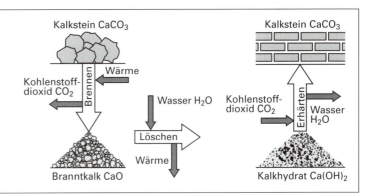

1180u

Welche Eigenschaften und Verwendungsmöglichkeiten haben die verschiedenen Baugipsarten?

	Baugipsarten	Eigenschaften	Verwendung
Baugipse ohne Zusätze	Stuckgips	schnelle Versteifung kurze Verarbeitungsdauer	Stuck- und Rabitzarbeiten, Zusatz zu Kalkmörtel, Herstellung von Gipsbeton-Bauplatten
	Putzgips	schnelle Versteifung längere Verarbeitungsdauer	Innenputz, Rabitzarbeiten
Baugipse mit Zusätzen	Fertigputzgips Haftputzgips	langsame Versteifung auf Putzgrund gut haftend	Innenputz
	Maschinenputzgips	speziell für maschinelle Verarbeitung	
	Ansetzgips Fugengips Spachtelgips	langsames Versteifen, sehr hohes bis erhöhtes Wasserrückhaltevermögen	Ansetzen, Verbinden, Verfugen und Verspachteln von Gipskarton-Bauplatten

1182u

Warum dürfen Zemente und Baugipse nicht miteinander gemischt werden?

Baugipse dürfen nicht mit Zementen gemischt werden, da sie eine Volumenvergrößerung (»Sulfattreiben«) im Zement verursachen, die zur Rissbildung im erhärteten Zement führt.

1184u

Was versteht man unter Mörtel?

Mörtel sind Gemenge aus mineralischen Bindemitteln (z.B. Kalk, Zement), mineralischen Zuschlägen (Sand bis 5 mm Korndurchmesser) und Anmachwasser.
Bindemittel + Sand + Wasser → Mörtel

1185u

Welche Mörtelarten unterscheidet man nach ihrem Anwendungsbereich?

- Putzmörtel
- Mauermörtel
- Estrichmörtel
- Fugenmörtel
- Einpressmörtel

1186u

Was versteht man unter Trockenmörtel?

Trockenmörtel ist ein im Werk vorgemischter Mörtel. Dieser Mörtel wird in Säcken geliefert und besteht aus Zuschlägen (Sand) und Bindemitteln.

1187u

Für welche Baumaßnahmen wird Kalkzementmörtel verwendet?

Mörtelgruppen (MG)	Anwendung (Auswahl)
MG II, MG IIa	Belastetes Mauerwerk – als Innen- und Außenwände – Schornsteine, Verblendmauerwerk, Außenschalen → nicht für Gewölbe und bewehrtes Mauerwerk

1188u

Was versteht man unter »Mörtelausbeute«?

Mörtelausbeute (MA)

Wird dem Trockenmörtel (Sand und Bindemittel) das Anmachwasser zugemischt, so verringert sich das Volumen insgesamt.

Es entsteht Fertigmörtel.

Die nach dem Mischen verbleibende Mörtelmenge wird als Mörtelausbeute (MA) bezeichnet.

$$MA = \frac{Volumen\ (Fertigmörtel)}{Volumen\ (Trockenmörtel)} \cdot 100\%$$

1189u

Wie wird das Baunennmaß eines 2,50 m hohen eingebauten Mauerwerks bestimmt?

Baunennmaß für eingebautes Mauerwerk

$N = R + F$ F = Dicke der Lagerfuge bei NF-Mauerziegeln

$N = n \cdot H + F$ F = 1,23 cm

N = 30 · (8,33) cm + 1,23 cm
N = 251,13 cm
N = 2,51 m

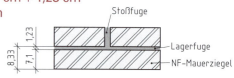

1190u

Welche Aufgaben haben die Mörtelfugen im Mauer-werk zu erfüllen?

- den vorgeschriebenen Mauerwerksverband zu gewährleisten
- eine ausreichende Druckfestigkeit zu sichern
- einen Höhen- und Längenausgleich zu garantieren

1191u

Welche Höhen haben die Vorzugsformate DF, NF, 2DF, 3DF bei den Mauerziegeln?

Format	DF	NF	2DF	3DF
Höhe (cm)	5,2	7,1	11,3	11,3

1192u

Welche Mauerziegelformate gehören zu Vorzugs-formaten?

Vorzugsformate sind: DF, NF, 2DF, 3DF

1196u

Wie werden Mauerziegel hergestellt?

– aus einem Gemisch von Ton und Lehm geformt
– bei ca. 100 °C getrocknet und
– bei 900 °C bis 1200 °C gebrannt,
– Klinker werden bis zur Sinterung bis 1500 °C gebrannt

1193u

Welche Maße hat ein NF-Läufer als

- – 1-Stein (Ganzer)
- – 3/4-Stein (Dreiviertelstein)
- – 1/2-Stein (Halber)
- – 1/4-Stein (Viertelstein)?

Maße (in cm) von Teilstücken eines NF-Läufers:

1-Stein   3/4-Stein

1/2-Stein   1/4-Stein

1194u

Welche 4 Verbandsregeln sind für ein fachgerechtes Mauerwerk einzuhalten?

- Mauerflächen sind lot- und fluchtgerecht zu mauern
- Mauerschichten müssen waagerecht liegen
- Es ist vollfugig zu mauern und es sind möglichst viele ganze Steine zu vermauern
- Das Mindestmaß der Überbindung ist ü = 0,4 x h (h = Steinhöhe), jedoch mindestens 4,5 cm

1195u

Welche Unterschiede bestehen zwischen Vollziegeln und Hochlochziegeln bezüglich des Gesamtlochanteils?

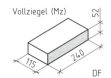  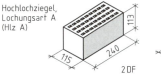 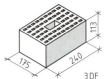

Vollziegel (Mz) haben einen Gesamtlochanteil von höchstens 15 % in der Lagerfläche.

Hochlochziegel (Hlz) haben einen Gesamtlochanteil von mindestens 15 % in der Lagerfläche.

1197u

Wie werden Kalksandsteine hergestellt?

Kalksandsteine werden aus einem Gemisch von Branntkalk (CaO), Sand und Wasser geformt, gepresst und bei 160 °C bis 220 °C unter Dampfdruck erhärtet.

1198u

Aus welchen Bestandteilen bestehen Leichtbetonsteine?

Leichtbetonsteine bestehen aus
- mineralischen Zuschlägen mit porigem Gefüge (z. B. Bims, Ziegelsplitt, Lavaschlacke) und
- hydraulischen Bindemitteln (oft Zement)

1199u

Welche Steinarten werden bei Leichtbetonsteinen angeboten?

Steinart	Kurzzeichen
Vollsteine	V
Hohlblocksteine	Hbl
Vollblöcke	Vbl
Vollblöcke mit Schlitzen	VblS
Vollblöcke mit Schlitzen und erhöhter Wärmedämmung	VblSW
Wandbauplatten	Wpl

1201

Welcher der Rohstoffe wird zur Zementherstellung verwendet?

② Kalkstein

1202

Mit welchem Bindemittel darf Zement nicht gemischt werden?

④ Gips

1203

Wann erstarrt Zement, der mit Wasser angemacht wird?

③ Nach 1 Stunde

1204

Was bedeutet das »R« hinter der Festigkeitsklasse von Zement?

④ Schnellerhärtender Zement (rapid)

1205

Welche Eigenschaft trifft für einen Portlandzement CEM I 52,5 R nicht zu?

③ Hoher Sulfatwiderstand

1206

Welches Material ist Hauptbestandteil des Portlandzements?

① Zementklinker

1207

Welche Kennfarben hat ein Zementsack CEM II 52,5 R?

④ rot   weiß

1208

Welcher Zuschlag ist günstig für Normalbeton?

① Sand- und Kiesgemisch aus verschiedenen Korngrößen

1209

Welche Korneigenschaft ist für Betonzuschlag ungünstig?

⑤ Plattige, längliche Kornform

1210

Wie wird ein Beton mit der Trockenrohdichte von 2,0 kg/dm³ bis 2,8 kg/dm³ bezeichnet?

④ Normalbeton

1211

Je größer die Trockenrohdichte des Betons, umso

② höher seine Festigkeit

1212

Was bedeutet in der Betonbezeichnung B 35 die Zahl 35?

④ Nennfestigkeit 35 N/mm²

1213

Welche Betonfestigkeitsklasse ist für bewehrten Beton in der Betongruppe B I zugelassen?

③ B 25 (B 35 und B 45 gehören zur Betongruppe B II)

1214

Für welches Bauteil ist ein Beton der Festigkeitsklasse B10 geeignet?

④ Unbewehrtes Fundament

1215

Wann muss die Mindestdruckfestigkeit von Beton nach DIN 1045 erreicht sein?

⑤ Nach 28 Tagen

1216

Was schreiben Betonrezepte nach DIN 1045 für Beton B I vor?

① Mindestzementgehalt je m³ Beton

1217

Welche Betone dürfen in der Regel ohne Eignungsprüfung nach Rezept hergestellt werden?

③ Nur Betone der Gruppe B I

1218

Wo befinden sich auf der Baustelle die für eine Betonmischung notwendigen Angaben?

④ Auf der Mischtafel am Mischplatz

1219

In welcher Konsistenz wird Frischbeton im Regelfall für Stahlbeton verarbeitet?

③ KR – weich (Regelkonsistenz)

1220

Was bedeutet »Konsistenz« von Frischbeton?

④ Steifigkeit

1221

Wozu dient der »Siebversuch«?

⑤ Zur Ermittlung der Kornzusammensetzung

1222

In welchem Bereich ①, ②, ③, ④ oder ⑤ liegt ein günstiges Zuschlagsgemisch für Normalbeton?

③ Bereich 3   vgl. Bild zu Lösung 1223

1223

Das Zuschlagsgemisch eines Betons (punktierte Sieblinie) ist

④ ungünstig, zu fein

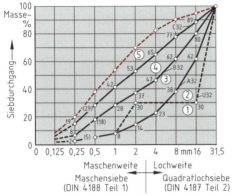

1224

Welcher Betonzuschlag ist künstlich hergestellt?

② Blähton

1225

Wie kann man die Frostbeständigkeit von Betonzuschlag beurteilen?

① Saugfähigkeit überprüfen

1226

Welche Aussage über einen Betonzuschlag aus großen, groben Körnern ist nicht richtig?

③ Hohe Betondruckfestigkeiten können erreicht werden

1227

Welches Zugabewasser ist ohne besondere Prüfung für die Betonherstellung geeignet?

③ Wasser aus öffentlichen Trinkwasserversorgungsleitungen

1228

Wie viel l Wasser braucht man pro 100 kg Zement für einen dichten und festen Beton?

① 50 l

1231

Wird Beton mit einem zu hohen Wasserzementwert hergestellt, so

③ wird die geforderte Betonfestigkeit nicht erreicht

1229

Welche Betonfestigkeit kann erwartet werden bei Verwendung von CEM II/A-S 42,5 R und einem Wasserzementwert w/z = 0,80?

③ 26 N/mm²

1230

Um wie viel N/mm² sinkt die Druckfestigkeit eines Betons (hergestellt mit Zement CEM I 52,5), dessen w/z-Wert durch erhöhte Wasserzugabe von 0,5 auf 0,65 ansteigt?

⑤ 18 N/mm²

Bild zu 1229 und 1230

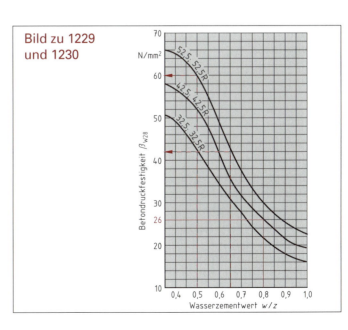

1232

Wie groß ist der w/z-Wert einer Betonmischung, die 338 kg Zement und 176 l Wasser enthält?

② 0,52 $\dfrac{\text{Wasser (l, kg)}}{\text{Zement (kg)}} = \dfrac{176 \text{ kg}}{338 \text{ kg}}$

1233

Wie ermittelt man die richtige Anmachwassermenge einer Betonmischung?

④ Anmachwasser = Zugabewasser + Eigenfeuchte des Zuschlags

1234

Wovon ist der seitliche Schalungsdruck, den der Frischbeton ausübt, nicht abhängig?

② Dicke des Bauteils

1235

Wird der Beton (beim Einbringen in die Schalung) aus mehr als 1 m Höhe geschüttet, so

③ entmischt er sich

1236

Welche Arbeitsweise mit dem Innenrüttler (Rüttelflasche) ist richtig?

① Zügig eintauchen, langsam herausziehen

1237

Wann werden Schalungsrüttler (Außenrüttler) eingesetzt?

⑤ Beim Betonieren dünner Wände

1238

Welche Auswirkung hat eine ungenügende Betonverdichtung?

② Der Beton erreicht nicht die geforderte Festigkeit

1239

Wie kann der Frischbeton gut erhärten?

④ Abdecken mit Folie bei Wind und/oder Sonnenschein

1240

Welche Maßnahme ist zu ergreifen, wenn während des Betonerhärtens Frost einwirkt?

② Man verlängert die Ausschalfrist um die Dauer des Frostes

1241

Welche Temperatur darf der Frischbeton bei heißer Witterung nicht überschreiten?

① 30 °C

1242

Welchen Zweck hat das Aufbringen von Schalöl auf die Schaltafeln?

① Das Ausschalen wird erleichtert

1243

Worauf ist bei der Herstellung von Brettschalungen zu achten?

② Die »rechte Seite« (Kernseite) soll zum Beton zeigen

1244

Wie sind die Laschen einer hohen Stützenschalung anzubringen?

⑤ Unten kleinere Abstände als oben

1245

Wie groß darf der Laschenabstand bei Brett-Schalungsplatten höchstens sein?

④ 60 cm

1246

Wie viele Schalungsstützen dürfen bei einer Deckenschalung gestoßen (aus zwei Hölzern zusammengesetzt) sein?

② Jede zweite Stütze

1247

Welche Schalungsstütze ist nicht zulässig?

④ Kantholzstütze in halber Höhe gestoßen

1248

Welche Aussage über den Verbundbaustoff Stahlbeton ist nicht richtig?

④ Beton nimmt die Zugkräfte und Stahl die Druckkräfte auf

1249

Welche Spannungen treten in einem belasteten Stahlbetonbalken auf?

⑤ Oben Biegedruck- und unten Biegezugspannungen

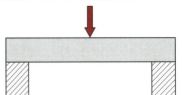

1250

Wovon hängt die Dicke der Betondeckung im Stahlbetonbau nicht ab?

③ Güte der Stahleinlagen

1251

**Betonstabstahl-Kurzname: BSt 500 S
Was gibt die Zahl 500 an?**

③ Streckgrenze in N/mm²

1252

Was bedeutet die Bezeichnung »BSt 500 M«?

① Betonstahlmatte, Streckgrenze 500 N/mm²

1253

Was bedeutet die Lagermatten-Kennzeichnung »R 295«?

① Rechteckige Stababstände 150 × 250 mm, Querschnitt der Längsstäbe 295 mm² pro Meter

1254

Wie werden Betonstahlmatten eingebaut?

④ Die Tragstäbe liegen immer am Betonrand

1255

Welche statische Aufgabe haben die Bügel in einem Stahlbetonbalken?

④ Sie nehmen Schubspannungen auf

1256

Für welches Bauteil ist der dargestellte Bewehrungskorb geeignet?

① Stahlbetonbalken

1257

Wie groß muss der Abstand zwischen zwei Bewehrungsstäben mindestens sein?

④ Wie der größere Stabdurchmesser, mindestens aber 2,0 cm

1258

Wie stellt man bei Betonstählen Aufbiegungen und Winkelhaken her?

② Über Biegerollen biegen

1259

Wie lang müssen Winkelhaken am Betonstahlende sein?

④ 5 × Stabdurchmesser

1260

Wodurch wird die Bewehrung im Stahlbeton nicht rosten?

① Ausreichend dicke und dichte Betondeckung

1271u

Was ist Zement?

Zement ist ein Bindemittel für Mörtel und Beton. Bei Zugabe von Wasser erhärtet Zement (sowohl an der Luft als auch unter Wasser) zu wasser- und raumbeständigem Zementstein.

1272u

In welche drei Hauptarten wird Zement nach DIN 1164 unterteilt?

CEM I: Portlandzement
CEM II: Portlandkompositzement
CEM III: Hochofenzement

1273u

Woraus setzen sich die drei Hauptzementarten nach DIN 1164 zusammen?

CEM I: Portlandzement
• feingemahlener Portlandzementklinker
CEM II: Portlandkompositzemente
• Portlandzementklinker (K) und
• Hüttensand (S) oder
• Natürliches Puzzolan (P) oder
• Kieselsäurereiche Flugasche (V) oder
• Gebrannter Ölschiefer (T) oder
• Kalkstein (L)
CEM III: Hochofenzement
• Portlandzementklinker und Hüttensand

1274u

Wie wird Zement hergestellt?

Kalkstein und Ton werden gemahlen, 3:1 gemischt und im Drehrohrofen bis zur beginnenden Schmelze (ca. 1500 °C) zu Zementklinkern gebrannt. Diese werden, je nach Zementart, allein oder mit anderen Bestandteilen und einem Gemisch aus Gipsstein und Anhydrit (als Erstarrungsregler) gemahlen.

1280u

Was ist Beton?

Beton ist ein künstlicher Stein, der nach Erhärten eines Zement-Zuschlag-Wasser-Gemisches entsteht.

1275u

In welche Festigkeitsklassen werden Zemente nach DIN 1164 eingeteilt?

Die Zemente werden in den Festigkeitsklassen 32,5; 42,5 und 52,5 hergestellt. Das sind die Mindestdruckfestigkeiten (in N/mm^2), die nach 28 Tagen erreicht werden müssen.

1276u

Wie lautet die normgerechte Bezeichnung für einen Portlandzement der Festigkeitsklasse 42,5 mit hoher Anfangsfestigkeit?

Portlandzement DIN 1164 –
CEM I 42,5 R

1277u

Welche Informationen enthält die normgerechte Zementbezeichnung CEM III 42,5 R?

CEM III – Hochofenzement
42,5 – Festigkeitsklasse 42,5 N/mm^2
R – schnellhärtend (rapid)

1278u

Welche Aufgabe haben Zuschläge im Normalbeton?

Sie bilden in dem erhärteten Zement-Zuschlag-Gemisch das tragende und stabilisierende Gerüst.

1279u

Warum eignet sich Zuschlagsgemisch Ⓐ besser als Zuschlagsgemisch Ⓑ zur Betonherstellung?

Zuschlag A:
• braucht weniger Zementleim zur vollständigen Umhüllung aller Körner,
• lässt sich leichter als plattiges, längliches Korn verdichten.

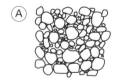

1281u

Welche Vorteile hat Beton?

Frischbeton ist beliebig formbar, Festbeton druckfest und beständig gegen Verschleiß, Witterung und Wasser.

1282u

Welche Nachteile hat Beton?

Festbeton ist nachträglich nur schwer zu bearbeiten, hat schlechte Körperschall- und Wärmedämmeigenschaften und ist nicht beständig gegen chemische Einflüsse.

1283u

Wovon ist die Konsistenz des Frischbetons abhängig?

Sie hängt ab vom Wasser- und Zementgehalt, von der Kornzusammenstellung der Zuschläge und der eventuellen Zugabe von Betonzusatzmitteln.

1284u

Welche Folgen ergeben sich, wenn man einer Betonmischung mehr als 0,4 kg Wasser pro 1 kg Zement zugibt?

Kann nicht alles Wasser chemisch gebunden werden, so verdunstet es und hinterlässt Poren. Diese verringern die Betondruckfestigkeit und erhöhen die Korrosionsgefahr.

1285u

Wie wird Baustellenbeton fachgerecht hergestellt?

Zuschläge, Zement und Wasser (Masseteile nach Betonrezept und Mischervolumen) werden in dieser Reihenfolge einem Mischer zugegeben. Mischzeit im Zwangsmischer 1/2 Minute, im Freifallmischer mindestens 1 Minute.

1287u

Vor welchen Einwirkungen muss frisch eingebrachter Beton bis zum Erhärten geschützt werden?

- Trockenheit
- Starker Regen
- Frost
- Erschütterungen
- Wind

1286u

Welche (vier von fünf) Regeln müssen beim Betoneinbringen beachtet werden?

- Verarbeitungszeit bei trockener, warmer Witterung 1/2 Stunde, bei nasser, kühler Witterung 1 Stunde.
- Kontrollieren, ob die Schalung standfest, dicht, sauber und mit Trennmitteln behandelt ist.
- Frischbeton nicht mehr als 1,00 m frei fallen lassen.
- Große Erschütterungen der Schalung vermeiden
- In ca. 30 cm bis 50 cm dicken Lagen »frisch in frisch« einbringen und verdichten.

1288u

Was sind die Hauptbestandteile jeder Schalung?

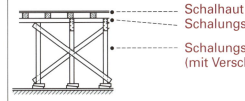

- Schalhaut
- Schalungsträger
- Schalungsstützen (mit Verschwertung)

1289u

Welche Aufgaben hat die Betonschalung?

Die Schalung gibt dem Frischbeton die beabsichtigte Form und Oberfläche. Sie muss standfest den eingebrachten Frischbeton, seine Bewehrung und alle Lasten aus dem Herstellungsprozess tragen.

1290u

Wozu dienen Drängbretter?

Drängbretter nehmen den horizontalen Betondruck am unteren Ende der Seitenschilder einer Balkenschalung auf.

1291u

Welche Aufgaben haben Betonstähle?

Bei Stahlbetonbauteilen nehmen die Betonstähle (in festem Verbund mit dem druckfesten Beton) die Zug-, Biegezug- und Schubkräfte auf.

1292u

Weshalb ist die Oberfläche von Betonstählen gerippt?

Um einen guten Scherverbund der Stähle mit dem Beton zu erzielen.

1293u

Was ist eine Lagermatte?

Sie ist beim Hersteller vorrätig (auf Lager), hat immer eine Breite von 2,15 m und ist 5,00 m oder 6,00 m lang.

1294u

R- und K-Matten haben Tragstäbe und Verteilerstäbe. Was sind ihre Aufgaben?

Die Tragstäbe nehmen die Zugkräfte im Beton auf, die Verteiler halten die Tragstäbe in ihrer Position und nehmen die Zugkräfte in der Querrichtung auf.

1295u

Was ist Stahlbeton?

Stahlbeton ist ein Verbundbaustoff, bei dem der Beton die Druckkräfte und der Stahl die Zug- und Schubkräfte aufnimmt.

1401

Welche Behauptung über die Eigenschaften von Holz ist richtig?

① Holz kann quellen und schwinden

1402

In welcher Richtung ist bei Vollholz das geringste Schwindmaß zu verzeichnen?

② Längs zur Faser

1403

Was versteht man unter dem »Arbeiten des Holzes«?

④ Formänderung durch Aufnahme und Abgabe von Feuchtigkeit

1404

Welche Aussage zum konstruktiven, handwerklichen Holzschutz ist falsch?

① Hirnholz muss im Außenbereich zur Wetterseite zeigen

1405

Was versteht man unter Tischlerplatten (BTI)?

① Sperrholz mit Stäbchen-, Stab- oder Streifen-Mittellage

1406

Welches der aufgeführten Bauschnitthölzer entspricht der Sortierklasse S 7?

③ Bauschnittholz mit geringer Tragfähigkeit

1407

Welches Bauholz ist im Bild dargestellt?

③ Ein unbe-
säumtes
Brett

1408

Welche Behauptung über das Verhalten des Holzes gegenüber Feuchtigkeit ist richtig?

① Holz kann Feuchtigkeit aufnehmen und abgeben

1409

In welcher Richtung schwindet Vollholz am meisten?

④ Tangential in Richtung der Jahresringe

1410

Welche Eigenschaft weist Holz nicht auf?

⑤ Hohe Wärmeleitfähigkeit

1411

Welche Eigenschaft trifft auf Holz nicht zu?

① Nicht brennbar

1412

Welche holzzerstörende Krankheit ist beim verarbeiteten Holz die gefährlichste?

⑤ Braunfäule (echter Hausschwamm)

1413

Wie nennt man die Umwandlung von Wasser und Kohlendioxid mit Hilfe von Sonnenlicht in Traubenzucker und Stärke?

② Fotosynthese

1414

Was bildet der Baum mit Hilfe des Blattgrüns direkt aus Kohlendioxid und Wasser?

④ Traubenzucker

1415

Wie soll Bauschnittholz gelagert werden?

③ In Lagerschuppen ohne Längswände

1416

In welcher Antwort sind nur im Holz enthaltene Kohlenwasserstoffverbindungen aufgeführt?

① Zellulose, Lignin und Harz

1417

Welcher Stoff gehört nicht zu den lebensnotwendigen Aufbaustoffen von Bäumen?

⑤ Erdöl

1418

Wie heißt die Wachstumsschicht des Holzes?

③ Kambium

1419

Wann sollte Holz gefällt werden?

① Im Winter

1420

Welche Eigenschaft trifft auf Holz mit einer Feuchte $\mu > 30\%$ (über dem Fasersättigungspunkt) zu?

③ Kein Quellen oder Schwinden des Holzes

1421
Was versteht man unter Kernholz?

⑤ Innenliegendes, dunkles und nicht wasserführendes Holz

1422
In welcher Auswahlantwort sind nur Kernholzbäume aufgeführt?

① Kiefer, Eiche, Lärche

1423
Welche Aufgabe hat die Bastschicht?

① Transport von Nährstoffen in senkrechter Richtung

1424
Holz ist hygroskopisch. Was wird unter dieser Aussage verstanden?

① Die Abhängigkeit der Holzfeuchte von der Luftfeuchte

1425
Bis zu welchem Feuchtigkeitsgehalt μ kann Holz natürlich getrocknet werden?

④ Bis etwa 15%

1426
Woraus wird Bauholz hauptsächlich gewonnen?

④ Aus Baumstämmen

1427
Wovor muss Holz nicht geschützt werden?

④ Metallen

1428
In welchem Holz wird die Tragfähigkeit von Nägeln mit der Zeit stark verringert?

④ Im frischen Bauholz

1429
Welches Einbringungsverfahren wird beim chemischen Holzschutz nicht verwendet?

② Einpflanzen

1430
Wonach wird der chemische Holzschutz unterteilt?

⑤ Nach der Eindringtiefe der Holzschutzmittel

1431
Wie wird der Feuchtigkeitsgehalt μ von Holz bestimmt?

③ Über das Gewicht vor und nach einer Trocknung bei 105 °C (Darrprobe)

1432
Welchem Kurzzeichen ist eine falsche Wirksamkeit und Verwendung zugeordnet worden?

③ P = gegen Pollen

1433
Welchem Kurzzeichen ist eine falsche Wirksamkeit und Verwendung zugeordnet worden?

⑤ F = gegen Frosteinwirkung

1434
Welcher Holzwuchsfehler wird im Bild dargestellt?

④ Maserwuchs

1436
Wie wird das im Bild mit Ⓐ bezeichnete Bauteil einer Fachwerkwand fachgerecht benannt?

⑤ Rähm

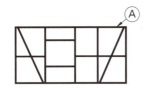

1435
Welcher Holzwuchsfehler wird im Bild dargestellt?

② Exzentrischer Wuchs

1437

Wie wird das im Bild mit Ⓑ bezeichnete Bauteil einer Holzbalkendecke fachgerecht benannt?

④ Füllholz

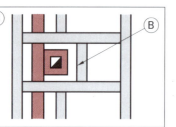

1438

Wie wird die zimmermannsmäßige Holzverbindung im Bild bezeichnet?

③ Hakenblatt

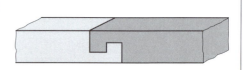

1439

Welche Holzverbindung wird im Bild dargestellt?

② Stirnversatz

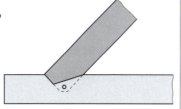

1440

Welches Insekt gehört **nicht** zu den tierischen Holzschädlingen?

④ Marienkäfer

1441

Welcher Pilz gilt als der gefährlichste pflanzliche Holzschädling?

② Echter Hausschwamm

1442

Welche Maßnahme ist zur Abwehr von pflanzlichen Holzschädlingen geeignet?

④ Trocknen mit Heißluft

1443

Wie sind die Reste von Holzschutzmitteln zu entsorgen?

③ Als Sondermüll zur Mülldeponie bringen

1444

Welche Maßnahme zum konstruktiven Holzschutz ist **falsch**?

③ Nur frisches Holz mit einem Feuchtegehalt von $\mu > 30\%$ verarbeiten

1445

Welche Maßnahme zum konstruktiven Holzschutz ist **falsch**?

④ Holzbauteile satt ummörteln

1446

Welche konstruktive Holzschutzmaßnahme wird hier im Bild abgebildet?

② Aufgeständerte Holzstütze zum Schutz vor Bodenfeuchtigkeit

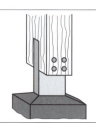

1447

Die Leime für Spanplatten und Faserplatten enthalten Formaldehyd. Welche Platten dürfen innen ohne Einschränkung eingebaut werden?

① Platten mit Kennzeichnung E1

1448

Mit welchem Feuchtigkeitsgehalt μ wird Bauholz für den Rohbau in der Regel verarbeitet?

③ Trocken, $\mu < 20\%$

1449

Wie wird der im Bild mit Ⓐ gekennzeichnete Teil im Querschnitt eines Holzstammes bezeichnet?

⑤ Mark

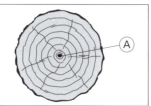

1450

Was versteht man unter Tracheiden?

④ Zellen, die Leitungsaufgaben und Stützaufgaben bei Nadelbäumen wahrnehmen

1451

Was versteht man unter Assimilation?

④ Die Umwandlung der aufgenommenen Nährstoffe in Traubenzucker und Stärke

1452

Welcher chemische Prozeß läuft beim Faulen von Holz ab?

② Eine langsame Oxidation

1453

Welches Bauholz gehört nicht zum Schnittholz?

② Rundholz

1454

Welcher Schnitt durch einen Baumstamm ist im Bild abgebildet?

② Sehnenschnitt oder Fladerschnitt

1455

Welches Querschnittsmaß gehört zu den Balken?

④ 10 cm/20 cm

1456

Welche Schnitthölzer haben eine Querschnittsfläche von maximal 32 cm²?

⑤ Dachlatten

1457

Welche Mindestdicke weisen Bohlen auf?

③ 40 mm

Hinweis: Oft wird $d \geq 44$ mm angegeben, wenn nach der Dicke gefragt wird.

1458

Welche Bauschnitthölzer gehören zur Sortierklasse S13?

① Bauschnitthölzer mit überdurchschnittlicher Tragfähigkeit

1459

Welches Bauholz ist im Bild dargestellt?

④ Ein zweiseitig besäumtes Rundholz

1460

Welches Bauholz ist im Bild dargestellt?

② Eine besäumte Bohle

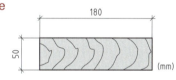

1461

Welches der aufgeführten Bauschnitthölzer entspricht der Sortierklasse MS17?

④ Bauschnittholz mit besonders hoher Tragfähigkeit

1462

Welche Mindestbreite besitzen Bretter?

③ 80 mm

1463

Wie wird das im Bild mit Ⓐ gekennzeichnete Brett vom Schnitt am Stamm her genannt?

④ Herzbrett

1464

Welches Merkmal gehört nicht zu den Sortierkriterien nach DIN 4074?

④ Anzahl der Jahresringe

1465

Welches Merkmal gehört nicht zu den Sortierkriterien nach DIN 4074?

③ Baumart

1466

Welche Baumart wird für Bauholz am häufigsten verwendet?

⑤ Fichte

1467
Welche Sortierklasse entspricht Nadelholz mit der Güteklasse II (NH GK II)?

② Visuelle Sortierung S 10

1468
Welcher Baustoff gehört nicht zu den Holzwerkstoffen?

⑤ Glasplatte

1469
Welches Bauholz zählt zu den Halbfertigerzeugnissen?

⑤ Gespundete Bretter

1470
Wie sind Bau-Furnierplatten (BFU) aufgebaut?

③ Aus mindestens 3 Furnieren, die kreuzweise verleimt sind

1471
Welche Eigenschaft trifft auf Sperrholz zu?

⑤ Es quillt und schwindet wesentlich geringer als Vollholz

1472
Was versteht man unter Furnieren?

⑤ 0,5 mm bis 8 mm dicke Holzblätter, die vom Vollholz abgesägt, abgemessert oder abgeschält werden

1473
Welchen Vorteil haben Spanplatten gegenüber Vollholz?

④ Auch minderwertiges Holz kann verarbeitet werden

1474
Wie werden die Furniere genannt, die die äußerste Lage von Tischlerplatten (BTI) bilden?

⑤ Absperrfurniere

1475
Bei welchen Platten aus Holzwerkstoffen wird auch Bitumen als Bindemittel verwendet?

③ Holzfaserplatten

1476
Welche zimmermannsmäßige Holzverbindung verwendet man für Eckverbindungen?

① Scherzapfen

1477
In welcher Antwort sind nur zimmermannsmäßige Holzverbindungen aufgeführt?

⑤ Scherzapfen, Stirnversatz, Eckblatt

1478
Welche zimmermannsmäßige Holzverbindung verwendet man für Längsverbindungen?

② Gerades Blatt

1479
Welche zimmermannsmäßige Holzverbindung verwendet man für Kreuzungen von zwei Hölzern?

⑤. Verkämmung

1480
Welche zimmermannsmäßige Holzverbindung verwendet man für Abzweigungen?

④ Stirnversatz

1481
Welches Verbindungsmittel ergibt eine lösbare Holzverbindung?

① Holzschrauben

1482
Welche zimmermannsmäßige Holzverbindung ist im Bild unter ⓒ abgebildet?

③ Schlitz und Zapfen

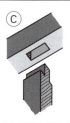

1483

Welches metallische Holzverbindungsmittel ist im Bild
unter Ⓓ abgebildet?

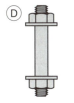

④ Schraubenbolzen

1484

Wie viel Nägel sind für eine tragende Nagelverbindung, die auf Abscheren belastet wird, nach DIN 1052
mindestens erforderlich?

③ 4

1485

Wie viel Schrauben mit einem Durchmesser
$d < 10$ mm sind für eine tragende Schraubenverbindung nach DIN 1052 mindestens nötig?

③ 4

1486

Welche Mindestholzdicke muß ein Holzbauteil für
eine tragende Nagelverbindung nach DIN 1052
aufweisen?

② 24 mm

1487

In einer Holzbauzeichnung ist an einer Nagelverbindung 22 Na 34/90 zu lesen. Was ist mit der Zahl 34
gemeint?

④ Durchmesser des Nagelschaftes = 3,4 mm

1488

Welche Abbildung im Bild zeigt
eine zweischnittige
Nagelverbindung?

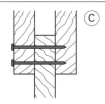

③ C

1489

Welche Abbildung im Bild zeigt eine
Holzschraube mit Linsenkopf?

② B

1490

An einer Nagelverbindung ist 26 Na 42/110, vb zu
lesen. Was bedeutet vb?

④ Vorgebohrt: die Tragkraft eines Nagels pro Scherfläche erhöht sich auf das 1,25fache

1491

Womit lässt sich die Gefahr des Spaltens von Holz bei
einer Nagelverbindung nicht herabsetzen?

⑤ Maschinelles Einschlagen der Nägel

1492

Wodurch kommt die Festigkeit einer Leimfuge
zustande?

⑤ Adhäsion und Kohäsion

1495

Welche der Abbildungen im Bild zeigt
einen Drahtstift mit Senkkopf?

③ C

1494

Welche der Abbildungen im Bild
zeigt eine Spundung?

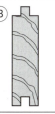

② B

1493

Welcher Baustoff wird aus Vollholz durch Verleimung
hergestellt?

① Brettschichtholz (BSH)

1496

In welcher Antwort sind nur Leime aus natürlichen
Grundstoffen aufgeführt?

① Glutinleim, Kaseinleim, Stärkeleim

1497u

Erklären Sie die Entstehung von Holz unter Verwendung der Begriffe Fotosynthese und Assimilation.

Bäume nehmen über ihre Blätter (Nadeln) (CO_2) aus der Luft auf und über ihre Wurzeln Wasser und Mineralstoffe. Mit Hilfe des Sonnenlichtes und des Blattgrüns (Chlorophyll) werden das aufgenommene Kohlenstoffdioxid und das aufgenommene Wasser in Traubenzucker und Stärke umgewandelt, wobei Sauerstoff über die Blätter an die Luft abgegeben wird.
Diese Umwandlung der vom Baum aufgenommenen Stoffe in die körpereigenen Stoffe des Baumes bezeichnet man als Assimilation (Angleichung). Da bei der Assimilation auch Sonnenlicht benötigt wird, nennt man diese Assimilation auch Fotosynthese.
Der vom Baum gebildete Traubenzucker wird mit Hilfe der aufgenommenen Mineralstoffe und Sauerstoff sowie Energie in die wesentlichen Holzbestandteile Zellulose, Hemizellulose und Lignin umgewandelt.

1498u

Skizzieren und beschriften Sie den Stammquerschnitt eines Baumes.

① Markröhre
② Jahresring
③ Frühholzzone
④ Spätholzzone
⑤ Markstrahlen
⑥ Kambium
⑦ Bast
⑧ Rinde
⑨ Borke

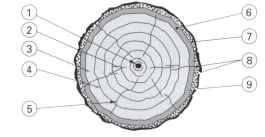

1499u

Skizzieren und benennen Sie vier verschiedene zimmermannsmäßige Holzverbindungen.

Auswahl:

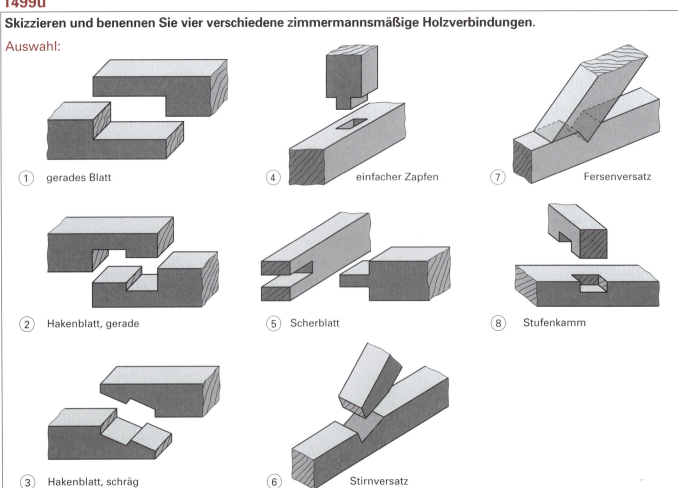

① gerades Blatt
④ einfacher Zapfen
⑦ Fersenversatz

② Hakenblatt, gerade
⑤ Scherblatt
⑧ Stufenkamm

③ Hakenblatt, schräg
⑥ Stirnversatz

1501

In welcher Antwort werden nur Estriche nach der Konstruktionsart aufgeführt?

③ Verbundestrich, Estrich auf Trennschicht, Schwimmender Estrich

1502

In welcher Antwort werden nur Estriche nach dem verwendeten Bindemittel aufgeführt?

⑤ Anhydritestrich, Zementestrich, Gussasphaltestrich

1503

Welche Platten gehören zu den Fliesen?

⑤ Feinkeramische Platten aus Steingut

1504

Welches Material wird als Trennschicht zwischen Dämmung und schwimmendem Estrich eingebaut?

② PE-Folie

1505

Welche Aufgabe hat die Trennschicht zwischen Dämmung und schwimmendem Estrich?

④ Sie verhindert, dass Bindemittel in die Schalldämmung gelangt

1506

Wie vermeidet man Schwindrisse im Zementestrich?

② Durch Dehnungsfugen und 7-tägiges Feuchthalten des Estrichs

1507

In welcher Antwort sind nur Eigenschaften aufgelistet, die ein Estrich erfüllen muss?

③ Eben, abriebfest, druckfest

1508

Welche Aufgabe hat der Randstreifen beim schwimmenden Estrich?

④ Er vermeidet die Trittschallübertragung

1509

Welche Platten werden als Fliesen bezeichnet?

③ Feinkeramische Platten aus Steinzeug

1510

Welcher Baustoff gehört nicht zur Keramik?

④ Glasfliesen

1511

Welcher Estrich ist im Bild dargestellt?

② Estrich auf Trennlage

Zementestrich
Ölpapier
Stahlbetondecke

1512

Welcher Baustoff wird als keramisch bezeichnet?

① Schamotte

1513

Welcher Baustoff wird als Keramik bezeichnet?

② Baustoff aus gebranntem Ton

1514

Wie werden keramische Platten heute geformt?

④ Sie werden im Strangpressverfahren gezogen

1515

Woraus werden Steingutfliesen hergestellt?

③ Aus Ton, Kaolin, Quarz und Feldspat

1516

Welchen Zweck erfüllt die Glasur bei Steingutfliesen?

④ Die Fliesen werden durch sie wasserabweisend und schmutzabweisend

1517
Welche Arbeit hat der Fliesenleger nach seinem Berufsbild zu verrichten?

③ Herstellen von dauerelastischen Fugendichtungen

1518
Was versteht man unter Sintern bei der Herstellung von Steinzeugfliesen?

④ Das teilweise Schmelzen von Feldspat beim Brennen bei rund 1500 °C

1519
Welche Tätigkeit gehört zum Berufsbild des Fliesenlegers?

⑤ Ausführen von Fliesen-, Platten- und Mosaikarbeiten

1520
Welche Fliesenlegerkelle ist im Bild abgebildet?

② Herzkelle

1521
Welche Plattenart zeigt das Bild?

⑤ Spaltplatte

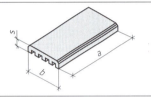

1522
Wann werden Fliesenbeläge angesetzt?

⑤ Nach dem Verputzen, den Installationsarbeiten, dem Anbringen von Fensterrahmen, Türfutter und Anschlagschienen

1523
Weshalb werden Wandfliesen vor dem Ansetzen kurz (1 bis 3 Sekunden) ins Wasser getaucht?

⑤ Damit die Fliesen dem Ansetzmörtel nicht zu viel Wasser entziehen

1524
Welche Eigenschaft spielt für die Haftung der Fliese am Untergrund keine Rolle?

⑤ Die Farbe des Untergrundes

1525
Welche Eigenschaft darf der Untergrund für Fliesenbeläge nicht aufweisen?

③ Verschmutzung

1526
Wodurch kommt die Haftung der Fliese an der Wand zustande?

④ Durch Adhäsion

1527
Was versteht man unter Ansetzen im Dünnbett?

⑤ Die Verlegung in einem 2 mm bis 3 mm dicken Mörtelbett

1528
Welcher Baustoff wird in der Regel zur Verfugung der Fliesen verwendet?

③ Zementmörtel

1529
Welche Breite weisen die Fugen von Wandfliesen aus Steingut in der Regel auf?

① 2 mm bis 3 mm

1530
Welche Eigenschaft muss die Fugenmasse bei Anschlussfugen und Dehnfugen besitzen?

⑤ Sie muss dauerelastisch sein

1551u

Zählen Sie drei verschiedene Konstruktionsarten für Estriche auf.

Verbundestrich, Estrich auf Trennlage, schwimmender Estrich

1552u

Skizzieren Sie den möglichen Aufbau eines schwimmenden Estrichs mit Wandanschluss.

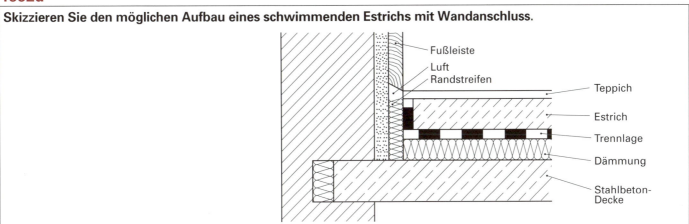

1553u

Geben Sie drei Vorteile bzw. Nachteile von Zementestrich an.

Vorteile: preisgünstig, Druckfestigkeit, Verschleißfestigkeit

Nachteile: Quellen und Schwinden, Dehnfugen, nicht sofort begehbar, Nachbehandlung notwendig

1554u

Schildern Sie kurz die Herstellung von Steingutfliesen.

Die weichen Rohstoffe Ton und Kaolin werden aufgeschlämmt und gequirlt. Die harten Rohstoffe Feldspat und Quarz werden gemahlen. Danach werden alle Rohstoffe zum so genannten Schlicker zusammengeführt. Der Schlicker wird zu einem feuchten Pulver getrocknet. Aus dem feuchten Pulver werden die Rohlinge der Fliesen gepresst.
Die Rohlinge werden endgültig getrocknet, bevor sie im Rollenofen bei rund 1100 °C rund eine Stunde zu Biskuitfliesen gebrannt werden. Die Biskuitfliesen werden glasiert und ein zweites Mal bei rund 1100 °C zu Steingutfliesen gebrannt.

1555u

Zählen Sie fünf verschiedene keramische Baustoffe auf.

Steingutfliesen, Irdengutfliesen, Steinzeugfliesen, Sanitärkeramik, Spaltplatten, Spaltriemchen, Bodenklinkerplatten, Cottoplatten, Mauerziegel, Klinker, Schamottesteine

1601
Welchen Boden bezeichnet man als »bindigen Boden«?

① Lehmboden

1602
Welchen Boden bezeichnet man als »nichtbindigen Boden«?

④ Sand-Kies-Gemisch

1603
Welcher Boden hat eine besonders gute Tragfähigkeit?

⑤ Festgelagertes Kies-Sand-Gemisch

1604
Wovon hängt die Tragfähigkeit von bindigen Böden besonders ab?

③ Vom Wassergehalt

1605
Welche Eigenschaft ist für die Frostempfindlichkeit von Böden verantwortlich?

③ Kapillarität

1606
Welche der genannten Bodenarten ist besonders frostempfindlich?

③ Schluffboden

1607
Welche Aussage über bindige Böden als Baugrund ist zutreffend?

② Für die Beurteilung als Baugrund muss eine genaue Bestimmung erfolgen.

1608
Welche der folgenden Ausssagen über Fundamente ist falsch?

Fundamente sollen ...
⑤ den Baugrund punktförmig belasten

1609
Welcher der genannten Natursteine wird der Entstehung nach als Erstarrungsgestein bezeichnet?

④ Basalt

1610
Welcher der genannten Natursteine ist ein Ablagerungsgestein?

① Sandstein

1611
Welche Gründung ist keine Flachgründung?

④ Pfahlgründung

1612
Welche Aussage über Gründungen ist falsch?

④ Unter der Kellersohle muss sich immer eine Frostschutzschicht befinden

1613
Welcher der genannten Steine ist ein künstlicher Stein?

⑤ Kalksandstein

1614
Welcher der genannten Steine ist ein Naturstein?

② Sandstein

1615
Zu welcher Gesteinsart zählt der Kalkstein?

① Ablagerungsgestein

1616
Welcher der genannten Steine ist kein Naturstein?

③ Kalksandstein

1617
Welcher der genannten Natursteine gehört zu den Umwandlungsgesteinen?

④ Gneis

1618
Welches der genannten natürlichen Gesteine ist ein Erstarrungsgestein mit dichtem glasigem Gefüge?

③ Basalt

1619
Welche Aussage über Basalt trifft nicht zu?

④ Er hat ein poröses Gefüge

1620
Welche der Aufzählungen nennt nur Natursteine?

② Basalt, Sandstein, Gabbro

1621
Welche Aussage über die Eigenschaften von Naturstein trifft nicht zu?

② Granit ist geschichtet

1622
Welche Aussage über die Entstehung von Natursteinen trifft auf Umwandlungsgesteine zu?

④ durch großen Druck und große Hitze meist in tieferen Schichten der Erdrinde entstanden

1623

Welches Gestein gehört nicht zu den Umwandlungsgesteinen?

② Kalkstein

1624

Welche der genannten Eigenschaften trifft auf Granit zu?

④ Körnig

1625

Aus welchem Gestein ist Marmor durch Umwandlung unter Druck- und Hitzeeinwirkung entstanden?

② Kalkstein

1626

Welcher Böschungswinkel ist bei Baugruben für die angegebene Bodenart falsch?

① 60° für weichen bindingen Boden

1627

Welche Abbildung zeigt einen Fäustel?

② Abbildung B

1628

Welcher Böschungswinkel α ist gemäß den Unfallverhütungsvorschriften für eine 1,60 m tiefe Baugrube ohne Verbau in steif bis halbfestem bindigen Boden höchstens zulässig?

③ α = 60"

1629

Welche der 5 Skizzen entspricht den Vorschriften?

① Abbildung A

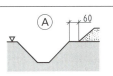

1630

Welche Querschnittsform ist für ein Streifenfundament ungeeignet?

④ Abbildung D

1631

Welche Art von Verbau ist in der Skizze dargestellt?

① Waagerechter Verbau

1632

Wie groß ist die Mindestgrabenbreite b bei einem Rohrdurchmesser von 250 mm?

④ 65 cm

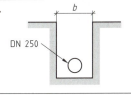

1633

Welche Breite b muss der obere Sicherheitsstreifen neben Baugruben und Gräben haben, der nicht belastet werden darf?

② 60 cm

1634

Bis zu welcher Tiefe t darf ein Graben mit Teilabböschung ungesichert ausgehoben werden?

④ 1,75 m

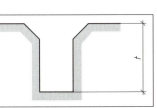

1635

Bis zu welcher Tiefe t darf ein Graben senkrecht ungesichert ausgehoben werden?

② 1,25 m

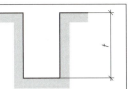

1636

Welche Breite b muss der Arbeitsraum zwischen Fundament und Böschung oder Verbau in Baugruben haben?

① 50 cm

1637

Was ist »anstehender« oder »gewachsener« Boden?

④ Boden in der natürlichen und künstlich nicht veränderten Lagerung

1638

Welche der folgenden Aussagen ist für Lehm nicht zutreffend?

② Lehm ist ein nicht bindiger rolliger Boden

1639

Welcher Teil der Baugrube wird als Arbeitsraum bezeichnet?

③ Der Bereich zwischen Schalungsaußenkante und Böschungsfuß

1640

Wie muss der Oberboden bei Ausschachtungsarbeiten behandelt werden?

② Er muss getrennt von anderen Bodenarten abseits vom Baubetrieb auf Mieten gelagert werden

1651u

Welche drei Gesteinsarten unterscheidet man nach der Entstehungsart?

a) Erstarrungsgesteine (Eruptivgesteine)
b) Ablagerungsgesteine (Sedimentgesteine)
c) Umwandlungsgesteine (Metamorphe Gesteine)

1652u

Nennen Sie mindestens vier Mischbodenarten.

Auswahl: Lehm, Mergel, Torf, Mutterboden, Oberboden, Faulschlamm, Humus

1653u

Wie kommt es zur Bildung von Eislinsen unter Bauwerken und Bauteilen?

In Kapillaren aufsteigendes Wasser trifft auf ein Hindernis, sammelt sich dort und gefriert zu Eislinsen, wenn das Hindernis im frostgefährdeten Bereich liegt.

1655u

Bei welchen Bodenarten treten Kohäsionskräfte auf?

bindige Böden

1654u

Was bedeutet Kapillarität im Boden?

Eine Kapillare ist ein sehr dünnes Röhrchen, in dem Wasser aufgrund der Anhangskraft (Adhäsion) von allein hochsteigt. In bindigen Böden bilden sich solche Kapillaren, in denen dann das Wasser ständig aufsteigt. Diese Steighöhe kann in sehr feinen Böden bis zu 100 m betragen. Trifft das Wasser auf Hindernisse wie z.B. Straßen, so sammelt es sich unter dem Hindernis. Das kann im Winter zur Bildung von Eislinsen unter gefrorenen Straßen führen.

1656u

Warum sind bindige Böden frostgefährdet?

Da die Bodenteilchen der bindigen Böden kleiner sind, sind auch die Hohlräume entsprechend klein. Die kleineren Hohlräume bieten dem Wasser nicht die beim Gefrieren nötige Ausdehnungsmöglichkeit von ca. 10 %. Die Volumenvergrößerung des Eises bewirkt deshalb das Anheben des Bodens. Besonders kritisch wird das, wenn zusätzlich in dem feinkörnigen Boden Wasser kapillar aufsteigt. Denn kommt es zur Bildung regelrechter Eislinsen und starker Hebung der Oberfläche.

1657u

Welche vier Bodenarten bezeichnet man als bindige Böden?

Ton, Schluff, Lehm, Mergel; Boden mit vorwiegend Korndurchmessern < 0,06 mm

1658u

Welche zwei Bodenarten bezeichnet man nach der Korngröße als nichtbindige Böden?

Sande und Kiese mit Korndurchmessern vorwiegend größer als 0,06 mm

1659u

Welche sechs verschiedenen Wasserarten im Boden gefährden Bauwerke?

Stauwasser, Sickerwasser, Schichtwasser (Hangdruckwasser), Bodenfeuchtigkeit, Kapillarwasser, Grundwasser

1660u

Baugruben müssen je nach Bodenart unterschiedlich stark abgeböscht werden. Nennen Sie Bodenart und entsprechenden Abböschungswinkel.

Unter 45° bei nichtbindigen oder weichen Böden.
Unter 60° bei steifen oder halbfesten Böden.
Unter 80° bei festen bindigen Böden oder Fels.

1661u

In welcher Breite sind Baugrubenränder und Grabenränder von Belastungen freizuhalten?

mindestens 60 cm

1662u

Welche Breite ist für den Arbeitsraum in Baugruben neben dem Bauwerk vorzusehen?

mindestens 50 cm

1663u

Welche Aufgabe hat die Gründung eines Bauwerkes?

Sie hat die Aufgabe, die Bauwerkslasten sicher auf den Baugrund zu übertragen.

1664u

Welche drei Arten von Flachgründungen werden unterschieden?

Streifenfundamente, Einzelfundamente und Gründungsplatten

1671

Worauf bezieht sich bei Höhenangaben die Angabe »NN«?

② Auf die Höhe des Meeresspiegels bei mittlerem Wasserstand in Amsterdam

1672

Welche Aufgabe hat eine Libelle bei Vermessungsgeräten?

① Sie dient zum senkrechten oder waagerechten Ausrichten von Vermessungsinstrumenten und -geräten

1673

Welche Arbeiten kann man mit einer Schlauchwaage ausführen?

② Übertragung von Höhenpunkten

1674

Welche Arbeiten kann man mit einem Winkelspiegel ausführen?

③ Bestimmung rechter Winkel

1675

Welche Aufgabe hat ein Schnurgerüst?

② Festlegung von Fluchtrichtungen und Maßen des Bauwerks

1676

Welches Instrument kann für Höhenmessungen benutzt werden?

③ Nivelliergerät

1677

Welches Instrument kann nicht für Höhenmessungen benutzt werden?

⑤ Winkelspiegel

1678

Bei welchen Vermessungsarbeiten werden Visierkreuze benötigt?

② Beim Einfluchten von Höhen

1679

Welches Gerät ist für die Übertragung von Höhen über eine größere Entfernung (> 100 m) am besten geeignet?

④ Nivellierinstrument

1680

Welches der genannten Zahlenverhältnisse dient zum Abstecken eines rechten Winkels auf der Baustelle?

③ 3 : 4 : 5

1681

Bei welchen Arbeiten kann man das abgebildete Gerät einsetzen?

⑤ Abstecken rechter Winkel

1683

Das nebenstehende Bild zeigt den Blick durch ein Nivelliergerät auf die Messlatte. Welche Ablesung ist richtig?

② 1,615 m

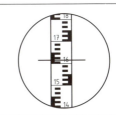

1682

Welches Vermessungsgerät ist in 1681 dargestellt?

④ Doppelpentagon

1685

Wozu braucht man das abgebildete Lattendreieck auf der Baustelle?

① Zum Anlegen rechter Winkel (Seitenverhältnis 3 : 4 : 5)

1684

Welche Höhe hat Punkt D?

③ H = F + a − b + c − d

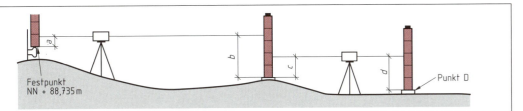

1691u

Welche drei Geräte werden auf der Baustelle für Längenmessungen eingesetzt?

1. Gliedermaßstab (Zollstock)
2. Messband
3. optische Geräte (IR-Distanzmesser, Theodolith)

1692u

Welche sechs Geräte werden auf der Baustelle für Höhenmessungen eingesetzt?

1. Wasserwaage
2. Schlauchwaage
3. Laserwasserwaage
4. Rundumlaser
5. Nivelliergerät
6. Theodolith

1693u

Welche Möglichkeiten gibt es, rechte Winkel auf der Baustelle anzulegen?

1. Mit Schnur oder Bandmaß (Schnurschlag)
2. Bauwinkel aus Brettern im Verhältnis 3:4:5 (Satz des Pythagoras)
3. Kreuzscheibe
4. Winkelprisma
5. Doppelpentagonprisma
6. Nivelliergerät mit Teilkreis
7. Theodolith
8. Elektronische Tachymeter

1694u

Welche vier Fehler müssen bei Längenmessungen mit dem Bandmaß vermieden werden?

1. Das Bandmaß darf nicht durchhängen.
2. Das Bandmaß darf nicht zu stark gereckt werden.
3. Die Messung darf nicht schräg ausgeführt werden, sondern waagerecht.
4. Der Nullpunkt darf nicht falsch angenommen werden.

1695u

Was ist bei der Aufstellung eines Nivelliergerätes zu beachten?

1. Der Aufstellungsort darf nicht gefährdet sein durch Fahrzeuge, Transportgüter und Personen.
2. Der Aufstellungsort muss erschütterungsfrei sein.
3. Das Stativ muss sicher gegen ungewolltes Verändern der Füße aufgestellt sein.
4. Die Höhe der Sehachse muss der Augenhöhe entsprechen, damit unverkrampft gearbeitet werden kann.
5. Die Libelle muss vorschriftsmäßig eingestellt sein.

1701

**Welche Dachform wird
im Bild dargestellt?**

③ Krüppelwalmdach

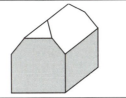

1702

**Welche Dachform wird
im Bild dargestellt?**

⑤ Sheddach

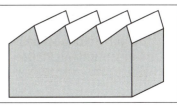

1703

**Welche Dachform wird
im Bild dargestellt?**

④ Mansarddach

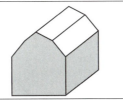

1704

**Wie wird das mit Ⓐ
gekennzeichnete Dach-
teil im Bild genannt?**

③ Walm

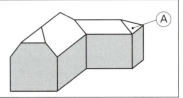

1705

**Wie wird das mit Ⓑ
gekennzeichnete Dach-
teil im Bild genannt?**

② Verfallung

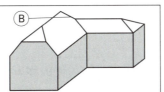

1708

**Welche Deckungsart wird
im Bild dargestellt?**

⑤ Biberschwanz-
Doppeldeckung

1706

**Bis zu welcher Dachneigung wird die Dachhaut als
Abdichtung ausgeführt?**

② 5°

1707

**Welcher Baustoff kommt als Abdichtung für das
Flachdach eines Wohnhauses in Frage?**

② Bitumenschweißbahn

1709

**Welcher Dachziegel wird
im Bild dargestellt?**

⑤ Biberschwanzziegel

1715

**Welche Deckungsart wird
im Bild dargestellt?**

② Deutsche Deckung

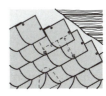

1710

**Welche Platte für die Dachdeckung ist
im Bild zu sehen?**

③ Faserzement-Wellplatte

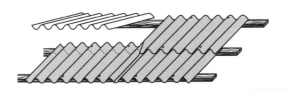

1711

**In welcher Auswahlantwort sind nur Baustoffe für die
Dachdeckung aufgeführt?**

④ Schiefer, Dachziegel, Faserzement-Welltafeln

1712

**Wovon hängt die Höhenüberdeckung bei allen
Platten und Ziegeln für die Dachdeckung in erster
Linie ab?**

③ Von der Dachneigung

1713

**Ein Dach mit 16° Dachneigung soll eingedeckt wer-
den. Welche Dachplatte oder welcher Dachziegel
kommt für die Eindeckung in Frage?**

② Flachdachpfanne mit Unterdach

1714

**Welche Aufgabe muss eine Dachdeckung aus
Ziegeln oder Betondachsteinen nicht erfüllen?**

④ Wärmeschutz

1721u

Nennen Sie fünf verschiedene Baustoffe für die Dachdeckung.

Dachziegel, Betondachsteine, Naturschiefer, Faserzement-Dachtafeln, Faserzement-Wellplatten, Holzschindeln, bitumengebundene Platten, Bleche aus Zink, Aluminium oder Kupfer, Reet, Stroh

1722u

Skizzieren Sie fünf verschiedene Dachformen.

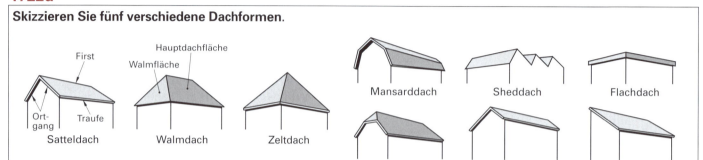

1723u

Ordnen Sie die Begriffe First, Traufe, Kehle, Grat, Krüppelwalm, Walm, Ortgang, Anfallspunkt und Verfallung den Nummern 1 bis 9 im Bild zu.

① Ortgang
② Krüppelwalm
③ First
④ Anfallspunkt
⑤ Verfallung
⑥ Kehle
⑦ Traufe
⑧ Walm
⑨ Grat

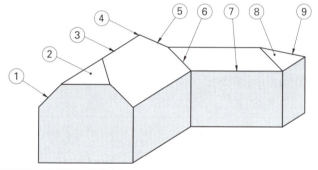

1724u

Beschreiben Sie den Unterschied zwischen einer Abdichtung der Dachhaut und einer Abdeckung der Dachhaut.

Dachdeckungen bestehen aus plattenförmigen Baustoffen, die das Wasser nur ableiten und nicht völlig dicht sind. Dachdeckungen benötigen eine Mindestdachneigung von 5°.
Abdichtungen bilden dagegen eine völlig dichte Dachhaut, die auch stehendes Wasser abhalten kann.

1725u

Wie wird der Lattabstand bei der Dachdeckung gemessen?

Der Lattabstand wird von der Oberkante Dachlatte bis zur Oberkante der nächsten Dachlatte gemessen.

1731

Aus welchen Rohstoffen wird Roheisen gewonnen?

① Eisenerz, Kalkstein, Koks

1732

Woraus wird Stahl hergestellt?

② Weißes Roheisen

1733

Welches Produkt aus dem Hochofen wird zu Gusseisen weiterverarbeitet?

④ Graues Roheisen

1734

Wofür verwendet man Temperguss?

① Beschlagteile, Rohrverbindungen, Schlösser

1735

Welches Bauteil entsteht aus Gusseisen?

① Bodeneinläufe

1736

Welche Definition trifft auf Stahl zu?

③ Warmverformbarer Eisenwerkstoff mit einem Kohlenstoffgehalt < 2 %

1737

Was ist eine Legierung?

③ Eine Mischung verschiedener Metalle

1738

Welche Behauptung trifft auf Baustähle zu?

① Baustähle sind unlegierte Massenstähle

1739

Welches Produkt gehört nicht zu den Handelsformen von Baustählen?

④ Messingschrauben

1740

In welcher Antwort sind nur Nichteisenmetalle aufgeführt?

④ Zink, Blei, Aluminium

1741

Welche Eigenschaft trifft auf Aluminium nicht zu?

② Beständig gegenüber Kalkmörtel und Zementmörtel

1742

Für welches Bauprodukt ist Aluminium nicht geeignet?

④ Tragende Wände

1743

Welche Eigenschaft trifft auf Kupfer nicht zu?

③ Schwer formbar

1744

Wofür eignet sich Kupfer nicht?

① Als Wärmedämmung

1745

Welche Eigenschaft trifft auf Zink nicht zu?

⑤ Geringe Wärmeausdehnung

1746

Wofür lässt sich Zink im Bau nicht einsetzen?

③ Für Abwasserrohre

1747

Welche Handelsform von Baustahl ist im Querschnitt im Bild dargestellt?

⑤ IPB-Träger

1748

Welche Handelsform von Baustahl ist im Querschnitt im Bild dargestellt?

① Spundwandprofil

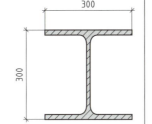

1749
Welche Eigenschaft trifft auf Blei nicht zu?

① Besonders umweltfreundlich

1750
Für welche Bauteile darf Blei nicht verwendet werden?

④ Trinkwasserrohre

1751
Was versteht man unter der Korrosion von Metallen?

⑤ Zerstörung von Metallen

1752
Alle Baumetalle reagieren mit dem Sauerstoff der Luft und bilden eine Oxidschicht aus. Wie heißt diese Oxidschicht bei den Eisenwerkstoffen?

① Rost

1753
Unter welchen Bedingungen findet die chemische Korrosion, das Rosten, bei Eisenwerkstoffen statt?

④ Feuchte Umgebung und Anwesenheit von Sauerstoff

1754
Unter welchen Bedingungen findet eine Kontakt-korrosion statt?

② Berührung zweier verschiedener Metalle und Anwesenheit eines Elektrolyten

1755
Welcher der angegebenen Stoffe ist kein Elektrolyt?

① Bitumen

1756
Welches genannte Metall ist ein edles Metall?

④ Kupfer

1757
Welches der genannten Baumetalle ist kein Schwer-metall (Dichte > 5 kg/dm³)?

④ Aluminium

1758
Mit welcher Maßnahme wird kein Korrosionsschutz bei Metallen erzielt?

③ Verwendung von Stahlschrauben zur Befestigung von Aluminiumblechen

1759
Welche Metallbearbeitung fällt nicht unter das Fügen?

⑤ Feilen

1760
In welcher Auswahlantwort sind nur Metallbearbei-tungen aufgeführt, die unter das Fügen von Metallen fallen?

④ Löten, Schweißen, Kleben

1761
Wozu dienen Flussmittel (Lötwasser) beim Löten?

④ Zum Entfernen der Oxidschicht auf den Metall-oberflächen

1762
Welche zwei Gase werden beim Gasschmelz-schweißen zum Erzeugen der rund 3200 °C eingesetzt?

③ Acetylen und Sauerstoff

1763
Welche Handelsform von Baustahl ist im Querschnitt im Bild dargestellt?

④ IPE-Träger

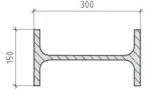

1764
Welche Handelsform von Baustahl ist im Querschnitt im Bild dargestellt?

② U-Profil

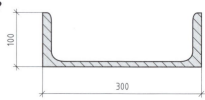

1765u

Beschreiben Sie kurz die Herstellung von Roheisen.

Ein Hochofen wird abwechselnd mit Eisenerz und Zuschlägen (Kalkstein), Koks oder Erdöl von oben beschickt, während von unten vorgewärmte Luft eingeblasen wird.
Im Hochofen wird das Eisenerz zu metallischen Eisen reduziert und der Kohlenstoff aus dem Koks oder Erdöl zu Kohlenmonoxid und Kohlendioxid (entweicht als Gichtgas) oxidiert. In der Schmelzzone bei rund 1500 °C schmilzt das Roheisen. Zuschläge, die die Verunreinigungen des Eisenerzes binden, schwimmen dann als Schlacke auf dem geschmolzenen Roheisen. Beim Abstich kann so die Schlacke leicht vom Roheisen getrennt werden.

1766u

Geben Sie vier Bauprodukte an, in denen Hochofenschlacke als Rohstoff weiterverarbeitet wird.

Als Stückschlacke zu	Schotter, Splitt und Pflastersteinen
Als Hüttensand zu	Hüttensteinen, Hochofenzement und Eisenportlandzement
Als Hüttenbims zu	Leichtbetonsteinen und Betonzuschlag
Als Hüttenwolle zu	Mineralfaser-Dämmmatten und Mineralfaser-Dämmplatten

1767u

Mit Legierungszusätzen lassen sich bestimmte Stahleigenschaften verbessern. Nennen Sie zwei Legierungs-zusätze und welche Stahleigenschaft damit verbessert wird.

Nickel	Rostneigung
Mangan	Härte, Zugfestigkeit
Silizium	Elastizität
Chrom	Rostneigung, Zugfestigkeit
Wolfram	Zugfestigkeit

1768u

Zählen Sie vier Handelsformen von Stahlprodukten auf, die im Baubereich eine Rolle spielen.

Trapezbleche, Profilträger (IPB, IPE), Spundwandprofile, Betonstabstahl, Betonmattenstahl, U-Stahl, Winkelstahl

1769u

Geben Sie die vier für den Baubereich wichtigen Nichteisenmetalle mit jeweils einer Verwendungsmöglichkeit an.

Aluminium	Fenster- und Türrahmen, Fassadenplatten, Dacheindeckungen
Blei	Dachanschlüsse (Verwahrungen), Feuchtigkeitssperren, Abflussleitungen
Kupfer	Dacheindeckungen, Fassadenbekleidungen, Heizungsrohre, elektrische Leitungen
Zink	Dacheindeckungen (Titanzink), Dachrinnen, Verwahrungen

1775
Aus welchem Grundbaustoff bestehen fast alle Kunststoffe?

③ Kohlenstoff

1776
Aus welchem Rohstoff werden Kunststoffe hauptsächlich hergestellt?

⑤ Erdöl

1777
In welcher Antwort werden nur Verfahren zur Herstellung von Riesenmolekülen für Kunststoffe aufgezählt?

④ Polymerisation, Polykondensation, Polyaddition

1780
Welche Eigenschaften treffen nur auf Duroplaste (Duromere) zu?

② Die Makromoleküle (Riesenmoleküle) der Duroplaste sind engmaschig vernetzt

1779
In welcher Antwort werden nur Baustoffe aus Thermoplasten (Plastomeren) aufgelistet?

② PVC-Rohr, PE-Folie, Polystyrol-Hartschaum

1778
Welche Eigenschaften treffen nur auf Thermoplaste (Plastomere) zu?

④ Bei Erwärmung verformbar, schweißbar

1781
Welches Kurzzeichen steht für Silikon-Kautschuk?

⑤ Si

1782
Welches Kurzzeichen steht für Polyethylen?

④ PE

1783
Unter welchen Oberbegriff fallen die Herstellungsverfahren Polymerisation, Polykondensation und Polyaddition von Kunststoffen?

② Synthese

1784
Welcher genannte Kunststoff ist schweißbar?

③ PVC-Dachbahn

1785
Aus welchem Rohstoff wird Bitumen gewonnen?

④ Erdöl

1786
Wo wird Bitumen nicht verwendet?

③ Zur Herstellung von Wärmedämmstoffen

1787
In welcher Antwort sind nur Eigenschaften aufgeführt, die auf Bitumen zutreffen?

② Wasserunlöslich, witterungsbeständig, elektrisch nicht leitend

1788
In welcher Antwort sind nur Eigenschaften aufgeführt, die auf Bitumen zutreffen?

④ Ungiftig, thermoplastisch, sehr hohe Wärmeausdehnung

1789
Bei welchem technischen Verfahren fällt Bitumen an?

① Destillation von Rohöl

1790
Was versteht man unter Asphalt?

④ Gemisch aus Bitumen + mineralischem Zuschlag

1791
Wodurch unterscheiden sich Gussasphalte und Asphaltbeton?

③ Gussasphalt hat keine Hohlräume

1792
Was versteht man unter Bitumenemulsion?

⑤ Bitumen, das mit Hilfe eines Emulgators in Wasser fein verteilt vorliegt

1793
Wie werden Bitumenemulsionen verarbeitet?

② Als kalter Anstrich zur Kellerwandabdichtung

1794
Was versteht man unter einer Dispersion?

⑤ Ein Stoffgemenge: ein Stoff ist in einem anderen Stoff fein verteilt

1795u

Beschreiben Sie stichwortartig die Unterschiede, die beim Erhitzen von Thermoplasten, Duroplasten und Elastomeren auftreten.

Thermoplaste: bei normalen Temperaturen meist hart
mit zunehmender Erwärmung elastischer
in einem bestimmten Temperaturbereich (PVC etwa 75 °C bis 150 °C), spanlos formbar
bei Abkühlen auf Normaltemperaturen so hart und fest wie vor der Erwärmung
bei weiterer Erhitzung zunächst flüssig und dann zersetzen sie sich

Duroplaste: bei Erwärmung weiter hart und spröde
bei weiterer Erwärmung Zersetzung, ohne vorher flüssig zu werden

Elastomere: bleiben bei Erwärmung bis zu ihrer Zersetzung gummielastisch.

1796u

Beschreiben Sie das Schweißen von Kunststoffen.

Das Schweißen von Kunststoffen fällt wie das Kleben unter das Fügen, also das Verbinden von Kunststoffen miteinander. Geschweißt werden können nur Thermoplaste.
Zum Schweißen werden Wärme und Druck benötigt. Schweißschnüre, Schweißstäbe als Zusatzstoffe können verwendet werden. Beim Schweißen werden die beiden Kunststoffteile durch Erwärmung an den Verbindungsstellen in den plastischen Zustand überführt, dabei verfilzen sich die fadenförmigen Moleküle der beiden Kunststoffteile miteinander. Nach dem Abkühlen sind beide Kunststoffteile miteinander fest verbunden. Die beiden wichtigsten Verfahren sind das Heißgasschweißen und das Heizelementschweißen.

1797u

Zählen Sie drei verschiedene Thermoplaste (Plastomere) mit Namen und Kurzzeichen auf.

Polyvinylchlorid – PVC; Polystyrol – PS; Polyamid – PA; Polyethylen – PE; Polyurethan – PUR

1798u

Beschreiben Sie, worauf die Wirkung eines Klebstoffes beruht.

Die feste Bindung zweier Werkstoffteile mit einem Klebstoff beruht auf:
a) der Adhäsion zwischen Klebstoff und Werkstoffteil und
b) der Kohäsion inerhalb des Klebers

1799u

Nennen Sie fünf verschiedene Klebstoffe.

a) natürliche organische Klebstoffe: Glutinleime, Kaseinleime
b) synthetische Klebstoffe: Harnstoff-Formaldehydharz, Melamin-Formaldehydharz, Phenol-Formaldehydharz, Resorzin-Formaldehydharz (alles Duroplaste)
Polyvinylacetat-Dispersionskleber (Thermoplast)
Epoxidharz-Klebstoffe, Polyesterklebstoffe, Isocyanat-Klebstoffe
(alles Kleber)

1801

Wie groß ist die Länge *l* des Gebäudes?

(0,30 + 1,51 + 0,24 + 4,51 + 0,115 + 5,375 + 0,30) =
② 12,35 m

1802

Welches Ergebnis hat die Kettenrechnung?

(188 − 7 + 73) : (14 − 6) + 3 · 4 − 9,25 =
⑤ 34,5

1803

Wie groß ist der Produktwert von folgenden Faktoren?

14,37 · 0,348 · 0,0041 · 17,46 · 23,71 = ④ 8,49

1804

Wie groß ist der Quotientenwert?

34,87 : 12,80 : 0,623 : 9,12 : 0,098 = ④ 4,89

1805

Welches Ergebnis hat diese Divisionsaufgabe?

$\left(\dfrac{4}{7} : \dfrac{8}{21}\right) : \left(\dfrac{5}{6} : \dfrac{10}{3}\right) =$ ③ 6

1806

Wie groß ist der positive Wurzelwert?

$\sqrt{(48 - 14 + 9)} + 18 - 4 \cdot 3 =$ ② 7

1807

Welches Ergebnis hat diese Kettenrechnung?

$(4,1)^2 + (5,8)^2 - (3,6)^2 =$ ① 37,49

1808

Eine Maurerkolonne aus 4 Maurern erhält eine Prämie von 368,20 DM.
Wie viel Prämie erhält jeder Maurer, wenn an jeden Maurer bereits 18,41 DM gezahlt wurden?

⑤ 73,64 DM

1809

Welches Ergebnis hat die Bruchrechnung?

$\dfrac{2}{5} + 2\dfrac{2}{3} - \dfrac{1}{4} : \dfrac{1}{2} =$ ④ $2\dfrac{17}{30}$

1811

Ein Bagger löst und belädt pro Stunde 75 m³ Boden. Zu wie viel Prozent ist der Bagger eingesetzt, wenn er an einem Arbeitstag (8 Stunden) 420 m³ Boden abbaut und belädt?

④ 70% $\qquad p\% = \dfrac{420 \text{ m}^3}{8 \text{ h} \cdot 75 \text{ m}^3/\text{h}} \cdot 100\%$

1810

In einer Ausführungszeichnung
Maßstab 1 : 50 – m, cm fehlt eine Bemaßung.
Wie groß ist die wirkliche Länge, wenn das Zeichnungsmaß 8,6 cm ist?

② 4,30 m

Wirkliche Länge = Verhältniszahl · Zeichnungslänge
WL = n · ZL → WL = 50 · 8,6 cm = 430 cm

1813

Wie viel Rabatt erhält man für ein Baugerät, wenn man statt des Verkaufspreises von 994,24 DM nur 944,53 DM bezahlt?

④ 5% $\qquad p\% = \dfrac{(994,24 \text{ DM} - 944,53 \text{ DM})}{994,24 \text{ DM}} \cdot 100\%$

1812

Zur Herstellung von 2,3 m³ Mauerwerk wurden 932 Mauersteine und 635 Liter Mauermörtel benötigt. Wie viel Mauersteine und Liter Mauermörtel werden für 8,2 m³ Mauerwerk gebraucht?

	Mauersteine	Mauermörtel (Liter)
④	3323	2264

Dreisatz mit geradem Verhältnis

$\dfrac{932 \text{ Steine}}{2,3 \text{ m}^3} \quad \dfrac{x}{8,2 \text{ m}^3} \rightarrow x = \dfrac{932 \text{ Steine} \cdot 8,2 \text{ m}^3}{2,3 \text{ m}^3} = 3323$ Steine

$\dfrac{635 \text{ Liter}}{2,3 \text{ m}^3} \quad \dfrac{x}{8,2 \text{ m}^3} \rightarrow x = \dfrac{635 \text{ Liter} \cdot 8,2 \text{ m}^3}{2,3 \text{ m}^3} = 2264 \text{ l}$ Mörtel

1814

In einer Waschküche soll Beton mit einem Gefälle von 2,0 % eingebracht werden.
Wie groß ist der Höhenunterschied *h*?

② 9,0 cm

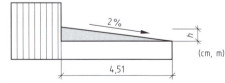

$h = \dfrac{p\% \cdot l}{100} \rightarrow \dfrac{2\% \cdot 451 \text{ cm}}{100\%}$

1815

Die Dachfläche eines Hauses beträgt 236,00 m².
Wie viel Bretter mit den Abmaßen von 0,14 m/3,20 m
sind für eine Dachschalung notwendig, wenn mit
15 % Verschnitt gerechnet wird?

④ 606 St

$$X_1 = \frac{236,00 \text{ m}^2}{0,14 \text{ m} \cdot 3,20 \text{ m}} = 527 \text{ St}$$

$$X_2 = \frac{15\% \cdot 527 \text{ St}}{100\%} = 79 \text{ St}$$

$$X = X_1 + X_2$$

1816

Wie groß ist die obere Grabenbreite b?

① 5,40 m

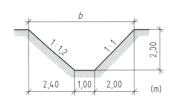

1817

Eine Terrasse hat ein Gefälle von 2 %.
Wie groß ist das entsprechende Neigungsverhältnis?

② 1 : 50

$$n = \frac{100\%}{p\%}$$

$$n = \frac{100\%}{2\%} = 50 \rightarrow \underline{1:50}$$

1818

Welches Neigungsverhältnis hat das skizzierte Pultdach?

① 1 : 5 (1,08 : 5,40)

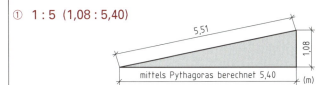

mittels Pythagoras berechnet 5,40

1820

Welchen Umfang U hat die skizzierte Fläche?

② 40,99 m

$$c_1 = \sqrt{(2 \text{ m})^2 + (3 \text{ m})^2} = \sqrt{(13 \text{ m})^2} = 3,61 \text{ m}$$

$$c_2 = \sqrt{(1 \text{ m})^2 + (2 \text{ m})^2} = \sqrt{(5 \text{ m})^2} = 2,24 \text{ m}$$

Viertelkreis: $U_1 = \frac{\pi \cdot d}{4}$

$$U_1 = \frac{\pi \cdot 4 \text{ m}}{4} = 3,14 \text{ m}$$

$$U_1 = 10,00 \text{ m} + 3,14 \text{ m} + 6,00 \text{ m} + 10,00 \text{ m} + 2,42 \text{ m} + 3,00 \text{ m} + 3,00 \text{ m} + 3,61 \text{ m}$$

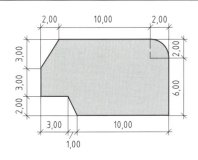

1821

Wie lang ist der skizzierte beidseitig aufgebogene Tragstab, wenn der Biegewinkel für die Aufbiegungen
45° beträgt?

② 4,85 m

Schmiege $(s) = \sqrt{(30 \text{ m})^2 + (30 \text{ m})^2} = \sqrt{1800 \text{ cm}^2}$

$$s = 42,43 \text{ cm}$$

$$l = 2 (20 \text{ cm}) + 2 (42,43 \text{ cm}) + 360 \text{ cm}$$

$$l = 484,86 \text{ cm}$$

1822

Wie groß ist die Bogenlänge b des
nebenstehenden Kreisausschnittes?

③ 2,573 m

$$b = \frac{\pi \cdot d \cdot \alpha}{360°}$$

$$b = \frac{\pi \cdot 5,90 \text{ m} \cdot 50°}{360°}$$

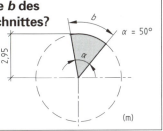

1823

Wie groß ist die Sparrenlänge *l* des skizzierten Pultdaches?

④ 7,51 m

$$c = \sqrt{a^2 + b^2}$$

$$c = \sqrt{(6,80\ m)^2 + (1,20\ m)^2} = 6,91\ m$$

$$l = \quad 2\ (0,30\ m) + 6,91\ m$$

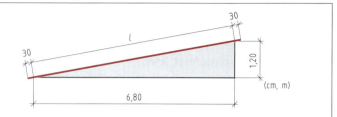

1824

Welchen äußeren Umfang hat das abgebildete Betonrohr, wenn der Nenndurchmesser DN 1000 mm beträgt?

② 3,77 m

Materialstärke $s = 0,10\ m$

$$U = \pi \cdot d$$

$$U = \pi \cdot 1,20\ m$$

1825

Die Fläche eines Kreises beträgt 8,34 m². Wie groß ist der Durchmesser?

④ 3,26 m

$$A = \frac{\pi}{4} \cdot d^2 \rightarrow d = \sqrt{\frac{4 \cdot A}{\pi}}$$

$$d = \sqrt{\frac{4 \cdot 8,34\ m^2}{\pi}} = \underline{3,26\ m}$$

1826

Ein Baum hat einen Umfang von 68 cm. Welchen Durchmesser hat der Stamm?

② 21,65 cm

$$U = \pi \cdot d \rightarrow d = \frac{U}{\pi} = \frac{68\ cm}{\pi}$$

$$d = \underline{21,65\ cm}$$

1827

Welche Länge *l* ergibt sich aus:
l = 37,1 cm – 114 mm + 3,864 m – 0,0018 km

③ 2,321 m

1828

In der Bauzeichnung mit dem Maßstab
M 1 : 100 – m, cm – sind in einer Maßkette folgende Maße eingetragen: 1,24; 2,01; 74; 88⁵; 36⁵.
Wie groß ist die Gesamtlänge in m?

② 5,24 m

1829

Wie groß ist der Umfang der abgebildeten Verkehrsinsel?

① 14,28 m

$$U = 2\ (b) + \frac{2\ \pi \cdot d}{2}$$

$$= 2\ (4,00\ m) + \pi \cdot 2,00\ m$$

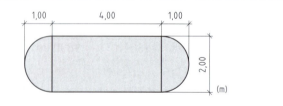

1831

Wie groß ist die Putzfläche des skizzierten Giebels?

③ 20,29 m²

$h = 4,83\ m$

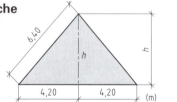

1832

Von dem im Grundriss skizzierten Wasserbecken ist der Beckenrand zu verfliesen. Wie groß ist die Fläche des Beckenrandes?

② 2,54 m²

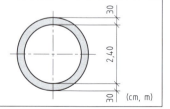

1833

Die dargestellte rechteckige Fläche soll mit Fußbodenfliesen gefliest werden. Wie groß ist diese Fläche A?

⑤ 31,36 m² b = 5,01 m

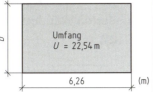

Umfang
U = 22,54 m

6,26   (m)

1835

Eine Stahlbetonstütze hat die Querschnittsform eines regelmäßigen Sechseckes. Die 6 Seiten sind jeweils s = 25 cm lang.
Welche Querschnittsfläche A hat diese Stütze?

② 16,28 dm²

$$h = \sqrt{s^2 - \left(\frac{b}{2}\right)^2} = \sqrt{(2,50\ \text{dm})^2 - (1,25\ \text{dm})^2}$$

$$h = 2,17\ \text{dm}$$

$$A = 6\left(\frac{b \cdot h}{2}\right) = 6\left(\frac{2,50\ \text{dm} \cdot 2,17\ \text{dm}}{2}\right)$$

1837

Welchen Flächeninhalt A hat die abgebildete Wand einer Garage?

① 16,12 m²

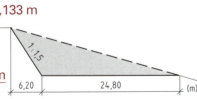

2,80   2,40

6,20   (m)

1839

Für den Bau einer Straße ist die schraffierte Abtragsfläche A zu ermitteln.

④ 51,25 m²

$$\frac{1}{1,5} = \frac{h}{6,20\ \text{m}} \rightarrow h = 4,133\ \text{m}$$

$$A = \frac{b \cdot h}{2}$$

$$A = \frac{24,80\ \text{m} \cdot 4,133\ \text{m}}{2}$$

1:1,5
6,20   24,80   (m)

1842

Welchen Rauminhalt V in cm³ hat ein NF-Mauerziegel?

④ 1960 cm³

$V = A \cdot h$
$V = 24\ \text{cm} \cdot 11,5\ \text{cm} \cdot 7,1\ \text{cm}$
$V = 1960\ \text{cm}^3$

1834

Wie groß ist eine Kreisfläche A, wenn ihr Umfang U = 20,00 m beträgt?

④ 31,85 m²

1836

Welche Querschnittsfläche A hat der skizzierte Leitungsgraben?

② 5,50 m²

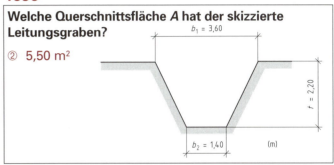

b_1 = 3,60

t = 2,20

b_2 = 1,40   (m)

1838

Wie groß ist der Flächeninhalt A der dargestellten Rundbogentür?

④ 1,98 m²

$A_1 = 0,885\ \text{m} \cdot 1,885\ \text{m} = 1,67\ \text{m}^2$

$A_2 = \dfrac{\pi}{4} \cdot (0,885\ \text{m})^2 \cdot \dfrac{1}{2} = 0,31\ \text{m}^2$

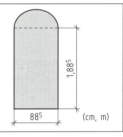

1,885

88⁵   (cm, m)

1840

Welche äußere Mantelfläche hat der abgebildete Zylinder?

③ 126,67 m²

$M = \pi \cdot 4,20\ \text{m} \cdot 9,60\ \text{m}$

$M = \underline{126,67\ \text{m}^2}$

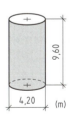

9,60

4,20   (m)

1844

Das skizzierte Betonteil hat ein Volumen von 18,68 m³. Wie groß ist seine Höhe h?

⑤ 1,47 m   Volumen eines Quaders V = 18,68 m³

$$h = \frac{V}{A} = \frac{18,68\ \text{m}^3}{4,06\ \text{m} \cdot 3,12\ \text{m}}$$

1841

Wie viel Liter Mörtel sind im dargestellten Kegelstumpf (Mörteleimer), wenn er zu 75 % seines Inhalts gefüllt ist?

④ 19,14 l

$$V \approx \frac{A_u + A_o}{2} \cdot h = \frac{\pi}{8}(D^2 + d^2) \cdot h$$

$$V_1 = \frac{\pi}{8}((3\ dm)^2 + (2\ dm)^2)\ 5\ dm$$

$$V_1 = 25,52\ dm^3$$

$$V_2 = 0,75 \cdot 25,52\ dm^3 = 19,14\ dm^3$$

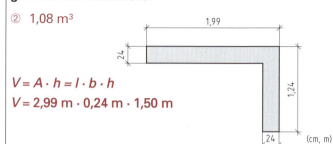

1843

Wie groß ist das Volumen V der 1,50 m hohen gemauerten Wandecke?

② 1,08 m³

$$V = A \cdot h = l \cdot b \cdot h$$

$$V = 2,99\ m \cdot 0,24\ m \cdot 1,50\ m$$

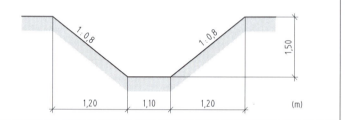

1845

Von dem im Querschnitt abgebildeten 23,60 m langen Leitungsgraben ist der Bodenaushub zu berechnen.

⑤ 81,42 m³ $b = 0,8\ m \cdot 1,50\ m = 1,20\ m$

$$V = \left(\frac{3,50\ m + 1,10\ m}{2}\right) 1,50\ m \cdot 23,60\ m$$

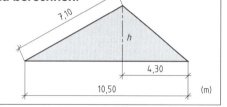

1846

Das Dachraumvolumen V eines 14,20 m langen Satteldaches ist zu berechnen.

$h = 3,46\ m$

③ 257,94 m³

1847

Ein Zeltdach mit rechteckiger Grundfläche 8,60 m/6,40 m ist 3,50 m hoch.
Welches Volumen V hat der Dachraum?

④ 64,21 m³   Dachraum ≙ Pyramide

$$A = 8,60\ m \cdot 6,40\ m$$

$$V = \frac{A \cdot h}{3}$$

1848

Ein kegelförmiger Sandhaufen hat einen Umfang von 4,02 m und eine Höhe von 80 cm.
Welches Volumen V hat der Sandhaufen?

② 0,34 m³

$$d = \frac{U}{\pi} = \frac{4,02\ m}{\pi} \qquad V = \frac{A \cdot h}{3}$$

$$d = 1,28\ m \qquad V = \frac{\pi \cdot (1,28\ m)^2 \cdot 0,80\ m}{12}$$

1849

Wie groß ist die Mantelfläche des skizzierten kegelstumpfförmigen Fundamentes?

④ 6,74 m²

$$M = \pi \left(\frac{D + d}{2}\right) h$$

$$M = \left(\frac{2,10\ m + 1,20\ m}{2}\right) \cdot 1,30\ m$$

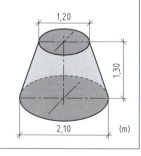

1850

Wie groß ist das Volumen V des dargestellten kreisförmigen Fundaments?

⑤ 1,47 m³

$$V = \frac{\pi \cdot d^2 \cdot h}{4}$$

$$= \frac{\pi \cdot (1,20\ m)^2\ 1,30\ m}{4}$$

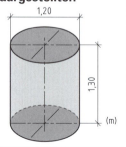

1861u

Berechnen Sie die fehlenden Einzellängen l_1 und l_2 des Gebäudes in m!

Die Längen l_1 und l_2 haben nachfolgende Abmaße:

$l_1 = 0{,}24$ m $+ 4{,}01$ m $+ 0{,}24$ m $+ 1{,}76$ m $+ 0{,}24$ m $l_1 = 6{,}49$ m

$l_2 = 6{,}49$ m $- 1{,}01$ m $- 0{,}99$ m $- 1{,}01$ m $- 0{,}74$ m $l_2 = 2{,}74$ m

1862u

Die nachfolgende Stahlliste ist zu vervollständigen:

Pos.	Stück	$\varnothing$ (mm)	Einzel-länge (m)	Gesamt-länge (m)	Längen-masse (kg/m)	Einzel-masse (kg)
1	2	6	0,82	1,64	0,222	0,364
2	4	12	2,24	8,96	0,888	7,956
3	3	20	1,16	3,48	2,470	8,596
4	12	8	2,06	24,72	0,395	9,764
Gesamtmasse (kg)						26,68

1863u

Welche Querschnittsfläche A in mm² haben Beton-stähle mit folgenden Angaben:

Die Querschnittsflächen betragen:

1) **6 mm** $A = 28{,}2743$ mm²
2) **12 mm** $A = 113{,}097$ mm²
3) **18 mm** $A = 254{,}469$ mm²

1864u

Ein rechteckiges Zimmer hat eine Grundfläche von 24,39 m². Die Länge beträgt 5,82 m.
Wie viel Meter Sockelleiste werden benötigt, wenn die Türöffnung 76 cm breit ist?

$A = l \cdot b$

$b = \dfrac{A}{l} = \dfrac{24{,}39 \text{ m}^2}{5{,}82 \text{ m}} = 4{,}19$ m

$U = 2\,(l + b) -$ Türbreite

$U = 2\,(5{,}82 \text{ m} + 4{,}19 \text{ m}) - 0{,}76$ m $\rightarrow U = 19{,}26$ m

1865u

Auf einer Baustelle werden 196,37 m² Dämmplatten benötigt. Es sind noch 9 Pakete mit jeweils 8,70 m² Dämmplatten vorrätig.
Wie viel Pakete müssen bestellt werden?

$A_1 = 9 \cdot 8{,}70 \text{ m}^2 = 78{,}30 \text{ m}^2$

$A_2 = 196{,}37 \text{ m}^2 - 78{,}30 \text{ m}^2$

$A_2 = 118{,}07 \text{ m}^2$

$n = \dfrac{118{,}07 \text{ m}^2}{8{,}70 \text{ m}^2/\text{Paket}} \rightarrow n = 13{,}57 \approx 14$ Pakete

1866u

Welche Umfänge U in mm haben die Kreisflächen mit folgenden Durchmessern:

1) $\varnothing$ **8 mm** $U = 25{,}133$ mm²
2) $\varnothing$ **16 mm** $U = 50{,}265$ mm²
3) $\varnothing$ **24 mm** $U = 75{,}398$ mm²

1874u

Die Gleichungen sind nach x umzustellen:

1) $18 - 4x + 3x = x - 2 + 2 + 3x$ $\rightarrow x = 3{,}6$
2) $6 \cdot 2 : 3 - 2 - 3x = x - 2$ $\rightarrow x = 1$

1867u

In einer Bewehrungszeichnung müssen für ein Stahlbe-tonteil 8 Betonstabstähle mit einem Durchmesser von 10 mm verlegt werden. Auf der Baustelle sind jedoch nur Betonstabstähle mit einem Durchmesser von 8 mm vorhanden. Wie viel Betonstabstähle mit dem kleineren Durchmesser werden benötigt, um die gleiche Quer-schnittsfläche von 8 Betonstabstählen mit einem Durchmesser von 10 mm mindestens zu erreichen?

$n = \dfrac{8\,(A_1)}{(A_2)} = \dfrac{8\,(\pi \cdot r_1^2)}{(\pi \cdot r_2^2)}$

$= \dfrac{8\,(\pi\,(5 \ mm)^2)}{\pi\,(4 \ mm)^2} = 12{,}5$ $n \approx 13$ Betonstähle $\varnothing$ 8 mm

1868u

Für 1 m² Fliesenbelag werden 33 Fliesen 15 cm/20 cm benötigt. Wie viel Fliesen sind für 28,60 m² notwendig, wenn für Bruch und Verhau 3% Fliesen zu berücksichtigen sind.

$\dfrac{1 \text{ m}^2}{33} = \dfrac{28{,}60 \text{ m}^2}{n} \rightarrow n = \dfrac{28{,}60 \text{ m}^2 \cdot 33 \text{ Fl}}{1 \text{ m}^2} = 943{,}80$ Fl

$n = 943{,}80 + 3\% \cdot 943{,}80 = 972{,}11$

$n = 973$ Fliesen

1869u

3 Maurer benötigen für das Herstellen von Mauer-werk 8 Stunden. Wie lange brauchen dazu 2 Maurer bei gleichem Arbeitstempo?

3 Maurer benötigen 8 Stunden
1 Maurer benötigt $3 \cdot 8$ Stunden
2 Maurer benötigen $\dfrac{3 \cdot 8 \text{ Stunden}}{2}$

$\dfrac{8 \text{ Stunden} \cdot 3 \text{ Mauer}}{2 \text{ Maurer}} = 12$ Stunden

Ungebundene Aufgaben

1870u

In einem Lageplan 1 : 500 – m soll das skizzierte Bauwerk eingetragen werden. Welche Zeichnungsmaße ergeben sich aus den wirklichen Maßen?

$$\text{Zeichnungslänge} = \frac{\text{Wirkliche Länge}}{\text{Verhältniszahl}}$$

M 1:500 $\quad ZL = \dfrac{WL}{n}$

z. B. $\quad ZL = \dfrac{25\ m}{500} = \dfrac{2500\ cm}{500} = 5\ cm$

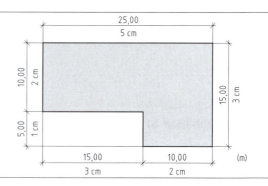

1871u

Nachfolgende Tabelle ist zu ergänzen:

Aufgabe	a)	b)
Verhältnis	1 : 50	1 : 57
Prozent	2 %	1,75 %
Länge	6,00 m	8,00 m
Höhe	12 cm	14 cm

a) $p\% = \dfrac{100\%}{h} = \dfrac{100\%}{50} = 2\%$

$l = \dfrac{h}{p\%} \cdot 100\% = \dfrac{12\ cm}{2\%} \cdot 100\% = 600\ cm = \underline{6,00\ m}$

b) $p\% = \dfrac{h}{l} \cdot 100\% = \dfrac{0,14\ m}{8,00\ m} \cdot 100\% = \underline{1,75\%}$

$\dfrac{100\%}{p\%} = \dfrac{100\%}{1,75\%} = \underline{57,1 \to (1:57)}$

1872u

Wie groß muss die Böschungsbreite *b* der Baugrube sein, wenn die Baugrubenwände aus der Bodenklasse 5 bestehen?

Boden-klasse	Böschungs-winkel	Neigungs-verhältnis	b
5	60°	1 : 0,58	1,74 m

Bodenklasse 5
$\to b = 0,58 \cdot t$
$0,58 \cdot 3,00\ m = \underline{1,74\ m}$

1873u

Der Stundenlohn eines Gesellen soll um 3,6 % erhöht werden. Wie hoch ist der zukünftige Stundenlohn, wenn der ehemalige 19,80 DM betrug?

$\dfrac{G}{100\%} = \dfrac{P}{p\%}$

$p = \dfrac{G \cdot p\%}{100\%} = \dfrac{19,80\ DM \cdot 3,6\%}{100\%} = \underline{0,71\ DM}$

zukünftiger Stundenlohn = (19,80 + 0,71) = $\underline{20,51\ DM}$

1875u

Die Formeln sind nach *A* umzustellen:

1) $b = \dfrac{2 \cdot A}{(l_1 + l_2)}$ 2) $d = \sqrt{\dfrac{4 \cdot A}{\pi}}$

1) $A = \left(\dfrac{L_1 + L_2}{2}\right) \cdot b$ 2) $A = \dfrac{\pi}{4} d^2$

1876u

Mit welchen Formeln kann die dargestellte zusammengesetzte Fläche berechnet werden?

$A_1 = \dfrac{c \cdot 2\,r}{2} = c \cdot r$

$A_2 = b \cdot 2\,\dfrac{r}{2}$

$A_3 = \dfrac{\pi \cdot r}{2}$

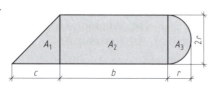

1877u

Wie groß ist die Bogenlänge *b* für einen Kreisausschnitt, wenn der Radius 1,67 m und der Mittelpunktswinkel 114° betragen?

$b = \dfrac{\pi \cdot d \cdot \alpha}{360°}$

$b = \dfrac{\pi \cdot 3,34\ m \cdot 114°}{360°} = \underline{3,32\ m}$

1878u

Wie lang ist der mit NF-Mauerziegeln als Draufsicht dargestellte Pfeiler?

$N = n \, (12,5 \text{ cm}) - 1 \text{ cm}$ N = Rohbaunennmaß

$N = 5 \, (12,5 \text{ cm}) - 1 \text{ cm}$ n = Anzahl der Mauersteinköpfe

$\underline{N = 61,5 \text{ cm}}$ freistehendes Mauerwerk (Außenmaß)

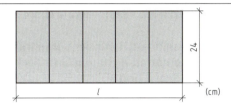

1879u

Wie groß ist die Firsthöhe h des skizzierten gleichhüftigen Satteldaches?

Pythagoras: $c^2 = a^2 + b^2$ $s^2 = \left(\dfrac{b}{2}\right)^2 + h^2$

$h = \sqrt{(s)^2 - \left(\dfrac{b}{2}\right)^2} = \sqrt{(5,00 \text{ m})^2 - (4,00 \text{ m})^2} = \sqrt{9,00 \text{ m}^2}$

$\underline{h = 3,00 \text{ m}}$ (Höhe im First antragen)

1880u

Wie groß ist der äußere und innere Umfang eines Betonrohres mit einem Nenndurchmesser DN 150 (innerer Durchmesser in mm) und einer Wanddicke von 28 mm?

$U = \pi \cdot d$

$U_1 = \pi \cdot 15 \text{ cm} = \underline{47,12 \text{ cm}}$

$U_2 = \pi \, (15 \text{ cm} + 2 \cdot 2,8 \text{ cm})$

$U_2 = 64,72 \text{ cm}$

1881u

Welchen Umfang U hat die skizzierte Deckenfläche?

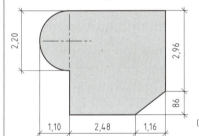

Halbkreis

$l = \dfrac{1}{2} d \cdot \pi$

$l = 0,5 \cdot 2,20 \text{ m} \cdot \pi$

$ = 3,46 \text{ m}$

Schräge

$c^2 = a^2 + b^2$

$c = \sqrt{a^2 + b^2}$

$c = \sqrt{(1,16 \text{ m})^2 + (0,86 \text{ m})^2} = 1,44 \text{ m}$

$U = 3,64 \text{ m} + 2,96 \text{ m} + 1,44 \text{ m} + 2,48 \text{ m} + 1,62 \text{ m} + 3,46 \text{ m}$

$\underline{U = 15,60 \text{ m}}$

1882u

Wie groß ist die skizzierte Fläche A des Hausgiebels? Tür und Fensteröffnungen sind abzuziehen.

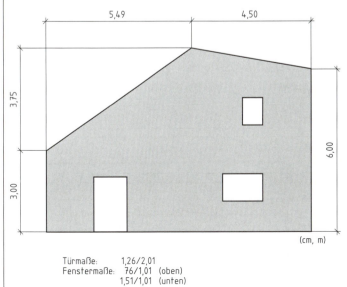

Türmaße: 1,26/2,01
Fenstermaße: 76/1,01 (oben)
               1,51/1,01 (unten)

Die Giebelfläche wird vom First nach unten geschnitten. Dadurch entstehen 2 Trapeze, von denen die Öffnungen zu subtrahieren sind.

$A = \left(\dfrac{l_1 + l_2}{2}\right) b$

$A_1 = \left(\dfrac{6,75 \text{ m} + 3,00 \text{ m}}{2}\right) 5,49 \text{ m} = \underline{26,76 \text{ m}^2}$

$A_2 = \left(\dfrac{6,75 \text{ m} + 6,00 \text{ m}}{2}\right) 4,50 \text{ m} = \underline{28,69 \text{ m}^2}$

$A_3 = (1,26 \text{ m} \cdot 2,01 \text{ m}) + (0,76 \text{ m} \cdot 1,01 \text{ m})$
$ + (1,51 \text{ m} \cdot 1,01 \text{ m})$

$A_3 = \underline{4,82 \text{ m}^2}$

$A_4 = 26,76 \text{ m}^2 + 28,69 \text{ m}^2 - 4,82 \text{ m}^2$

$A_4 = \underline{50,63 \text{ m}^2}$

1883u

Von dem skizzierten Kreisverkehrsbereich sind zu berechnen:

a) der Flächeninhalt A_1 für die Verkehrsinsel (Kreisring)
b) der Flächeninhalt A_2 für die Grünflächeninsel (Mittiger Kreis) und
c) der Umfang U_2 der Grünflächeninsel

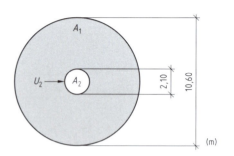

a) $A_1 = \frac{\pi}{4} (D^2 - d^2)$

$A_1 = \frac{\pi}{4} ((10{,}60\ m)^2 - (2{,}10\ m)^2) = \underline{84{,}78\ m^2}$

b) $A_2 = \frac{\pi}{4} \cdot d^2$ c) $U_2 = \pi \cdot d$

$A_2 = \frac{\pi}{4} (2{,}10\ m)^2 = \underline{3{,}46\ m^2}$ $U_2 = \pi \cdot 2{,}10\ m = \underline{6{,}60\ m}$

1884u

Welchen Flächeninhalt A hat die skizzierte Hoffläche?

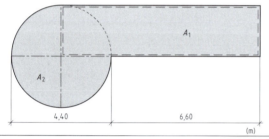

A_1 Rechteck $A_1 = 19{,}36\ m^2$

A_2 Dreiviertelkreis

$A_2 = \frac{3}{4} (2{,}20\ m)^2 \cdot \pi$

$= 11{,}40\ m^2$

$A = A_1 + A_2$

$A = 30{,}76\ m^2$

1885u

Wie groß ist die dargestellte Fläche A aus Fußbodenfliesen?

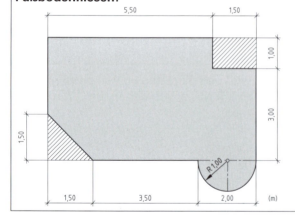

Fußbodenflächen

Gesamtrechteck A_1

$A_1 = (5{,}50\ m + 1{,}50\ m)(3{,}00\ m \cdot 1{,}00\ m) = \underline{28{,}00\ m^2}$

abzüglich schraffierte Flächen A_2

$A_2 = \frac{1{,}50\ m \cdot 1{,}50\ m}{2} + 1{,}50\ m \cdot 1{,}00\ m$

$A_2 = \underline{2{,}63\ m^2}$

zuzüglich Halbkreisfläche A_3

$A_3 = \frac{\pi \cdot (2{,}00\ m)^2}{8} = \underline{1{,}57\ m^2}$

$A = A_1 - A_2 + A_3 = 28{,}00\ m^2 - 2{,}63\ m^2 + 1{,}57\ m^2$

$A = \underline{26{,}94\ m^2}$

1886u

Wie groß ist die Putzfläche der Hausfassade, wenn die Fenster- und Türöffnungen abgezogen werden?

$A = (19{,}99\ m \cdot 3{,}01\ m) -$
$\quad (2{,}01\ m \cdot 1{,}26\ m + 1{,}51\ m \cdot 0{,}676\ m) \cdot 2$

$= 60{,}17\ m^2 - 7{,}11\ m^2$

$A = 53{,}06\ m^2$

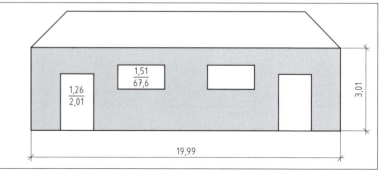

1887u

Eine Dachgiebelfläche soll mit einer Holzschalung verkleidet werden.
Wie groß ist der Bedarf an Holzschalung in m², wenn ein Verschnitt von 25 % zu berücksichtigen ist?

Bei einem Dachneigungswinkel von 45 % (Verhältnis 1:1) ist die Dachhöhe gleich der halben Dachbreite, also

$$h = \frac{b}{2} \qquad \text{mit } b = 8{,}00 \text{ m folgt}$$

$$A_1 = \frac{8{,}00 \text{ m} \cdot 4{,}00 \text{ m}}{2} = 16{,}00 \text{ m}^2$$

$$A = A_1 + 25\% \text{ von } A_1$$

$$A = 16{,}00 \text{ m}^2 + 4{,}00 \text{ m}^2 = \underline{20{,}00 \text{ m}^2}$$

1889u

Ein zylinderförmiges Silo hat einen Radius von 2,90 m und eine Höhe von 4,10 m. Von diesem Silo sind zu berechnen:

1) das Volumen V
2) die Mantelfläche M
3) die Oberfläche O

1) $V = A \cdot h$

$$V = \frac{\pi \cdot d^2}{4} \cdot h$$

$$= \frac{\pi (5{,}80 \text{ m})^2}{4} = 4{,}10 \text{ m} = \underline{108{,}27 \text{ m}^3}$$

2) $M = U \cdot h = \pi \cdot d \cdot h$

$$M = \pi \cdot 5{,}80 \text{ m} \cdot 4{,}10 \text{ m} = \underline{74{,}67 \text{ m}^2}$$

3) $O = M + A_u + A_o$

$$O = M + 2 \left(\frac{\pi}{4} d^2 \right)$$

$$O = 74{,}67 \text{ m}^2 + 2 \left(\frac{\pi}{4} (5{,}80 \text{ m})^2 \right)$$

$$O = \underline{127{,}51 \text{ m}^2}$$

1888u

Wie viel Liter Putzmörtel werden für die vier abgebildeten Außenwände benötigt?

Außenputzdicke 2 cm
Fenstergröße 1,01 m/1,26 m
Türgröße 1,01 m/2,01 m

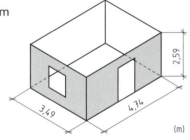

$$A_1 = 2 \, (4{,}74 \text{ m} + 3{,}49 \text{ m}) \cdot 2{,}59 \text{ m}$$

$$A_1 = 42{,}63 \text{ m}^2$$

$$A_2 = 1{,}01 \text{ m} \cdot 1{,}26 \text{ m} + 1{,}01 \text{ m} \cdot 2{,}01 \text{ m}$$

$$A_2 = 3{,}30 \text{ m}^2$$

$$A = A_1 - A_2 = 39{,}33 \text{ m}^2$$

$$V = A \cdot d$$

$$V = 39{,}33 \text{ m}^2 \cdot 0{,}02 \text{ m}$$

$$V = 0{,}787 \text{ m}^2 = \underline{787 \text{ Liter}}$$

1890u

Von der unten dargestellten Baugrube sind zu berechnen:

1) das Bodenvolumen in m³
2) der Bodenaushub in m³, wenn ein Zuschlag für Auflockerung von 20 % berücksichtigt wird
3) die Anzahl der Lkw-Ladungen, wenn ein Lkw ein Ladungsvolumen von 4,20 m³ hat.

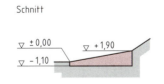

Schnitt — Draufsicht

1)
$$V_1 = \left(\frac{3{,}00 \text{ m} + 1{,}10 \text{ m}}{2} \right) 12{,}60 \text{ m} \cdot 11{,}40 \text{ m}$$

$$V_1 = 294{,}46 \text{ m}^3$$

2)
$$V_2 = V_1 + 20\% \text{ von } 294{,}46 \text{ m}^3$$

$$V_2 = 294{,}46 \text{ m}^3 + 0{,}2 \cdot 294{,}46 \text{ m}^3$$

$$V_2 = 353{,}35 \text{ m}^3$$

3)
$$n = \frac{V \text{ Gesamt}}{V \text{ Lkw}}$$

$$n = \frac{353{,}35 \text{ m}^3}{4{,}2 \text{ m}^3/\text{Lkw}} = 84{,}13 \rightarrow \underline{85 \text{ Lkw-Ladungen}}$$

1891u

Wie groß ist das notwendige Festbetonvolumen des skizzierten Streifenfundaments?
Die Fundamenttiefe beträgt 60 cm.

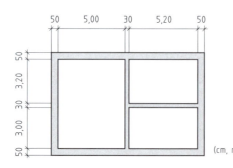

$L_1 = 2 (0,50 + 5,00 + 0,30 + 5,20 + 0,50)$
$\quad + 2 (3,00 + 0,30 + 3,20)$

$L_1 = \underline{36,00\ m}$

$V_1 = (36,00 \cdot 0,50 \cdot 0,60)$

$V_1 = \underline{10,80\ m^3}$

$L_2 = (3,00\ m + 0,30\ m + 3,20\ m) + (5,20\ m)$

$L_2 = \underline{11,70\ m}$

$V_2 = (11,70 \cdot 0,30 \cdot 0,60)$

$V_2 = \underline{2,11\ m^3}$

$V = V_1 + V_2 = 10,80\ m^3 + 2,11\ m^3$

$V = \underline{12,91\ m^3}$

1892u

Für ein Bauwerk sind 15 rechteckige Stahlbeton-stützen mit den Abmaßen 65 cm/35 cm/630 cm herzustellen.
Die Mantelfläche M von allen Stahlbetonstützen ist zu ermitteln.

$M = n\ (U \cdot h)$

$M = 15\ (2\ (0,65\ m + 0,35\ m)) \cdot 6,30\ m$

$M = \underline{189,00\ m^2}$

1893u

Das Volumen eines 2,00 m langen Abwasserrohrs aus Beton ist in dm^3 zu berechnen. Der Außendurch-messer beträgt 20 cm und die Wandstärke $s = 3$ cm.

$V = \frac{\pi}{4} (D^2 - d^2) \cdot l$

$V = \frac{\pi}{4} ((2,00\ dm)^2 - (1,40\ dm)^2) \cdot 20\ dm)$

$V = 32,04\ dm^3$

1894u

Wie viel Kubikmeter Erde müssen aus dem 43,20 m langen Rohrgraben ausgehoben werden?

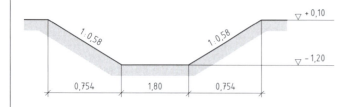

$V = \left(\frac{b_1 + b_2}{2}\right) h \cdot l$

$b_2 = 1,80\ m + 2(0,58 \cdot 1,30\ m)$

$V = \left(\frac{1,80\ m + 3,31\ m}{2\ m}\right) 1,30\ m$

$V = 3,322\ m^3$

1895u

Die Dachfläche M des Zeltdaches ist zu bestimmen.

$M = \frac{\pi \cdot d \cdot s}{2}$

$M = \pi \cdot 6,32\ m \cdot 4,69\ m$

$M = \underline{93,12\ m^2}$

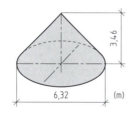

1896u

Wie groß ist das Volumen V der 25,40 m langen Stützmauer?

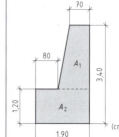

$A_1 = \left(\frac{b_1 + b_2}{2}\right) \cdot h$

$A_1 = 1,98\ m^2$

$A_2 = 2,28\ m^2$

$V = (A_1 + A_2) \cdot l$

$V = (1,98\ m^2 + 2,28\ m^2) \cdot 25,40\ m$

$V = \underline{108,20\ m^3}$

1901

Welche Aussage über ein Zeichenpapier im Format DIN A4 ist richtig?

④ Es ist halb so groß wie DIN A3

1902

Welche Abmessungen (Breite x Höhe in mm) hat ein DIN-A4-Blatt?

① 210 x 297

1903

Auf welches handliche Format werden große Bauzeichnungen gefaltet?

⑤ DIN A4

1904

Welches Zeichnungsformat wird für Bauzeichnungen nicht verwendet?

⑤ DIN A6

1905

In welchem Maßstab kann man ein Bauteil auf der Bauzeichnung am besten erkennen?

① 1 : 5

1906

In welchem Maßstab werden Ausführungszeichnungen (Ansichten, Grundrisse, Schnitte) hergestellt?

③ 1 : 50

1907

Welcher Maßstab ist für Detailzeichnungen geeignet?

① 1 : 10

1908

Was ist kein üblicher Maßstab für Bauzeichnungen?

④ 1 : 250

1909

Ein 9,50 m langes Gebäude ist auf der Bauzeichnung 19 cm lang. In welchem Maßstab ist es dargestellt?

② 1 : 50 $\dfrac{950 \text{ cm}}{19 \text{ cm}} = 50$

1910

In einer Vorentwurfszeichnung (M 1 : 200 – m, cm) beträgt der Abstand zweier Säulen 4,2 cm. Wie groß ist der Abstand wirklich?

③ 8,40 m $4{,}2 \text{ cm} \cdot 200 = 840 \text{ cm}$

1911

Wofür werden in Bauzeichnungen mittelbreite Volllinien benutzt?

② Sichtbare Bauteilkanten

1912

Wie werden Kanten geschnittener Bauteile in Bauzeichnungen dargestellt?

⑤ Durch eine breite Volllinie

1913

Was darf man in Bauzeichnungen mit Volllinien nicht darstellen?

① Verdeckte Kanten

1914

Wo wird in Bauzeichnungen eine breite Strichpunktlinie eingesetzt?

⑤ Zur Kennzeichnung der Schnittebene

1915

Wie wird die gekennzeichnete Linie x bezeichnet?

④ Maßlinie

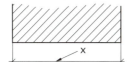

1917

Welche Maßlinienbegrenzung ist nicht normgerecht?

①

1916

Welchen Abstand sollte in Bauzeichnungen die Maßlinie mindestens vom Baukörper haben?

③ 10 mm

1920

Welche Anforderung muss die Beschriftung von Bauzeichnungen nicht erfüllen?

③ Beschriftung nur mit Großbuchstaben

1919

Welche Maßzahl steht richtig?

①

1918

Wie wird die gekennzeichnete Linie x bezeichnet?

③ Maßhilfslinie

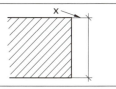

1921
Welche lichte Breite hat die Tür zum WC-Duschraum?

② 0,76 m (Breite 0,76 m / Höhe 2,135 m)

1922
Wie hoch ist die Brüstung?

④ 1,125 m

1923
Welche lichte Höhe hat das Fenster?

④ 1,51 m (Breite 2,01 m/Höhe 1,51 m)

1924
Welche Innenmaße (Länge/Breite) hat der Vorraum?

② 2,01 m/1,51 m

1925
Welche Aussage über die Höhenangaben ist richtig?

⑤ Die Oberkante der Fensterbrüstung liegt 95,5 cm über dem Rohfußboden

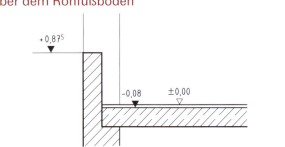

1926
Welche Maßeintragung ist normgerecht?

②

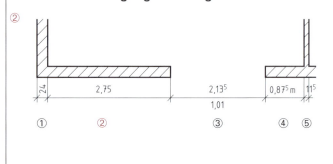

① ② ③ ④ ⑤

1927
Wie hoch ist die Brüstung?

② 0,875 m   (Abkürzung: BRH 87⁵)

1928
Was ist die folgende Darstellung in einer Ausführungszeichnung?

③ Eine Höhenangabe (Rohbaumaß)

1929
Welcher Baustoff bzw. welches Bauteil ist im Schnitt dargestellt?

① Mauerwerk aus künstlichen Steinen

1930
Wie werden Mörtel und Putz im Schnitt gekennzeichnet?

④

1931
Mit welcher Schraffur wird eine Stahlbetondecke im Schnitt dargestellt?

①

1932
Wie ist die Kellerwand außen (x) beschichtet?

⑤ Mit einer Feuchtigkeitssperrschicht (vgl. auch (x) in Bild zur Lösung 1933)

1933

Welcher Baustoff kommt in dem untenstehenden Zeichnungsausschnitt nicht vor?

⑤ Holz

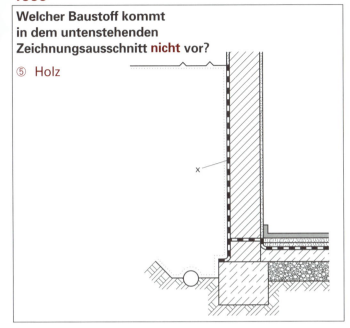

1934

Was bedeutet die Abkürzung UG in der Schnittdarstellung eines Hauses?

⑤ Untergeschoss

1935

Was bedeutet der Pfeil mit dem Hinweis 1,5 %?

① Das Gefälle zum Ablauf beträgt 1,5 %

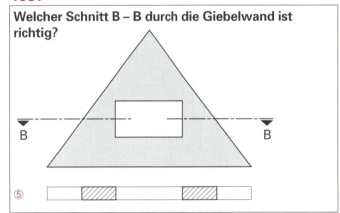

1936

Welcher Schnitt A – A durch die Wand ist richtig?

②

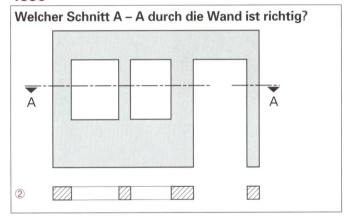

1937

Welcher Schnitt B – B durch die Giebelwand ist richtig?

⑤

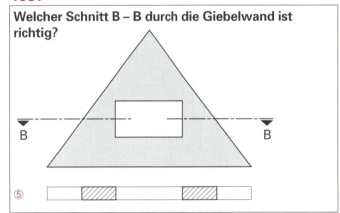

1938

In welcher Ansicht erscheint die Strecke A – B in wahrer Größe?

④ In der Draufsicht

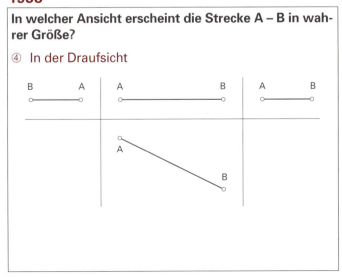

1939

In welcher Ansicht erscheint die Fläche in ihrer wahren Größe?

⑤ In keiner der vier Ansichten

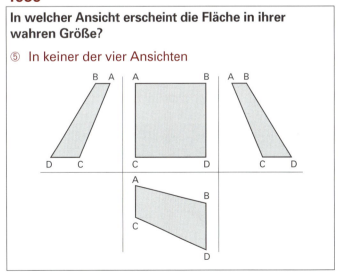

1940

Welche Draufsicht hat der in Vorderansicht und Seitenansicht (von links) dargestellte Körper?

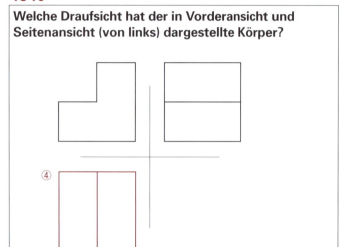

④

1941

Welche Seitenansicht (von links) hat der in Vorderansicht und Draufsicht dargestellte Körper?

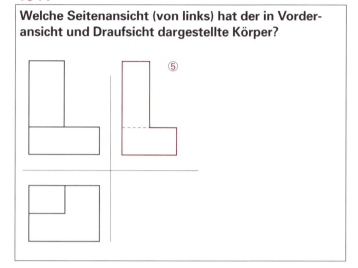

⑤

1942

Welche Vorderansicht hat der in Draufsicht und Seitenansicht (von links) dargestellte Körper?

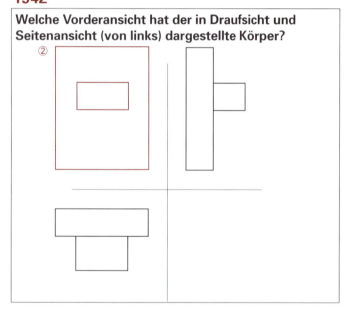

②

1943

Welche Ansicht in Pfeilrichtung ist richtig?

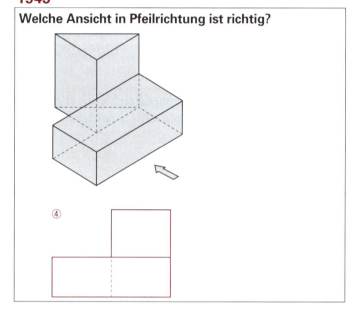

④

1944

Welche Draufsicht des räumlich dargestellten Körpers ist richtig?

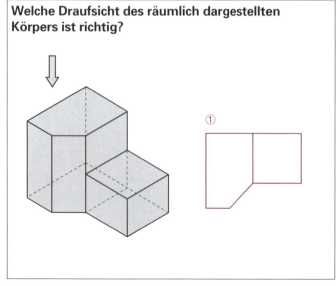

①

1945

Welche Ansicht in Pfeilrichtung ist richtig?

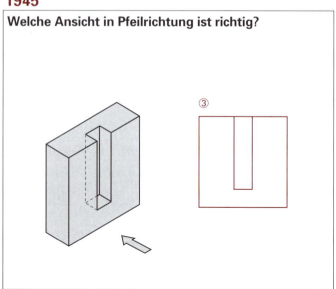

③

1971u

Zur Geraden g ist eine Parallele durch P zu zeichnen.

– Das erste Zeichendreieck ist an die gegebene Gerade g anzulegen.

– Das zweite Dreieck anlegen und fixieren.

– Erstes Zeichendreieck bis zum Punkt P verschieben.

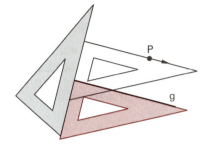

1972u

Die Strecke $\overline{AB}$ soll durch eine Zirkelkonstruktion halbiert werden.

– Die Kreisbögen um A und B (mit R > $\overline{AB}$/2 schneiden einander in C und D.

– Die Verbindung von C und D ist das Mittellot auf $\overline{AB}$ und Streckenhalbierende.

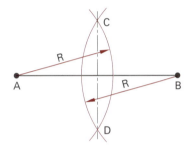

1973u

Auf dem Punkt P einer Strecke ist durch eine Zirkelkonstruktion eine Senkrechte zu errichten.

– Um den Punkt P ist ein Kreisbogen zu schlagen. Die Schnittpunkte mit den Geraden ergeben A und B.

– Kreisbögen um A und B ergeben den Schnittpunkt C.

– Die Verbindung von P und C ist die Senkrechte auf der Strecke.

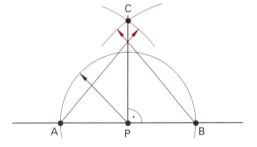

1974u

Der gegebene Winkel α soll durch eine Zirkelkonstruktion halbiert werden.

– Ein Kreisbogen um S schneidet die Schenkel des Winkels in A und B.

– Kreisbögen um A und B ergeben den Punkt C.

– Die Verbindung von S mit C ist die Winkelhalbierende.

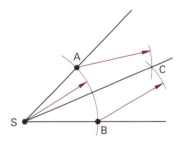

1975u

In den gegebenen Kreis (r = 1,5 cm) ist ein regelmäßiges Sechseck einzuzeichnen.

– In den Kreisbogen sind die Mittellinien $\overline{AB}$ und $\overline{CD}$ einzuzeichnen.

– Durch Kreisbögen (mit r = 1,5 cm) um C und D entstehen die Schnittpunkte E bis H.

– Die Schnittpunkte sind miteinander zu verbinden.

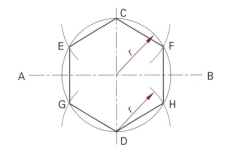

1976u

Welche Qualitätsanforderungen muss man an Bauzeichnungen stellen?

Bauzeichnungen sind Informations- und Datenträger für alle Phasen eines Bauprozesses. Sie müssen
- vollständig sein
- eindeutig sein
- verständlich sein
- gebrauchsfähig sein
- speicherbar sein

1978u

Ein 24 cm dicker Pfeiler ist in der Zeichnung 1,2 cm dick. In welchem Maßstab ist er dargestellt?

24 cm : 1,2 cm = 20
Maßstab 1 : 20

1980u

Was gibt die Maßzahl bzw. Maßeintragung über der Maßlinie an?

Maßeintragungen sind Fertigungsmaße, die die wahre Größe eines Bauteils wiedergeben.

1982u

Welche Länge (in m, cm, mm) beschreiben die Maßeintragungen?

Maßeintragung	m	cm	mm
11^5	–	11	5
3,41	3	41	–
$6{,}62^5$	6	62	5

1984u

Was versteht man unter Kavalier-Projektion? Das Konstruktionsverfahren ist zu beschreiben. Vergl. Bild zu Lösung 1983u.

Die Kavalier-Projektion ist das Schrägbild eines Körpers in einer nicht genormten Darstellungsweise. Dabei wird von der unveränderten Vorderansicht ausgegangen, die Breiten werden unter 45° gezeichnet. Diese Ausdehnung wird auf zwei Drittel bzw. auf die Hälfte verkürzt.

1977u

In einer Bauzeichnung (M 1 : 50 – m, cm) ist eine Mauer 15,5 cm lang. Wie lang ist sie wirklich?

15,5 cm x 50 = 775 cm = 7,75 m

1979u

Bauzeichnungen müssen eindeutig lesbar sein. Wie sind Körperkanten und Maßangaben darzustellen?

Körperkanten erhalten eine breite Volllinie, Maßgaben eine schmale – etwa halb so dicke – Volllinie

1981u

Welche Informationen erhält man aus dieser Fensterbemaßung?

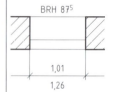

- Brüstungshöhe: 87,5 cm
- Fensterbreite : 101 cm
- Fensterhöhe : 126 cm

1983u

Wie wird ein Körper in dimetrischer Projektion dargestellt? Das Konstruktionsverfahren ist zu beschreiben.

Die Höhen werden senkrecht und unverkürzt gezeichnet, die Längen unverkürzt im Winkel von 7° zur Waagerechten. Die Tiefen werden auf die Hälfte gekürzt und im Winkel von 42° zur Waagerechten gezeichnet.

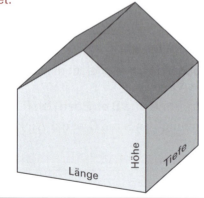

1985u

Wie wird ein Körper in isometrischer Projektion dargestellt? Das Konstruktionsverfahren ist zu beschreiben. Vergl. Bild zu Lösung 1983u.

Die Höhen werden senkrecht gezeichnet, Längen und Breiten im Winkel von 30° zur Waagerechten. Alle Kanten werden unverkürzt dargestellt.

2001

Welche Bodenklasse nach DIN 18300 ist falsch beschrieben?

④ Klasse 4: schwer lösbarer Fels

2002

Welche Bodenklasse ist in der DIN 18300 nicht genannt?

② Mittelschwer lösbarer Fels

2003

Welcher Boden wird nach DIN 18300 der Bodenklasse 5 zugeordnet?

② Ton

2004

Welcher Boden wird nach DIN 18300 der Bodenklasse 3 zugeordnet?

④ Kiessand

2005

Warum sind Streifenfundamente meist etwas breiter als die darauf stehenden Wände?

② Die Lasten werden auf eine größere Fläche des Baugrundes verteilt

2006

Welche Aufgaben hat die Sauberkeitsschicht unter einem Stahlbetonbauteil?

④ Sie soll das Verschmutzen des Baustahls verhindern und die vorgeschriebene Betondeckung sicherstellen

2007

Welches Material ist für Rammpfähle ungeeignet?

④ Aluminium

2008

Welche Mindesttiefe gilt in Deutschland in der Regel als frostfreie Gründungstiefe?

④ 0,80 m

2009

Welche Art von Fundament wird für Fertigteilstützen benötigt?

③ Köcherfundamente

2010

Welche der sogenannten Gründungen ist eine Flachgründung?

④ Einzelfundament

2011

Welche Gründungsart ist hier dargestellt?

⑤ Plattenfundament

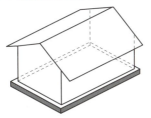

2012

Welche Gründungsart ist hier dargestellt?

② Streifenfundament

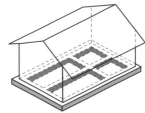

2013

Welche Gründungsart ist hier dargestellt?

④ Einzelfundament

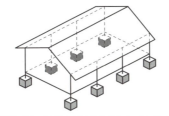

2014

Wie wird das hier abgebildete Fundament bezeichnet?

① Köcherfundament

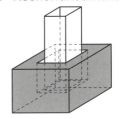

2015

Wie wird in dem nebenstehend dargestellten Querschnitt der mit Ⓐ gekennzeichnete Böschungsabsatz bezeichnet?

② Berme

2017

Welche Gewährleistungsfristen von Baumaßnahmen sind nach VOB festgelegt?

② 2 Jahre

2019

Wie ist ein Betonmischer elektrisch anzuschließen?

① An einen Baustromverteiler

2021

Für welche Arbeit wird ein Kröpfeisen benutzt?

⑤ Zum Biegen von Betonstahl

2023

Wofür wird eine Schlauchwaage benutzt?

④ Zur Übertragung von Höhepunkten über mehrere Meter Entfernung

2025

Wofür wird eine Laserwasserwaage benutzt?

⑤ Zum Anlegen senkrechter und waagerechter Risse

2027

Welche der genannten Sicherungen einer Aussparung für eine Treppenöffnung entspricht den Unfallverhütungsvorschriften?

④ Umwehrung mit einem standfesten Geländer und Bordbrett

2016

Welchen Inhalt hat der Teil B in der VOB?

② Allgemeine Vertragsbedingungen für die Ausführung von Bauleistungen

2018

Unter welchen Voraussetzungen darf ein Auszubildender an Holzbearbeitungsmaschinen arbeiten?

③ Unter fachkundiger Aufsicht ab dem 16. Lebensjahr

2020

Welche Ursache hat das Klemmen der Handkreissäge im Schnitt?

③ Der Schrank des Sägeblattes ist zu gering

2022

Wofür wird eine Schichtmaßlatte benutzt?

② Zur Kontrolle der Schichthöhe beim Mauern

2024

Wofür wird ein Rotationslaser benutzt?

① Zum Anlegen senkrechter und waagerechter Risse

2026

Wie hoch über dem Gerüstbelag muss bei einem Arbeitsgerüst die Oberkante des Seitenschutzes liegen?

② 1,00 m ± 5 cm

2028

Welche Aufgabe hat ein Fanggerüst?

④ Es ist ein Schutzgerüst zur Absturzsicherung

2051u

Benennen Sie die Teile der abgebildeten Baukreissäge!

A: Spaltkeil

B: Schutzhaube

C: Parallelanschlag

D: Winkelanschlag

E: Schiebestock

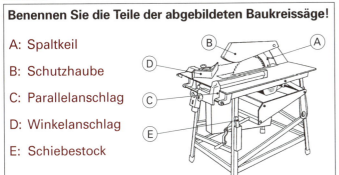

2052u

Benennen Sie das abgebildete Teil, das die Schalung zusammenhält!

Säulenzwinge aus Stahl

2053u

Welches Werkzeug ist hier abgebildet?

Nageleisen

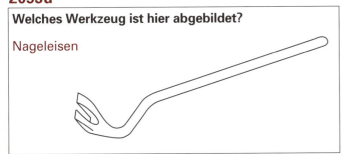

2054u

Welches Gerät ist hier abgebildet?

Innenrüttler

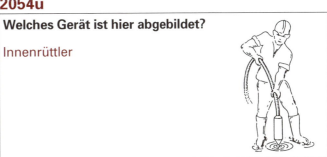

2101

Welches Gewicht in kg ist für Zweihand-Mauersteine maximal zulässig?

③ 25 kg

2102

Welche Mauerregel ist falsch?

③ Lagerfugendicke 2,0 cm

2103

Wie groß ist die Überlappung beim schleppenden Verband?

③ $^1/_3$ oder $^1/_4$ Steinlänge

2104

Mit welchen Teilsteinen enden Wandecken von Regelverbänden (außer Läuferverband)?

① Dreiviertelsteinen

2105

Welche Mauerwerkskonstruktion ist hier dargestellt?

① Mauerecke

2106

Was für Mauerwerk ist hier abgebildet?

② Mauerstoß

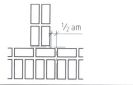

2107

Was für Mauerwerk ist nebenstehend skizziert?

③ Mauerkreuzung

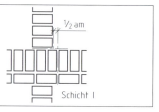

2108

Welcher Mauerverband ist nebenstehend abgebildet?

④ Blockverband

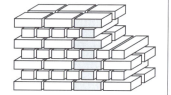

2109

Wie groß muss mindestens der lichte Querschnitt eines gemauerten Schornsteins sein?

② 100 cm²

2110

Was für ein Schornstein bzw. Schacht ist hier abgebildet?

① Abgasschornstein

2112

Ein 3 DF-Stein geht bei einer Belastung von 612 kN zu Bruch. Welcher Druckfestigkeitsklasse ist er zuzuordnen?

② 12

Druckfestigkeit $\sigma = \dfrac{612\,000\ \text{N}}{42\,000\ \text{mm}^2}$

$= 14{,}57\ \text{N/mm}^2$

Druckfestigkeitsklasse 12

2111

Ein trockener 2 DF-Stein wiegt 6,05 kg. Welcher Rohdichteklasse ist er zuzuordnen?

⑤ 2,0 kg/dm³

Dichte $\rho = \dfrac{6{,}05\ \text{kg}}{3{,}12\ \text{dm}^3} = 1{,}94\ \dfrac{\text{kg}}{\text{dm}^3}$

Rohdichteklasse 2,0 kg/dm³

2113

Welchen Abstand hat bei Mauerecken die Regelfuge der durchbindenden Schicht von der Innenecke?

① 1 am oder $^1/_2$ am

2114

Welche Maßabweichung ist bei Mauerziegeln höchstens zulässig?

⑤ ± 4%

2115

Bei welcher Mauerwerkskonstruktion ist das Nennmaß als Außenmaß zu berechnen?

① Pfeiler

2117

Welcher Verband wird durch die im Grundriss skizzierten Mauerschichten dargestellt?

④ Kreuzverband

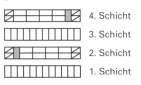

4. Schicht
3. Schicht
2. Schicht
1. Schicht

2119

Um das Aufsteigen von Bodenfeuchtigkeit im Mauerwerk zu verhindern, wird eine waagerechte Abdichtung eingebaut.
Aus welchem Material besteht diese Abdichtung?

⑤ Bitumenbahn

2121

Welche Verzahnung ist dargestellt?

① Liegende Verzahnung

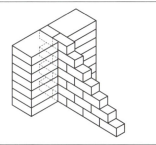

2122

Viele mittel- und großformatige Mauersteine werden mit Löchern und Kammern hergestellt. Welches ist der wichtigste Grund für diese Hohlräume?

② Verbesserte Wärmedämmfähigkeit

2125

In welche Mauerwerksfestigkeitsklassen wird Mauerwerk eingeteilt?

① M 1 bis M 25

2127

Welche Mauerdicken bilden die Mauereinbindung aus 10 DF- und 12 DF-Steinen?

⑤ 30er Mauer/24er Mauer

2120

Welcher Baustoff hat bei gleicher Dicke die größte Wärmedämmung?

② Porenbetonstein

2116

Wie heißt die im Grundriss skizzierte Schicht der Wandvorlage?

② Binderschicht

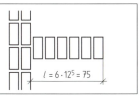

$l = 6 \cdot 12^5 = 75$

2118

Welche Mauerwerkskonstruktion ist hier im Grundriss abgebildet?

② Nische

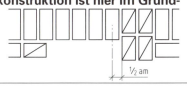

½ am

2123

Welcher Kalksandstein ist hier abgebildet?

② Hohlblockstein

12 DF

2124

Wie groß muss die Überbindung (ü) im Mauerwerk aus Großformaten mindestens sein?

③ 9,5 cm

2126

Mauerwerk aus großformatigen Steinen.
Die Mauerlänge ist durch die Steinlänge teilbar, wie groß sind die Teilsteine?

④ ½ Steinlänge

2128

Welcher künstliche Mauerstein hat die beste Wärmedämmung?

④ DIN 105 – HLzW – 8 – 0,8 – 5 DF

2129

Mit welcher Mindestauflagertiefe *a* müssen KS- oder Ziegelflachstürze eingebaut werden?

② 11,5 cm

2141u

Welches Rohbaunennmaß (N) und Rohbaurichtmaß (R) hat ein freistehendes (Außenmaße), 3 am langes Mauerwerk?

n = Anzahl der Köpfe (= 3 Köpfe)

F = Dicke der Stoßfuge (= 1 cm)

1 am = 1 Achtelmeter $= \dfrac{100 \text{ cm}}{8}$ = (12,5 cm)

Mauerwerk als	Richtmaß (R)	Nennmaß (N)	Darstellung
Außenmaß	R = n · (1 am) R = 3 · (12,5 cm) R = 37,5 cm	N = R − F N = 32,5 cm − 1 am N = 36,5 cm	R = 37,5 ... N = 36,5 (cm)

2142u

In einer Tabelle ist der Läuferverband mit NF-Mauersteinen in Ansicht (5 Schichthöhen) und Draufsicht (1. und 2. Schicht) zu skizzieren und in Fugenversatz, Abtreppung und Anwendung zu unterscheiden.

Regelverbände • Ansicht • Draufsicht	Merkmale			Anwendung (Auswahl)
	Ansicht	Fugenversatz	Abtreppung	
Läuferverband 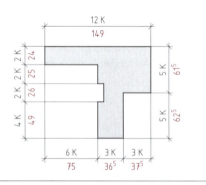Schicht 2. 1.	In jeder Schicht sind Läufer, die um ¹/₂-Stein versetzt sind, außer Zierverbände	¹/₂-Stein	¹/₂-Stein	• Trennwände • Zierverbände • Fachwerk-ausmauerungen • Brüstungen

2143u

Welche Nennmaße entsprechen den vorgegebenen Kopfmaßen bei NF-Ziegeln?

Nachfolgende Nennmaße ergeben sich:

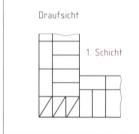

2144u

Welche Arbeitsgänge sind beim Mauern einzuhalten?

• Mauerstein in die Hand nehmen
• Stoßfugenmörtel anbringen
• Lagerfugenmörtel auflegen und gleichmäßig verteilen
• Mauerstein aufsetzen und gegen den vorher aufgesetzten Mauerstein anschieben und ausrichten
• Den dabei hervorquellenden Mauermörtel abstreichen und auf der Lagerfuge auflegen

2146u

Die 1. und 2. Schicht einer 36,5 cm dicken, rechtwinkligen Wandecke aus NF-Steinen sind nebenstehend zu skizzieren.

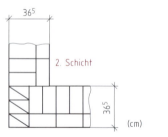

2147u

Welche Aufgaben haben Zuschläge, Bindemittel und Anmachwasser im Mörtelgemisch?

Zuschläge:	ergeben die Tragkonstruktion im erhärteten Mörtel
Bindemitteln:	bewirken mit dem Anmachwasser die Erhärtung des Mörtels
Anmachwasser:	macht den Mörtel verarbeitbar und ermöglicht mit dem Bindemittel das Erhärten des Mörtels

2145u

Tragen Sie in eine Tabelle die Anzahl von Mauerschichten von DF, NF, 2 DF/3 DF und 10 DF/24 DF bei nachfolgenden Mauerhöhen ein: 1,00 m, 1,75 m und 2,25 m

Mauer-höhe	Anzahl der Mauerschichten bei			
	DF	NF	2DF/3DF	10DF/24DF
1,00 m	16	12	8	4
1,75 m	28	21	14	7
2,25 m	36	27	18	9

2151u

Es sind die 1. und 2. Schicht einer 93 cm langen und 24 cm breiten Wand aus NF-Steinen in der Draufsicht zu skizzieren (umgeworfener Verband).

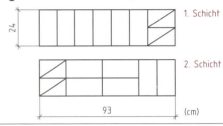

2148u

Welche Bestandteile sind zur Herstellung von Porenbetonsteinen (Gasbetonsteinen) notwendig?

Zur Herstellung von Porenbetonsteinen (Gasbetonsteinen) werden benötigt:

Zuschläge	+	Bindemittel	+	Treibmittel	→	PORENBETON
(Quarzsand)		(Kalk/Zement)		(Alupulver)		

2149u

Welche 4 Verbandsregeln sind beim Mauern von Block- und Kreuzverbänden einzuhalten?

Blockverband
- Läufer- und Binderschichten wechseln sich regelmäßig ab
- Stoßfugen der Läufer- und Binderschichten liegen genau senkrecht übereinander
- Die Verzahnung ist regelmäßig $\frac{1}{4}$ Stein breit
- Die Abtreppung ist abwechselnd $\frac{1}{4}$ und $\frac{3}{4}$ Stein breit

Kreuzverband
- Stoßfugen der Läuferschichten sind jeweils um $\frac{1}{2}$ Stein versetzt
- Die Verzahnung ist regelmäßig $\frac{1}{4}$ Stein breit
  Die Abtreppung ist regelmäßig $\frac{1}{4}$ Stein breit

2150u

Was ist beim Mauern von Porenbetonsteinen hinsichtlich des Fugenmörtels und der Fugendicken zu beachten?

Fugendicke 12 mm:
Porenbeton-Blocksteine (G) und Porenbeton-Bauplatten (Gpl) werden mit Normal- bzw. Leichtmauermörtel bei einer Fugendicke von 12 mm vermauert

Fugendicke 1 mm ... 2 mm:
Porenbeton-Plansteine (GP) und Porenbeton-Bauplatten (Gpl) werden mit Dünnbettmörtel bei einer Fugendicke von 1 mm bis 2 mm vermauert

2154u

Ein rechtwinkliger Mauerstoß einer 24 cm dicken an eine 36,5 cm dicke Mauer aus NF-Steinen in der 1. und 2. Schicht ist nebenstehend zu skizzieren.

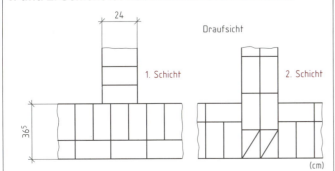

2155u

Es sind zwei Schichten einer 36,5 cm langen und 12,5 cm breiten Vorlage an einer 24 cm dicken Mauer aus NF-Steinen einzuzeichnen.

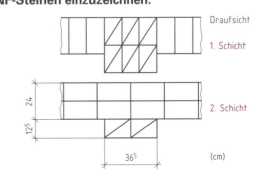

2152u

Welche 3 allgemeinen Verbandsregeln sind gleichermaßen beim Mauern von Wandkreuzungen, Wandecken und Wandstößen zu berücksichtigen?

- Die Mauerschichten laufen abwechselnd durch
- Die durchlaufende Schicht ist im Regelfall die Läuferschicht
- Die durchgehende Schicht endet im Regelverband mit Teilsteinen

2153u

Welche 4 Verbandsregeln sind beim Mauern von geraden Wandenden einzuhalten, die mindestens 2-am dick sind?

Mauerlänge durch ganze (am) teilbar:
- Läuferschichten beginnen bzw. enden mit so viel Dreiviertelstein-Läufern wie die Wand Köpfe dick ist
- Binderschichten beginnen bzw. enden bei 1 Stein dicken Wänden mit einem ganzen Stein, bei dickeren Wänden mit Dreiviertelstein-Bindern

Mauerlänge nicht durch ganze (am) teilbar:
- Läuferschichten enden mit Binder
- Binderschichten enden mit Dreiviertelsteinen als Läufer

2156u

Welcher Unterschied besteht zwischen Nischen und Schlitzen?

Nischen sind Aussparungen im Mauerwerk, z.B. als Raum für Heizkörper und Wandschränke

Schlitze sind Aussparungen mit kleinem Querschnitt, z.B. zur Aufnahme von Rohrleitungen und Mauern von Anschlüssen

2157u

Welche 3 Verbandsregeln gelten für Mauernischen?

- Je nach Wanddicke und Nischentiefe bindet eine Schicht als Binder- oder Läuferschicht in die Schildmauer durch
- An der Leibung endet das Mauerwerk nach den Regeln für das gerade Wandende
- Die Regelfuge ist in der durchbindenden Schicht ½ am von der inneren Nischenecke entfernt

2158u

In der untenstehenden Skizze ist ein 12,5 cm breiter Türanschlag in der 1. und 2. Schicht an einer 36,5 cm breiten Wand einzuzeichnen. Es werden NF-Mauersteine verwendet.

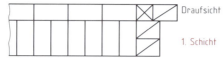

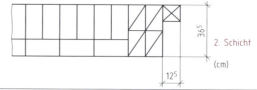

2159u

Warum müssen gemauerte Schornsteine vollfugig gemauert werden?

Durch undichte Fugen kann kalte Nebenluft in den Schornstein strömen und die Rauchgase abkühlen. Das verringert den Schornsteineinzug und kann den Schornstein versotten.

2160u

Welche 4 Verbandsregeln sind bei Schornsteinverbänden zu beachten?

- Vollfugiges und innerbündiges Mauern
- Kreuzfugen an den Ecken sind nicht zulässig
- Ganze Steine möglichst verwenden
- Zungen binden abwechselnd in die Wangen ein

2161u

Großformatige Mauersteine werden in Einzel- bzw. Reihenverlegung vermauert. In welchen Arbeitsschritten werden beide Verlegearten durchgeführt?

- Lagerfugenmörtel für einen Mauerstein auflegen
- Stoßfugenmörtel in Randstreifen an bereits versetzten Mauersteinen anbringen
- Mauersteine auf 1 cm Fugendicke anschieben

- Lagerfugenmörtel für mehrere Mauersteine auflegen
- Mauersteine reihenweise **knirsch** anlegen
- Mörteltasche mit Mörtel ausfüllen

2164u

Aus welchen 3 Einzelteilen besteht der skizzierte hinterlüftete dreischalige Schornstein aus Formsteinen?

Ein dreischaliger Schornstein besteht aus:
- Innenschale (Innenrohr aus Schamotte)
- Dämmstoffschicht
- Außenschale aus Leichtbetonsteinen

2163u

In welchen Breiten und Höhen werden Stahlbetonrippendecken hergestellt?
Jeweils 2 Maße sind anzugeben.

Breiten:	Höhen:
333 mm	190 mm
500 mm	240 mm

2162u

Es sind zwei Schichten eines rechtwinkligen Mauerstoßes (24 cm und 30 cm dicke Wände) mit großformatigen Mauersteinen zu skizzieren.

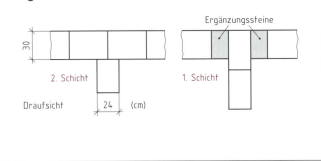

2165u

Vom nebenstehenden Schornstein sind die ersten beiden NF-Mauerschichten einzuzeichnen.

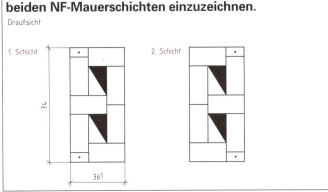

2166u

In welchen Deckenkonstruktionen werden Deckenziegel verwendet?

Deckenziegel werden verwendet in:
- Stahlbetonrippendecken und
- Stahlsteindecken

2167u

Welche 3 Vorteile haben Rippendecken aus Deckenziegeln?

Vorteile von Rippendecken aus Deckenziegeln:
- Beton wird eingespart
- geringeres Deckengewicht
- Wärmedämmung wird verbessert

2168u

Wie können die waagerechten und senkrechten Abdichtungen für eine Kelleraußenwand hergestellt werden?

Herstellen von waagerechten Abdichtungen in gemauerten Außenwänden:

- Auflegen einer abgeglichenen vollfugigen Mörtelschicht auf den Mauersteinen
- 2-lagiges Auslegen von Bitumenbahnen
- Stoßüberdeckung der Bitumenbahnen mindestens 20 cm

Herstellen von senkrechten Abdichtungen an gemauerten Außenwänden:

- im Erdbereich: mit bitumenhaltigen Anstrichen
- im Spritzwasserbereich: Sperrputz bzw. Klinker

2169u

Wie können die beiden skizzierten Wärmebrücken vermieden werden?

Z. B. Dämmung außen und innen anbringen

Z. B. Außendämmung oder/und Mauersteine mit höherer Wärmedämmung verwenden

2170u

Wonach werden Baustoffe hinsichtlich ihres Brandverhaltens eingeteilt?

Baustoffe werden in folgende Klassen eingeteilt:
Klasse A: nichtbrennbare Baustoffe, z. B. Mauersteine
Klasse B: brennbare Baustoffe, z. B. Holz

2171u

Wonach werden Bauteile hinsichtlich ihres Brandverhaltens eingeteilt?

Bauteile werden in folgende Feuerwiderstandsklassen eingeteilt:
F 30, F 60, F 90, F 120 und F 180
z. B. F 90: Dieses Bauteil hat eine Feuerwiderstandsdauer von mindestens 90 Minuten

2201

Je feiner ein Zement gemahlen ist,

① Desto schneller erhärtet er

2212

Für welchen Beton B I gibt es kein Betonrezept?

② Beton mit Betonzusätzen (z. B. Betonverflüssiger)

2203

Welche Aussage über das Erhärten von Zement ist falsch?

④ Die Hydratation verläuft am Anfang langsam, wird aber immer schneller

2204

An jedem Zementsilo muss ein witterungsfestes Blatt Auskunft über den eingelagerten Zement geben. Welche Angabe muss nicht enthalten sein?

① Preis pro m³

2205

Wie lange dürfen Normzemente in Säcken mit den Festigkeitsklassen 32,5 und 42,5 höchstens auf der Baustelle gelagert werden?

③ 2 Monate

2207

Welchen Vorteil hat ein Zuschlaggemisch mit einer Sieblinie im günstigen Bereich gegenüber einem Gemisch mit einer Sieblinie im brauchbaren Bereich?

② Es wird weniger Bindemittel benötigt

2206

Bis zu welcher Korngröße wird Zuschlag als »Mehlkorn« bezeichnet?

① 0,125 mm

2208

Welche Folgen hat die Verdopplung des Wasser/Zement-Wertes von 0,4 auf 0,8?

④ Die Festigkeit des Betons vermindert sich stark

2209

Ein steifer Beton soll zur Verarbeitung weicher gemacht werden. Wie kann dies ohne Qualitätsverluste nur geschehen?

④ Durch Zugabe von Zementleim

2213

Welcher Mindestzementgehalt muss für 1 m³ unbewehrten Beton BI mit Eignungsprüfung eingehalten werden?

① 100 kg

2210

Wie kann die Konsistenz von plastischen bis weichen Betonen geprüft werden?

② Mit dem Ausbreitversuch

2211

Welche Betonfestigkeitsklassen gehören zur Betongruppe B I?

③ B5, B10, B15 und B25

2202

Welcher Zement wird in grünen Papiersäcken mit schwarzem Aufdruck geliefert?

④ CEM II/B-S 42,5

2214

Welches Bauteil eines kleinen Wohnhauses darf nicht mit B10 betoniert werden?

③ Geschossdecke

2215

Was ist ein Baustellenbeton?

② Ein auf der Baustelle zusammengestellter und gemischter Beton

2216

Was enthält das »Betonsortenverzeichnis« eines Transportbetonwerkes?

⑤ Alle lieferbaren Betonsorten dieses Transportbetonwerkes

2217

Wann muss Transportbeton (ohne Verzögerer) spätestens entladen sein?

③ 90 Minuten nach Wasserzugabe

2218

Lieferschein eines Transportbetons. Welche Angabe muss vor dem Entladen nicht überprüft werden?

② Lieferschein-Nummer

2219

Bis zu welchem Zeitpunkt sollte Transportbeton (bis 100 m³) vorbestellt werden?

④ 24 Stunden vorher

2220

Welches Betonzusatzmittel darf dem Transportbeton auf der Baustelle zugegeben werden?

② Fließmittel (FM)

2221

Welches Material eignet sich nicht für die Schalhaut?

③ Gipskartonplatten

2222

Welches Element gehört nicht zu einer herkömmlichen Deckenschalung?

② Drängbrett

2223

Nach dem Ausschalen von Platten und Balken bis 8 m Stützweite gilt:

① Notstützen in Feldmitte stehen lassen

2224

Welches Detail zeigt die Abbildung?

① Eckverspannung einer Rahmentafelschalung

2225

Wo hat die systemlose Schalung im Vergleich zur Systemschalung einen Vorteil?

② Anpassungsfähigkeit an Bauteilformen

2227

Welches Verbindungsmittel eignet sich zur Verspannung bei großen Schalhöhen?

① Schalungsanker aus Ankerstab, Ankerverschluss und Abstandshalter

2226

Wodurch wird die Stützenschalung zusammengehalten?

④ Säulenzwinge aus Stahl

2229

Was ist bei der Trennmittelbehandlung nicht richtig?

⑤ Bewehrung allseitig intensiv mit Trennmitteln reinigen

2228

Wie wird das dargestellte Schalungselement bezeichnet?

④ Vollwandträger aus Holz

2231

Welche Angabe muss der Lieferschein für Betonstahl nicht enthalten?

② Tag der Herstellung

2230

Welche Betonstabstahl-Sorten werden nach DIN 488 hergestellt?

⑤ BSt 420 S und BSt 500 S

2234

Welches Bewehrungselement erkennt man an diesem eckigen Schild?

② Lagermatte

2232

Welcher Betonstahl ist ein BSt 420 S ohne Längsrippen?

③

2235

Wie wird die im Ausschnitt dargestellte Lagermatte bezeichnet?

③ Doppelstabmatte

2233

Welche Betonstahlsorte hat das Kurzzeichen III S?

① Betonstabstahl 420 S

2237

Lagermattenbezeichnungen geben Auskunft über den Mattenaufbau. Was gilt für eine Q 378?

③ Quadratische Stababstände 150 mm x 150 mm, 378 mm² Querschnittsfläche der Längsstäbe je m Mattenbreite

2236

Was ist falsch beim Anliefern von Betonstahlmatten?

⑤ Große Matten unten, kleine Matten oben im Stapel lagern

2271u

Wie erkennt man einen Normzement?

Die Einhaltung der Norm wird regelmäßig durch den Hersteller (Eigenüberwachung) und durch eine Güteüberwachungsgemeinschaft (Fremdüberwachung) nachgeprüft. Zemente, die den Anforderungen entsprechen, sind durch das Übereinstimmungszeichen sowie das Zeichen der Überwachungsgemeinschaft gekennzeichnet.

2272u

Was versteht man unter Normfestigkeit von Zement nach DIN 1164?

Die Normfestigkeit von Zement ist die Druckfestigkeit nach 28 Tagen, unterschieden in drei Festigkeitsklassen: 32,5; 42,5 und 52,5 (N/mm^2). Jede dieser drei Klassen wird unterteilt in eine Klasse mit üblicher und eine Klasse mit schneller (gekennzeichnet mit »R«) Anfangsfestigkeit.

2273u

Durch welches Verfahren wird die richtige Kornzusammensetzung von Betonzuschlag geprüft?

Die Kornzusammensetzung wird durch einen Siebversuch ermittelt, als Sieblinie dargestellt und im Vergleich mit den Regelsieblinien bewertet.

2274u

Was ist ein »werksgemischter« Betonzuschlag?

Ein Zuschlag, der – aus mehreren Korngruppen bereits im Werk durch Mischen zusammengesetzt – für die Betonherstellung auf der Baustelle geliefert wird.

2275u

Was ist eine »Ausfallkörnung«?

Als »Ausfallkörnung« bezeichnet man ein Korngemisch, in dem eine oder mehrere Korngruppen fehlen.

2276u

Was versteht man unter »Überschusswasser«?

Überschusswasser ist Anmachwasser, das der Zement beim Erhärten nicht mehr binden kann.

2277u

Nach welchen Kriterien wird Beton eingeteilt?

- Rohdichte (Normal-, Leicht-, Schwerbeton)
- Festigkeitsklasse (B I, B II)
- Herstellung (Baustellen-, Transportbeton)
- Ausführung (unbewehrter Beton, Stahlbeton, Spannbeton)
- Einbau (Ortbeton, Betonfertigteil)
- Erhärtungszustand (Frischbeton, Junger Beton, Festbeton)

2278u

Was ist »Rezeptbeton«?

Nach DIN 1045 darf ein BI als »Rezeptbeton« ohne Eignungsprüfung hergestellt werden. Die »Rezepte« (Richtwerte aus Tabellen) geben vor:
- Betonfestigkeitsklasse
- Zementfestigkeitsklasse
- Sieblinienbereich, Größtkorn des Zuschlags
- Konsistenz des Frischbetons
- Mindestzementgehalt
- erforderliche Zuschlagmenge
- erforderliches Zugabewasser

2279u

Was ist »Transportbeton«?

Transportbeton ist Beton, dessen Bestandteile außerhalb der Baustelle oder des Fertigteilwerkes in einem dafür spezialisierten Werk zugemessen werden. Er wird in geeigneten Fahrzeugen zur Baustelle befördert und einbaufertig übergeben.

2280u

Was sind (zwei von drei) entscheidende Vorteile von Transportbeton?

- Durch die genaue Dosierung der Bestandteile und die ständige Überprüfung hat der Frischbeton immer gleiche Qualität.
- Er kann allen Baubedingungen in kurzer Zeit angepasst werden.
- Auf der Baustelle wird kein Platz für die Lagerung von Zuschlägen und Zement und für die Mischanlage benötigt.

2281u

Wie werden die Elemente einer Balkenschalung fachgerecht bezeichnet?

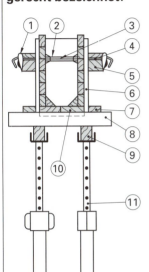

1) Spannschloss
2) Hüllrohr
3) Spanndraht
4) Beibrett
5) Gurtholz
6) Seitenschild
7) Drängebrett
8) Kopfholz
9) Längsholz
10) Bodenschild
11) Stahlstütze

2282u

Was sind Güteprüfungen und wann werden sie durchgeführt?

Güteprüfungen erfolgen während der Bauausführung und sollen den Nachweis erbingen, dass die Betonzusammensetzung den Anforderungen entspricht und dass die geforderten Eigenschaften sicher erreicht werden.

2283u

Woran kann man Listenmatten erkennen?

An Listenmatten sind kleine runde Schilder befestigt, auf denen die Positionsnummer steht. Diese muss mit der Positionsnummer auf der Mattenliste und der Nummerierung im Verlegeplan übereinstimmen.

2301

Welcher Schornsteinquerschnitt ist strömungstechnisch am günstigsten?

② Rund

2302

Wie entsteht der Schornsteinzug?

① Die warmen Abgase im Schornstein steigen nach oben, weil sie leichter sind als die Umgebungsluft

2303

Wie weit müssen Balken und Dachhölzer von Schornsteinaußenflächen entfernt sein?

④ 5 cm

2304

Warum werden heute gedämmte Schornsteine gebaut?

⑤ Gedämmte Schornsteine sind wegen der niedrigen Abgastemperaturen moderner Heizungsanlagen erforderlich

2305

Was versteht man unter dem Begriff »versotten« bei einem Schornstein?

① Bildung von Kondensat an der Schornsteinwand und die anschließende Durchfeuchtung des Schornsteins

2306

Welche Aussage über Schornsteinwangen ist richtig?

② Schornsteinwangen dürfen grundsätzlich nicht belastet oder geschwächt werden

2307

Wie groß muss der Abstand zwischen Dach und Wangenaußenkante bei mehr als 20° Dachneigung mindestens sein?

③ 1,00 m

2308

Wie groß muss der Abstand zwischen Dach und Wangenaußenkante bei weniger als 20° Dachneigung mindestens sein?

⑤ 1,50 m

2309

Wie weit muss ein im First angeordneter Schornstein den First mindestens überragen?

④ 0,40 m

2310

Welche Aussage über Schornsteinköpfe ist falsch?

⑤ Schornsteinköpfe müssen auf einer Kragplatte aufgesetzt werden

2311

Welcher Fehler ist in dem skizzierten Schornsteinverband?

① Zu viele Fugen vorhanden
   Viertelsteine dürfen nur an den äußeren Ecken vermauert werden.

2312

Wie heißt die schraffierte Fläche *A* eines zweizügigen Schornsteins?

② Zunge

2313

Welches Maß hat die kleinste Seitenlänge eines gemauerten Rauchrohres?

③ 13,5 cm

2314

Wie dick muss mindestens das Wangenmauerwerk eines Schornsteinkopfes sein?

① 11,5 cm

2315

Welche Aussage über Schornsteine ist falsch?

③ Der Schornsteinzug entsteht durch den Überdruck im Rauchrohr, der die Rauchgase nach oben drückt

2501
Was versteht man unter Putz in der Bautechnik?

② Ein Mörtelbelag für Wände und Decken aus mineralischen Bindemitteln mit und ohne Zuschlag

2502
In welcher Auswahlantwort werden nur Bindemittel für Putze aufgeführt?

② Baugipse, Baukalke, Zement

2503
Welche Aussage über die Beschaffenheit des Putzgrundes ist falsch?

③ Der Putzgrund soll glatt sein

2504
In welcher Auswahlantwort sind nur Putzweisen aufgeführt?

④ Kratzputz, Spritzputz, geriebener Putz

2505
Welche Behauptung trifft auf den Unterputz eines zweilagigen Putzes nicht zu?

⑤ Der Unterputz soll in der Regel eine geringere Festigkeit als der Oberputz aufweisen

2506
In welcher Auswahlantwort werden ausschließlich Putzträger für ungeeignete Putzgründe genannt?

① Holzwolle-Leichtbauplatten, Ziegeldrahtgewebe, Rippenstreckmetall

2507
Für welche Verwendung ist Gipsputz geeignet?

⑤ als Innenputz für trockene Wohnräume

2508
Welche Aussage über Putzgips ist falsch?

② Putzgips kann etwa sechs Stunden lang verarbeitet werden

2509
Was versteht man unter Estrich in der Bautechnik?

② Feinüberzug für Rohböden oder Rohdecken, der in Industriehallen als Gehbelag dienen kann

2510
In welcher Auswahlantwort werden nur Bindemittel für Estriche genannt?

① Zement, Anhydrit (wasserfreier Gips), Bitumen

2511
Welche Aussage über den Einbau von Estrichen ist richtig?

④ Zementestriche werden nass eingebaut

2512
In welcher Auswahlantwort werden nur Estriche nach der Art des Einbaus aufgeführt?

⑤ Verbundestrich, Estrich auf Trennschicht, schwimmender Estrich

2513
Welche Aussage über die Eigenschaften von Zementestrichen ist richtig?

④ Zementestriche haben eine gute Druckfestigkeit

2514
Welcher Estrich ist für den Wohnungsbau gut geeignet?

③ Schwimmender Estrich, weil er die beste Schall- und Wärmedämmung aufweist

2515
Welche Aufgabe hat der Randstreifen bei schwimmenden Estrichen?

④ Gewährleistung einer guten Schalldämmung

2516
Welche Aussage trifft auf den Einbau von Zementestrich nicht zu?

⑤ hitzeempfindliche Bauteile entfernen

2801

Welche Höhe hat eine freistehende Mauer aus 27 NF-Mauerschichten?

② 2,25 m $h_M = 27 \cdot (7,10 \text{ cm} + 1,23 \text{ cm})$

2802

Welche Höhe hat eine eingebaute Mauer aus 27 NF-Mauerschichten?

⑤ 2,26 m $h_M = 27 \cdot (8,33 \text{ cm}) + 1,23 \text{ cm}$

2803

Wie viel NF-Mauerschichten sind in einer 1,75 m hohen freistehenden Mauer enthalten?

① 21 Schichten

2804

Wie viele NF-Mauerschichten sind in einer 2,51 m hohen eingebauten Mauer enthalten?

② 30 Schichten

2805

Wie viele NF-Steine werden für eine 24 cm dicke und 14,80 m² große gemauerte Wand benötigt?

⑤ $14,80 \text{ m}^2 \cdot 99 \text{ St/m}^2 = 1465$ Steine

2806

Wie viel NF-Steine werden für 3,42 m³ 24er-Mauerwerk verwendet?

③ $3,42 \text{ m}^3 \cdot 411 \text{ St/m}^3 = 1406$ Steine

2807

Für zwei Gebäudeteile sollen 67,40 m² Mauerwerk, 24 cm dick, und 42,80 m² Mauerwerk, 11,5 cm dick, hergestellt werden. Wie viel NF-Steine werden insgesamt gebraucht?

② 8770 Steine

2808

Für zwei Gebäudeteile sollen 4,82 m³ Mauerwerk, 36,5 cm dick, und 3,18 m³ Mauerwerk, 24 cm dick, hergestellt werden. Wie viel NF-Steine werden insgesamt benötigt?

⑤ 3269 Steine

2809

Wie viel Liter Mauermörtel werden für eine 24 cm dicke und 18,60 m² große gemauerte Wand aus NF-Steinen verwendet?

② $18,60 \text{ m}^3 \cdot 63 \text{ l/m}^2 = 1172$ Liter

2810

Wie viel Liter Mauermörtel werden für 4,12 m³ 24er Mauerwerk aus NF-Steinen benötigt?

② $4,12 \text{ m}^3 \cdot 263 \text{ l/m}^3 = 1084$ Liter

2811

Für zwei Gebäudeteile aus NF-Mauerwerk sollen 78,20 m² Mauerwerk, 24 cm dick, sowie 51,60 m² Mauerwerk, 11,5 cm dick, hergestellt werden. Wie viel Liter Mauermörtel werden insgesamt benötigt?

① 6269 Liter

2812

Für zwei Gebäudeteile aus NF-Mauersteinen sollen 3,14 m³ Mauerwerk, 36,5 cm dick, sowie 2,68 m³ Mauerwerk, 24 cm dick, gemauert werden. Wie viel Liter Mauermörtel werden insgesamt verbraucht?

③ 1565 Liter

2813

Wie viel NF-Steine werden für die abgebildete 24 cm dicke Mauerwerkswand gebraucht?

⑤ 1176 Steine

$$A = \frac{2,60 \text{ m} + 2,30 \text{ m}}{2} \cdot 6,24 \text{ m}$$
$$- 2,26 \text{ m} \cdot 1,51 \text{ m}$$
$$= 15,29 \text{ m}^2 - 3,41 \text{ m}^2$$
$$\rightarrow 11,88 \text{ m}^2 \cdot 99 \text{ St/m}^2$$

2814

Wie viel Liter Mauermörtel werden für die Mauerwerkswand aus der Aufgabe 2813 verwendet?

⑤ $11,88 \text{ m}^2 \cdot 63 \text{ l/m}^2 = 748$ Liter

2815

Die im Bild dargestellte Giebelmauer soll aus 3DF-Steinen hergestellt werden. Wie groß ist der Stein- und Mörtelbedarf?

② 502 Steine / 426 l (für insgesamt 15,21 m²)

2816

Wie viel NF-Steine werden für den dargestellten 2,00 m hohen Pfeiler benötigt?

⑤ 72 Steine   Pfeilermaße: 0,365 m · 0,24 m · 2,00 m

2817

Wie viel Liter Mauermörtel werden für den Pfeiler aus der Aufgabe 2816 verbraucht?

② 47 Liter

2835u

Wie viel NF-Steine und Liter Mauermörtel werden für den skizzierten 3,3 m hohen Pfeiler gebraucht?

Mauersteine:

$M_{st} = V \cdot N_{st}$
$V = (0{,}1776 \text{ m}^2) \cdot 3{,}30 \text{ m}$
$V = 0{,}59 \text{ m}^3$
$M_{st} = 0{,}59 \text{ m}^3 \cdot 411 \text{ St/m}^3$
$\approx$ **242 Steine**

Mauermörtel:

$M_M = V \cdot N_M$
$M_M = 0{,}59 \text{ m}^3 \cdot 263 \text{ L/m}^3$
$\approx$ **155 Liter**

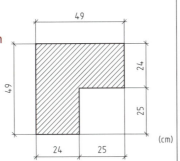

2836u

Wie viel NF-Steine und Liter Mauermörtel werden für die dargestellte 36,5 cm dicke Giebelwand benötigt?

Flächenberechnung aus zwei Trapezflächen, durch senkrechte Teilung, abzüglich drei Rechteckflächen.

Mauersteine:

$A_1 = \left(\dfrac{6{,}75 \text{ m} + 3{,}00 \text{ m}}{2}\right) 5{,}49 \text{ m} = 26{,}76 \text{ m}^2$

$A_2 = \left(\dfrac{6{,}75 \text{ m} + 6{,}00 \text{ m}}{2}\right) 4{,}50 \text{ m} = 28{,}69 \text{ m}^2$

$A_3 = (1{,}26 \text{ m} \cdot 2{,}01 \text{ m}) + (1{,}51 \text{ m} \cdot 1{,}01 \text{ m})^2 \cdot 2$
$A_3 = 5{,}58 \text{ m}^2$ (Tür und Fenster)
$A = A_1 + A_2 - A_3$
$A = 49{,}87 \text{ m}^2$
$V = A \cdot d$
$V = 49{,}87 \text{ m}^2 \cdot 0{,}365 \text{ m} = 18{,}20 \text{ m}^3$
$M_{St} = V \cdot N_{St} = 18{,}20 \text{ m}^3 \cdot 407 \text{ St/m}^3 =$ **7407 Steine**

Mauermörtel:

$M_M = 18{,}20 \text{ m}^3 \cdot 274 \text{ L/m}^3 \approx$ **4987 Liter**

2838u

Es ist der Bodenaushub von der skizzierten, nicht abgeböschten Baugrube mit Verbau und Schalung zu berechnen. Die Gebäudeaußenmaße betragen 11,24 m und 9,74 m. Die Auflockerung beträgt 15%.

$V = l \cdot b \cdot t$
$b = 9{,}74 \text{ m} + 2 \cdot (0{,}50 \text{ m}) + 4 \cdot (0{,}15 \text{ m})$
$b = 11{,}34 \text{ m}$
$l = 11{,}24 \text{ m} + 2 (0{,}50 \text{ m}) + 4 (0{,}15 \text{ m})$
$l = 12{,}84 \text{ m}$
$V = 11{,}34 \text{ m} \cdot 12{,}84 \text{ m} \cdot 1{,}10 \text{ m}$
$V = 160{,}17 \text{ m}^3$
$V_{ges} = 160{,}17 \text{ m}^3 + 15\% \text{ von } 160{,}17 \text{ m}^3$
$V_{ges} =$ **184,20 m³**

2837u

Von der abgebildeten abgeböschten Baugrube sind die Aushubmassen in m³ bei 20% Auflockerung nach der Näherungsformel zu berechnen. Die Gebäudeaußenmaße betragen 12,49 m und 8,24 m.
Bodenklasse 5

Grundfläche (Baugrubensohle)
$b_1 = 8{,}24 \text{ m} + 2 (0{,}50 \text{ m}) \text{ Arbeitsraum} \to b_1 = 9{,}24 \text{ m}$
$l_1 = 12{,}49 \text{ m} + 2 (0{,}50 \text{ m}) \text{ Arbeitsraum} \to l_1 = 13{,}49 \text{ m}$

Deckfläche
Böschungsbreite:
Bodenklasse 5 $\triangleq$ Böschungsneigung von 60° bzw.
Neigungsverhältnis 1 : 0,58
$b = 0{,}58 \cdot t$ (Baugrubentiefe)
$b = 0{,}58 \cdot 1{,}20 \text{ m} \approx$ **0,70 m**
$b_2 = 9{,}24 \text{ m} + 2 (0{,}70 \text{ m}) = 10{,}64 \text{ m}$
$l_2 = 13{,}49 \text{ m} + 2 (0{,}70 \text{ m}) = 14{,}89 \text{ m}$
$V = \dfrac{(l_1 \cdot b_1)(l_2 \cdot b_2)}{2} \cdot t$

$V = \left(\dfrac{13{,}49 \text{ m} \cdot 9{,}24 \text{ m} + 14{,}89 \text{ m} \cdot 10{,}64 \text{ m}}{2}\right) 1{,}20 \text{ m}$

$V = 169{,}85 \text{ m}^3$
$V_{ges} = 169{,}85 \text{ m}^3 + 20\% \text{ von } 169{,}85 \text{ m}^3$
$V_{ges} =$ **203,82 m³**

2839u

Für eine Rohrleitung, Außendurchmesser 200 mm, soll auf einer Länge von 24,00 m der Rohrgraben ausgehoben werden.
a) **Wie viel m³ Boden sind auszuheben?**
b) **Wie viel m³ loser Boden sind bei 15% Auflockerung abzufahren?**
c) **Wie viel m³ Boden wird für die Wiederverfüllung benötigt?**

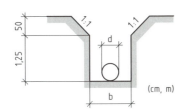

Erforderliche Grabenbreite
$b = d + 0{,}40 \text{ m}$
$b = 0{,}20 \text{ m} + 0{,}40 \text{ m} = 0{,}60 \text{ m}$

a) **Bodenaushub**
$A_1 = b \cdot t$
$A_1 = 0{,}60 \text{ m} \cdot 1{,}25 \text{ m}$
$A_1 = 0{,}75 \text{ m}^2$

$A_2 = \left(\dfrac{l_1 + l_2}{2}\right) t$

$A_2 = \left(\dfrac{0{,}60 \text{ m} + 1{,}60 \text{ m}}{2}\right) \cdot 0{,}50 \text{ m}$

$A_2 = 0{,}55 \text{ m}^2$
$V = (A_1 + A_2) l$
$V = (0{,}75 \text{ m}^2 + 0{,}55 \text{ m}^2) 24{,}00 \text{ m}$
$V =$ **31,20 m³**

b) **aufgelockerter Boden**
$V_{ges} = 31{,}20 \text{ m}^3 + 15\% \text{ von } 31{,}20 \text{ m}^3$
$V_{ges} =$ **35,88 m³**

c) **Wiederverfüllter Boden**
Rohrquerschnitt

$A = \dfrac{\pi}{4} d^2$

$A = \dfrac{\pi}{4} (0{,}20 \text{ m})^2 =$ **0,03 m² < 0,1 m²**

Dadurch kein Abzug $\to$
Wiederverfüllung: **31,20 m³**

2840u

Für ein Wohnhaus sind 146,2 m² Zementestrich im Mischungsverhältnis 1 : 4 herzustellen.
a) Wie viel Zementmörtel in l sind notwendig, wenn der Zementestrich 4 cm dick werden soll?
b) Wie viel Sack Zement und m³ Sand (baufeucht) werden dazu gebraucht?
Mörtelfaktor (MF):
MF = 1,4 (trockener Sand)
MF = 1,6 (baufeuchter Sand)

Für 1 m² Zementestrich werden je 1 cm Estrichdicke ca. 11 Liter Zementmörtel benötigt

a) **Zementmörtel**

$V_M = 146{,}20 \text{ m}^2 \cdot 44 \text{ L}/_{1 \text{ m}^2} \approx \mathbf{6433 \text{ L}}$

b) **Mörtelbestandteile**

Volumen der Ausgangsstoffe (V_A)

$V_A = 6433 \text{ L} \cdot 1{,}6 = 10293 \text{ L}$

Volumen eines Raumteils (V_{RT})

$V_{RT} = \dfrac{10293 \text{ L}}{5 \text{ RT}} \approx 2059 \text{ L/RT}$

Volumen des Zements (V_Z)

$V_Z = 2059 \text{ L/RT} \cdot 1 \text{ RT} \approx 2059 \text{ L}$

Anzahl der Zementsäcke (n_Z)

$n_Z = \mathbf{2059 \text{ L} = 98 \text{ Säcke Zement}}$

Volumen des Sandes (V_S)

$V_S = 2059 \text{ L/RT} \cdot 4 \text{ RT} = 8236 \text{ L}$

$V_S \approx \mathbf{8{,}24 \text{ m}^3 \text{ Sand}}$

2842u

Die dargestellte Fläche soll mit einem Zementestrich (MV 1 : 3) in einer Stärke von 3 cm hergestellt werden. Wie viel Liter Zement und m³ Sand werden dazu benötigt? Die Mörtelmischung ist nach der Tabelle zu berechnen.

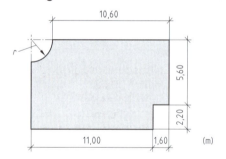

$A = 12{,}60 \text{ m} \cdot 7{,}80 \text{ m} - 1{,}60 \text{ m} \cdot 2{,}20 \text{ m} - \dfrac{\pi}{4}(4{,}00 \text{ m})^2 \cdot \dfrac{1}{4}$

$A = 91{,}62 \text{ m}^2$

Zementmörtel

$V = 91{,}62 \text{ m}^2 \cdot 33 \text{ L}/_{1 \text{ m}^2} \approx 3023 \text{ L}$

Mörtelbestandteile

Für 1000 L Zementmörtel werden 390 Liter Zement und 1170 Liter Mörtelsand verbraucht.

$V_Z = \dfrac{3023 \text{ L} \cdot 390 \text{ L}}{1000 \text{ L}} \approx \mathbf{1179 \text{ Liter Zement}}$

$V_S = \dfrac{3023 \text{ L} \cdot 1170 \text{ L}}{1000 \text{ L}} \approx \mathbf{3537 \text{ Liter Sand} \approx 3{,}54 \text{ m}^3 \text{ Sand}}$

2843u

Die dargestellte Giebelwand soll einen 2,0 cm dicken Außenputz aus Kalkzementmörtel MV 2 : 1 : 8 erhalten.
a) Wie viel Liter Putzmörtel werden benötigt?
b) Wie viel Liter Weißkalkhydrat, Zement und Mörtelsand sind für den Putzmörtel erforderlich?
Die Mörtelmischung ist nach der Tabelle zu berechnen.

$A = \left(\dfrac{7{,}80 \text{ m} + 2{,}60 \text{ m}}{2}\right) 2{,}70 \text{ m}$

$A = 14{,}04 \text{ m}^2$ (Trapezfläche)

Für 1 m² Wandputz 2,0 cm dick werden 22 Liter Putzmörtel gebraucht.

a) **Putzmörtel**

$V = 14{,}04 \text{ m}^2 \cdot 22 \text{ Liter}/_{1 \text{ m}^2} \approx \mathbf{309 \text{ Liter}}$

b) **Mörtelbestandteile**

$V_K = \dfrac{309 \text{ L} \cdot 280 \text{ L}}{1000 \text{ L}} \approx \mathbf{87 \text{ Liter Weißkalkhydrat}}$

$V_Z = \dfrac{309 \text{ L} \cdot 140 \text{ L}}{1000 \text{ L}} \approx \mathbf{43 \text{ Liter Zement}}$

$V_S = \dfrac{309 \text{ L} \cdot 1120 \text{ L}}{1000 \text{ L}} = \mathbf{346 \text{ Liter Sand}}$

2851

Ein Stahlbetonbalken ist 30 cm breit. Die Betondeckung beträgt 2,0 cm, die Bügel haben einen $\varnothing$ 10 mm. Wie groß wird der Abstand a_s zwischen den 5 einzubauenden Stählen ($\varnothing$ 16 mm)?

⑤ 4,0 cm

Abstand der Stähle

$$a_s = \frac{30 \text{ cm} - [(2 \cdot 2{,}0 \text{ cm}) + (2 \cdot 1{,}0 \text{ cm}) + (5 \cdot 1{,}6 \text{ cm})]}{4 \text{ Stahlabstände}}$$

$$a_s = \frac{30 \text{ cm} - 14 \text{ cm}}{4}$$

$$a_s = \mathbf{4{,}0 \text{ cm}} > 2{,}0 \text{ cm} \quad \text{(nach DIN 1045 erf. Mindestabstand)}$$

2853

16 Stützenfundamente müssen hergestellt werden. Wie viel m³ Beton (Näherungsformel) werden benötigt?

③ 20,40 m³

1 Stütze

$V = V_{\text{Quader}} - V_{\text{Pyramidenstumpf}}$

$V = 1{,}587 \text{ m}^3 - 0{,}312 \text{ m}^3$

$V = 1{,}275 \text{ m}^3$

16 Stützen

$V = 16 \cdot 1{,}275 \text{ m}^3 = \mathbf{20{,}4 \text{ m}^3}$

2852

Nach der statischen Berechnung sind für einen Stahlbetonbalken 4 Stähle mit $\varnothing$ 20 mm erforderlich. Auf der Baustelle gibt es nur Stähle mit $\varnothing$ 16 mm. Wie viele Stähle $\varnothing$ 16 mm müssen stattdessen eingebaut werden?

④ 7 Stähle

Notwendige Querschnittsfläche

$$A = 4 \cdot \frac{20 \text{ mm} \cdot 20 \text{ mm} \cdot \pi}{4} \rightarrow A = 1256{,}6 \text{ mm}^2$$

Querschnittsfläche $\varnothing$ 16 mm

$$A_{16} = \frac{16 \text{ mm} \cdot 16 \text{ mm} \cdot \pi}{4} \rightarrow A_{16} = 201{,}1 \text{ mm}^2$$

Anzahl $\varnothing$ 16 mm

$$= \frac{\text{Notwendige Querschnittsfläche}}{\text{Querschnittsfläche } \varnothing \text{ 16 mm}}$$

$$= \frac{1256{,}6 \text{ mm}^2}{201{,}1 \text{ mm}^2} = 6{,}25 \text{ Stähle}$$

gewählt: **7 Stähle** $\varnothing$ 16 mm (mit A = 1407,7 mm²)

2856

6 Stützen mit abgetrepptem Fundament sollen aus B25 nach Betonrezept hergestellt werden. Wie viel kg Zement werden für den B25 (Sieblinienbereich ④, Konsistenz KR) benötigt?

② 3651,8 kg

Notwendige Betonmenge:

$V = \mathbf{9{,}61 \text{ m}^3}$

Nach Rezept werden für 1 m³ Beton 380 kg Zement benötigt.

Für die gesamte Betonmenge:
9,61 m³ · 380 kg/m³
= **3651,8 kg**

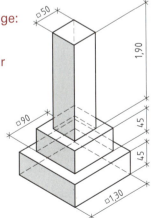

2857

Zur Bestimmung der Konsistenz von Frischbeton wird ein Verdichtungsversuch durchgeführt. An den vier Seiten des 40 cm hohen, mit Beton gefüllten Normbehälters werden nach dem vollständigen Verdichten die Abstichmaße s_1 = 90 mm, s_2 = 91 mm, s_3 = 94 mm und s_4 = 93 mm gemessen.
Wie groß ist das Verdichtungsmaß v?

④ 1,32

Mittleres Abstichmaß $\quad s = \dfrac{s_1 + s_2 + s_3 + s_4}{4}$

$$s = \frac{90 \text{ mm} + 91 \text{ mm} + 94 \text{ mm} + 93 \text{ mm}}{4}$$

$$s = \frac{368 \text{ mm}}{4} = \mathbf{92 \text{ mm}}$$

Verdichtungsmaß

$$v = \frac{\text{Höhe des Normbehälters}}{\text{Höhe des Normbehälters} - \text{Abstichmaß}}$$

$$v = \frac{400 \text{ mm}}{400 \text{ mm} - 92 \text{ mm}} \rightarrow v = 1{,}32$$

Der geprüfte Beton ist ein steifer Beton (KS), weil sein Verdichtungsmaß (nach DIN 1045) $v \geq 1{,}20$ ist.

2858

Wie viel m³ Beton sind zur Herstellung von 160 Betonrohren (Abmessungen nach Abbildung) erforderlich?

④ 27,8 m³

1 Rohr (Außendurchmesser 72 cm,
Innendurchmesser 60 cm, Länge 1,40 m)

$V = V_{Zylinder} - V_{Hohlraum}$

$V_Z = \dfrac{\pi \cdot (0,60\ m + 2 \cdot 0,06\ m)^2}{4} \cdot 1,40\ m = 0,570\ m^3$

$V_H = \dfrac{\pi \cdot (0,60\ m)^2}{4} \cdot 1,40\ m = 0,396\ m^3$

$V = 0,570\ m^3 - 0,396\ m^3 = \mathbf{0,174\ m^3}$

160 Rohre $\quad V = 160 \cdot 0,174\ m^3 = \mathbf{27,8\ m^3}$

2860

Für 1 m³ verdichteten Frischbeton werden 345 kg Zement, 1910 kg oberflächentrockene Zuschläge und 162 Liter Wasser benötigt.
Wie ist das Mischungsverhältnis in Masseteilen (Zement : Zuschlag : Wasser)?

① 1 : 5,54 : 0,47

Mischungsverhältnis = Zement : Zuschlag : Wasser

Zuschlag und Wasser beziehen sich immer auf den Zement, d. h. 345 kg (Zement) = 1 Teil

MV = 345 kg : 1910 kg : 162 kg

2861

Um die angestrebte Druckfestigkeit eines B25 zu erreichen, benötigt man 340 kg Zement CEM 32,5 und einen Wasserzementwert w/z = 0,6.
Die Zuschlagsmenge von 1830 kg hat eine Oberflächenfeuchte von 4,0 %.
Wie viel Liter Zugabewasser werden benötigt?

② 130,8 l (130,8 kg)

Wasseranspruch

$\dfrac{w}{z} = 0,6 \qquad w = 0,6 \cdot z$

$\qquad\qquad\qquad = 0,6 \cdot 340\ kg$

$\qquad\qquad\qquad = 204\ kg = \mathbf{204\ L}$

Zugabewasser =

Wasseranspruch – Oberflächenfeuchte des Zuschlags

$= 204\ kg - 1830\ kg \cdot \dfrac{4,0}{100}$

$= 204\ kg - 73,2\ kg = 130,8\ kg$ (1 kg entspr. 1 L)

2859

Im Siebversuch wurde die Zusammensetzung eines Zuschlags ermittelt.
Die zum Einzeichnen der Sieblinie notwendigen Werte sind zu berechnen.
Wie ist der Zuschlag zu bewerten?

③ Günstiger Bereich, zur Betonherstellung gut geeignet

z. B. Sieb 2 mm:
Durchgang (g) = 5000 g – Summe aller Rückstände (g)
$\qquad\qquad\qquad = 5000\ g - 3735\ g = 1265\ g$

Durchgang (%) $= \dfrac{1265\ g \cdot 100\%}{5000\ g} = 25,3\%$

Die Siebdurchgänge (in %) werden in das Siebliniendiagramm eingetragen und einem Sieblinienbereich zugeordnet. Das Zuschlagsgemisch liegt im Sieblinienbereich ③ »günstig«.

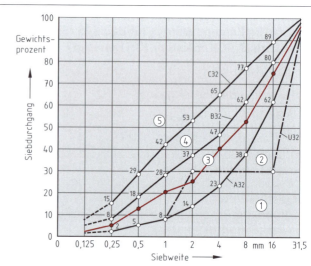

Sieb (mm)	0,125	0,25	0,5	1	2	4	8	16	31,5
Durchgang (g)	100	255	630	1040	1265	2050	2625	3760	5000
Durchgang (%)	2,0	5,1	12,6	20,8	25,3	41,0	52,5	75,2	100
Rückstand (g)	155	375	410	225	785	575	1135	1240	0
Summe aller Rückstände (g)	4900	4745	4370	3960	3735	2950	2375	1240	0

2871u

Wie groß ist die Schnittlänge *l* für den geraden Tragstahl mit Rechtwinkelhaken?

Hakenzuschlag (bei $\varnothing$ 20 bis 28 mm)

$= 12{,}5 \cdot$ Stahldurchmesser

$l = 5{,}70\ \text{m} + 2 \cdot 12{,}5 \cdot 0{,}02\ \text{m}$

$l = \textbf{6{,}20 m}$

2872u

Die Schnittlänge *l* für den beidseitig aufgebogenen Tragstab mit Rechtwinkelhaken ist zu bestimmen.

Hakenzuschlag (bei $\varnothing$ 6 bis 16 mm)

$= 10 \cdot$ Stahldurchmesser

Länge der Schräge (bei $\sphericalangle$ 45°)

$l_s = 1{,}41 \cdot (\text{Einbauhöhe} - \text{Stahldurchmesser})$

$l_s = 1{,}41 \cdot (0{,}40\ \text{m} - 0{,}016\ \text{m}) \rightarrow l_s = 0{,}54\ \text{m}$

$l = 2 \cdot 0{,}60\ \text{m} + 2 \cdot 0{,}54\ \text{m} + 4{,}62\ \text{m} + 2 \cdot 10 \cdot 0{,}016\ \text{m}$

$l = \textbf{7{,}22 m}$

2873u

Für den im Balkenschnitt dargestellten Bügel ist die Schnittlänge zu ermitteln.

Balkenquerschnitt 24 cm/30 cm
Betonstahl $\varnothing$ 8 mm
Betondeckung nom $c = 3{,}0$ cm

$b_{\text{Bü}} = \text{Schalmaß} - 2 \cdot \text{Betondeckung}$

$b_{\text{Bü}} = \quad 0{,}24\ \text{m} \quad - 2 \cdot 0{,}03\ \text{m} \rightarrow b_{\text{Bü}} = 0{,}18\ \text{m}$

$h_{\text{Bü}} = \text{Schalmaß} - 2 \cdot \text{Betondeckung}$

$h_{\text{Bü}} = \quad 0{,}30\ \text{m} \quad - 2 \cdot 0{,}03\ \text{m} \rightarrow h_{\text{Bü}} = 0{,}24\ \text{m}$

Hakenzuschlag (bei $\varnothing$ 6 bis 16 mm)

$= 10 \cdot$ Stahldurchmesser

$l_{\text{Bü}} = 2 \cdot 0{,}18\ \text{m} + 2 \cdot 0{,}24\ \text{m} + 2 \cdot 10 \cdot 0{,}008\ \text{m}$

$l_{\text{Bü}} = \textbf{1{,}00 m}$

2874u

Einer Bewehrungszeichnung werden folgende Angaben entnommen:

1. 14$\varnothing$16, Schnittlänge = 6,32 m
2.   6$\varnothing$ 8, Schnittlänge = 4,40 m
3. 24$\varnothing$ 8, Schnittlänge = 2,52 m
4. 17$\varnothing$16, Schnittlänge = 4,05 m
5.   3$\varnothing$16, Schnittlänge = 3,50 m
6. 32$\varnothing$10, Schnittlänge = 4,65 m

} Gewichte sind aus Tabellen zu entnehmen, Angabe je $\varnothing$ in kg/m

Wie viel Kilogramm Bewehrungsstahl werden für die Bewehrung benötigt?

$\varnothing$ 8 mm
Gesamtlänge 6 $\cdot$ 4,40 m + 24 $\cdot$ 2,52 m   =   86,88 m
Gesamtgewicht 86,88 m $\cdot$ 0,395 kg/m   =   **34,32 kg**

$\varnothing$ 10 mm
Gesamtlänge 32 $\cdot$ 4,65 m   =   148,80 m
Gesamtgewicht 148,80 m $\cdot$ 0,617 kg/m   =   **91,81 kg**

$\varnothing$ 16 mm
Gesamtlänge 14 $\cdot$ 6,32 m + 17 $\cdot$ 4,05 m
+ 3 $\cdot$ 3,50 m   =   167,83 m
Gesamtgewicht 167,83 m $\cdot$ 1,58 kg/m   =   **265,17 kg**

Gesamtgewicht aller Durchmesser
34,32 kg $\cdot$ 91,81 kg + 265,17 kg   =   **391,30 kg**

2875u

**Bei einer Festbetonprüfung wird die Höchstlast *F* von 1190 kN auf eine Druckfläche von 201 mm x 201 mm gemessen.
Die Höhe des Probewürfels beträgt 200 mm, die Masse m_B = 19,7 kg.
Wie groß sind seine Druckfestigkeit β_D und seine Festbetonrohdichte ρ_R?**

$$\beta_D = \frac{F}{a \cdot b} \qquad\qquad \rho_R = \frac{mb}{a \cdot b \cdot h}$$

$$\beta_D = \frac{1190}{201 \cdot 201}\ \frac{\text{kN}}{\text{mm}^2} \qquad \rho_R = \frac{19{,}7}{0{,}201 \cdot 0{,}201 \cdot 0{,}2}\ \frac{\text{kg}}{\text{m}^3}$$

$$\beta_D = \frac{1\,190\,000}{40\,401}\ \frac{\text{N}}{\text{mm}^2} \qquad \rho_R = \frac{19{,}7}{0{,}00808}\ \frac{\text{kg}}{\text{m}^3}$$

$$\beta_D = \textbf{29{,}5}\ \frac{\textbf{N}}{\textbf{mm}^2} \qquad\qquad \rho_R = \textbf{2438}\ \frac{\textbf{kg}}{\textbf{m}^3}$$

2876u

Das Ergebnis eines Siebversuchs:

Sieb (mm)	0,25	0,5	1	2	4	8	16	32	63
Durchgang (%)	5	14	22	32	39	53	72	96	100
Rückstand (%)	95	86	78	68	61	47	28	4	0
Anteil der Korngruppen	5	9	8	10	7	14	19	24	4

1 m³ Beton soll mit 1950 kg Zuschlag obiger Zusammensetzung in der Konsistenz KR hergestellt werden.
– Wie groß ist der Wasseranspruch in Litern?
– Wie viel Liter Zugabewasser werden benötigt, wenn die Oberflächenfeuchte des Zuschlags 3,5% beträgt?

$$\text{Körnungsziffer k} = \frac{\text{Summe der Rückstandsprozente}}{100}$$

$$k = \frac{467}{100} = \mathbf{4,67}$$

Wasseranspruch nach Grafik: **175 l**

Zugabewasser =
Wasseranspruch – Oberflächenfeuchte des Zuschlags

$$= 175 \text{ kg} - 1950 \text{ kg} \cdot \frac{3,5}{100}$$

$= 175 \text{ kg} - 68,3 \text{ kg} \rightarrow$ Zugabewasser **106,7 l**

2877u

Ein angelieferter Transportbeton B25, KR mit einem Wasserzementwert von 0,51 enthält gemäß dem Betonsortenverzeichnis 350 kg/m³ CEM I 32,5 und 180 l/m³ Wasser. Um den Beton leichter verarbeiten zu können, werden den 4,5 m³ Frischbeton zusätzlich 120 l Wasser beigemischt.

– Welche Betondruckfestigkeit wird nach der Wasserzugabe noch erreicht?
– Wie viel Zement muss zugegeben werden, damit der Wasserzementwert von 0,51 beibehalten wird?

• Erreichbare Betondruckfestigkeit

$$\text{Wasserzugabe/m}^3 = 120 \text{ l} / 4,5 \text{ m}^3$$

$$\text{Wasserzugabe/m}^3 = 26,7 \text{ l}$$

$$\text{Wasserzementwert} = \frac{180 \text{ kg} + 26,7 \text{ kg}}{350 \text{ kg}}$$

$$\text{Wasserzementwert} = \mathbf{0,59}$$

• Die erreichbare Betondruckfestigkeit wird mit Hilfe der Grafik ermittelt. Bei einem Wasserzementwert von 0,59 ergibt sich eine zu erwartende Betondruckfestigkeit von ca. **35 N/mm²**.

• Notwendige Zementzugabe

$$w/z\text{-Wert} = \frac{\text{Masse Wasser}}{\text{Masse Zement}}$$

$$0,51 = \frac{120 \text{ kg}}{\text{Masse Zement}} = \frac{120 \text{ kg}}{0,51}$$

Zementzugabe = **235 kg**

2878u

Ein Stahlbetonunterzug ist auszuführen. Die fehlenden Maße sind zu ermitteln, die Betonstahl-Gewichtsliste auszufüllen und die Masse an Betonstahl zu berechnen.

Stahlauszug

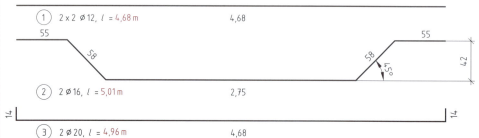
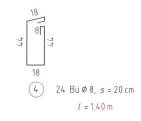

Stahl-Liste

Betonstahl-Gewichtsliste					Betonstahlsorte: IV S			Bauteil: Stahlbetonunterzug		
Pos. Nr.	Anzahl	d_s	Einzel-länge	Gesamt-länge	Gewichtsermittlung in kg für					
					d_s= 8 mm mit 0,395 kg/m	d_s= 10 mm mit 0,617 kg/m	d_s= 12 mm mit 0,888 kg/m	d_s= 14 mm mit 1,21 kg/m	d_s= 16 mm mit 1,58 kg/m	d_s= 20 mm mit 2,47 kg/m
		mm	m	m						
1	4	12	4,68	18,72			16,62			
2	2	16	5,01	10,02					15,83	
3	2	20	4,96	9,92						24,50
4	24	8	1,40	33,60	13,27					
Gewicht je Durchmesser [kg]					13,27		16,62		15,83	24,50
Gesamtgewicht [kg]					**70,22**					

2901

Es gibt zwei grundsätzliche Projektionsarten für die Darstellung von Bauteilen und Bauwerken. Wie werden die beiden Projektionsarten genannt?

④ Parallelprojektion und Zentralprojektion

2902

In welcher Antwort gehören alle drei Projektionsarten zur Parallelprojektion?

① Dreitafelprojektion, Dimetrie, Isometrie

2903

Welche grundsätzliche Projektionsart ist im Bild zu sehen?

② Parallelprojektion

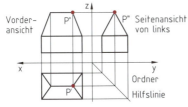

2904

Welche grundsätzliche Projektionsart ist im Bild dargestellt?

⑤ Zentralprojektion

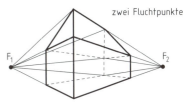

2905

Welche Bauzeichnung kann ein Maurer auf der Baustelle nicht gebrauchen?

④ Bewehrungsplan eines Köcherfundamentes

2906

Welche der Bauzeichnungen kann ein Maurer auf der Baustelle verwenden?

② Fundamentplan mit aufgehendem Kellermauerwerk

2907

Wie heißt die abgebildete Mauerschicht?

④ Grenadierschicht

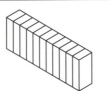

2908

Welchen Vorzugsverband zeigt das Bild?

① Kreuzverband

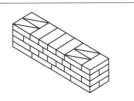

2909

Welcher Teilstein ist hier abgebildet?

② dreiviertel Stein

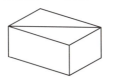

2910

Wie wird die mit a gekennzeichnete Fuge fachgerecht bezeichnet?

① Lagerfuge

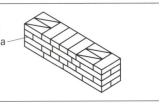

2911

Zu welcher Seitenansicht von links gehören die Vorderansicht und die Draufsicht?

④

2912

Welche Draufsicht gehört zu dem abgebildeten Körper?

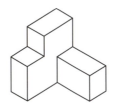

①

2913

Welche Vorderansicht gehört zu dem dargestellten Haus?

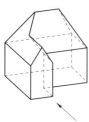

③

2914

Welche Draufsicht gehört zu dem dargestellten Körper?

③

2915

Zu welcher perspektivischen Ansicht gehört die Draufsicht der Kirche?

Draufsicht

④

2916

Welche Draufsicht gehört zu der Vorderansicht und der Seitenansicht des abgebildeten Körpers?

Vorderansicht   Seitenansicht

⑤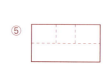

2917

Welche Vorderansicht passt zu dem dargestellten Körper?

⑤

2918

Welche Draufsicht gehört zu dem Körper mit der Vorderansicht in Pfeilrichtung?

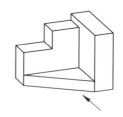

③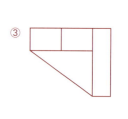

2919

Zu welcher Vorderansicht gehört die perspektivische Ansicht des Körpers?

Bild   ①

2920

Welche Draufsicht gehört zu der perspektivischen Ansicht des abgebildeten Körpers?

Bild   ②

2921

Welche Draufsicht passt zu der perspektivischen Ansicht des dargestellten Körpers?

Bild   ④

2922

Welche Draufsicht gehört zu dem Körper mit der abgebildeten Vorderansicht und Seitenansicht?

Bild   ④

2923

Welche Schraffur wird in Bauzeichnungen nach DIN 1356 für Mauerwerk verwendet?

Bild ⑤

2924

Welche Schraffur wird in Bauzeichnungen nach DIN 1356 für Dämmung verwendet?

Bild ④

2925

Welche Position zeigt in der Skizze der Kelleraußenwand die senkrechte Sperrschicht?

② Pos. 2

2926

Aus welchem Baustoff besteht das im Bild dargestellte Bauteil?

① Stahl

2927

Welche Konstruktion ist in der Skizze zu sehen?

① Verbundestrich

2928

In welchem Bild ist die Linienart nach DIN 1356 zur Kennzeichnung von Schnittebenen abgebildet?

Bild ④   — · — · — · — · — ··

2929

Welche Außenwandkonstruktion zeigt der Schnitt?

① Einschaliges Mauerwerk mit Thermohaut

2930

Welche Handelsform von Nadelschnittholz ist im Bild zu sehen?

① Bohle ($d \geq 44$ mm, $b \geq 75$ mm)

2931

Was bedeutet die Abkürzung DN in Bauzeichnungen?

④ Nenndurchmesser

2932

Aus welchem Baustoff soll nach der Skizze die Kellersohle erstellt werden?

② Stahlbeton

2933

Wie wird der mit a gekennzeichnete Bewehrungsstab des skizzierten Stahlbeton-Balkens fachgerecht bezeichnet?

① Bügel

2934

Welche Bedeutung hat die Angabe 1% über dem Pfeil in dem dargestellten Grundriss?

② Gefälle des fertigen Fußbodens

2935

Welche Höhe muss das Fenster nach dem Zeichnungsausschnitt erhalten?

③ 1,385 m (Breite 1,76 m/Höhe 1,385 m)

2936

Welche Abmessungen hat die zu mauernde Öffnung für den Schornstein in der Skizze?

③ 26 cm/26 cm

2937

Welche Aussage zu dem skizzierten Teilabschnitt ist richtig?

② Die Oberkante des Fertigfußbodens beträgt 2,75 m

2938

In welcher Abbildung hat das Kantholz mit dem Querschnitt 14 cm/18 cm die richtige Bemaßung?

Abbildung ②

2951u

Zeichnen Sie die Vorderansicht, Seitenansicht von links und Draufsicht des räumlich skizzierten Mauerwerks-körpers auf DIN A4 in Bleistift im Maßstab 1 : 5.

– In den zu zeichnenden Ansichten sind alle für die Ausführung notwendigen Maße einzutragen.
– Verdeckte Kanten sind als gestrichelte Linien darzustellen.

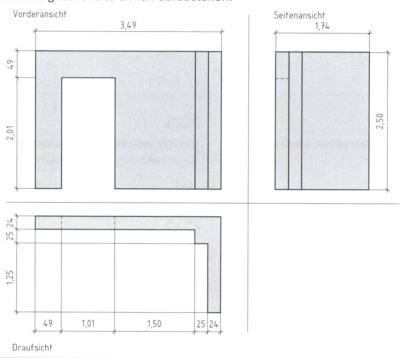

2952u

Zeichnen Sie die Vorderansicht, Seitenansicht von links und Draufsicht des räumlich skizzierten Hauses auf DIN A4 in Bleistift im Maßstab 1 : 200.

– In den zu zeichnenden Ansichten sind alle für die Ausführung notwendigen Maße einzutragen.
– Verdeckte Kanten sind als gestrichelte Linien darzustellen.

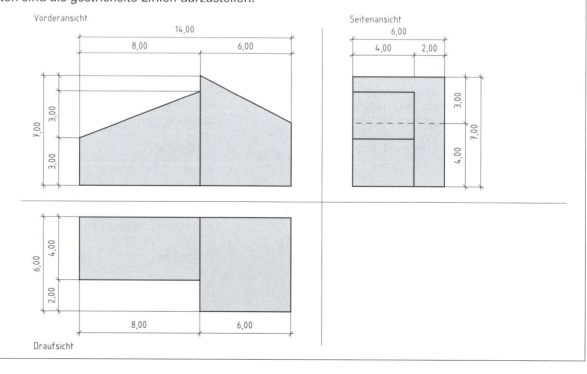

3101

Welches Mauerwerk ist kein Natursteinmauerwerk?

② Porenbetonmauerwerk

3102

Wie dick muss mindestens ein Binder im Naturstein-mauerwerk sein?

③ 30 cm

3103

Wie tief müssen Bindersteine mindestens in die Hintermauerung einbinden?

② 10 cm

3104

Welches Natursteinmauerwerk ist hier abgebildet?

① Bruchsteinmauerwerk

3105

Welchen Durchmesser dürfen Zuschläge von Fugen-mörtel nicht überschreiten?

② 2 mm

3106

Welcher Zierverband ist nebenstehend dargestellt?

⑤ Gotischer Verband

3107

Welche Mindestdicke müssen tragende Innenwände haben?

② 11,5 cm

3108

Welche Geschosshöhe darf bei Innenwänden nicht überschritten werden, wenn die Wanddicke geringer als 24 cm ist?

⑤ 2,75 m

3109

Wie wird das skizzierte zweischalige Mauerwerk be-zeichnet?

② Mit Putzschicht ohne Luftschicht

3110

Welcher gemauerte Bogen ist nebenstehend dargestellt?

④ Korbbogen

3111

Welche Stoßfugendicke darf bei gemauerten Bögen nicht überschritten werden?

④ 2,0 cm

3112

Welche Druckfestigkeit müssen Steine von gemauer-ten Bögen mindestens aufweisen?

③ 15 N/mm²

3113

Welcher Stabdurchmesser darf bei bewehrtem Mauerwerk höchstens verwendet werden?

③ 8 mm

3114

Welche Mörtelgruppe ist zur Herstellung von bewehrtem Mauerwerk vorgeschrieben?

③ MG III, IIIa (Zementmörtel)

3115

Wie hoch muss mindestens die Sockelhöhe von Fach-werkwänden sein?

③ 30 cm

3116

Wie heißt die abgebildete Zierschicht?

② Schränkschicht

3117

Welchen Abstand hat die Regelfuge der Läuferschicht bis zur Innenecke bei stumpfwinkligen Mauerecken?

① ¹/₂ am

3118

Wie heißt das skizzierte Mauerwerk?

④ Spitzwinklige Mauerecke

3119

Welches ist der kleinste belastbare Pfeilerquerschnitt?

③ 24 cm/24 cm

3120

Was für ein Pfeiler ist hier dargestellt?

⑤ Pfeiler im Spar- oder Schornsteinverband

3121

Wie weit darf der Überstand *ü* einer 11,5 cm dicken Außenschale eines zweischaligen Mauerwerks über das Auflager vorstehen?

④ $^{1}/_{3}$ Steinbreite

3122

Welche Aussage über zweischaliges Mauerwerk ist richtig?

④ Die Innenschale übernimmt die Tragfunktion, die Außenschale ist zuständig für den Wetterschutz

3123

Welchen lichten Abstand *a* dürfen Innen- und Außenschalen bei zweischaligem Mauerwerk – mit 5 Drahtankern (∅ 5 mm) pro m² Wandfläche – höchstens haben?

③ 15 cm

3124

Welche Maßnahme zum Schutz des zweischaligen Mauerwerks vor Feuchtigkeit ist **nicht** geeignet?

④ Ausfüllen des Wandschalenzwischenraums mit Mörtel

3125

Welcher Mauerwerksbogen hat den größten Horizontalschub am Widerlager?

③ Scheitrechter Bogen

scheitrechter Bogen

3126

Ab welcher Höhe *h* über Erdgleiche darf die Luftschicht beim zweischaligen Mauerwerk beginnen?

④ h ≥ 10 cm

3127

Zweischalige Außenwand mit Kerndämmung
Welche Aussage ist **falsch**?

① Drahtanker sind nicht nötig

3128

Wo sind Dehnungsfugen in der Außenschale einer zweischaligen Außenwand **nicht** nötig?

⑤ In waagerechter Richtung über Fensterstürzen

3129

Was sind »Ausblühungen«?

① Ablagerung von Sulfaten und Karbonaten an der Mauerwerksoberfläche

3141u

Welche 4 Verbandsregeln sind allgemein beim Mauern von Natursteinmauerwerk einzuhalten?

Verbandsregeln:
- Läufer- und Binderschichten müssen abwechselnd
- oder
- auf zwei Läufer muss mindestens ein Binder gemauert werden
- Große Steine sind an den Ecken zu vermauern
- Fugendicke höchstens 3,00 cm

3143u

Welche 4 Zierverbände werden unterschieden?

- Gotischer Verband
- Märkischer Verband
- Holländischer Verband
- Wilder Verband

3144u

Welche 4 Verbandsregeln sind beim wilden Verband zu beachten?

- Höchstens 2 Köpfe nebeneinander
- Keine Einviertelsteine verwenden
- Höchstens 6 Läufer aneinander
- Dreiviertelsteine nur an Ecken

3142u

Wie werden untenstehende Zierschichten bezeichnet?

Zahnrollschicht   Schränkschicht   Stellschicht   Rollschicht

3145u

Vom wilden Verband ist die 2. Schicht einzuzeichnen. Es werden kleinformatige Steine vermauert.

3146u

Nach welchen 6 Gesichtspunkten können Wände eingeteilt werden?

- Lage im Gebäude (z. B. Außenwände)
- Lage im Gelände (z. B. Stützwände)
- Schutzfunktionen (z. B. Brandschutzwände)
- Belastung (z. B. tragende Wände)
- Baustoffe (z. B. Betonwände)
- Wandaufbau (z. B. zweischalige Wände)

3147u

Was ist beim Einmauern von Bauteilen aus Holz zu beachten? Es sind 3 Konstruktionsregeln anzugeben.

Einmauern von Holzbauteilen:
- Holz allseitig vor Mauerfeuchtigkeit schützen, z. B. durch nackte Bitumenbahnen
- Luftzwischenraum von mindestens 1 cm zwischen Holz und Mauerwerk
- An der Stirnfläche der Aussparung eine Wärmedämmschicht einbauen

3148u

Was sind tragende Wände?

Tragende Wände sind hauptsächlich auf Druck beanspruchte scheibenartige Bauteile zur Aufnahme senkrechter und waagerechter Lasten.

3149u

Was sind Brandwände?

Brandwände sind Wände mit einer Mindestdicke von 24,00 cm. Sie sollen die Brandausbreitung in Bauwerken verringern.

3150u

Welche 3 Anforderungen müssen bei bewehrtem Mauerwerk eingehalten werden?

- Stabstahldurchmesser höchstens 8 mm
- Die Fugen dürfen mit Bewehrung nicht dicker als 2 cm sein
- Die Wand muss mindestens 11,50 cm dick sein

3151u

Welche 3 Konstruktionsregeln sind beim Mauern von zweischaligen Außenwänden einzuhalten?

- Je 1 m² Wandfläche sind mindestens 5 Drahtanker ∅ 3 mm in die Lagerfugen einzulegen
- Der senkrechte Abstand der Drahtanker soll 50 cm, der waagerechte Abstand 75 cm nicht überschreiten
- Lüftungsöffnungen sollen 10 cm über dem Gelände und oben in der Außenschale angeordnet werden (mindestens 8 offene Stoßfugenöffnungen unten und oben)

3153u

Welche Regeln sind beim Ausmauern von Gefachen bei Fachwerkwänden zu berücksichtigen?

- Ganze Schichtenhöhen verwenden
- An den Fachwerkstiefen ist der Läuferverband regelmäßig zu beginnen, an den Streben ist mit schräg gehackten Steinteilen anzumauern
- Die Ausmauerung ist mit dem Fachwerk zu verankern, z. B. mit Dreikantleisten, Stahlstäbe oder Stahlwinkeln

3152u

Wie werden die 4 verschiedenen zweischaligen Außenwände bezeichnet?

Zweischalige Außenwände mit

Ⓐ Putzschicht ohne Luftschicht
Ⓑ Luftschicht und Wärmedämmung
Ⓒ Luftschicht
Ⓓ Wärmedämmung ohne Luftschicht

3154u

Von der skizzierten spitzwinkligen Mauerecke ist die 2. Schicht einzuzeichnen. Beide Wände sind 36,5 cm breit und werden aus NF-Mauersteinen hergestellt.

Draufsicht   1. Schicht   2. Schicht

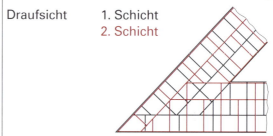

3155u

Es ist die 2. Schicht des quadratischen Pfeilers einzuzeichnen. Es werden NF-Mauersteine verwendet.

Draufsicht   1. Schicht   2. Schicht

(cm)

3156u

Von dem rechtwinkligen Pfeiler soll die 2. Schicht eingezeichnet werden. Es werden NF-Mauersteine verwendet.

Draufsicht   1. Schicht   2. Schicht

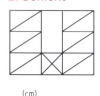

(cm)

3157u

Welche Bezeichnungen haben untenstehende gemauerte Bögen?

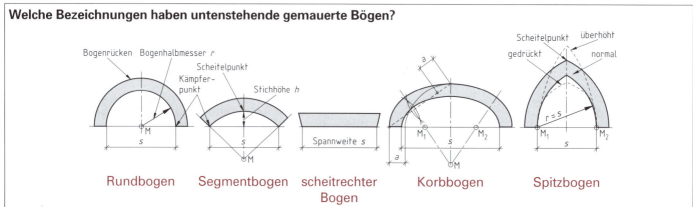

Rundbogen   Segmentbogen   scheitrechter Bogen   Korbbogen   Spitzbogen

3201

Welche Normkennzeichnung erhält ein Portlandze-ment mit schneller Anfangserhärtung und einer 28-Tage-Mindestdruckfestigkeit von 32,5 N/mm²?

① CEM I 32,5 R

3202

Welcher Zement eignet sich wegen seines hohen Sulfatwiderstandes für Beton-Abwasserrohre?

⑤ Hochofenzement CEM III/B 32,5-NW/HS

3203

Welcher Zement eignet sich am besten zur Herstel-lung massiver Bauteile?

③ CEM III/B 32,5-NW/HS

3204

Welches Material ist neben Portlandzement Haupt-bestandteil des Hochofenzementes CEM III?

④ Hüttensand

3205

Welche Eigenschaft der Normzemente wird bei der regelmäßigen Gütepüfung nicht kontrolliert?

② Farbe

3206

Wie wird ungebrochener Zuschlag 4/32 (Kleinst-korn/Größtkorn) nach DIN 4226 bezeichnet?

② Kies

3207

Eine Stahlbetondecke ist 16 cm dick. Welches Größt-korn sollte der Zuschlag haben?

⑤ 32 mm

3208

Eine Zuschlags-Lieferung ist als »Zuschlag DIN 4226-8/16–eK« gekennzeichnet. Das bedeutet:

③ Zuschlag der Korngruppe 8/16, der erhöhte Anfor-derungen an die Kornform erfüllt

3209

Welcher Wasserzementwert ist für einen ausreichen-den Korrosionsschutz der Stahlbetonbewehrung höchstens zulässig?

① 0,6

3210

Bei einer Frischbeton-Konsistenzprüfung ergibt sich das Verdichtungsmaß von 1,25. Welche Konsistenz hat der Beton?

① Steif

3211

In welcher Auswahlantwort sind die Betonfestigkeits-klassen der Betongruppe B II vollständig aufgelistet?

③ B 35, B 45, B 55

3212

Wie erfolgt die Qualitätssicherung des B II-Betons?

④ Güteüberwachung der Prüfstelle E, der Prüfstelle F und ggf. durch die Prüfstelle W

3213

Bei welchem Beton muss keine Eignungsprüfung stattfinden?

① Beton B I, als Rezeptbeton nach DIN 1045

3214

Bei Einsatz von Betonzusatzstoffen gilt der Grundsatz:

⑤ Sie dürfen niemals ohne Eignungsprüfung im Beton verwendet werden

3215

Welches Betonzusatzmittel vermindert die Wasser-aufnahme von Beton?

① DM

3216

Ein Beton mit verbessertem Widerstand gegen Frost und Tausalz soll hergestellt werden. Welches Betonzusatzmittel ist zu wählen?

⑤ Luftporenbildner (LP)

3217

Welches Betonzusatzmittel verbessert die Verarbeit-barkeit und vermindert die Gefahr der Entmischung bei Frischbeton?

① ST

3218

Was versteht man unter »Karbonatisierung« des Betons?

① Verringerung des pH-Wertes von Beton durch Kohlenstoffdioxid aus der Luft

3219

Wie kann man die Karbonatisierungstiefe bei Beton feststellen?

⑤ Rotfärbung durch Phenolphthalein = Nicht karbonatisierter Bereich

3220

Was ist keine Ursache für Betonstahlkorrosion?

② Stark alkalischer Beton

3221

Aufgrund der Dehnung eines Bauteils kommt es zu feinen Rissen im Beton. Was ist richtig?

② Nur Haarrisse bis 0,2 mm bringen keine Gefahr für die Bewehrung

3222

Was bewirkt das Auftragen von Versiegelung auf die Betonoberfläche?

③ Die Wasseraufnahmefähigkeit wird reduziert

3223

Welche Eigenschaft von hydrophobierenden Betonimprägnierungen ist nicht richtig beschrieben?

① Sie machen den Beton dauerhaft wasserfest

3224

Welche Aussage zu der Schalung einer Ortbetontreppe ist nicht richtig?

③ Die Stützen unter dem schrägen Treppenlauf sind senkrecht gestellt

3225

Welches Schalungsplattenmaß der im Schnitt dargestellten herkömmlichen Stützenschalung ist falsch?

④ Laschenlänge =
Betonmaß a + 2 x 2^4 + 2 x Laschendicke

3226

Was zeigt das nebenstehende Bild?

⑤ Faltstütze als selbststehende Deckenstütze

3227

Wie verhindert man ein Ausknicken oder eine Verschiebung von Schalungsstützen?

④ Durch eine Verschwertung zu unverschieblichen Dreiecken

3228

Welche Bauteile lassen sich mit Gleitschalungen nicht herstellen?

④ Behälterbauten mit veränderlichem Querschnitt

3229

Nach welchem Zeitraum dürfen Deckenplatten (Zementfestigkeitsklasse 42,5 R) in der Regel ausgeschalt werden?

② 3 Tage

3230

Welche zwei Informationen kann man aus der genormten Anordnung der Rippen des Betonstahls erhalten?

④ Festigkeit und Herkunft

3231

Eine Betonstahl-Bestellung lautet: 30 t Betonstahl DIN 488 – BSt 500S – 25 x 12. Welche Lieferung BSt 500S ist richtig?

② 30 t Stähle, ∅ 25 mm, Länge 12 m

3232

**R-Lagermatte.
Welcher Einsatz ist richtig?**

① Für einachsig gespannte Bauteile: Nur die Längsstäbe (Abstand 150 mm) tragen

3233

Was ist falsch beim Verlegen von Betonstahlmatten?

① Längsstäbe liegen immer oben

3234

Eine Deckenplatte soll zweiachsig gespannt werden. Welche Betonstahlmatte ist für die Bewehrung geeignet?

⑤ Q 221

3235

Was bedeutet der Buchstabe d in der Aufbaubeschreibung einer Betonstahlmatte? 150 x 6,0 d/6,0 - 4/4

③ Matte mit Doppelstäben

3236

Wo ist bei schmalen Balken (höher als 30 cm) der beste Verbund zwischen Beton und Stahleinlage zu erwarten?

① Unten im Balken (Verbundbereich I)

3237

Was ist nicht richtig an der Stahlbetonwand-Bewehrung?

① Höchstabstand der senkrechten Längsstähle < 50 cm

3238

An welcher Stelle der Stützwand ist die Biegebeanspruchung besonders hoch?

③ Im Bereich der Verbindung von Grund- und Wandplatte

3239

Verschiedene Arbeitsschritte sind zum Herstellen von Stahlbeton-Wänden nötig:

⑤ A D C B E

A 1. Schalungswand aufstellen
D Aussparungen einbauen
C Bewehrung einbauen
B 2. Schalungswand aufstellen
E Beton einbringen und verdichten

3240

Ein Balken, frei aufliegend auf 2 Stützen, wird in Balkenmitte belastet. Wo liegt die Zugbewehrung richtig?

⑤ Unten im ganzen Balken

3241

Balken auf zwei Stützen mit Kragarm: In welcher Skizze ist die Zugbewehrung richtig eingezeichnet?

②

3242

Welche Aussage über bewehrte Plattenfundamente ist nicht richtig?

④ Eine untere Bewehrungslage ist ausreichend

3243

Welche Spannungen treten in einem nicht belasteten, vorgespannten Stahlbetonbalken auf?

① Oben und unten Druckspannungen

3244

Welcher Arbeitsablauf bei der Herstellung eines Spannbetonbauteils mit sofortigem Verbund ist richtig?

③ B A C D E

B = Spanndrähte einbauen
A = Vorspannen
C = Betonieren
D = Betonerhärtung
E = Überstehende Spanndrähte abtrennen

3271u

Wo verwendet man Zemente mit niedrig wirksamem Alkaligehalt (NA-Zemente)?

Sie werden verwendet bei Bauteilen, die mit alkaliempfindlichen Zuschlägen hergestellt werden. Solche Zuschläge kommen in einigen Bereichen Nord- und Mitteldeutschlands vor und führen unter bestimmten Bedingungen zur Rissbildung (Treiben) von Beton.

3272u

Wonach wählt man das Größtkorn eines Zuschlaggemischs?

Das Größtkorn ist so zu wählen, wie es das Fördern und Verarbeiten des Betons zulassen. Es sollte weniger als $\frac{1}{5}$ der kleinsten Bauteilabmessung betragen. Der überwiegende Anteil des Gemisches sollte kleiner sein als der Bewehrungsabstand oder die Betondeckung.

3273u

Nennen Sie vier Anforderungen, die an Betonzuschlag gestellt werden.

- Ausreichende Korneigenfestigkeit
- Gemischtkörnige Zusammensetzung
- Gedrungene Kornform
- Widerstandsfähigkeit gegen Frost
- Frei von schädlichen Bestandteilen:
  - Abschlemmbare Bestandteile,
  - Stoffe organischen Ursprungs,
  - Erhärtungsstörende Stoffe,
  - Schwefelverbindungen,
  - Stahlangreifende Stoffe.

3274u

Wie bestimmt man die Konsistenz von Frischbeton mittels Ausbreitversuch?

Auf dem Ausbreittisch wird der Beton in einen Blechbehälter von der Form eines Kegelstumpfes eingefüllt und abgezogen. Die Form wird nach oben weggezogen. Die Tischplatte wird 15-mal bis zum Anschlag angehoben und fallen gelassen, der Frischbeton breitet sich dabei aus:

KP – plastischer Beton 35 cm bis 41 cm,
KR – weicher Beton 42 cm bis 48 cm,
KF – fließfähiger Beton 49 cm bis 60 cm

3275u

Herstellung und Verarbeitung bestimmen die Qualität des Betons. Welche (vier von fünf) Faktoren beeinflussen die Betongüte?

- Zementart, Zementgehalt
- W/Z-Faktor
- Kornform und Zusammensetzung des Zuschlags
- Betonzusatzmittel und -stoffe
- Mischen, Einbringen, Verdichten und Nachbehandeln des Betons

3276u

Wann muss für Beton BI eine Eignungsprüfung durchgeführt werden?

Wenn zur Herstellung des Betons der Mindestzementgehalt (gemäß Betonrezept) unterschritten ist, oder/und wenn Betonzusätze, Leichtzuschläge, Zuschläge mit verminderten Anforderungen oder eine Ausfallkörnung verwendet werden sollen.

3277u

Der Wassergehalt eines Frischbetons soll festgestellt werden. Wie ist eine schnelle Ermittlung möglich?

Zwei Frischbetonproben von jeweils 5000 g werden in Darrgefäßen innerhalb von 20 Minuten scharf und schnell getocknet. Nach Beendigung des Trockenvorganges werden die Proben gewogen. Der Gewichtsverlust bei der Trocknung = Wassergehalt des Frischbetons.

3278u

Was beschreiben die Begriffe »Nennfestigkeit« und »Serienfestigkeit« von Beton?

Die Nennfestigkeit ist die Mindestdruckfestigkeit, die eine Betonprobe nach 28 Tagen erreichen muss. Serienfestigkeit ist der Mittelwert von drei Druckfestigkeitsprüfungen eines Betons.

3279u

Welche Vorbereitungen sind vor einer Transportbetonlieferung auf der Baustelle zu treffen?

- Überprüfen der Anfahrts- und Verkehrswege (auch auf die Tragfähigkeit des Bodens).
- Bereitstellen und Überprüfen der Fördergeräte.
- Personal bereitstellen und einweisen.
- Geräte und Stromversorgung sichern.
- Betonprüfungen vorbereiten.
- Gegebenenfalls behördliche Ausnahmegenehmigungen einholen.

3280u

Was sind »Systemschalungen«?

Systemschalungen werden aus ganz oder teilweise industriell vorgefertigten Schalungselementen montiert. Für gleichartige Bauteile können die Schalungselemente mehrmals eingesetzt werden. Bei gut durchdachten Systemen können die Schalungselemente zu Großflächenschalungen zusammengesetzt, aber auch für schwierige Schalungsaufgaben eingesetzt werden.

3281u

Wodurch unterscheiden sich Rahmentische und Portaltische für großflächige Deckenschalungen?

Beim Rahmentisch bilden Schalhaut, Quer-, Jochträger und Unterbau ein starres System. Portaltische besitzen als Unterbau normale Deckenstützen mit umklappbaren Portalköpfen. Damit können sie leichter umgesetzt werden.

3282u

Welche Konstruktionssysteme für Großflächen-Wandschalungen unterscheidet man und wie sind sie aufgebaut?

- Trägerschalung:
  Schalhaut: Großflächige Schalungsplatten.
  Unterstützung: Schalungsträger aus Holz.
  Aussteifung: Quer zu den Trägern angeordnete Stahlprofile.
- Rahmentafelschalung:
  Unterstützung und
  Aussteifung: Stahl- oder Aluminiumrahmen mit Quer- und Längsrippen.
  Schalhaut: Großflächig auf den Rahmen aufmontiert.

3283u

Woraus bestehen bei der dargestellten Wand-Systemschalung die
- **Schalhaut**
- **Tragkonstruktion**
- **Verspannung**
- **Verstrebung?**

Die Schalhaut besteht aus Platten, die in Stahl- oder Aluminiumrahmen eingelassen sind.
Als Tragkonstruktion dienen die Rahmen der Schalhaut, die noch mit Zwischenrippen ausgesteift sind.
Verspannt werden die Schalungswände zwei- bis dreimal bei geschosshohen Schaltafeln mit Spannstäben, Abstandhaltern aus Kunststoff und Schraubverschlüssen als Ankerschlösser.
Die Verstrebung erfolgt mit zweiarmigen Richtstützen im oberen und unteren Bereich der Schalungswände.

3284u

Aus welchen Elementen bestehen Systemschalungen für Balken und Unterzüge?

- Längsaussteifung (Schalungsträger)
- Schalhaut
- Stützbock
- Überleger (Schalungsträger)
- Lochschiene
- Längsholz
- Traverse
- Stütze

3285u

Was sind Randsparmatten?

Beim Verlegen von Betonstahlmatten müssen vorgeschriebene Übergreifungslängen eingehalten werden.
Bei Randsparmatten ist im Bereich der erforderlichen Deckung an den Längsrändern Stahl – durch Querschnittsverringerung der Längsstäbe – eingespart.

3286u

Welche Lieferformen von Betonstahlmatten unterscheidet man?

- **Lagermatten** haben einen standardisierten Aufbau, sie werden vom Handel auf Vorrat gehalten und kurzfristig geliefert. Durch Zuschneiden auf der Baustelle werden sie dem Bauteil angepasst.
- **Listenmatten** werden nach einer Mattenliste hergestellt, die der Besteller unter bestimmten Werksvorgaben aufgestellt hat.
- **Zeichnungsmatten** werden nach Zeichnung bestellt und einbaufertig geliefert.

3801

Wie viel kg wiegen 30 l Zement?

④ 36 kg

3802

Wie viel l sind 54 kg hydraulischer Kalk mit der Schüttdichte 0,9 kg/l?

② 60 l

3803

Wie viel l Zement werden für 650 l Zementmörtel im MV 1 : 4 benötigt?

④ 195 l

3804

Wie viel Säcke Zement erfordern 750 l Zementmörtel im MV 1 : 5?

④ 9 Säcke

3805

Wie viel m³ Mörtelsand sind notwendig, um 1460 l Kalkzementmörtel im MV 2 : 1 : 8 herzustellen?

① 1,635 m³

3806

Wie viel l Zement werden für 1260 l Zementmörtel MV 1 : 4 benötigt, wenn feuchter Sand verwendet wird?

③ 403 l   (5 RT; 2016 l Mörtelstoff)

3807

Wie viel Säcke Zement entsprechen 403 l Zement aus Aufgabe 3806?

① 20 Säcke

3808

Welcher Sandbedarf in m³ ergibt sich aus der Aufgabe 3806?

④ 1,613 m³   (4 RT × 403,21 l)

3809

Wie viel Kalkzementmörtel MV 2 : 1 : 8 können mit 8 Säcken Weißkalkhydrat (Schüttdichte 0,5 kg/l) hergestellt werden? Der Mörtelsand ist baufeucht.

⑤ 1100 l   (V_k = 320 l; MF = 1,6)

3810

Wie viel m³ Sand sind für 1840 l Zementmörtel MV 1 : 5 notwendig? Der Mörtelsand ist trocken.

③ 2,147 m³   (6 RT, MF = 1,4)

3811

Von dem skizzierten Pfeiler aus NF-Steinen ist das Volumen von Fugenmörtel in l zu berechnen.
Der Pfeiler hat eine Höhe von 2,30 m.

③ 19 l   (3,36 m³ · 5,5 l/m³)

3812

Wie viel m³ lose Bruchsteine werden für das 30 cm dicke Natursteinmauerwerk benötigt?

⑤ 5,672 m³   (4,536 m³ · 1,25)

3813

Ein Rundbogen hat eine Spannweite s von 1,26 m. Wie groß ist die Bogenleibungslänge?

① 198 cm   ($b_L = \pi \cdot \frac{s}{2}$)

3814

Von der Aufgabe 3813 ist die Schichtenzahl des Rundbogens zu berechnen, wenn DF-Steine verwendet werden.

③ 33 Schichten   (198 cm Bogenleibung)

3815

Wie groß ist die Bogenleibungslänge eines Segmentbogens, wenn die Spannweite 1,01 m und der Stich 1/10 sind?

③ 103,1 cm $\left(r = \frac{s_2}{8\,h} + \frac{h}{2};\ b = \frac{\pi \cdot d \cdot \alpha}{360°} \right)$

3816

Welche Abmessung muss das Mauerwerk (b) mindestens haben, wenn ein Wärmedurchlasswiderstand von 2,85 m²k/W erreicht werden soll?

④ s = 0,24m

$\left(\frac{1}{\Lambda} = \frac{0,015}{0,70} + \frac{0,24}{0,99} + \frac{0,10}{0,04} + \frac{0,115}{1,1} = 2,868\ \frac{m^2k}{w} \right)$

3821u

Wie viel Säcke Weißkalkhydrat (Schüttdichte 0,50 kg/l) und Zement sowie m³ Mörtelsand sind erforderlich, um die dargestellte Mauerwerkswand herzustellen?
Das MV ist 2 : 1 : 8. Die Wand ist 24 cm dick. Die Mörtelstoffe sind mit Tabellenwerten zu berechnen.

Für diese Wand werden 748 l Mauermörtel benötigt (siehe Aufgabe 2813). Für 1000 l Kalkzementmörtel braucht man 140 kg Weißkalkhydrat, 168 kg Zement und 1120 l Mörtelsand

$m_k = \dfrac{748\ l \cdot 140\ kg}{1000\ l} = 104,72\ kg$ $n = \dfrac{105\ kg}{20\ kg/Sack} = 5,25 \approx$ **6 Säcke Weißkalkhydrat** $V_S = \dfrac{748\ l \cdot 1120\ l}{1000\ l} \approx 838\ l =$ **0,838 m³ Mörtelsand**

$m_z = \dfrac{748\ l \cdot 168\ kg}{1000\ l} \approx 126\ kg$ $n = \dfrac{126\ kg}{25\ kg/Sack} = 5,04 \approx$ **5 Säcke Zement**

3822u

Wie viel Säcke Zement und m³ Mörtelsand sind erforderlich, um 8 Pfeiler herzustellen? Die Pfeilerhöhe beträgt 3,30 m. Der Grundriss eines Pfeilers ist in der Skizze dargestellt. Das MV ist 1:4. Es wird baufeuchter Mörtelsand verwendet. Die Mörtelstoffe sind mit dem Mörtelfaktor zu ermitteln.

Für diesen Pfeiler werden 155 Liter Mauermörtel verwendet (siehe Aufgabe 2817).

Σ RT = 5 RT V_{MS} = 8 (155 l) · 1,6 = 1984 l $V_{RT} = \dfrac{1984\ l}{5} \approx 397$ l/RT

V_Z = 1 RT · 397 l/RT = 397 l Zement $n = \dfrac{397\ l}{21\ l/Sack} \approx$ **19 Säcke Zement**

V_S = 4 RT · 397 l/RT = 1588 l Sand = **1,588 m³ Sand**

3823u

Welches Mörtelvolumen MV 2:1:8 kann aus dem skizzierten baufeuchten Sandhaufen hergestellt werden?

$V_S = \dfrac{\pi \cdot d \cdot h}{12} = \dfrac{\pi \cdot (2,20\ m)^2 \cdot 1,40\ m}{360°} = 1,774$ m³

$V_{RT} = \dfrac{1774\ l}{8\ RT} = 222$ l/RT V_{MS} = 222 l/RT · 11 RT = 2442 l

$V_M = \dfrac{2442\ l}{1,6} =$ **1526 l Kalkzementmörtel**

3824u

Wie viel l Kalkzementmörtel MV 2:1:9 können mit 8 Säcken Weißkalkhydrat (Schüttdichte 0,5 kg/l) angemacht werden? Der Mörtelsand ist baufeucht.

V_K = 8 Säcke · 40 l/Sack = 320 l V_S = 160 l/RT · 12 RT = 1920 l

$V_{RT} = \dfrac{320\ l}{2\ RT} = 160$ l/RT $V_M = \dfrac{1920\ l}{1,6} =$ **1200 l Kalkzementmörtel**

3825u

Wie viel Säcke Weißkalkhydrat (Schüttdichte 0,60 kg/l) und Zement sowie m³ Mörtelsand sind notwendig, um die skizzierte 36,5 cm dicke Giebelwand herzustellen? Das MV ist 2:1:10. Die Mörtelstoffe sind mit Tabellenwerten zu berechnen.

Für die Wand werden 4987 l Mauermörtel benötigt.
Für 1000 l Kalkzementmörtel braucht man laut Tabelle:
– 144 kg Weißkalkhydrat – 144 kg Zement – 1200 l Mörtelsand

$V_K = \dfrac{4987\ l \cdot 144\ kg}{1000\ l} = 718$ kg

$n = \dfrac{718\ kg}{20\ kg/Sack} \approx$ **36 Säcke Kalkhydrat**

$V_Z = \dfrac{4987\ l \cdot 144\ kg}{1000\ l} = 718$ kg

$n = \dfrac{718\ kg}{20\ kg/Sack} \approx$ **29 Säcke Zement**

$V_S = \dfrac{4987\ l \cdot 1200\ l}{1000\ l} \approx 5985$ l = **5,985 m³ Sand**

3826u

Wie viel l Weißkalkhydrat (Schüttdichte 0,7 kg/l) und Zement sowie m³ Mörtelsand müssen bestellt werden, damit die dargestellte 36,5 cm dicke Hauswand aus 2DF-Steinen gemauert werden kann? Das MV ist 2:1:9. Der Mörtelsand soll baufeucht sein. Die Mörtelstoffe sind mit dem Mörtelfaktor zu ermitteln.

A = 20,01 m · 3,01 m – 2 (2,01 m · 1,26 m + 1,51 m · 0,679 m)

A = 53,11 m²

V = A · d = 53,11 m² · 0,365 m = 19,386 m³

V_{MS} = 19,386 m³ · 218 l/ m³ = **4226 l** ΣRT = 2RT + 1RT + 9RT = 12 RT

V_S = 4226 l · 1,6 = 6762 l $V_{RT} = \dfrac{6762\ l}{12\ RT} = 563,5$ l/RT

V_K = 2RT · 563,5 l/RT = **1127 l Kalkhydrat**

V_Z = 1RT · 563,5 l/RT ≈ **564 l Zement**

V_S = 9RT · 563,5 l/RT ≈ 5072 l V_S = **5,072 m³ Sand**

3827u

Von dem skizzierten Rundbogen aus DF-Steinen sind zu berechnen:

Bogenleibungslänge b_L
a) b_L = π · Radius r = π · r
   b_L = π · 63 cm = **198 cm**

Bogenrückenlänge b_R
a) b_R = π (r + Bodendicke d) = π (r + d)
   b_R = π (63 cm + 24 cm) = **273 cm**

Anzahl der Bogenschichten n
c) $n = \dfrac{\text{Bogenleibung – Mindestfugendicke}}{\text{Steindicke + Mindestfugendicke}}$

$n = \dfrac{198\ cm - 0,5\ cm}{5,2\ cm + 0,5\ cm} = 34,6$ cm

n = **gewählt 33 Schichten**

3828u

Ein Segmentbogen soll aus NF-Steinen mit $^1/_{10}$ Stich gemauert werden. Zu berechnen sind:

a) die Bogenleibungslänge
b) die Bogenrückenlänge
c) die Anzahl der Bogenschichten
d) die Fugendicke an der Bogenleibung
e) die Fugendicke am Bogenrücken

a) h = 1/10 · s → 1/10 · 151 cm = 15,10 cm

$r = \dfrac{h}{2} + \dfrac{s^2}{8h} \rightarrow \dfrac{15,10\ cm}{2} + \dfrac{(151\ cm)^2}{8\ (15,10\ cm)} = 196,3$ cm

$b_L = \dfrac{\pi \cdot r \cdot \alpha}{180°} \rightarrow \dfrac{\pi \cdot 196,3\ cm \cdot 45°}{180°} =$ **154 cm**

b) $b_R = \dfrac{\pi\ (r + d)\ \alpha}{180°} \rightarrow \dfrac{\pi\ (196,3\ cm + 24) \cdot 45°}{180°} =$ **173 cm**

c) $n = \dfrac{154\ cm - 0,5\ cm}{7,1\ cm + 0,5\ cm} = 20,1 =$ **gewählt 19 Schichten**

d) $F_L = \dfrac{154\ cm - (19 \cdot 7,1)}{19 + 1} =$ **0,96 cm**

e) $F_R = \dfrac{173\ cm - (19 \cdot 7,1\ cm)}{19 + 1} =$ **1,91 cm**

3829u

Der skizzierte Segmentbogen soll mit $\frac{1}{8}$ Stich gemauert werden. Es werden DF-Steine verwendet. Die Fugendicke an der Bogenleibung wird mit 0,7 cm angenommen. Zu ermitteln sind:

a) die Bogenleibungslänge
b) die Bogenrückenlänge
c) die Anzahl der Bogenschichten
d) die Fugendicke an der Bogenleibung
e) die Fugendicke am Bogenrücken

a) $h = 1/8 \cdot s \rightarrow 1/8 \cdot 176 \text{ cm} = 22 \text{ cm}$

$r = \dfrac{22 \text{ cm}}{2} + \dfrac{(176 \text{ cm})^2}{8 \,(22 \text{ cm})} = 187 \text{ cm}$

$b_L = \dfrac{\pi \cdot 187 \text{ cm} \cdot 56°}{180°} = \textbf{183 cm}$

b) $b_R = \dfrac{\pi \,(187 \text{ cm} + 24 \text{ cm})\, 56°}{180°} = \textbf{206 cm}$

c) $n = \dfrac{183 \text{ cm} - 0,7 \text{ cm}}{5,2 \text{ cm} + 0,7 \text{ cm}} \approx \textbf{31 Schichten}$

d) $F_L = \dfrac{183 \text{ cm} - (31 \cdot 5,2 \text{ cm})}{31 + 1} = \textbf{0,68 cm}$ tatsächlicher Betrag

e) $F_R = \dfrac{206 \text{ cm} - (31 \cdot 5,2 \text{ cm})}{31 + 1} = \textbf{1,40 cm}$

3830u

Über einer Türöffnung ist ein scheitrechter Bogen aus DF-Steinen zu mauern. Das Verhältnis der Widerlagerneigung soll 1 : 8 sein. Zu berechnen sind:

a) die Bogenleibungslänge
b) die Bogenrückenlänge
c) die Anzahl der Bogenschichten
d) die Fugendicke an der Bogenleibung
e) die Fugendicke am Bogenrücken

a) $b_L = s = \textbf{88,5 cm}$

b) Widerlagerungsmaß $W = \dfrac{\text{Bogendicke}}{\text{Verhältniszahl der Widerlagerneigung}}$

$W = \dfrac{24 \text{ cm}}{8} = 3 \text{ cm}$

$b_R = b_L + 2\,W \rightarrow 88,5 \text{ cm} + 2\,(3 \text{ cm}) = \textbf{94,5 cm}$

c) $n = \dfrac{88,5 \text{ cm} - 0,5 \text{ cm}}{5,2 \text{ cm} + 0,5 \text{ cm}} \approx \textbf{15 Schichten}$

d) $F_L = \dfrac{88,5 \text{ cm} - (15 \cdot 5,2 \text{ cm})}{15 + 1} = \textbf{0,66 cm}$

e) $F_R = \dfrac{94,5 \text{ cm} - (15 \cdot 5,2 \text{ cm})}{15 + 1} = \textbf{1,03 cm}$

3831u

Der dargestellte scheitrechte Bogen soll mit einer Widerlagerneigung von 1 : 7 gemauert werden. Es werden NF-Steine verwendet. Zu ermitteln sind:

a) die Bogenleibungslänge
b) die Bogenrückenlänge
c) die Anzahl der Bogenschichten
d) die Fugendicke an der Bogenleibung
e) die Fugendicke am Bogenrücken

a) $b_L = \textbf{126 cm}$

b) $W = \dfrac{36,5 \text{ cm}}{7} = 5,2 \text{ cm} \qquad b_R = 126 \text{ cm} + 2\,(5,2 \text{ cm}) = \textbf{136,4 cm}$

c) $n = \textbf{gewählt 15 Schichten}$

d) $F_L = \dfrac{126 \text{ cm} - (15 \cdot 7,1)}{15 + 1} = \textbf{1,2 cm}$

Die Fugendicke an der Bogenleibung darf höchstens 1,2 cm betragen.

e) $F_R = \dfrac{136,4 \text{ cm} - 15 \cdot 7,1 \text{ cm}}{15 + 1} = \textbf{1,8 cm}$

3832u

Mit welcher Gewichtskraft in kN drückt der skizzierte 3,30 m hohe Pfeiler aus NF-Steinen (Vollklinker) auf den Untergrund? Die Rohdichte der Vollklinker beträgt 2,0 kg/dm³.

$V = 0,74 \text{ m} \cdot 0,24 \text{ m} \cdot 3,30 \text{ m} = 0,586 \text{ m}^3$

$m = 2,0 \text{ t/m}^3 \cdot 0,586 \text{ m}^3$

$m = 1,172 \text{ t} = 1172 \text{ kg} \qquad\qquad 1 \text{ kg} \approx 10 \text{ N}$

$F = 1172 \text{ kg} \cdot 10 = 11\,720 \text{ N} \qquad 1 \text{ kN} = 1000 \text{ N}$

$F = \textbf{11,72 kN}$

3833u

Ein Stahlbetonsturz mit einer Auflagerkraft von 34 kN liegt auf einer gemauerten Wand. Diese Wand besteht aus Mauerziegeln der Steinfestigkeitsklasse 6 und aus Mauermörtel MG II. Wie groß muss mindestens die Auflagerlänge l des Stahlbetonsturzes sein?

Vorhandene Spannung vorh $\sigma \leq$ zulässige Spannung zul σ

Bei einer Steinfestigkeitsklasse von 6 und einer Mörtelgruppe MG II (Normalmörtel) ergibt sich zul $\sigma = 0,9 \text{ MN/m}^2$

zul $\sigma = 0,9 \text{ MN/m}^2 = \dfrac{F}{b \cdot l}$

$l = \dfrac{34 \text{ KN}}{0,9 \text{ MN/m}^2 \cdot 24 \text{ cm}} = \dfrac{0,034 \text{ MN}}{0,9 \text{ MN/m}^2 \cdot 24 \text{ cm}}$

$l = 0,157 \text{ m} = 15,7 \text{ cm}$

$l = \textbf{16 cm gewählt}$

3834u

Der dargestellte Pfeiler trägt eine Gesamtbelastung von 264 kN. Welche Steinfestigkeitsklasse muss nach DIN 1053-1 mindestens gewählt werden, wenn Mauermörtel (Normalmörtel) der Mörtelgruppe MG II a verwendet wird?

$A = 0,49 \text{ m} \cdot 0,365 \text{ m} = 0,179 \text{ m}^2$

zul $\sigma = \dfrac{0,264 \text{ MN}}{0,179 \text{ m}^2} = \textbf{1,47 NM/m}^2$

Für die Mörtelgruppe IIa ergibt sich ein nächst höherer Wert von 1,6 MN/m².

Dazu müssen mindestens **Mauerziegel der Steinfestigkeitsklasse 12** verwendet werden.

3851

Eine dreiseitig aufliegende Deckenplatte ist eingeschalt worden. Wie viel Quadratmeter Schalung sind in Rechnung zu stellen?

⑤ 30,76 m²

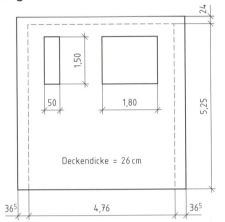

$A_{\text{Deckenschalung}}$ = 4,76 m · 5,25 m = 24,99 m²

Die kleinere Öffnung (0,50 m · 1,50 m = 0,75 m²) wird übermessen, da sie kleiner als 2,5 m² ist.

Die größere Öffnung (1,80 m · 1,50 m = 2,70 m²) muss abgezogen werden.

$A_{\text{Deckenschalung}}$ = 24,99 m² − 2,70 m² = **22,29 m²**

$A_{\text{Randschalung}}$ = $L_{\text{Rand}} \cdot d_{\text{Decke}}$
= [2 · (0,365 m + 4,76 m + 0,365 m) + 2 · (5,25 m + 0,24)] · 0,26 m
= 21,96 m · 0,26 m
= **5,71 m²**

$A_{\text{Öffnungsschalung}}$ = $L_{\text{Öffnungen}} \cdot d_{\text{Decke}}$
= [2 · (0,50 m + 1,50 m) + 2 · (1,80 m + 1,50 m)] · 0,26 m
= 10,60 m · 0,26 m
= **2,76 m²**

A_{Schalung} = $A_{\text{Decke}} + A_{\text{Rand}} + A_{\text{Öffnungen}}$
= 22,29 m² + 5,71 m² + 2,76 m²
= **30,76 m²**

3852

Ein Rundstahl (zul σ = 160 N/mm²) hat eine Zugkraft F = 72 kN aufzunehmen.

Welcher Stahldurchmesser ist notwendig?

② 2,4 cm

zul σ = 160 $\dfrac{N}{mm^2}$ = 16 000 $\dfrac{N}{cm^2}$

notwendige Querschnittsfläche des Rundstahls

$A = \dfrac{F}{\text{zul } \sigma} \rightarrow \dfrac{72\,000\ N}{16\,000\ N/cm^2}$

$A = 4,5\ cm^2$

Durchmesser des Rundstahls aus der Kreisformel:

$A = \dfrac{d^2 \cdot \pi}{4}$

$d = \sqrt{\dfrac{4 \cdot A}{\pi}} = \sqrt{\dfrac{4 \cdot 4,5\ cm^2}{\pi}}$

d = 2,4 cm

3853

Welche Last hat das Streifenfundament aus B 10 pro Längenmeter aufzunehmen?

Lastannahme für Baustoffe:
Mauerwerk = 18 kN/m³
Beton B 10 = 23 kN/m³

Lasten der oberen Geschosse F = 70 kN/m

① 97,30 kN/m

Mauerwerk
1 m · 0,365 m · 3,00 m · 18 kN/m³ = 19,71 kN/m

Fundament aus B 10
1 m · 0,60 m · 0,55 m · 23 kN/m³ = 7,59 kN/m

Fundamentbelastung = **97,30 kN/m**

3854

Ein Stahlbetonsturz ist im Zugbereich mit 6 Beton-stabstählen ⌀ 16 mm bewehrt. Die Zugkraft im Stahl-betonsturz beträgt 120 kN.
Wie groß ist die vorhandene Zugspannung in den Betonstabstählen?

③ 99,5 N/mm²

Zugspannung $\sigma_z = \dfrac{\text{Zugkraft } F\ (N)}{\text{Fläche } A\ (mm^2)} = 1000$

$A = \dfrac{6 \cdot (16\ mm)^2 \cdot \pi}{4} = 1206,4\ mm^2$

$\sigma_z = \dfrac{120\,000\ N}{1206,4\ mm^2} = \mathbf{99,5\ \dfrac{N}{mm^2}}$

3855

Wie groß ist die Biegezugfestigkeit in N/mm² eines Betonbalkens mit einer Bruchlast von 52,4 kN?
Der Balken ist 200 mm breit, 200 mm hoch und wurde bei einer Stützweite von 800 mm belastet.

③ 5,24 N/mm²

$\beta_{BZ} = \dfrac{F \cdot l}{b \cdot h^2} \cdot 1000$

F   Bruchlast in kN
l   Stützweite des Balkens in mm
b   Breite des Balkens in mm
h   Höhe des Balkens in mm

$\beta_{BZ} = \dfrac{52,4\ kN \cdot 800\ mm}{200\ mm \cdot 200\ mm \cdot 200\ mm} \cdot 1000$

$\beta_{BZ} = \dfrac{41\,920\ kN \cdot mm}{8\,000\,000\ mm^3} \cdot 1000$

$\beta_{BZ} = \mathbf{5,24\ \dfrac{N}{mm^2}}$

3856

Auf einen Stahlbetonträger wirken verschiedene Lasten. Die Auflagerkraft bei A beträgt 19,4 kN. Wie groß ist die Auflagerkraft bei B?

① 29,8 kN

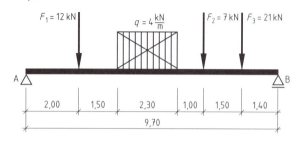

$\Sigma V = O$

$F_1 + F_2 + F_3 + q \cdot L_Q - A - B = O$

$12 \text{ kN} + 7 \text{ kN} + 21 \text{ kN} + 4 \frac{kN}{m} \cdot 2,30 \text{ m} - 19,4 \text{ kN} = B$

29,8 kN = B

3857

Für 1 m³ Beton werden 330 kg Zement (ρ = 3,1 kg/dm³) und 165 kg Wasser benötigt. Der Luftporengehalt wird mit 4,5 Vol.-% angenommen. Wie groß ist der Bedarf an oberflächentrockenem Zuschlag (ρ = 2,65 kg/dm³)?

⑤ 1811,41 kg

Die erforderliche Zuschlagmenge wird mit der Stoffraumrechnung ermittelt:

$$1000 \text{ dm}^3 =$$

$$\frac{330 \text{ kg}}{3,1 \text{ kg/dm}^3} + \frac{165 \text{ kg}}{1,0 \text{ kg/dm}^3} + \frac{\text{Masse Zuschlag}}{2,65 \text{ kg/dm}^3} + \frac{4,5 \cdot 1000 \text{ dm}}{100}$$

$$1000 \text{ dm}^3 = 106,45 \text{ dm}^3 + 165 \text{ dm}^3 + \frac{\text{Masse Zuschlag}}{2,65 \text{ kg/dm}^3} + 4,5 \text{ dm}$$

$$\frac{\text{Masse Zuschlag}}{2,65 \text{ kg/dm}^3} = \textbf{683,55 dm}^3$$

Masse Zuschlag = **1811,41 kg** oberflächentrocken

3871u

Die Wandecke mit Türöffnung und Schlitz wurde eingeschalt. Wie viel m² Schalung werden nach DIN 18331 abgerechnet?

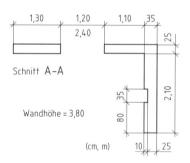

Schalungsfläche Wand

$L_W = 1,30 \text{ m} + 1,20 \text{ m} + 1,10 \text{ m} + 0,35 \text{ m} + 0,25 \text{ m}$
$\quad + 2,10 \text{ m} + 0,25 \text{ m} + 0,10 \text{ m} + 2,10 \text{ m} + 1,10 \text{ m}$
$\quad + 1,20 \text{ m} + 1,30 \text{ m} + 0,25 \text{ m}$

$L_W = 12,60 \text{ m}$

$A_W = 12,60 \text{ m} \cdot 3,80 \text{ m} = 47,88 \text{ m}^2$
$\quad$ Türöffnung: $1,20 \text{ m} \cdot 2,40 \text{ m} = 2,88 \text{ m}^2$
$\quad$ Öffnung (> 2,5 m²) wird abgezogen
$\quad$ Wandschlitz: wird nicht abgezogen
$A_W = 47,88 \text{ m}^2 - 2 \cdot 2,88 \text{ m}^2 = \textbf{42,12 m}^2$

Schalungsfläche Türleibung

$A_T = (2,40 \text{ m} + 1,20 \text{ m} + 2,40 \text{ m}) \cdot 0,25 \text{ m}$

$A_T = \textbf{1,50 m}^2$

Schalungsfläche Wandschlitz

$A_{WS} = (0,10 \text{ m} + 0,35 \text{ m} + 0,10 \text{ m}) \cdot 3,80 \text{ m}$

$A_{WS} = \textbf{2,09 m}^2$

$A = A_W + A_T + A_{WS}$
$A = 42,12 \text{ m}^2 + 1,50 \text{ m}^2 + 2,09 \text{ m}^2$
$A = \textbf{45,71 m}^2$

3872u

Für das dargestellte Abwasserbecken aus Stahlbeton muss die Betonmenge (m³) abgerechnet werden. Wanddicke: 30 cm; Höhe der Sohlplatte: 55 cm Die Abrechnung erfolgt nach DIN 18331.

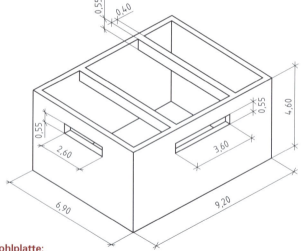

Sohlplatte:

$V_S = 9,20 \text{ m} \cdot 6,90 \text{ m} \cdot 0,55 \text{ m}$
$V_S = 34,914 \text{ m}^3 \approx \textbf{34,91 m}^3$

Wände:

$V_W = V_{\text{lange Wände}} \text{ (IW)} + V_{\text{kurze Wände}} \text{ (kW)}$
$V_{IW} = 21,762 \text{ m}^3 \approx 21,76 \text{ m}^3$
$V_{kW} = 15,309 \text{ m}^3 \approx 15,31 \text{ m}^3$
$V_W = 21,76 \text{ m}^3 + 15,31 \text{ m}^3$
$V_W = \textbf{37,07 m}^3$

Balken:

$V_B = 2 \cdot [(6,90 \text{ m} - 2 \cdot 0,30 \text{ m}) \cdot 0,40 \text{ m} \cdot 0,55 \text{ m}]$
$V_B = 2,772 \text{ m}^3 \approx \textbf{2,77 m}^3$

$V = V_S + V_W + V_B$
$V = 34,91 \text{ m}^3 + 37,07 \text{ m}^3 + 2,77 \text{ m}^3$
$V = \textbf{74,75 m}^3$

$A = \textbf{45,71 m}^2$

3873u

Für einen Garagentorsturz sind die Längen der einzelnen Positionen zu bestimmen und die Gesamtmasse an Betonstahl zu ermitteln.

Länge des Sturzes $= 2{,}635 \text{ m} + 2 \cdot 0{,}25 \text{ m} = 3{,}135 \text{ m}$

Pos. ① **Schnittlänge** $= 3{,}135 \text{ m} - 2 \cdot 0{,}03 \text{ m} = 3{,}075 \text{ m}$
(Betondeckung $\approx$ **3,07 m**)

Pos. ② Aufbiegehöhe $= 0{,}30 \text{ m} - 2 \cdot 0{,}03 \text{ m} - 2 \cdot 0{,}012 \text{ m} = 0{,}216 \text{ m}$

Schräge Abbiegelänge
$= 1{,}41 \cdot (\text{Abbiegehöhe} - \text{Stabdurchmesser})$
$= 1{,}41 \cdot (0{,}216 \text{ m} - 0{,}012 \text{ m}) = 0{,}288 \text{ m}$

Schnittlänge
$3{,}07 \text{ m} - 2 \cdot \text{Grundmaß der} \quad + 2 \cdot \text{schräge}$
$\text{schrägen Abbiegelänge} \quad \text{Abbiegelänge}$
$3{,}07 \text{ m} - 2 \cdot (0{,}216 \text{ m} - 0{,}012 \text{ m}) + 2 \cdot 0{,}288 \text{ m}$
$= 3{,}243 \text{ m} \approx$ **3,24 m**

Pos. ③ **Schnittlänge** $= 3{,}135 \text{ m} - 2 \cdot 0{,}03 \text{ m} + 2 \cdot 0{,}16 \text{ m}$
(Betondeckung) (Hakenzuschlag)
$= 3{,}395 \text{ m} \approx$ **3,40 m**

Pos. ③ $b_{BÜ} = \text{Schalmaß} - 2 \cdot \text{Betondeckung} = 0{,}18 \text{ m}$
$h_{BÜ} = \text{Schalmaß} - 2 \cdot \text{Betondeckung} = 0{,}24 \text{ m}$

Hakenzuschlag $= 10 \cdot \text{Stabdurchmesser}$
$l_{BÜ} = 2 \cdot 0{,}18 \text{ m} + 2 \cdot 0{,}24 \text{ m} + 2 \cdot 10 \cdot 0{,}08 \text{ m}$

Schnittlänge
$l_{BÜ} =$ **1,00 m**

Pos. ① **Masse** $= 3{,}07 \text{ m} \cdot 2 \cdot 0{,}888 \text{ kg/m} =$ **5,45 kg**

Pos. ② **Masse** $= 3{,}24 \text{ m} \cdot 2 \cdot 1{,}210 \text{ kg/m} =$ **7,84 kg**

Pos. ③ **Masse** $= 3{,}40 \text{ m} \cdot 2 \cdot 1{,}580 \text{ kg/m} =$ **10,74 kg**

Pos. ④ **Masse** $= 1{,}00 \text{ m} \cdot 16 \cdot 0{,}395 \text{ kg/m} =$ **6,32 kg**

Gesamtmasse Pos. ① bis ④ $=$ **30,35 kg**

3874u

In ein Wohnhaus mit der Geschosshöhe von 2,80 m soll eine einläufige gerade Stahlbetontreppe eingebaut werden. Zu berechnen sind

1. Anzahl der Steigungen $= \dfrac{\text{Geschosshöhe (cm)}}{\text{angenommene Steigungshöhe (cm)}}$

(Steigungshöhe bei Geschosstreppen 16 cm bis 18 cm)

$= \dfrac{280 \text{ cm}}{17 \text{ cm}} = 16{,}5$ Steigungen

$=$ gewählt: **16 Steigungen**

2. Steigungshöhe $\quad s = \dfrac{280 \text{ cm}}{16 \text{ Steigungen}} =$ **17,5 cm**

3. Auftrittsbreite
(Schrittmaßregel: $\quad 2\,s + a = 63 \text{ cm}$)
$a = 63 \text{ cm} - 2 \cdot 17{,}5 \text{ cm}$
$a =$ **28 cm**

4. Treppenlauflänge $\quad l = (16 - 1) \cdot 28 \text{ cm}$
$l =$ **420 cm**

3875u

Für eine Außenwand wird gefordert:

– **Wärmedurchlasswiderstand** $\dfrac{1}{\Delta} \geq 0{,}55 \text{ m}^2\text{K/W}$

– **Wärmedurchgangskoeffizient** $k \leq 1{,}38 \text{ W/m}^2\text{K}$.

Entspricht die dargestellte Außenwand diesen Anforderungen?

Hinweis:
Die europäische Norm DIN EN 27345 legt folgende Formelzeichen fest: Wärmedurchlasswiderstand R und Wärmedurchgangskoeffizient U.

$R_{vorh} = \dfrac{d_1}{\eta_1} + \dfrac{d_2}{\eta_2} + \dfrac{d_3}{\eta_3} + \dfrac{d_4}{\eta_4} \qquad d \text{ in m}$
$\eta \text{ in W/mK}$

$R = \dfrac{0{,}02}{0{,}87} + \dfrac{0{,}06}{0{,}081} + \dfrac{0{,}18}{2{,}10} + \dfrac{0{,}015}{0{,}87}$

$R = 0{,}02 + 0{,}74 + 0{,}08 + 0{,}01$

$R_{vorh} =$ **0,85 m²K/W** $> R_{gef.} =$ **0,55 m²K/W**

$\dfrac{1}{U} = \dfrac{1}{h_i} + R + \dfrac{1}{h_a} \qquad \dfrac{1}{h} \text{ in m}^2\text{K/W}$

$\dfrac{1}{U} = 0{,}13 + 0{,}85 + 0{,}04$

$\dfrac{1}{U} = 1{,}02 \text{ m}^2\text{K/W}$

$U = \dfrac{1}{\frac{1}{U}} = 1{,}02 \text{ m}^2\text{K/W}$

$U_{vorh} = 0{,}98 \text{ m}^2\text{K/W} < U_{max} = 1{,}38 \text{ W/m}^2\text{K}$

3876u

Bei der dargestellten viertelgewendelten Treppe sollen die Stufen 4 bis 10 rechnerisch verzogen werden. Wie breit sind diese auf der Hilfslauflinie?

Länge des Viertelkreises der Lauflinie:
$\dfrac{2 \cdot 45 \text{ cm} \cdot 3{,}14}{4} =$ **70,65 cm** (hier mit $\pi = 3{,}14$ gerechnet)

Länge des Viertelkreises der Hilfslauflinie:
$\dfrac{2 \cdot 15 \text{ cm} \cdot 3{,}14}{4} =$ **23,55 cm**

Bogendifferenz:
$70{,}65 \text{ cm} - 23{,}55 \text{ cm} =$ **47,10 cm**

Die Auftrittsbreiten der zu verziehenden Stufen werden auf der Hilfslauflinie um 47,10 cm schmaler:
Stufe 4 und 10 je 1 Teil = 2 Teile
Stufe 5 und 9 je 2 Teile = 4 Teile
Stufe 6 und 8 je 3 Teile = 6 Teile
Stufe 7 $\qquad$ 4 Teile = 4 Teile

$\qquad\qquad\qquad$ 16 Teile = 47,10 cm

1 Teil $= \dfrac{47{,}10 \text{ cm}}{16 \text{ Teile}} =$ **2,94 cm**

Die **Auftrittsbreiten an der Hilfslinie** betragen:
Stufe 4 und **10** = 27,5 cm $-$ 2,94 cm = **24,6 cm**
Stufe 5 und 9 = 27,5 cm $- 2 \cdot$ 2,94 cm = **21,6 cm**
Stufe 6 und 8 = 27,5 cm $- 3 \cdot$ 2,94 cm = **18,7 cm**
Stufe 7 $\qquad$ = 27,5 cm $- 4 \cdot$ 2,94 cm = **15,7 cm**

3877u

Ein Träger wird durch die Einzellast F_1 = 4 kN belastet.
Wie groß sind die Auflagerkräfte F_A und F_B?

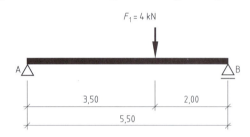

Auflagerkraft F_A

$$\Sigma M_{(B)} = 0$$
$$F_A \cdot 5,50 \text{ m} + 4 \text{ kN} \cdot 2,20 \text{ m} = 0$$
$$F_A = \frac{4 \text{ kN} \cdot 2,00 \text{ m}}{5,50 \text{ m}}$$
$$F_A = \textbf{1,45 kN}$$

Auflagerkraft F_B

$$\Sigma M_{(A)} = 0$$
$$-F_B \cdot 5,50 \text{ m} + 4 \text{ kN} \cdot 3,50 \text{ m} = 0$$
$$F_B = \frac{4 \text{ kN} \cdot 3,50 \text{ m}}{5,50 \text{ m}}$$
$$F_B = \textbf{2,55 kN}$$

Kontrolle

$$\Sigma F_V = 0$$
$$F_A + F_B - F_1 = 0$$
$$1,45 \text{ kN} + 2,55 \text{ kN} - 4 \text{ kN} = 0$$

3878u

Ein Träger mit Kragarm wird durch die Streckenlast
q = 3 kN/m und eine Einzellast F_1 = 14 kN belastet.
Wie groß ist die Ersatzlast F_Q, welchen Abstand hat
sie zu Auflager A?
Wie groß sind die Auflagerkräfte F_A und F_B?

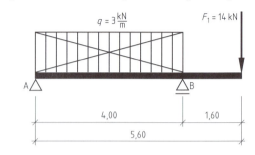

Ersatzlast F_Q

$$F_Q = q \cdot l_Q$$
$$F_Q = 3 \frac{\text{kN}}{\text{m}} \cdot 4,00 \text{ m}$$
$$F_Q = \textbf{12 kN}$$

Abstand F_Q zu Auflager A

$$a = \frac{4,00 \text{ m}}{2} = \textbf{2,00 m}$$

Auflagerkraft F_A

$$F_A = \frac{1,6 \text{ kNm}}{4,00 \text{ m}} = \textbf{0,4 kN}$$

Auflagerkraft F_B

$$F_B = \frac{102,4 \text{ kNm}}{4,00 \text{ m}} = \textbf{25,6 kN}$$

3879u

Für mehrere Hallenbauten sind 312 gleiche Stützen zu schalen. Die komplette Rahmenschalung (angenommene
Nutzungsdauer mehr als 200 Einsätze) für eine Säule kostet 16 500,00 DM.

Das Ein- und Ausschalen erfordert einen Aufwand von 2,2 Stunden pro Stütze.

Eine glasfaserverstärkte Polyesterschalung (Nutzungsdauer mindestens 170 Einsätze) kostet fertig 12 200,00 DM.
Pro Stütze benötigt man 3,7 Stunden zum Ein- und Ausschalen.

Die Kosten für eine fertige herkömmliche Holzschalung (Nutzungsdauer 20 Einsätze) betragen 1900,00 DM.
Ein- und Ausschalen pro Stütze dauert 6,1 Stunden.

Der Mittellohn einschließlich Gemeinkosten beträgt 68,20 DM/h.

Welches Verfahren ist hinsichtlich der Kosten am günstigsten, wenn jeweils 6 Stützen gleichzeitig betoniert
werden sollen?

Verfahren 1 (Rahmenschalung)

6 Rahmenschalungen sind nötig: 6 · 16 500,00 DM = 99 000,00 DM

Ein- und Ausschalkosten:

312 Stützen · 2,2 h/Stütze · 68,20 DM/h = 46 812,48 DM

= **145 812,48 DM**

Verfahren 2 (Polyesterschalung)

6 Polyesterschalungen sind nötig: 6 · 12 200,00 DM = 73 200,00 DM

Ein- und Ausschalkosten:

312 Stützen · 3,7 h/Stütze · 68,20 DM/h = 78 730,08 DM

= **151 930,08 DM**

Verfahren 3 (Herkömmliche Holzschalung)

Bei gleichzeitigem Einsatz von 6 Schalungen
(mit einer maximalen Lebensdauer von
20 Einsätzen) sind 18 Schalungen nötig:

18 · 1900,00 DM = 34 200,00 DM

Ein- und Ausschalkosten:

312 Stützen · 6,1 h/Stütze · 68,20 DM/h = 129 798,24 DM

= **163 998,24 DM**

Das Verfahren 1 (Rahmenschalung) ist unter den angegebenen
Bedingungen am kostengünstigsten.

3901	②	3902	⑤	3903	⑤
3904	①	3905	②	3906	②
3907	①	3908	③	3909	③
3910	④	3911	④	3912	③
3913	④	3914	③	3915	⑤
3916	②	3917	①	3918	③

3919

Welche Bedeutung hat das diagonal geteilte, schwarzweiße Viereck mit den Angaben 13⁵/26 in dem Ausschnitt aus der Bauzeichnung eines Erdgeschoss-Grundrisses von einem Wohnhaus?

⑤ Gemauerter Rauchgas-Schornstein 13⁵/26

3920

Welche Bedeutung hat die Abkürzung »BRH 90« in dem Ausschnitt aus der Bauzeichnung eines Erdgeschoss-Grundrisses von einem Wohnhaus?

③ Brüstungshöhe = 90 cm

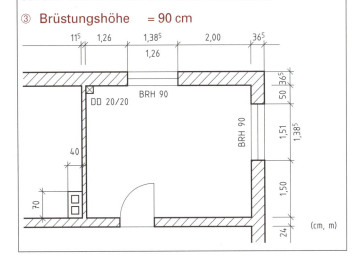

3921

Welche Aussage zu den Höhenangaben aus dem Schnitt eines Wohnhauses ist richtig?

⑤ Der Fenstersturz liegt 2,385 m über Oberkante Rohfußboden

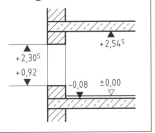

3922

Welche Bedeutung hat die gestrichelte Linie in der Skizze eines Ausschnittes aus einem Fundamentplan?

⑤ Breite des aufgehenden Kellermauerwerks

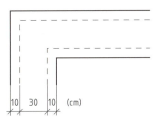

3923

Wie tief liegt die Unterkante des Fundamentes unter der Oberkante des Geländes?

④ – 3,05 m

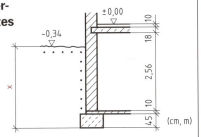

3924

Welche Auftrittsbreite besitzt die Treppe in der Skizze?

① 28 cm

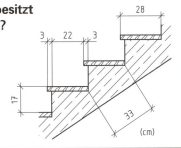

3925

Welche Bedeutung hat die Darstellung aus dem Erdgeschossgrundriss eines Wohnhauses in der Skizze?

③ Deckenaussparung in der Decke des 1. Obergeschosses

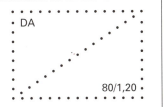

3926

Welchen Fehler enthält die zweischalige Wandkonstruktion in der Skizze?

④ Die Luftschicht muss ≥ 4 cm sein

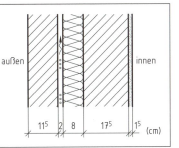

351

3941u

Für den dargestellten Mauerwerkskörper sollen zwei Schichten aus 2 DF-Steinen im Trockenverband angelegt werden. Zeichnen Sie in das Aufgabenblatt eine mögliche 1. Schicht sowie eine mögliche 2. Schicht ein. Bemaßen Sie den Mauerwerkskörper in der 1. Schicht mit Nennmaßen.

1. Schicht

(2. Schicht mit ROT als Übung nachtragen)

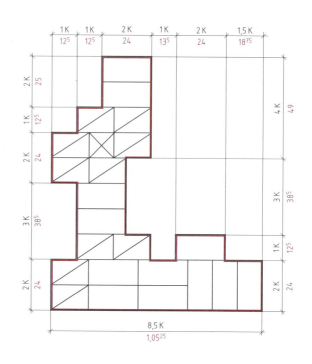

3942u

Für den dargestellten Mauerwerkskörper sollen zwei Schichten aus 2 DF-Steinen im Trockenverband angelegt werden. Zeichnen Sie in das Aufgabenblatt eine mögliche 1. Schicht sowie eine mögliche 2. Schicht ein. Bemaßen Sie den Mauerwerkskörper in der 1. Schicht mit Nennmaßen.

1. Schicht
2. Schicht

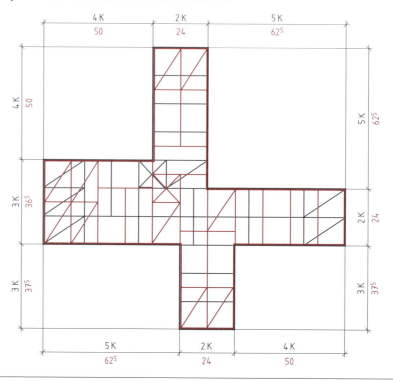

Gebundene Aufgaben | **Lösungen**

3951

In welchem Maßstab werden Bewehrungspläne in der Regel erstellt?

③ Maßstab 1 : 50

3952

In welcher Antwort werden nur Zeichnungen für Betonbauwerke oder Betonbauteile genannt?

④ Fundamentplan, Bewehrungsplan, Schalplan

3953

In welcher Antwort werden nur Angaben genannt, die der Legende eines Bewehrungsplanes zu entnehmen sind?

① B25, BSt IV, nom. c = 3 cm

3954

In welcher Antwort werden nur die Bestandteile eines Bewehrungsplanes aufgeführt?

② Bewehrungszeichnung, Stahlauszug, Stahlliste

3955

Welche Bauzeichnung kann ein Betonbauer auf der Baustelle nicht gebrauchen?

⑤ Detailzeichnung eines gemauerten Schornsteinkopfes

3956

Welche der Bauzeichnungen kann ein Betonbauer auf der Baustelle verwenden?

④ Bewehrungsplan eines Köcherfundamentes

3957

Was ist mit der Angabe nom. c = 3,5 cm in der Legende eines Bewehrungsplanes gemeint?

③ Das Nennmaß für die Betondeckung ist 3,5 cm

3958

Mit welcher Linienart wird die Anschlussbewehrung, die bereits auf einem anderen Plan dargestellt ist, in einem Bewehrungsplan eingezeichnet?

⑤ Mit einer gestrichelten Linie

3959

Welche Bedeutung hat das abgebildete Symbol in einem Bewehrungsplan?

④ Stabbündel (3 Bewehrungsstäbe)

3960

Welche Bedeutung hat das abgebildete Symbol in einem Bewehrungsplan?

④ Stab mit Haken

3961

Welche Schraffur wird in Bauzeichnungen nach DIN 1356 für Stahlbeton verwendet?

③

3962

Welche Schraffur wird in Bauzeichnungen nach DIN 1356 für Betonfertigteile verwendet?

④

3963

Aus welchem Baustoff besteht die Sauberkeitsschicht in der Skizze?

② Unbewehrter Beton

3964

Aus welchem Baustoff besteht das im Bild dargestellte Bauteil?

③ Betonfertigteil (gekennzeichnet durch Schraffur wie in 3962)

3965

Wie werden freihändig angefertigte Zeichnungen genannt?

③ Skizzen

3966

In welchem Bild ist die Linienart nach DIN 1356 zur Kennzeichnung von Achsen abgebildet?

⑤ —— · —— · —— · ——

3967

Welchen Bemaßungsfehler enthält die Zeichnung?

④ Die Maßzahl 62 muss von rechts zu lesen sein

3968

Welchen Fehler enthält die Skizze?

③ Die Sauberkeitsschicht fehlt

3969

Welche Bedeutung hat das abgebildete Symbol in Bauzeichnungen?

+2,56

① Rohbauhöhe des Bauteiles

3970

Aus welchem Baustoff soll nach der Skizze die Kellerwand erstellt werden?

④ Mauerwerk (an Schraffur zu erkennen)

3971

Welche Positionen bzw. welche Stäbe liegen an der mit Ⓟ gekennzeichneten Stelle im Bild?

③ Nur Position ①

3972

In welchem Bild ist der Schnitt durch untere und obere Bewehrung der Decke richtig gekennzeichnet?

⑤

3973

Was bedeutet das Symbol mit der Abkürzung DA 20/40 in dem Bild mit dem Teilschnitt?

④ Deckenaussparung 20 cm × 40 cm, im Endzustand offen

3975

Welche Betonstahl-Lagermatte zeigt der abgebildete Ausschnitt aufgrund der Stababstände und Stabdurchmesser nach der abgebildeten Tabelle (Auszug)?

③ R 295

3974

In welchem Bild ist die Bewehrungsführung im Schnitt durch die Zweifelddecke richtig gezeichnet?

④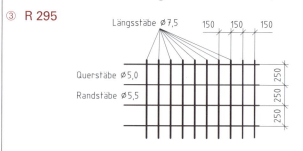

3976

Welche Höhenlage hat das Maschinenfundament an der Stelle Ⓟ im Schnitt?

① +1,69

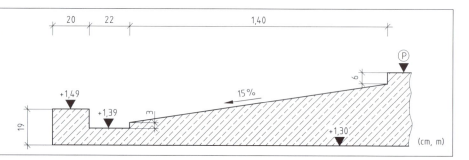

3991u

Zeichnen Sie die Bewehrung des Stahlauszuges mit den Positionen ① bis ③ in die Draufsicht und Seitenansicht des Betonbauteiles in Bleistift im Maßstab 1 : 20 – m, cm ein.

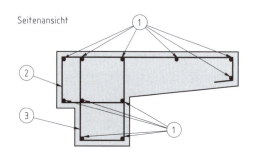

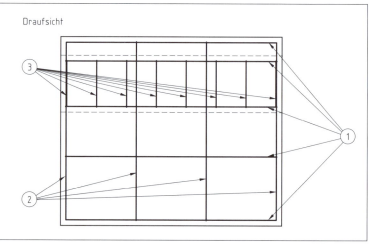

3992u

Zeichnen Sie die Bewehrung des Stahlauszuges mit den Positionen ① bis ⑤ in den Schnitt A-A und die Bewehrung mit den Positionen ① bis ⑥ in die Draufsicht des Betonbauteiles in Bleistift im Maßstab 1 : 20 – m, cm ein.

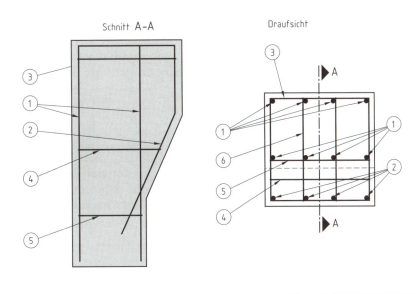

3993u

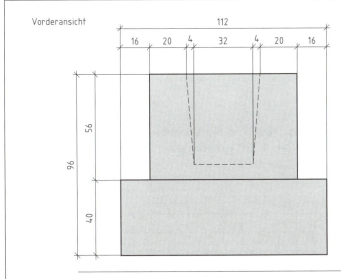

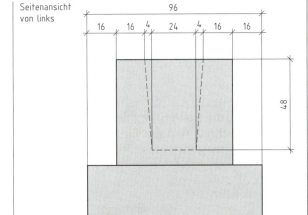

Zeichnen Sie die Vorderansicht, Seitenansicht von links und Draufsicht des räumlich skizzierten Köcherfundamentes auf DIN A4 in Bleistift im Maßstab 1 : 20 – m, cm. Die Köchertiefe beträgt 48 cm und die Maße des Köcherbodens sind 32 cm/24 cm.

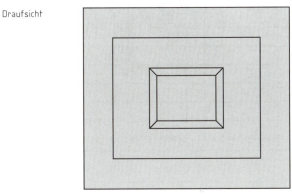

3994u

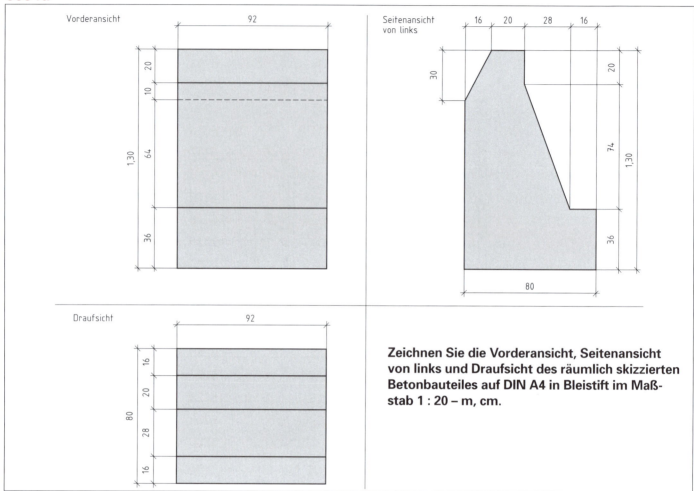

Zeichnen Sie die Vorderansicht, Seitenansicht von links und Draufsicht des räumlich skizzierten Betonbauteiles auf DIN A4 in Bleistift im Maßstab 1 : 20 – m, cm.

3995u

Zeichnen Sie die Bewehrung des Stahlauszuges mit den Positionen ① bis ⑥ in die Vorderansicht und in den Schnitt A–A des Einzelfundamentes in Bleistift im Maßstab 1 : 20 – m, cm ein.

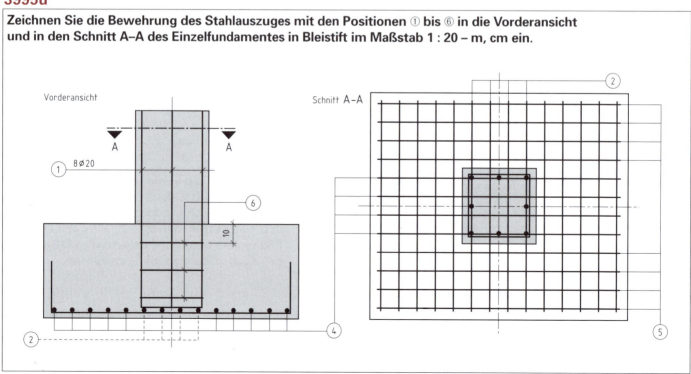

Nr.		Nr.		Nr.		Nr.		Nr.		Nr.	
5001	①	5055	④	5097	④	5167	⑤	5211	④	5284	④
5002	⑤	5056	③	5098	②	5168	④	5212	⑤	5285	④
5003	④	5057	②	5099	⑤	5169	③	5213	②	5286	②
5004	②	5058	③	5100	①	5170	②	5214	①	5287	④
5005	④	5059	⑤	5101	④	5171	②	5215	①	5288	①
5006	①	5060	③	5102	②	5172	③	5216	④	5289	②
5007	②	5061	③	5103	②	5173	④	5217	①	5290	⑤
5008	③	5062	②	5104	①	5174	②	5218	⑤	5291	④
5009	④	5063	②	5105	②	5175	⑤	5219	③	5292	①
5010	⑤	5064	③	5106	①	5176	②	5220	③	5293	⑤
5011	④	5065	②	5107	②	5177	②	5221	④	5294	①
5012	③	5066	⑤	5108	③	5178	①	5222	④	5295	④
5013	①	5067	③	5109	④	5179	⑤	5223	②	5296	⑤
5014	③	5068	①	5110	③	5180	④	5224	⑤	5297	①
5015	⑤	5071	④	5141	⑤	5181	⑤	5225	④	5298	③
5016	②	5072	②	5142	①	5182	④	5226	②	5299	④
5017	①	5073	③	5143	③	5183	③	5227	②	5301	②
5018	④	5074	④	5144	④	5184	④	5228	②	5302	④
5019	③	5075	②	5145	④	5185	③	5229	④	5303	①
5020	②	5076	①	5146	⑤	5186	③	5230	②	5304	⑤
5021	⑤	5077	②	5147	④	5187	④	5251	④	5305	②
5022	③	5078	①	5148	②	5188	⑤	5252	③	5306	④
5023	④	5079	④	5149	①	5189	⑤	5253	④	5307	④
5024	①	5080	②	5150	②	5190	⑤	5254	①	5308	②
5031	②	5081	②	5151	④	5191	②	5255	③	5309	①
5032	①	5082	①	5152	③	5192	②	5256	③	5310	①
5033	①	5083	①	5153	②	5193	③	5257	①	5311	③
5034	②	5084	②	5154	④	5194	⑤	5258	③	5312	④
5035	②	5085	⑤	5155	⑤	5195	①	5259	③	5313	②
5036	③	5086	④	5156	④	5196	②	5271	①	5314	④
5037	④	5087	③	5157	④	5201	③	5272	④	5315	④
5038	⑤	5088	③	5158	②	5202	①	5273	③	5316	③
5039	④	5089	③	5159	②	5203	④	5274	④	5317	①
5040	③	5090	②	5160	③	5204	③	5275	①	5318	⑤
5041	⑤	5091	④	5161	①	5205	②	5276	②	5319-1	ⓒ
5042	③	5092	③	5162	③	5206	④	5277	⑤	5319-2	ⓓ
5051	③	5093	③	5163	①	5207	④	5278	③	5319-3	ⓔ
5052	②	5094	④	5164	②	5208	⑤	5281	④	5319-4	ⓑ
5053	②	5095	③	5165	④	5209	⑤	5282	④	5319-5	ⓐ
5054	⑤	5096	④	5166	②	5210	④	5283	①	5320	②

Klasse:	Name:	Datum:

Leistungskontrolle im Lernfeld:

Lernfelder gemäß der Rahmenlehrpläne zur Verordnung über die Berufsausbildung in der Bauwirtschaft – 1999 – und für den Ausbildungsberuf Dachdecker / Dachdeckerin – 1998 –
Die Ziele der Ausbildung sind auf die Entwicklung von Handlungskompetenz ausgerichtet. Handlungskompetenz entfaltet sich in den Dimensionen von Fachkompetenz, Personalkompetenz und Sozialkompetenz.

Lernfelder in der Grundstufe

Lernfeld 1:   Einrichten einer Baustelle

Inhalte: Bauberufe / Arbeitgeberverbände / Arbeitnehmerverbände / Bauzeitenplan / Bauherr / Planungsbüro / Baufirma / Bauaufsicht / Baustelleneinrichtung und Absperrung / Längen- und Rechtwinkelmessung / Längen / Arbeits-, Gebäude- und Parkflächen / Flächen / Maßstäbe / Sinnbilder / Leitungs- und Verlegepläne / Geometrische Grundkonstruktionen

Vorschlag:

1002	1003	1009	1012	1603	1637	1639	1640	1671	1675	1676	1680
1683	1664	1810	1813	1820	1905	1909	1945				
1025u		1695u		1661u		1662u		1694u		1871u	
1883u		1972u		1974u		1980u					

Lernfeld 2:   Erschließen und Gründen eines Bauwerks

Inhalte: Baugrubensicherung / Sicherung von Gräben / Bodenarten / Bodenklassen / Wassereinfluss / Böschungswinkel / Verbauarten / Tragfähigkeit des Bodens / frostfreie Gründung / Einzelfundamente / Streifenfundamente / Plattenfundamente / offene Wasserhaltung / Planum / Untergrund / ungebundene Tragschicht / Pflaster- und Plattenbeläge / Randeinfassung / Rohrleitungsarten / Baustoffe / Höhenmessung / Baugruben und Gräben in Ansichten und Schnitten / Flächen / Volumen / Auflockerung / Kräfte / Spannungen

Vorschlag:

1014	1457	1601	1605	1608	1611	1631	1639	1672	1675	1678
1679	1683	1684	1685	1811	1824	1836	1828	1933	1939	
1653u		1654u		1663u		1691u		1695u		1872u
1894u		1977u		1982u						

Lernfeld 2a: Decken eines geneigten Daches

(ausschließlich für Dachdecker, evtl. auch für Zimmerer)

Inhalte: Dachformen / Dachteile / Gauben / konstruktive Grundlagen / Werkstoffe / Einbauteile / konstruktiver Dachaufbau / Arbeitssicherheit / Gesundheitsschutz / Ermittlung der Längen und Flächen / Projektionen / Schnitte

Vorschlag:

1407	1432	1436	1437	1701	1704	1706	1707	1710	1711	1712
1715	1815	1818	1823	1827	1831	1838	1928	1938		
1722u		1723u		1725u		1865u		1879u		1882u
1887u		1973u		1982u		1985u				

Klasse:	Name:	Datum:

Leistungskontrolle im Lernfeld:

Lernfeld 3:   Mauern eines einschaligen Baukörpers

Inhalte: Wandarten / Aufgaben der Wände / künstliche Mauersteine / Dichte Druckfestigkeit / Luftschall-dämmung / Wärmedämmung / Baukalke / Mauermörtel / Mörtelgruppen / Maßordnung im Hochbau / Mauerverbände / Arbeitsgerüste / Abdichtungsstoffe / Baustoffbedarf / Ausführungszeichnungen / Aufmaßskizzen / Isometrie / Qualitätssicherung

Vorschlag:

1017	1103	1111	1115	1145	1146	1148	1151	1153	1158	1782
1788	1221	1271	1613	1808	1812	1842	1923	1926	1929	
1029u		1034u		1172u		1178u		1188u		1861u
1878u		1981u		1983u						

Lernfeld 4:   Herstellen eines Stahlbetonbauteils

Inhalte: Betonarten / Betongruppen / Zemente / Zuschläge / Rezeptbeton / Betonverarbeitung / Betonprüfung / Betonstahl / Verbundwirkung / Betonstahllisten / Brettschalung / Schaltafeln / Holzlisten / Materiallisten / Produktlinienanalyse für den Baustoff Beton / Schalungszeichnungen / Bewehrungszeichnungen

Vorschlag:

1018	1020	1105	1107	1202	1208	1211	1217	1218	1233	1239
1245	1248	1251	1257	1821	1835	1849	1912	1925	1945	
1272u		1278u		1283u		1288u		1292u		1862u
1867u		1978u		1985u						

Lernfeld 5:   Herstellen einer Holzkonstruktion

Inhalte: Laub- und Nadelhölzer / Wachstum / Aufbau / Bauschnittholz / Arbeiten des Holzes / Holzfeuchte / Holzschädlinge / chemischer und konstruktiver Holzbau / Zimmermanns- und ingenieurmäßige Holz-verbindungen / Holzliste / Verschnitt / Knotenpunkte

Vorschlag:

1403	1404	1412	1416	1419	1428	1433	1436	1439	1443	1446
1453	1458	1468	1483	1815	1826	1847	1914	1937	1941	
1030u		1497u		1498u		1499u		1798u		1875u
1879u		1974u		1979u						

Lernfeld 6:   Beschichten und Bekleiden eines Bauteils

Inhalte: Putzmörtel / Estriche / Baugipse / Plattenwerkstoffe / Unterkonstruktionen / Beläge / Verlegetechnik / Fugen / nicht drückendes Wasser / Abdichtungen / Abdichtungsstoffe / Trenn- und Dämmschichten / Dämmstoffe / Verlegeverfahren / Verlegepläne / Schnitte

Vorschlag:

1102	1109	1114	1119	1206	1221	1501	1503	1508	1515	1523
1530	1742	1754	1778	1817	1822	1848	1921	1932	1935	
1033u		1177u		1554u		1797u		1798u		1868u
1888u		1975u		1984u						

Klasse:	Name:	Datum:

Leistungskontrolle im Lernfeld:

Nr. 1 ○ 2 ○ 3 ○ 4 ○ 5 ○ **Nr.** 1 ○ 2 ○ 3 ○ 4 ○ 5 ○ **Nr.** 1 ○ 2 ○ 3 ○ 4 ○ 5 ○ **Nr.** 1 ○ 2 ○ 3 ○ 4 ○ 5 ○ **Nr.** 1 ○ 2 ○ 3 ○ 4 ○ 5 ○ **Nr.** 1 ○ 2 ○ 3 ○ 4 ○ 5 ○ **Nr.** 1 ○ 2 ○ 3 ○ 4 ○ 5 ○

Nr. 1 ○ 2 ○ 3 ○ 4 ○ 5 ○ **Nr.** 1 ○ 2 ○ 3 ○ 4 ○ 5 ○ **Nr.** 1 ○ 2 ○ 3 ○ 4 ○ 5 ○ **Nr.** 1 ○ 2 ○ 3 ○ 4 ○ 5 ○ **Nr.** 1 ○ 2 ○ 3 ○ 4 ○ 5 ○ **Nr.** 1 ○ 2 ○ 3 ○ 4 ○ 5 ○ **Nr.** 1 ○ 2 ○ 3 ○ 4 ○ 5 ○

Nr. 1 ○ 2 ○ 3 ○ 4 ○ 5 ○ **Nr.** 1 ○ 2 ○ 3 ○ 4 ○ 5 ○ **Nr.** 1 ○ 2 ○ 3 ○ 4 ○ 5 ○ **Nr.** 1 ○ 2 ○ 3 ○ 4 ○ 5 ○ **Nr.** 1 ○ 2 ○ 3 ○ 4 ○ 5 ○ **Nr.** 1 ○ 2 ○ 3 ○ 4 ○ 5 ○ **Nr.** 1 ○ 2 ○ 3 ○ 4 ○ 5 ○

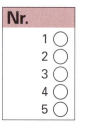
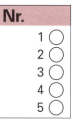
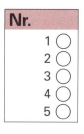

Nr. 1 ○ 2 ○ 3 ○ 4 ○ 5 ○ **Nr.** 1 ○ 2 ○ 3 ○ 4 ○ 5 ○ **Nr.** 1 ○ 2 ○ 3 ○ 4 ○ 5 ○ **Nr.** 1 ○ 2 ○ 3 ○ 4 ○ 5 ○ **Nr.** 1 ○ 2 ○ 3 ○ 4 ○ 5 ○ **Nr.** 1 ○ 2 ○ 3 ○ 4 ○ 5 ○ **Nr.** 1 ○ 2 ○ 3 ○ 4 ○ 5 ○

Nr. 1 ○ 2 ○ 3 ○ 4 ○ 5 ○ **Nr.** 1 ○ 2 ○ 3 ○ 4 ○ 5 ○ **Nr.** 1 ○ 2 ○ 3 ○ 4 ○ 5 ○ **Nr.** 1 ○ 2 ○ 3 ○ 4 ○ 5 ○ **Nr.** 1 ○ 2 ○ 3 ○ 4 ○ 5 ○ **Nr.** 1 ○ 2 ○ 3 ○ 4 ○ 5 ○ **Nr.** 1 ○ 2 ○ 3 ○ 4 ○ 5 ○

Nr. 1 ○ 2 ○ 3 ○ 4 ○ 5 ○ **Nr.** 1 ○ 2 ○ 3 ○ 4 ○ 5 ○ **Nr.** 1 ○ 2 ○ 3 ○ 4 ○ 5 ○ **Nr.** 1 ○ 2 ○ 3 ○ 4 ○ 5 ○ **Nr.** 1 ○ 2 ○ 3 ○ 4 ○ 5 ○ **Nr.** 1 ○ 2 ○ 3 ○ 4 ○ 5 ○ **Nr.** 1 ○ 2 ○ 3 ○ 4 ○ 5 ○

Nr. 1 ○ 2 ○ 3 ○ 4 ○ 5 ○ **Nr.** 1 ○ 2 ○ 3 ○ 4 ○ 5 ○ **Nr.** 1 ○ 2 ○ 3 ○ 4 ○ 5 ○ **Nr.** 1 ○ 2 ○ 3 ○ 4 ○ 5 ○ **Nr.** 1 ○ 2 ○ 3 ○ 4 ○ 5 ○ **Nr.** 1 ○ 2 ○ 3 ○ 4 ○ 5 ○ **Nr.** 1 ○ 2 ○ 3 ○ 4 ○ 5 ○